全国机械行业高等职业教育“十二五”规划教材
模具设计与制造专业
浙江省“十一五”重点教材建设项目

冲压模具设计与实践

全国机械职业教育模具类专业教学指导委员会　组编
主　编　范建蓓
副主编　彭　雁　赵　平
参　编　胡占军　裘竞奇（企业）
主　审　徐政坤

机　械　工　业　出　版　社

本书共有八个教学单元，主要讲述了冲压成形基础和冲裁、弯曲、拉深等成形工艺，以典型任务的引入与实施，详细阐述了各类冲压模具的结构设计，常用冲压设备的类型、工作原理及应用等相关知识；通过引入企业生产中的实例，进行基础训练与综合训练，以强化冲模设计的职业技能。本书还特别介绍了多工位级进模的排样设计、模具结构设计、冲压生产自动化机构，以及冲压工艺的制订与模具设计综合实践。

本书是高职高专模具设计与制造专业的教学用书，也可供从事模具设计与制造工程技术的人员参考。

本书配有电子教案，凡使用本书作为教材的教师可登录机械工业出版社教育服务网 www.cmpedu.com 注册后下载。咨询邮箱：cmpgaozhi@sina.com。咨询电话：010-88379375。本书同时配套有精品课程资源包，相关资源可登录浙江机电职业技术学院精品课程网查阅。

图书在版编目（CIP）数据

冲压模具设计与实践/范建蓓主编. —北京：机械工业出版社，2013.3（2021.1 重印）

ISBN 978-7-111-40609-9

Ⅰ.①冲… Ⅱ.①范… Ⅲ.①冲模-设计 Ⅳ.①TG385.2

中国版本图书馆 CIP 数据核字（2013）第 030095 号

机械工业出版社（北京市百万庄大街 22 号 邮政编码 100037）
策划编辑：于奇慧 责任编辑：于奇慧 吕 芳 版式设计：霍永明
责任校对：樊钟英 封面设计：鞠 杨 责任印制：常天培
北京虎彩文化传播有限公司印刷
2021 年 1 月第 1 版第 5 次印刷
184mm×260mm · 19 印张 · 468 千字
标准书号：ISBN 978-7-111-40609-9
定价：49.00 元

电话服务	网络服务
客服电话：010-88361066	机 工 官 网：www.cmpbook.com
010-88379833	机 工 官 博：weibo.com/cmp1952
010-68326294	金 书 网：www.golden-book.com
封底无防伪标均为盗版	机工教育服务网：www.cmpedu.com

前　言

本书是浙江省“十一五”重点教材建设项目，主要根据国家推进产业技术升级、结构调整、发展方式转变的新要求，重点针对模具行业企业技术的提升和新材料、新技术、新设备、新工艺应用等需求。同时，在全国机械工业联合会的指导下，由全国机械职业教育模具类专业指导委员会组织制订“冲压模具设计与实践”课程基本要求和教材编写大纲，遵循高职教育规律，采取“院校主编、企业参编、行业组织审定”的方式，充分吸收借鉴高职教材建设成果和经验编写而成。本书具有如下主要特点。

1. 突显行业、区域特色，校企合作重构教材内容

本书中任务的选取结合行业、区域特色，根据从事冲压模具设计的工程技术应用型人才的实际要求，吸纳新技术，从企业提取典型模具案例作为载体，专业知识选取和实践技能训练均围绕典型冲压加工任务的完成进行。

2. 以任务导入及实施进行编排设计，体现理实一体

本书将知识的学习和任务的完成有机融合。根据任务学习知识，利用知识完成任务，同时在训练环节利用系统知识优化任务，提高任务完成的效率和质量。通过完成单个任务进行基础训练，再通过综合训练使能力得以强化和提升。

3. 教材内容与模具职业标准相融合，强化职业技能

本书内容融合了模具职业岗位、技能和素质的要求，体现“双证融通”的思想。模具设计师与模具制造工所要求的冲压成形工艺制订、模具设计和设备应用能力可通过本课程达到，实现了学历证书与职业资格证书相融通。

4. 充分利用精品课程资源，建立数字化教学平台

本书附有大量的模具结构图和来自企业的模具工程图，用形象、直观、浅显易懂的图形来讲述复杂的专业知识，同时结合立体化课程教学资源包，降低学习难度，提高学生的学习兴趣和教学效果。

本书由浙江机电职业技术学院范建蓓任主编，辽宁机电职业技术学院彭雁及重庆工业职业技术学院赵平任副主编，张家界航空工业职业技术学院徐政坤任主审。全书共有八个教学单元，单元一、二、五、八由范建蓓编写，单元四由彭雁编写，单元六由赵平编写，单元三由河北机电职业技术学院胡占军编写，单元七由杭州桑桑模具有限公司裘竟奇编写。

四川工程职业技术学院武友德教授和重庆大学周杰教授对本书提出了许多宝贵意见，本书在编写过程中还得到浙大旭日科技开发有限公司单岩和浙江机电职业技术学院刘彦国的帮助，在此一并表示感谢。

由于编者水平有限，书中难免有不妥与错误之处，恳请广大读者批评指正。

编　者

目　录

教学单元一　冲压成形基础

冲压是利用安装在冲压设备上的模具对材料施加压力，使其产生分离或塑性变形，从而获得所需零件的一种压力加工方法。冲压通常是在常温下对材料进行冷变形加工，主要用板料加工所需零件，又称为板料冲压。

冲压成形是金属塑性成形加工方法之一，是建立在金属塑性变形理论基础上的材料成形工程技术。因此，要掌握冲压成形的加工技术，设计先进合理的冲模结构，就必须对冲压的基本工序和金属的塑性变形性质、规律及材料的冲压成形性能等有充分的认识。

1.1　任务引入

在工业产品的应用及日常生活中，经常见到图 1-1 所示的冲压件。这些产品是如何加工成形的？对材料性能有哪些要求？如何正确选择冲压件的材料？这些都是这门课程所要学习的，也是本学习单元要讨论解决的内容。

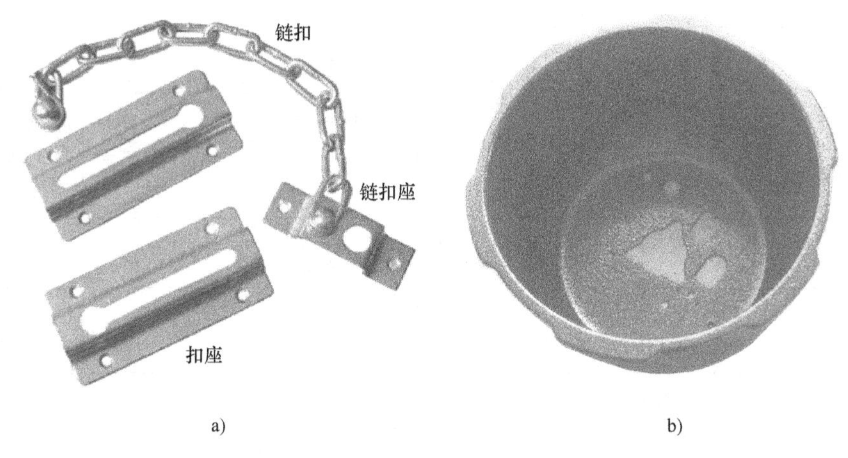

图 1-1　冲压件

a）门锁防盗链　b）不锈钢保温罩

1.2　相关知识

1.2.1　冲压的基本工序及模具

1. 冲压工序的分类

冲压加工的零件种类繁多，各类零件的形状、尺寸和精度要求各不相同，因而生产中采用的冲压工序（即冲压工艺方法）也是多种多样的。根据材料的变形特点，可将冲压工序分为分离工序和成形工序两大类。

分离工序是指坯料在冲压力作用下，变形部分的应力超过坯料的抗剪强度 τ_b（或抗拉强度 R_m），使其产生断裂而分离。分离工序主要有剪裁和冲裁。成形工序是指坯料在冲压力作用下，变形部分的应力超过坯料的屈服强度 σ_s㊀，但未超过抗拉强度 R_m，使坯料产生塑性变形，从而获得一定形状和尺寸的零件。成形工序主要有弯曲、拉深、翻边、胀形和整形等。冲压工序的具体分类及特点见表 1-1 和表 1-2。

表 1-1　分离工序的分类及特点

工序名称	简　图	特点及应用范围	工序名称	简　图	特点及应用范围
切断	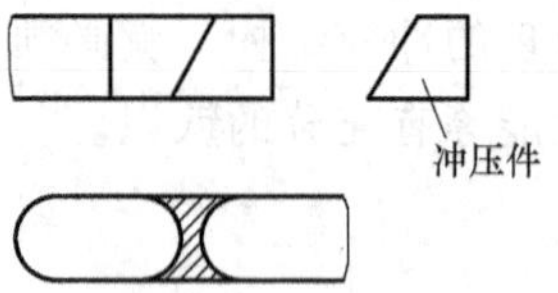 冲压件	用剪刃或冲模切断板料，切断线不封闭	切口	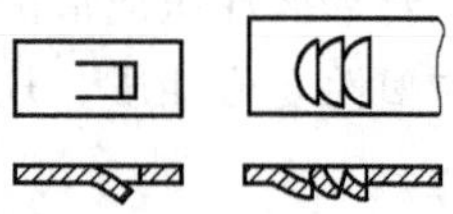	在坯料上沿不封闭线冲出缺口，切口部分发生弯曲，如通风板
落料	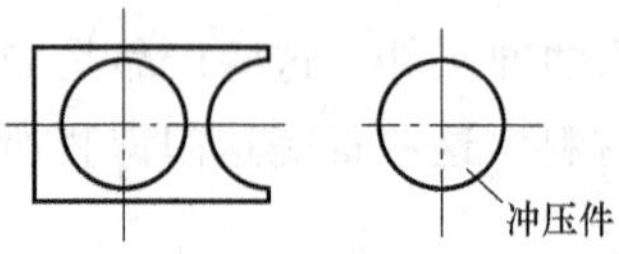 冲压件	用冲模沿封闭线冲切板料，封闭线以内部分为冲压件	切边	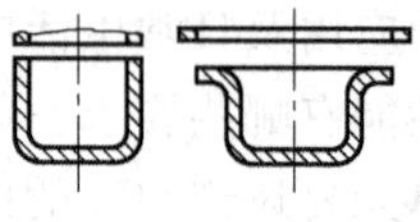	将工件的边缘部分切除，使之具有一定的直径、高度或一定的形状
冲孔	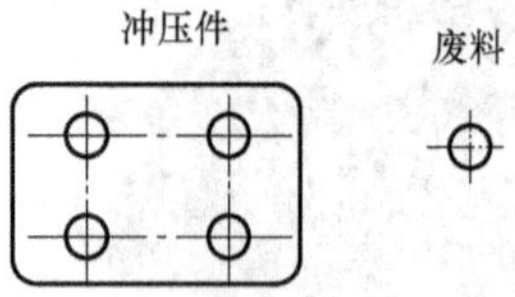 冲压件　废料	用冲模沿封闭线冲切板料，封闭线以外部分为冲压件	剖切	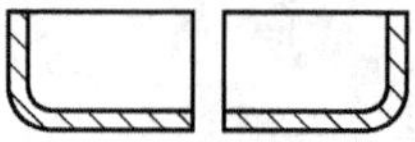	把工件切开成两个或多个零件，常用于不对称零件的成双冲压，成形后再分离

表 1-2　成形工序的分类及特点

工序名称		简　图	特点及应用范围	工序名称		简　图	特点及应用范围
弯曲	压弯	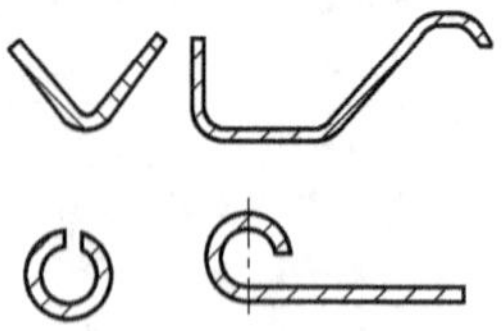	将板料沿直线弯成一定的角度和曲率	弯曲	拉弯	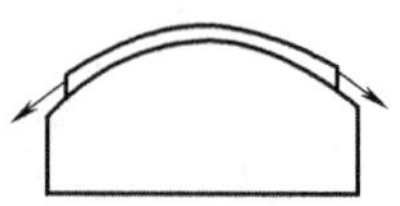	在拉力和弯矩的共同作用下实现弯曲变形
弯曲	扭弯	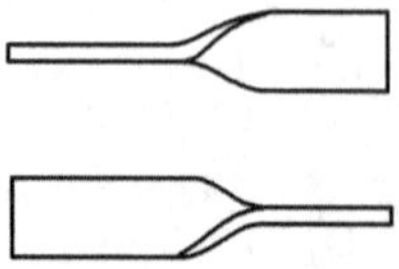	将工件的一部分相对于另一部分扭转成一定角度	弯曲	滚弯	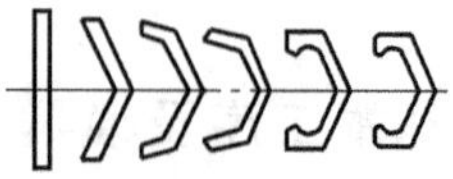	通过系列轧辊把平板卷料辊弯成复杂形状

㊀ GB/T 228.1—2010《金属材料　拉伸试验　第 1 部分：室温试验方法》中屈服强度分为上屈服强度 R_{eH} 和下屈服强度 R_{eL}，本书未区分上屈服强度和下屈服强度，仍使用 σ_s 表示屈服强度。

（续）

工序名称		简图	特点及应用范围	工序名称		简图	特点及应用范围
拉深	普通拉深	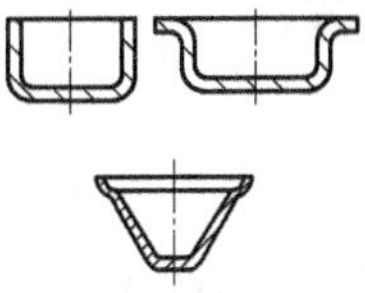	将平板坯料制成开口空心件，壁厚基本不变	拉深	变薄拉深	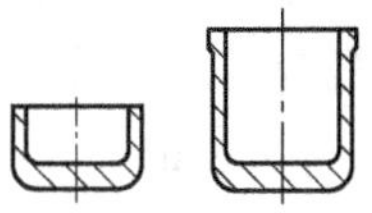	将空心件进一步拉深成侧壁比底部薄的零件
成形	起伏	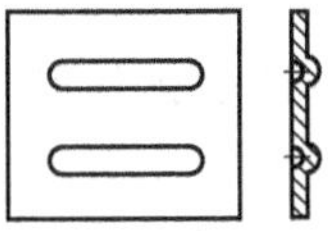	依靠材料的伸长变形使工件形成局部凹陷或凸起	成形	胀形	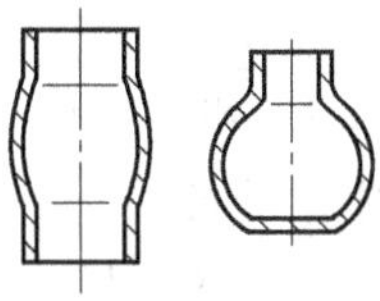	将空心件或管状件沿径向向外扩张，形成局部直径较大的零件
	扩口	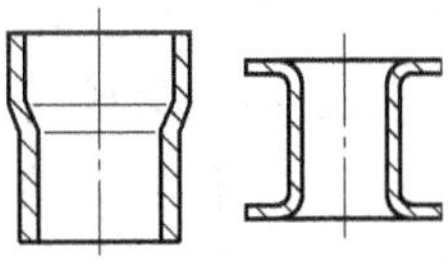	将空心件的口部扩大		缩口	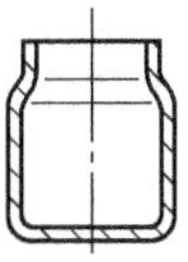	将空心件的口部缩小
	翻孔	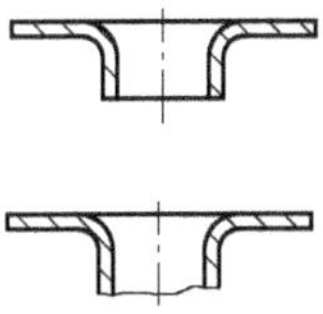	沿工件上孔的边缘翻出竖立的边缘		翻边	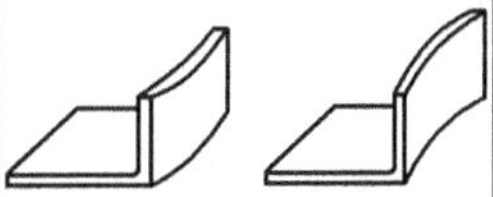	沿工件的外缘翻起弧形的竖立边缘
	卷缘	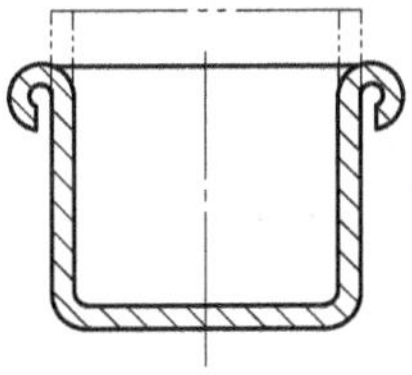	将空心件的口部卷成接近封闭的圆形		冷挤压	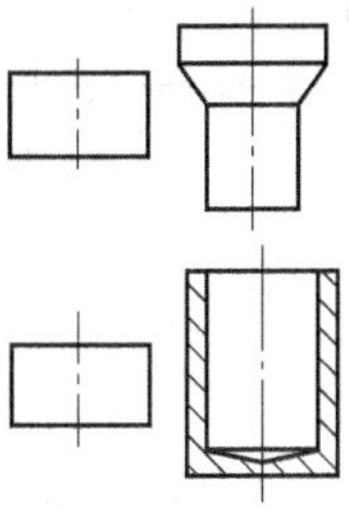	将放在模腔内的坯料从凹模孔或凸、凹模间隙中挤出，以获得实心或空心件
	校平		将有拱弯或翘曲的平板形件压平，以提高其平面度		整形	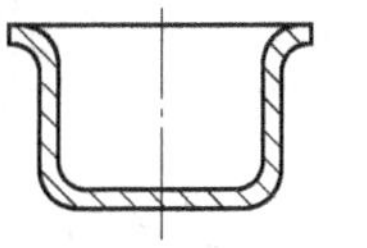	依靠材料的局部变形，少量改变工件形状和尺寸，以提高其精度

2. 模具的分类与基本结构

通过加压将金属、非金属板料或型材分离、成形或接合而获得制件的工艺装备，称为冲压模具（简称冲模，stamping die，GB/T 8845—2006《冲模术语》）。冲模在冲压加工中是必不可少的工艺装备，与冲压件是“一模一样”的关系，若没有符合要求的冲模，就不能生产出合格的冲压件；没有先进的冲模，先进的冲压成形工艺就无法实现。

冲模可按以下几个主要特征分类。

(1) 根据工艺性质分类　根据工艺性质分为以下几类。

冲裁模（blanking die）：分离出所需形状与尺寸制件的冲模。如落料模、冲孔模、切断模、切口模、切边模和剖切模等。

弯曲模（bending die）：将制件弯曲成一定角度和形状的冲模。

拉深模（drawing die）：把制件拉压成空心体，或进一步改变空心体形状和尺寸的冲模。

成形模（forming die）：使板料产生局部塑性变形，按凸、凹模形状直接复制成形的冲模。如胀形模、缩口模、扩口模、起伏成形模、翻边模、整形模等。

（2）根据工序组合程度分类　根据工序组合程度分为以下几类。

单工序模（single-operation die）：压力机的一次行程中，只完成一道冲压工序的冲模。

复合模（compound die）：压力机的一次行程中，同时完成两道或两道以上冲压工序的单工位冲模。

级进模（progressive die）：压力机的一次行程中，在送料方向连续排列的多个工位上同时完成多道冲压工序的冲模。

图 1-2 所示为单工序落料模，上、下模由导柱、导套进行导向。模具由上、下模两部分构成，上模由模柄 5、上模座 3、导套 2、凸模 10、垫板 8、凸模固定板 7、卸料板 14 和螺钉、销钉等零件组成；下模由下模座 17、导柱 1、凹模 11、导料板 15、承料板 18 和螺钉、销钉等零件组成。上模通过模柄 5 安装在压力机滑块上，随滑块作上下往复运动，称为活动部分。下模通过下模座 17 固定在压力机工作台上，称为固定部分。模具各零件材料的选择，参见附录中的附表 1 和附表 2。

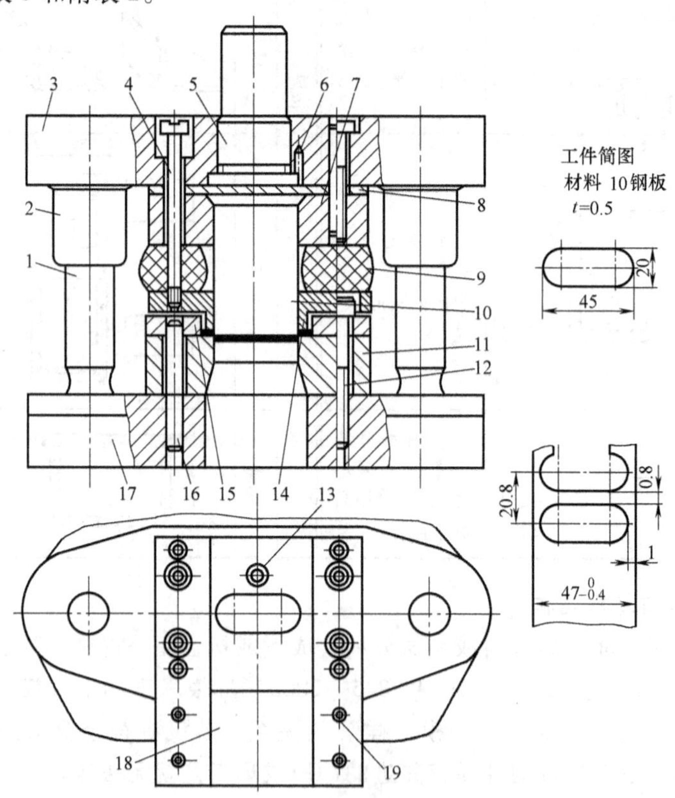

图 1-2　单工序落料模

1—导柱　2—导套　3—上模座　4—卸料螺钉　5—模柄　6—防转销　7—凸模固定板　8—垫板　9—橡胶　10—凸模　11—凹模　12—螺钉　13—挡料销　14—卸料板　15—导料板　16—销钉　17—下模座　18—承料板　19—销钉

1.2.2　塑性变形的基本概念

1. 塑性变形

在金属物体中，原子之间作用着相当大的力，足以抵抗重力的作用。在没有其他外力作用的条件下，物体将保持自有的形状和尺寸。当物体受到外力作用后，会破坏原子之间原来的平衡状态，造成原子排列畸变，从而使物体的形状和尺寸发生变化，这种现象称为变形。变形的实质，就是物体内部原子间的距离产生变化。

若作用于物体的外力去除后，由外力引起的变形随之消失，物体能完全恢复到原有的尺寸，这种变形称为弹性变形。

若作用于物体的外力去除后，物体并不能完全恢复到原有的形状和尺寸，这种变形称为塑性变形。

2. 塑性与变形抗力

所谓塑性，是指物体在载荷作用下产生塑性变形而不发生破坏的能力。

通常用塑性指标来衡量金属的塑性，它是以材料开始破坏时的塑性变形量来表示的，可借助于各种试验方法来确定。目前应用较为广泛的是拉伸试验，塑性指标采用断后伸长率 A 和断面收缩率 Z 表示。一般来说，金属材料的断后伸长率 A 和断面收缩率 Z 越大，其塑性越好。

所谓变形抗力，是指在一定的加载条件和变形温度、速度条件下，引起塑性变形的单位变形力。变形抗力反映的是物体在外力作用下对变形的抵抗能力。

塑性和变形抗力是两个不同的概念。塑性从变形程度的大小反映变形的难易，而变形抗力则是从力的角度反映塑性变形的难易程度。如奥氏体不锈钢允许的塑性变形程度大，说明它的塑性好，但其变形抗力也大，说明它需要较大的外力才能产生塑性变形。

3. 影响金属塑性的因素

金属的塑性不是固定不变的，受很多因素的影响。除了金属本身的内在因素（晶格类型、化学成分和金相组织等）以外，其外部因素如变形方式（应力与应变状态）、变形条件（变形温度与变形速度）的影响也很大。

（1）金属的成分及组织结构　金属的塑性受其化学成分的影响很大。工业用金属材料除基本元素外，大都还含有一定的杂质，以及为改善金属使用性能而加入的一些其他合金元素。合金元素对金属塑性的影响，取决于加入元素的特性、数量、元素之间的相互作用及分布等。

一般来说，组成金属的元素越少（如纯金属和固溶体）、晶粒越细小、组织分布越均匀，则金属的塑性越好。例如，纯铁比碳素钢的塑性好、变形抗力低。

（2）变形时的应力状态　塑性不仅取决于变形物体的材质，还与变形方式以及变形条件有关。例如，铅通常具有很好的塑性，但在三向等拉应力作用下，却像脆性材料一样发生破裂，而没有产生塑性变形。又如，对极脆的大理石施加三向压应力的作用，却能产生较大的塑性变形。

因为金属的塑性变形主要依靠晶面的滑移作用，而金属变形时的破坏则是由晶内滑移面上裂纹的扩展以及晶间变位时结合面的破坏造成的。压应力有利于封闭裂纹，阻止其继续扩展，使晶间结合力增大，降低晶间破坏的倾向。与此相反，拉应力则易于扩展材料的裂纹与缺陷，所以拉应力的成分越大，越不利于金属塑性的发挥。

（3）变形温度　就大多数金属而言，随着温度的升高，塑性增大，变形抗力降低（金属的软化）。因为随着温度的升高，金属组织发生了回复与再结晶；滑移所需临界切应力降低，使滑移系增加，产生了新的变形方式等。

由于温度对金属塑性的影响，在冲压工艺中有时也采用加热冲裁或加热成形的方法来提高材料的塑性和降低变形抗力，以增大变形程度和减小冲压力。而有些工序（如差温拉深）中还采用局部冷却的方法，以增大变形区的变形抗力，提高坯料危险断面的强度，从而达到延缓破坏、增大变形程度的目的。

（4）变形速度　变形速度是指单位时间内应变的变化量，但在冲压生产中不便控制和计算，故以压力机滑块的移动速度来近似反映金属的变形速度。

变形速度对金属塑性变形的影响比较复杂，目前，考虑速度因素，主要基于冲压件的尺寸和形状。对于小型件的冲压，一般可以不考虑速度因素，只需考虑设备的类型、标称压力和功率等；对于大型复杂件，由于冲压成形时坯料各部位的变形极不均匀，易于局部拉裂或起皱，为了便于控制金属的流动情况，宜采用低速成形（如采用液压机或低速压力机冲压）。另外，对于加热成形工序，为了使坯料中的危险断面能及时冷却强化，宜用低速；对变形速度比较敏感的材料（如不锈钢、耐热合金、钛合金等），也宜低速成形，其加载速度一般控制在0.25m/s以下。

（5）尺寸因素　同一种材料，在其他条件相同的情况下，尺寸越大，塑性越差。因为材料尺寸越大，组成和化学成分越不一致，杂质分布越不均匀，从而使不均匀变形越强烈，在组织缺陷处容易引起应力集中，形成裂纹源，因而引起塑性的降低。

1.2.3　塑性变形时的应力与应变

在冲压成形时，模具对材料施加外力作用，使其内部产生应力发生塑性变形。材料受外力作用后，通常只有一部分产生塑性变形，形成变形区。变形区的内力和变形的分布是不均匀的，一定的力的作用方式和大小都对应着一定的变形。为了分析和研究变形区的塑性变形过程，必须了解材料内各点的应力与应变状态以及它们之间的相互关系。

1. 点的应力状态

由于材料变形区内各点的受力和变形情况不同，为了全面、完整地描述变形区内各点的受力情况，需要引入点的应力状态的概念。在外力作用下，材料内各质点之间就会产生相互作用的内力，单位面积上内力的大小即为应力。

为分析变形区内点的应力状态，需将材料看成是均匀的、各向同性的，然后在该点周围截取一个微小的六面单元体，用该单元体三个相互垂直面上的应力 S_x、S_y、S_z 来表示受力状态，如图1-3a所示。其中每一个应力又可分解为平行于坐标轴的一个正应力和两个切应力，如图1-3b所示。由于单元体处于平衡状态，根据切应力互等定理（$\tau_{xy}=\tau_{yx}$，$\tau_{xz}=\tau_{zx}$，$\tau_{yz}=\tau_{zy}$），实际上只需知道六个应力分量，即三个正应力和三个切应力，就可以确定该点的应力状态。

对于任何一种应力状态，总是存在这样一组坐标系，使得单元体各表面只有正应力，而没有切应力，如图1-3c所示。此时三个坐标轴称为主轴，三个坐标轴的方向称为主方向，三个正应力称为主应力，三个主应力的作用面称为主平面。主应力一般按其数值大小依次用

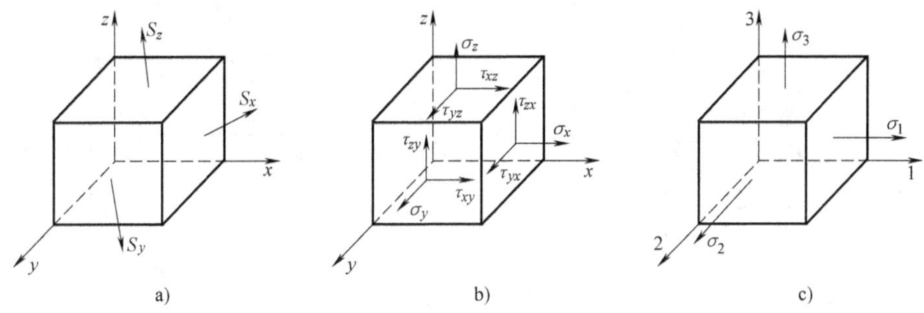

图 1-3　点的应力状态

a)、b) 任意坐标系　c) 主轴坐标系

σ_1、σ_2、σ_3 表示。带正号的正应力或主应力表示拉应力，带负号的正应力或主应力表示压应力。以主应力表示点的应力状态，可以大大简化分析、运算工作。

表示某点六面体各面上各主应力有无及其方向的图称为主应力状态简图（简称主应力图）。主应力具有九种可能的组合，如图 1-4 所示，其中四种为三向主应力图，三种为平面主应力图，两种为单向主应力图。

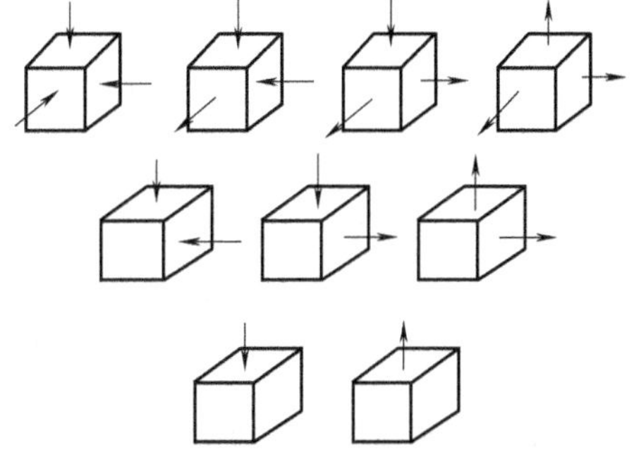

图 1-4　九种主应力图

根据前述应力状态对金属塑性的影响情况，九种主应力状态对金属塑性的影响程度可按图 1-5 所示的顺序排列，图中序号越小，金属的塑性越好。

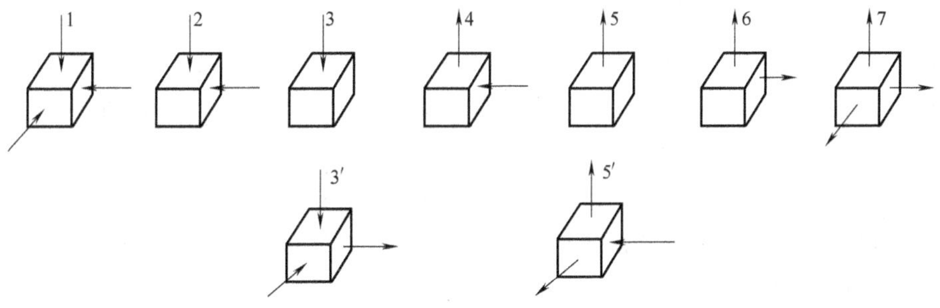

图 1-5　主应力状态对金属塑性的影响程度

2. 点的应变状态

一点的应变状态也是通过单元体的变形来表示的。在变形区某点处取单元体，然后研究该单元体的变形。与主应力状态一样，当采用主轴坐标系时，单元体就只有三个主应变分量 ε_1、ε_2、ε_3，而没有切应变分量，如图 1-6 所示。一种应变状态只有一组主应变。

如图 1-7 所示，设变形前的尺寸为 l_0、b_0、t_0，变形后的尺寸为 l、b、t。变形的大小可以用名义应变（又称工程应变）或真实应变（又称对数应变）来表示。

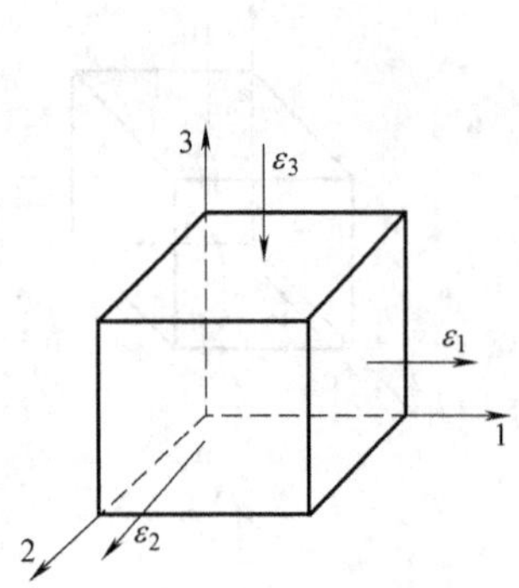

图 1-6 点的应变状态

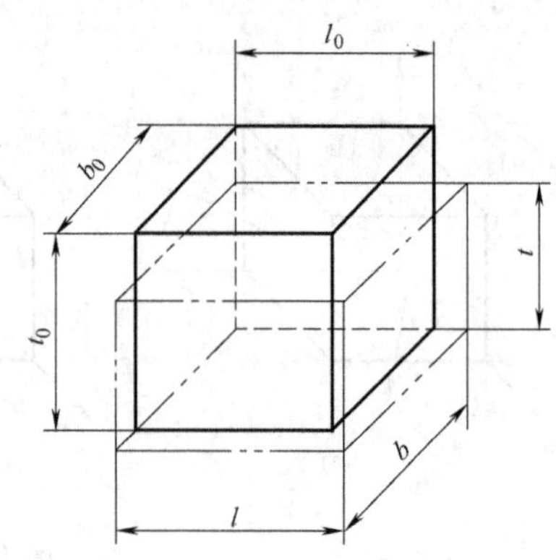

图 1-7 变形前后尺寸的变化

名义应变是以线尺寸增量与最初线尺寸之比来表示的，即

$$\left.\begin{aligned}\varepsilon_1&=\frac{l-l_0}{l_0}=\frac{\Delta l}{l_0}\\ \varepsilon_2&=\frac{b-b_0}{b_0}=\frac{\Delta b}{b_0}\\ \varepsilon_3&=\frac{t-t_0}{t_0}=\frac{\Delta t}{t_0}\end{aligned}\right\}\tag{1-1}$$

真实应变又称对数应变，是指变形后的线尺寸与变形前的线尺寸之比的自然对数值，即

$$\left.\begin{aligned}\delta_1&=\int_{l_0}^{l}\frac{\mathrm{d}l}{l}=\ln\frac{l}{l_0}\\ \delta_2&=\int_{b_0}^{b}\frac{\mathrm{d}b}{b}=\ln\frac{b}{b_0}\\ \delta_3&=\int_{t_0}^{t}\frac{\mathrm{d}t}{t}=\ln\frac{t}{t_0}\end{aligned}\right\}\tag{1-2}$$

由式（1-1）及式（1-2）可知，名义应变只考虑了物体变形前后尺寸的变化量，而真实应变考虑了物体变形中一个逐渐累积的过程。名义应变与真实应变之间的关系为

$$\delta=\ln(1+\varepsilon)\tag{1-3}$$

可见，只有当变形程度很小时，ε 才近似等于 δ。变形越大，ε 与 δ 的差值越大。一般把变形程度在 10% 以下的变形情况称为小变形问题，10% 以上为大变形问题。板料冲压成形一般属于大变形问题。

金属材料在塑性变形时，体积变化很小。根据塑性变形体积不变定律，可以得出三个主应变之间的数值关系，即

$$l_0b_0t_0=lbt$$

$$\ln\frac{l}{l_0}+\ln\frac{b}{b_0}+\ln\frac{t}{t_0}=0$$

即

$$\varepsilon_1+\varepsilon_2+\varepsilon_3=0\tag{1-4}$$

根据体积不变定律，可以得出如下结论：

1）塑性变形时，物体只有形状和尺寸发生变化，而体积保持不变。

2）不论应变状态如何，其中必有一个主应变的符号与其他两个主应变的符号相反，这个主应变的绝对值最大，称为最大主应变。

3）当已知两个主应变数值时，便可算出第三个主应变。

4）任何物体的塑性变形方式只有三种，与此相应的主应变图也只有三种，如图 1-8 所示。

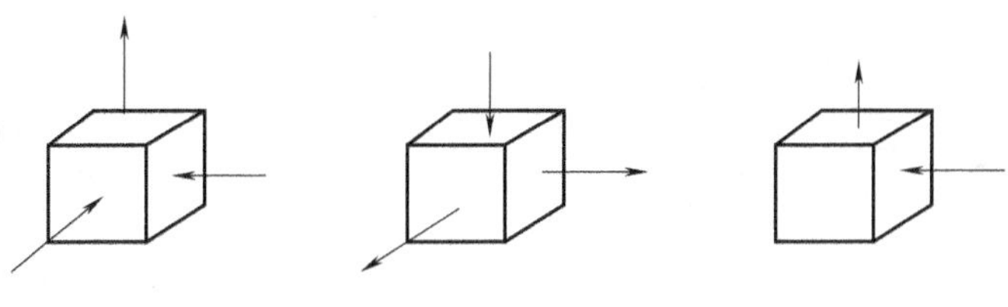

图 1-8　三种主应变图

3. 塑性变形时应力与应变的关系

应变状态对金属的塑性有很大的影响。在材料的应变状态中，压应变的成分越多，拉应变的成分越少，越有利于材料塑性的发挥。反之，越不利于材料塑性的发挥。这是因为材料的裂纹缺陷在拉应变的方向易于形成和扩展，沿着压应变的方向则不容易产生。

通过对塑性变形时应力与应变关系的分析，可得出以下结论：

1）应力分量与应变分量符号不一定一致，即拉应力不一定对应拉应变，压应力不一定对应压应变。

2）某方向应力为零，其应变不一定为零。

3）在任何一种应力状态下，应力分量的大小与应变分量的大小次序是相对应的，即若 $\sigma_1 > \sigma_2 > \sigma_3$，则有 $\varepsilon_1 > \varepsilon_2 > \varepsilon_3$。

4）若有两个应力分量相等，则对应的应变分量也相等，即若 $\sigma_1 = \sigma_2$，则有 $\varepsilon_1 = \varepsilon_2$。

1.2.4　金属塑性变形的基本规律

1. 硬化现象与硬化曲线

通常冲压生产都在常温下进行。对于一般常用金属材料，随着塑性变形程度的增加，其变形抗力是增大的，强度和硬度指标也增大，而塑性和韧性则逐渐降低，这种现象称为加工硬化。材料不同，变形条件不同，其加工硬化的程度也就不同。

材料加工硬化对冲压成形既有有利的方面，也有不利的方面。一方面，材料的硬化能减少过大的局部变形，使变形趋向均匀，增大成形极限，尤其对伸长类变形有利；但是另一方面，硬化又导致变形抗力的增大，使变形困难，对后续工序不利，有时候不得不增加退火工序以消除硬化。

材料的硬化规律可以用硬化曲线来表示。硬化曲线实际上就是材料变形时应力随应变变化的曲线，可以通过拉伸、压缩或胀形试验等多种方法求得。图 1-9 所示为拉伸试验时获得的两条金属的应力-应变曲线。

在图 1-9 中，曲线 1 的应力是以各加载瞬间的载荷 F 与该瞬间试件的截面面积 A 之比 F/A 来表示的，考虑了变形过程中材料截面面积的变化，真实反映了硬化规律，故又称之为实际应力-应变曲线。曲线 2 的应力是按各加载瞬间的载荷 F 与变形前试样的原始截面面积

A_0 之比 F/A_0 来表示的，没有考虑到变形过程中材料截面面积的变化，因此并不能反映材料在各变形瞬间的真实应力，所以称之为假象应力-应变曲线。

图 1-10 所示为用试验求得的几种金属在室温下的硬化曲线。从曲线的变化规律可以发现，在塑性变形的开始阶段，随着变形程度的增大，实际应力急剧增大，但当变形程度达到一定值以后，变形的增加不再引起实际应力的显著增大。

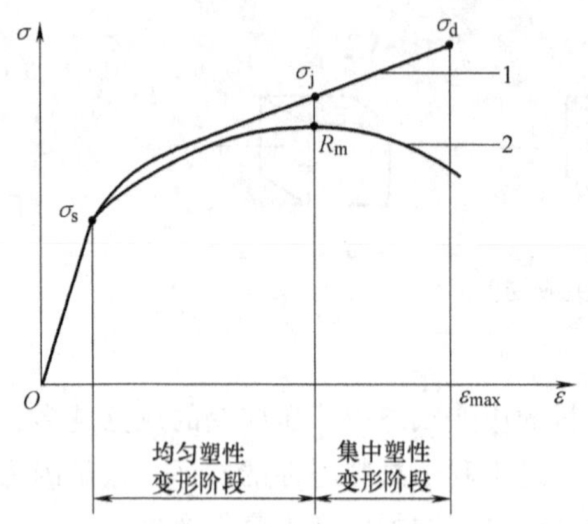

图 1-9　金属的应力-应变曲线

1—实际应力-应变曲线　2—假象应力-应变曲线

σ_s—屈服点应力　σ_j（σ_b）—缩颈点应力　σ_d—断裂点应力

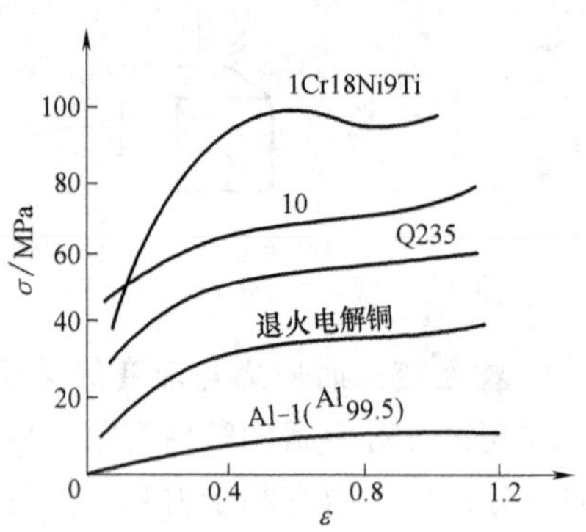

图 1-10　几种金属在室温下的硬化曲线

（1Cr18Ni9Ti 为 GB/T 1220—1992 中的牌号，GB/T 1220—2007 中已将其取消）

在冲压生产中常用指数曲线表示硬化曲线，其方程式为

$$\sigma = A\varepsilon^n \tag{1-5}$$

式中　A——系数；

n——硬化指数。

硬化指数 n 是描述材料冷变形硬化过程的重要参数，对板材的冲压成形性能及制件质量都有较为重要的影响。n 值大表示在冷变形过程中，材料的变形抗力随变形程度的增加而迅速增大，材料均匀变形能力增强。A 和 n 与材料的种类和性能有关，可通过拉伸试验求得，其值可参见表 1-3。指数曲线与材料的实际硬化曲线比较接近。

表 1-3　几种金属材料的 A 与 n 值

材　料	A/MPa	n	材　料	A/MPa	n
软钢	710 ~ 750	0.19 ~ 0.22	铜	420 ~ 460	0.27 ~ 0.34
黄铜	760 ~ 820	0.39 ~ 0.44	硬铝	320 ~ 380	0.12 ~ 0.13
磷青铜	1100	0.28	铝	160 ~ 210	0.25 ~ 0.27
银	470	0.31			

2. 加载-卸载规律和反加载软化现象

（1）加载-卸载规律　拉伸应力-应变曲线反映的是单向拉伸时材料的拉应力与拉应变之间的关系。如果加载以后卸载，此时应力应变之间的关系将按图 1-11 所示的规律发生变化。

如图 1-11 所示，拉伸变形在 OA 段时，材料处于弹性变形状态，应力与应变是线性关系。在弹性范围内卸载，则应力、应变仍然按照直线 OA 回到 O 点，不产生残余变形。如果试样被拉伸至超过屈服点 A 到达 B 点再卸载，此时应力、应变关系将沿直线 BC 逐渐降低，直至载荷为零，而不是沿 BAO 路线返回。

卸载时的直线 BC 与加载时弹性变形的直线段 OA 是平行的，因此加载时的总应变 ε_B 等于卸载后因弹性回复而消失的一部分应变 ε_t 与仍然保留下来成为永久变形的另一部分应变 ε_s 之和，即 $\varepsilon_B=\varepsilon_t+\varepsilon_s$。弹性回复的应变量为

$$\varepsilon_t=\frac{\sigma_B}{E} \tag{1-6}$$

式中　E——材料的弹性模量。

实际冲压时，分离或成形后的冲压件的形状和尺寸与模具工作部分的形状和尺寸不尽相同，就是由卸载规律引起的弹性回复（简称回弹）造成的，因此式（1-6）对考虑冲压成形时的回弹有实际的意义。

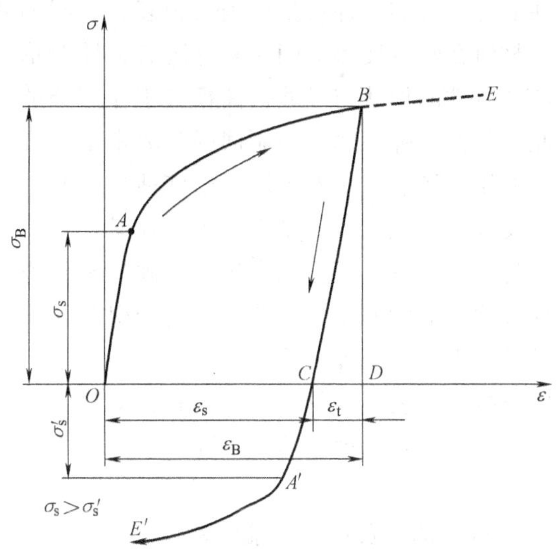

图 1-11　拉伸试验的卸载和反加载软化曲线

（2）卸载-重新加载应力应变规律　在卸载后对试件重新加载拉伸，随着载荷的增大，应力、应变的关系将沿着直线 CB 逐渐上升，到达 B 点应力 σ_B 时材料又开始屈服，随后应力、应变关系继续沿着加载曲线 BE 变化。

（3）卸载-反向加载应力应变规律　当试件卸载后反向施加载荷时，其应力、应变关系将沿着曲线 $OABCA'E'$ 变化。反向加载材料屈服后，应力、应变之间基本上按照加载时的曲线规律变化。试验表明，反向加载时材料的屈服强度 σ'_s 比拉伸时的屈服强度 σ_s 有所降低，出现反加载软化现象。反加载软化现象对分析某些冲压工艺（如拉弯）很有实际意义。

1.2.5　冲压材料及其冲压成形性能

先进的冲压工艺与模具技术，必须结合冲压性能良好的材料，才能加工出高质量的冲压件。

1. 材料的冲压成形性能

冲压成形性能是指材料对各种冲压成形方法的适应能力。良好的冲压成形性能，是指材料便于冲压成形，单个冲压工序的极限变形程度和总的极限变形程度大，生产率高，容易得到高质量的冲压件，模具寿命长等。冲压成形性能是一个综合性的概念，主要包括两个方面：一是成形极限，二是成形质量。

（1）成形极限　在冲压成形过程中，材料能达到的最大变形程度称为成形极限。对于不同的冲压工序，成形极限常用不同的极限变形系数来表示。由于在冲压工艺中主要使用的是板料，冲压成形大多是在板厚方向上的应力值近似为零的平面应力状态下进行的。

在变形坯料内部凡是受到过大拉应力作用的区域，坯料局部会变薄甚至缩颈断裂；而受到过大压应力作用的区域，在超过临界应力的情况下坯料将丧失稳定而起皱。所以，为提高成形极限，必须从材料方面提高抗拉和抗压能力；从冲压工艺参数考虑，则必须严格限制坯料的极限变形系数。

（2）成形质量　冲压件的质量指标，主要是尺寸精度、厚度变化、表面质量及物理力

学性能等。影响工件质量的因素很多，不同的冲压工序情况又各不相同。

材料在塑性变形的同时总伴随着弹性变形，冲压载荷卸除以后，由于材料的弹性回复，造成冲压件的形状与尺寸偏离模具工作部分的形状与尺寸，影响冲压件的尺寸和形状精度。因此，掌握回弹规律、控制回弹量非常重要。

冲压成形后，一般板厚都会变薄或变厚。厚度变薄直接影响冲压件的强度和使用，对强度有要求时，往往要限制其最大变薄量。

材料经过变形后，除产生加工硬化现象外，还会由于变形不均匀造成残余应力，导致冲压件尺寸和形状的变化，严重时还会引起冲压件的自行开裂。对于这些潜在缺陷，可通过冲压后及时进行热处理消除。

影响工件表面质量的主要因素是原材料的表面状态、晶粒大小及模具对冲压件表面的擦伤等。其中，产生擦伤的原因除冲模间隙不合理或不均匀、模具表面粗糙外，往往还由材料粘附模具所致。

2. 板料的冲压成形性能试验

板料的冲压成形性能是通过试验来测定的，分为直接试验和间接试验两类。在直接试验中，板料的应力状态和变形情况与实际冲压时基本相同，试验所得结果比较准确。而在间接试验中，板料的受力情况和变形特点都与实际冲压时有一定的差别，所得结果只能在分析的基础上间接地反映板料的冲压成形性能。但间接试验可在通用设备上进行，故常常采用。

间接试验有拉伸试验、剪切试验、硬度试验和金相试验等。其中拉伸试验简单易行，不需要专用板料试验设备，且所得结果能从不同角度反映板料的冲压性能。下面仅介绍最常用的间接试验——拉伸试验。

试验时，在板料的不同部位和方向上截取试样，按国家标准 GB/T 228. 1—2010《金属材料　拉伸试验　第 1 部分：室温试验方法》制成图 1-12 所示的拉伸试验用标准试样，然后在万能材料试验机上进行拉伸。根据试验结果或利用自动记录装置，可绘制得到板料拉伸时的实际应力-应变曲线及假象应力-应变曲线，如图 1-13 所示。

Ra 0.4
$b_0=b-0.1$
t_0
b
b_0
1.5b
r35
2b+10
$l_0=11.3\sqrt{A_0}$
$l_1=9b+20+l_0$

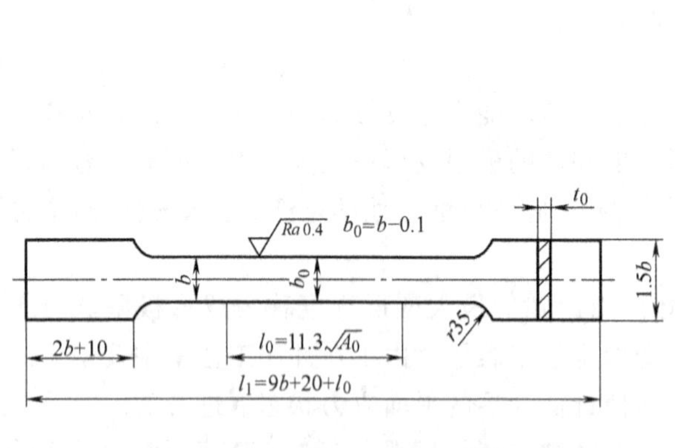

图 1-12　拉伸试验用标准试样

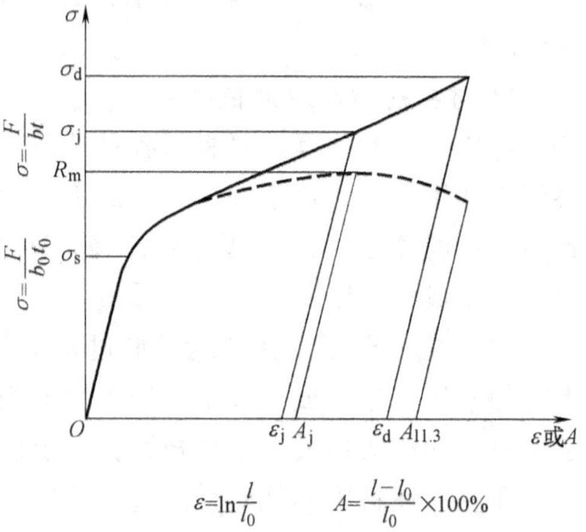

σ
σ_d
σ_j
R_m
σ_s
$\sigma=\frac{F}{bt}$
$\sigma=\frac{F}{b_0t_0}$
O
ε_j A_j
ε_d $A_{11.3}$
ε或A
$\varepsilon=\ln\frac{l}{l_0}$
$A=\frac{l-l_0}{l_0}\times100\%$

图 1-13　实际应力-应变曲线与假象应力-应变曲线

通过拉伸试验，可以测得板料的强度、刚度、塑性、各向异性等力学性能指标。这些性能指标，可以从不同角度反映板料的冲压成形性能。

（1）强度指标（屈服强度 σ_s、抗拉强度 R_m 或缩颈点应力 σ_j）　强度指标对冲压成形性能的影响通常用屈服强度与抗拉强度的比值（称为屈强比）来表示。屈强比小，则容易产生塑性变形而不易产生拉裂，即从产生屈服至拉裂有较大的塑性变形区间。因此，屈强比越小，材料的冲压成形性能就越好。

（2）刚度指标（弹性模量 E、硬化指数 n）　弹性模量 E 越大或屈服强度与弹性模量的比值（称为屈弹比）越小，在成形过程中抗压失稳的能力越强，卸载后的回弹量越小，有利于提高冲压件的质量。硬化指数 n 可根据拉伸试验结果由式（1-5）求得。n 值大的材料，硬化效应就大，变形过程中材料局部变形程度的增加会使该处的变形抗力增大，从而补偿该处因截面面积减小而引起的承载能力的减弱，防止了局部集中变形的进一步发展，具有扩展变形区、使变形均匀化和增大极限变形程度的作用。

（3）塑性指标（均匀伸长率 A_j 或细颈点应变 ε_j、断后伸长率 A 或断面收缩率 Z）　均匀伸长率 A_j 是在拉伸试验中开始产生局部集中变形（即刚出现缩颈时）的伸长率（即相对应变），它表示板料产生均匀变形或稳定变形的能力。一般来说，A_j 和 A 越大，材料允许的塑性变形程度也越大。

（4）各向异性指标（板厚方向性系数 r、板平面方向性系数 Δr）　板厚方向性系数 r 是指板料试样拉伸时，宽度方向与厚度方向的应变之比，即

$$r=\frac{\varepsilon_b}{\varepsilon_t}=\frac{\ln(b/b_0)}{\ln(t/t_0)} \tag{1-7}$$

式中　b_0、b、t_0、t——变形前后试件的宽度与厚度，一般取伸长率为 20% 时试样测量的结果。

r 值的大小反映了在相同受力条件下板料平面方向与厚度方向的变形性能差异，r 值越大，说明板平面方向上越容易变形，而厚度方向上越难变形，这对拉深成形是有利的。

由于板料轧制后晶粒沿轧制方向被拉长，杂质和偏析物也会定向分布，形成纤维组织，使得平行于纤维方向和垂直于纤维方向材料的力学性能不同。因此在板平面上存在各向异性，其程度一般用板厚方向性系数在几个特殊方向上的平均差值 Δr（称为板平面方向性系数）来表示，即

$$\Delta r=(r_0+r_{90}-2r_{45})/2 \tag{1-8}$$

式中　r_0、r_{90}、r_{45}——板料的纵向（轧制方向）、横向及 45°方向上的板厚方向性系数。

Δr 值越大，则方向性越明显，对冲压成形性能的影响也越大。拉深时在零件端部出现不平整的凸耳现象，就是由材料的各向异性造成的，它既浪费材料又要增加一道切边工序。

3. 对冲压材料的基本要求

冲压所用的材料，不仅要满足冲压件的使用要求，还应满足冲压工艺的要求和后续加工（如切削加工、电镀、焊接等）的要求。冲压工艺对材料的基本要求主要有如下几方面。

（1）具有良好的冲压成形性能　对于成形工序，为提高冲压件的质量，冲压材料应具有良好的冲压性能，即应具有良好的塑性（均匀伸长率 δ_j 高），屈强比和屈弹比小，板厚方向性系数 r 大，板平面方向性系数 Δr 小；对分离工序而言，则要求冲压材料具有一定的塑性。

（2）具有较高的表面质量　材料的表面应光洁平整，无分层和机械性损伤，无锈斑、氧化皮及其他附属物。表面质量好的材料，冲压时不易破裂和擦伤模具，冲压件的表面质量也好。

（3）材料厚度公差符合国家标准（GB/T 708—2006《冷轧钢板和钢带的尺寸、外形、

重量及允许偏差》） 由于模具的间隙对冲压件的质量影响很大，一定的间隙适用于一定的材料厚度，材料厚度公差太大，不仅直接影响制件的质量，在校正弯曲、整形等工序中，还可能导致模具和压力机的损坏。

4. 常用冲压材料及选用

冲压用材料有各种规格的板料、卷料和棒料。板料的尺寸较大，一般用于大型零件的冲压，对于中小型零件，多数是将板料剪裁成条料后使用。卷料（也称带料）有各种规格的宽度，展开长度较大，适用于大批量生产的自动送料场合。棒料通过下料，常用作冷挤压的坯料。

冲压常用材料有以下几种。

1）钢铁材料主要有普通碳素钢、优质碳素结构钢、合金结构钢、碳素工具钢、不锈钢、电工硅钢等。

对于厚度在4mm以下的轧制薄钢板，按国家标准GB/T 708—2006规定，钢板的厚度精度可分为A（高级精度）、B（较高精度）和C（普通精度）级。

对于优质碳素结构钢薄钢板，根据GB/T 710—2008《优质碳素结构钢热轧薄钢板和钢带》规定，钢板的表面质量可分为Ⅰ（特别高级的精整表面）、Ⅱ（高级的精整表面）、Ⅲ（较高级的精整表面）和Ⅳ（普通的精整表面）组；每组按拉深级别又可分为Z（最深拉深）、S（深拉深）和P（普通拉深）级。

2）非铁金属材料主要有铜及铜合金、铝及铝合金、镁合金、钛合金等。

3）非金属材料有纸板、层压板、胶木板、橡胶板、塑料板、纤维板和云母等。

冲压生产中最常用的是金属材料（包括钢铁材料和非铁金属材料），但有时也用非金属材料。

关于材料的牌号、规格和性能，可查阅有关设计资料和标准。表1-4列出了部分冲压常用金属材料的力学性能。

表1-4　冲压常用金属材料的力学性能

材料名称	牌号	材料状态	力学性能				
			抗剪强度 τ_b/MPa	抗拉强度 R_m/MPa	屈服强度 σ_s/MPa	伸长率 $A_{11.3}$(%)	弹性模量 $E/10^3$MPa
普通碳素钢	Q195	未经退火	225~314	314~392	195	28~33	
	Q215		265~333	333~412	215	26~31	
	Q235		304~373	432~461	235	21~25	
优质碳素结构钢	08F	已退火	216~304	275~383	177	32	
	08		255~333	324~441	196	32	186
	10F		216~333	275~412	186	30	
	10		255~333	294~432	206	29	194
	15		265~373	333~471	225	26	198
	20		275~392	353~500	245	25	206
	35		392~511	490~637	314	20	197
	45		432~549	539~686	353	16	200
	50		432~569	539~716	373	14	216

（续）

材料名称	牌号	材料状态	力学性能				
			抗剪强度 τ_b/MPa	抗拉强度 R_m/MPa	屈服强度 σ_s/MPa	伸长率 $A_{11.3}$(%)	弹性模量 $E/10^3$MPa
不锈钢	12Cr13	已退火	314~373	392~416	412	21	206
	20Cr13		314~392	392~490	441	20	206
	1Cr18Ni9Ti	经热处理	451~511	569~628	196	35	196
铝锰合金	3A21	已退火	69~98	108~142	49	19	70
		半冷作硬化	98~137	152~196	127	13	
硬铝（杜拉铝）	2A12	已退火	103~147	147~211		12	71
		淬硬并经自然时效	275~304	392~432	361	15	
		淬硬后冷作硬化	275~314	392~451	333	10	
纯铜	T1、T2、T3	软	157	196	69	30	106
		硬	235	294		3	127
黄铜	H62	软	255	294		35	98
		半硬	294	373	196	20	
		硬	412	412		10	
	H68	软	235	294	98	40	108
		半硬	275	343		25	
		硬	392	392	245	15	113
铅黄铜	HPb59-1	软	294	343	142	25	113
		硬	392	441	412	5	91
锡青铜	QSn6.5-0.1 QSn4-3	软	255	294	137	38	98
		硬	471	539		3~5	
		特硬	490	637	535	1~2	122
钛合金	TA2	退火	353~471	441~588		25~30	
	TA3		432~588	539~736		20~25	
	TA4		628~667	785~834		15	102

1.3 任务实施

1.3.1 基础训练——门锁防盗链扣座材料的选择

门锁防盗链如图 1-1a 所示，该产品由链扣、链扣座及扣座所组成，在此主要以装在门上的扣座为例，分析其材料的选择、适用性及冲压成形工艺。

图 1-1a 所示的扣座，结构简单，加工方便，基本的冲压工序有落料、弯曲、冲孔和修边。材料采用 Q235 钢，具有良好的冲压成形性能，外观镀铜，强度和刚度基本满足使用要求，成本较低。

a)　　b)

图 1-14　各种类型的门锁防盗链

a)　　b)　　c)

d)　　e)　　f)

g)　　h)

图 1-15　保温罩的冲压工艺流程

a）落料　b）拉深　c）整形　d）切边　e）翻边　f）冲底孔　g）冲侧孔　h）攻螺纹

另外，从提高美观程度和强度出发，产品可设计成图 1-14 所示的结构，结构比较厚重，刚度和强度提高，材料选用 304 不锈钢（06Cr19Ni10，GB/T 20878—2007《不锈钢和耐热钢牌号及化学成分》），304 不锈钢具有良好的耐蚀性、耐热性、低温强度和冲压成形性能，广泛用于制造要求良好综合性能的产品。因此，在材料和制造成本上均有所提高。

1.3.2　综合训练——不锈钢保温罩冲压成形工艺的确定

某电压力锅保温罩如图 1-1b 所示，产品采用不锈钢材料，料厚 $t=2.5$mm，上端部内径为 220mm，凸缘最大外径为 245mm，最小处外径为 235mm，总高为 130mm，可一次拉深成形。底部有 12 个孔，保温罩侧面有一螺孔。试分析产品的冲压成形工艺。

在生产中，由于保温罩结构尺寸较大，又采用较厚的不锈钢材料，所需冲压力大。另外电压力锅的品种规格多，每一规格批量不大。因此，生产中采用工序较分散的单工序成形方法加工。

保温罩的冲压工艺流程如图 1-15 所示。

思考与练习题

1-1　影响金属塑性变形的因素有哪些？

1-2　拉伸试验中反映材料冲压性能的指标有哪些？

1-3　何谓材料的冲压成形性能？主要包括哪些方面的内容？

1-4　冲压对材料有哪些基本要求？如何合理选用冲压材料？

1-5　自选各种典型冲压件，讨论冲压件材料的选择并简述成形工艺。

教学单元二　冲裁工艺与冲裁模设计

冲裁是利用安装在压力机上的模具使板料产生分离的冲压工序。冲裁工序的种类很多，常用的有切断、落料、冲孔、切边、切口、剖切等。一般来说，冲裁主要是指落料和冲孔。若沿冲裁件一定的轮廓和尺寸进行冲裁，封闭曲线以内的部分为制件的称为落料，而封闭曲线以外的部分为制件的称为冲孔。

冲裁是冲压加工方法的基础工序，应用非常广泛，它既可以直接冲压出所需的零件，又可以为弯曲、拉深和成形等其他冲压工序冲制毛坯。

2.1　任务引入

图 2-1 所示为生产实际中经常出现的两类普通冲裁件。图 2-1a 所示为板厚 $t=2.2\text{mm}$，外形较规则、尺寸较大的 T 形板。图 2-1b 所示为接触环，料厚 $t=0.35\text{mm}$，其外形复杂、尺寸较小。根据它们结构及工艺的差别，在设计冲裁模时需要充分考虑到各种因素，从而设计出合理的模具。下面先介绍冲裁模设计的基础知识，然后完成这两副冲裁模的设计。

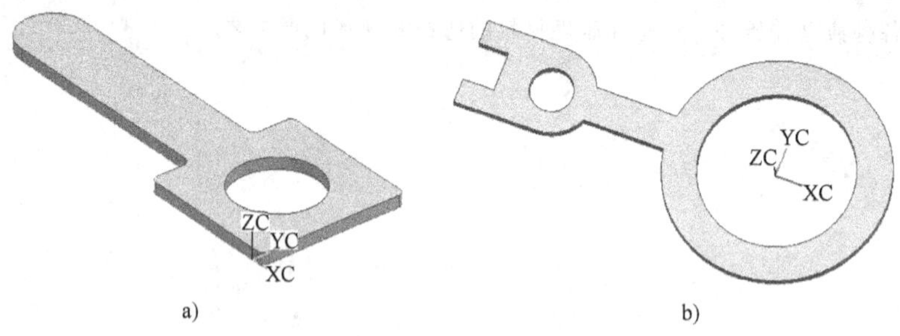

图 2-1　普通冲裁件

a）T 形板　b）接触环

2.2　相关知识

2.2.1　冲裁变形过程分析

1. 冲裁变形过程

冲裁过程是在瞬间完成的，为了控制冲裁件的质量，研究冲裁件变形机理，就需要分析冲裁时板料分离的实际过程。冲裁时板料的变形具有明显的阶段性，像单向拉伸那样，由弹性变形过渡到塑性变形，最后产生断裂分离。

当凸、凹模间隙正常时，冲裁变形过程大致可以分为弹性变形阶段、塑性变形阶段、剪切分离阶段三个阶段，如图 2-2 所示。

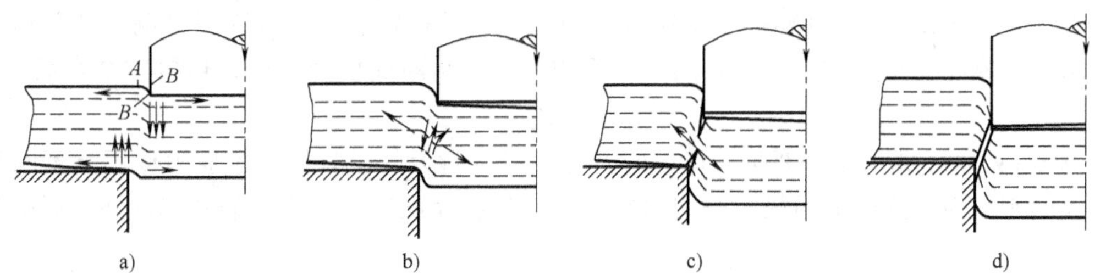

图 2-2　冲裁变形过程

（1）弹性变形阶段　如图 2-2a 所示，板料在凸模压力下，产生弹性压缩、拉伸等变形，此时凸模略微挤入板料内，板料的另一面也略微挤入凹模刃口内，凸模端部下面的材料略有弯曲，凹模刃口上面的材料开始上翘。间隙越大，弯曲和上翘越严重，板料在凸、凹模刃口处形成初始塌角。此时材料内部应力尚未超过弹性极限，当外力去掉后材料能恢复原状。

（2）塑性变形阶段　当凸模继续压入时，压力增大，材料内部的应力也随之加大，在材料内部的应力达到屈服强度时便开始进入塑性变形阶段，如图 2-2b 所示。在这一阶段中，随着凸模挤入材料深度的增加，材料的塑性变形程度也增大。由于刃口处存在间隙，材料内部的拉应力及弯矩也增大，使变形区材料硬化加剧，直到刃口附近的材料由于拉应力及应力集中的作用开始出现微裂纹。与此同时，冲裁变形力也达到最大值。微裂纹的出现说明塑性变形阶段也结束了。

（3）剪切分离阶段　当板料内的应力达到抗拉强度后，凸模再向下压入时，板料与凸、凹模刃口接触的部位因应力集中而先后产生微裂纹，如图 2-2c 所示。凸模继续下降，凸、凹模刃口处的微裂纹不断向材料内部延伸，当上、下裂纹相重合时，板料产生断裂而分离，如图 2-2d 所示。冲裁件断面上形成了粗糙并带斜度的断裂带。

2. 冲裁切断面分析

冲裁变形区的应力与应变情况和冲裁件切断面情况如图 2-3 所示。从图中看出，冲裁件的切断面存在四个明显的区域性特征，即塌角、光面、毛面和毛刺。

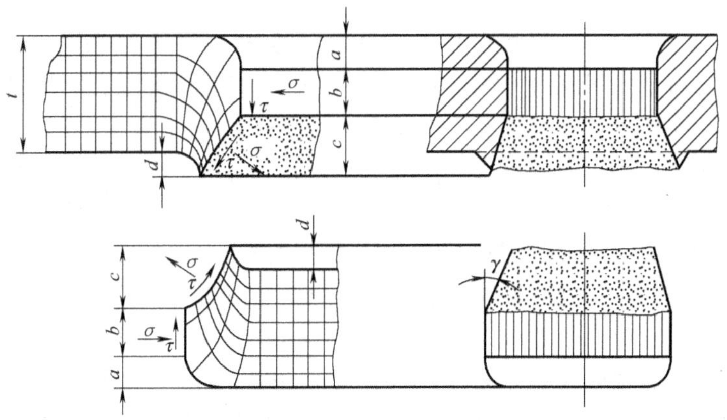

图 2-3　冲裁变形区的应力与应变情况和冲裁件的切断面情况

塌角 a：该区域的形成是当凸模刃口压入材料时，刃口附近的材料产生弯曲和伸长变形，材料被拉入间隙的结果。

光面 b：该区域发生在塑性变形阶段，当刃口切入材料后，材料受刃口侧面的剪切和挤压作用而形成光亮垂直的断面。显然，光面越宽，说明断面质量越好，通常占全断面 1/3 ~ 1/2。

毛面 c：该区域是在断裂阶段形成的，是由刃口附近的微裂纹在拉应力作用下不断扩展而形成的撕裂面。其断面粗糙，且向材料体内倾斜，因此对一般应用的冲裁件并不影响其使用性能。

毛刺 d：该区域形成于塑性变形阶段后期，它是由于裂纹的起点不在刃口，而是在刃口附近的侧面上而自然形成的。当凸、凹模刃口磨钝后，即使间隙值合理，也会在制件上产生毛刺。在普通冲裁中毛刺是不可避免的，间隙合适时毛刺的高度可控制到很小，并易于除去。普通冲裁允许的毛刺高度见表 2-1。

表 2-1　普通冲裁允许的毛刺高度 h　（单位：mm）

料厚 t	≤0.3	>0.3 ~ 0.5	>0.5 ~ 1.0	>1.0 ~ 1.5	>1.5 ~ 2.0
生产时	≤0.05	≤0.08	≤0.10	≤0.13	≤0.15
试模时	≤0.015	≤0.02	≤0.03	≤0.04	≤0.05

3. 冲裁件的质量及其影响因素

冲裁件的质量是指冲裁件的断面状况、尺寸精度和形状误差。冲裁件的断面应尽可能垂直、光滑、毛刺小；尺寸精度应保证在图样规定的公差范围内；冲裁件外形应符合图样要求，表面尽可能平直。

影响冲裁件质量的因素很多，主要有材料性能、间隙大小及均匀性、刃口锋利程度、模具精度及模具结构形式等。

（1）冲裁件的断面质量及其影响因素　冲裁件四个特征区域在整个断面上的比例并不是一成不变的，其主要影响因素如下。

1）材料力学性能的影响。材料塑性好，冲裁时裂纹较迟出现，材料剪切的深度也较大，所得断面光面所占比例大，毛面较小，但是塌角、毛刺也较大。对于塑性差的材料，则情况相反。

2）冲裁间隙的影响。冲裁间隙是影响冲裁件断面质量的主要因素。当间隙合适时，凸、凹模刃口附近沿最大切应力方向产生的裂纹在冲裁过程中能会合，此时断面比较平直光滑，毛刺较小，断面质量较好，如图 2-4a 所示。

当间隙过小时，变形区内弯矩小，压应力成分高，裂纹的产生受到抑制而推迟。凸模刃口处的裂纹相对凹模刃口处的裂纹向外错开，上、下裂纹不重合，在两条裂纹之间的材料将被第二次剪切。当上裂纹压入凹模时，受到凹模壁的挤压产生第二光面或断续的小光亮块。同时，部分材料被挤出，在表面形成薄而高的毛刺，如图 2-4b 所示。

当间隙过大时，材料内的拉应力增大，使得拉伸断裂发生较早，导致断面光面减小，毛面增大，且塌角、毛刺也较大，冲裁件穹弯增大。同时，上、下裂纹也不重合，凸模刃口处的裂纹相对凹模刃口处的裂纹向内错开了一段距离，使毛面斜角增大，断面质量不理想，如图 2-4c 所示。

3）模具刃口状态的影响。模具刃口状态对冲裁过程中的应力状态及制件的断面质量有较大的影响。当凸、凹模刃口磨钝后，挤压作用增大，冲裁件的塌角和光面增大。但会使冲

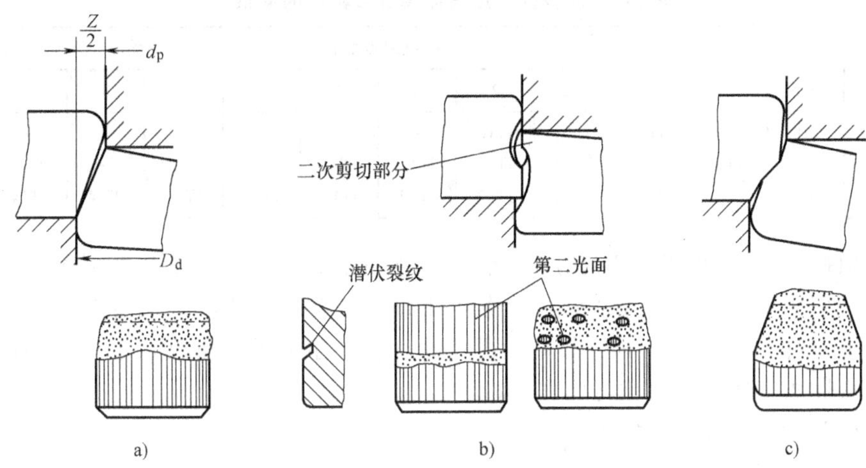

图 2-4　间隙大小对冲裁件断面质量的影响

裁断面上产生明显的毛刺，即使间隙合理也会在制件上产生毛刺。实践表明，凸模磨钝后，落料件会产生毛刺；凹模磨钝后，冲孔件会产生毛刺，如图 2-5 所示。

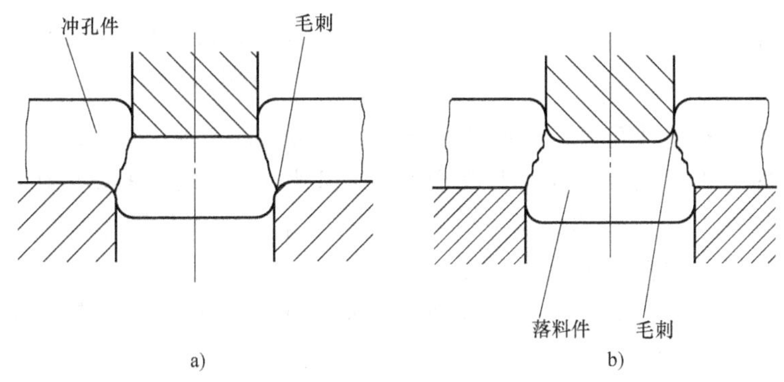

图 2-5　凸、凹模刃口磨钝时毛刺的形成情况
a）凹模磨钝　b）凸模磨钝

4）模具结构形式的影响。提高断面质量、增大光面的宽度，关键在于推迟剪切裂纹的产生，减小冲裁变形区材料内的拉应力成分，增大压应力成分。因此，在模具结构设计中，应尽量采用压料板压紧凹模面上的材料，必要时对凸模下面的材料用顶板施加反向压力。

（2）冲裁件的尺寸精度及其影响因素　冲裁件的尺寸精度是指冲裁件实际尺寸与公称尺寸的差值。差值越小，精度越高。冲裁件尺寸的测量和使用，都是以光面的尺寸为基准。从整个冲裁过程来看，影响冲裁件尺寸精度的因素有两大方面：一是模具的结构与制造精度，二是冲裁结束后冲裁件相对于凸模或凹模尺寸的偏差。

1）冲模的结构与制造精度。冲模的制造精度（主要是凸、凹模制造精度）对冲裁件尺寸精度有直接的影响。冲模的制造精度越高，冲裁件的精度也越高。冲裁件精度与冲模制造精度的关系见表 2-2。

表 2-2　冲裁件精度与冲模制造精度的关系

冲模制造精度	材料厚度 t/mm											
	0.5	0.8	1.0	1.5	2	3	4	5	6	8	10	12
IT6 ~ IT7	IT8	IT8	IT9	IT10	IT10	—	—	—	—	—	—	—
IT7 ~ IT8	—	IT9	IT10	IT10	IT12	IT12	IT12	—	—	—	—	—
IT9	—	—	—	IT12	IT12	IT12	IT12	IT12	IT14	IT14	IT14	IT14

2）冲裁件相对于凸模或凹模尺寸的偏差。产生此类偏差的原因是冲裁时材料所产生的挤压、拉伸和翘曲变形，在冲裁结束后产生弹性回复。当冲裁件从凹模内推出（落料）或从凸模上卸下（冲孔）时，相对于凸、凹模尺寸就会产生偏差。影响这个偏差的因素有冲裁间隙、材料性质、冲裁件性质与尺寸等。

凸、凹模间隙 Z 对冲裁件尺寸精度（δ 为冲裁件相对于凸、凹模尺寸的偏差）的影响如图 2-6 所示。当间隙较大时，板料在冲裁过程中除受剪切作用外还产生较大的拉伸与弯曲变形，冲裁后因材料弹性回复，将使冲裁件尺寸向实体方向收缩。对于落料件，其尺寸将会小于凹模刃口尺寸；对于冲孔件，其尺寸将会大于凸模刃口尺寸。

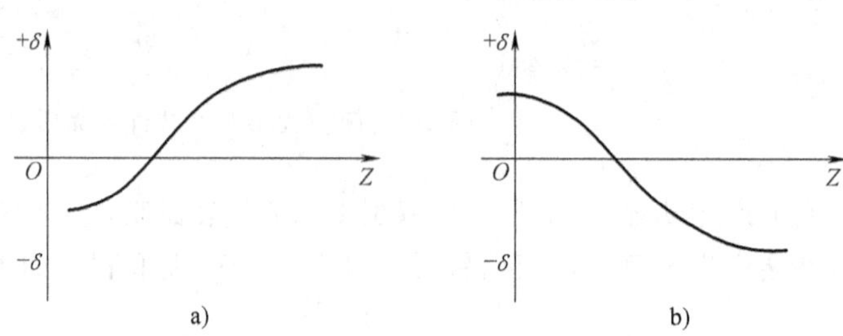

图 2-6　间隙对冲裁件尺寸精度的影响

a）冲孔　b）落料

当间隙较小时，板料在冲裁过程中除受剪切作用外还受到较大的挤压作用，冲裁后材料的弹性回复是冲裁件尺寸向实体的反方向胀大。对于落料件，其尺寸将会大于凹模刃口尺寸；对于冲孔件，其尺寸将会小于凸模尺寸。

只有当间隙为某一恰当值（即图中曲线与横轴 Z 的交点）时，冲裁件尺寸与凸、凹模尺寸完全一样，此时 $\delta=0$。

材料的性质直接决定了该材料在冲裁过程中的弹性变形量。对于比较软的材料，弹性变形量较小，冲裁后弹性回复量也较小，因此冲裁件的精度较高。对于比较硬的材料，情况则相反。

材料的相对厚度 t/D（t 为冲裁件材料厚度，D 为冲裁件外径）越大，弹性变形量越小，因而冲裁件的精度越高。冲裁件尺寸越小，形状越简单则精度越高。

（3）冲裁件的形状误差及其影响因素　冲裁件的形状误差是指翘曲、扭曲、变形等缺陷。冲裁件呈现的曲面不平现象称为翘曲，它是由间隙过大、弯矩增大、变形区拉伸和弯曲成分增多造成的，此外材料的各向异性和卷料未校平也会导致翘曲。冲裁件呈现的扭歪现象称为扭曲，它是由材料不平、间隙不均匀、凹模圆角对材料摩擦不均匀等造成的。冲裁件的变形是由冲裁件上孔间距或孔到边缘的距离太小等原因造成的。在模具结构中加设压料装置，可减小冲裁件的形状误差；对于平直度要求更高的冲裁件，可增加校平工序。

综上所述，用普通冲裁方法所得到的冲裁件，其断面质量和尺寸精度都不太高。一般金属冲裁件所能达到的经济精度为 IT10 ~ IT14，要求高的也只能达到 IT8 ~ IT10。若要进一步提高冲裁件的质量，则要在普通冲裁的基础上增加整修工序或采用精密冲裁方法。

2.2.2 冲裁件的工艺性

冲裁件的工艺性是指冲裁件对冲裁工艺的适应性，即冲裁件的结构、形状、尺寸及公差等技术要求是否符合冲裁加工的工艺要求。良好的工艺性，是指在满足冲裁件使用要求的前提下，能以最简单经济的冲裁方式加工出来。冲裁件工艺性的优劣对冲裁件质量、模具寿命和生产效率有很大的影响。

冲裁件的工艺性主要包括冲裁件的结构与尺寸、精度与断面的表面粗糙度、材料三个方面。

1. 冲裁件的结构

1）冲裁件的形状应尽可能简单、规则，有利于材料的合理利用，以便节约材料，减少工序数目，提高模具寿命，降低冲裁件成本。

2）除在少、无废料排样或采用镶拼模结构时，允许工件有尖角外，冲裁件的内、外形转角处应尽量避免尖角，采用圆弧过渡以便于模具加工，减少热处理开裂，减少冲裁时尖角处的崩刃和过快磨损。冲裁件的最小圆角半径可参照表 2-3 选取。

表 2-3 冲裁件最小圆角半径 r （单位：mm）

冲裁件种类		最小圆角半径			
		黄铜、铝	合金钢	软钢	备注
落料	交角≥90°	$0.18t$	$0.35t$	$0.25t$	≥0.25
	交角<90°	$0.35t$	$0.70t$	$0.50t$	≥0.50
冲孔	交角≥90°	$0.20t$	$0.45t$	$0.30t$	≥0.30
	交角<90°	$0.40t$	$0.90t$	$0.60t$	≥0.60

注：t 为料厚。

3）尽量避免冲裁件上有过于窄长的悬臂和凹槽，否则会降低模具寿命和冲裁件质量。如图 2-7 所示，一般情况下，悬臂和凹槽的宽度 $B \geqslant 1.5t$（当 $t \leqslant 1\text{mm}$ 时，按 $t = 1\text{mm}$ 计算）；当冲裁件材料为黄铜、铝、软钢时，$B \geqslant 1.2t$；当冲裁件材料为高碳钢时，$B \geqslant 2t$。悬臂和凹槽深度 $L \leqslant 5B$。

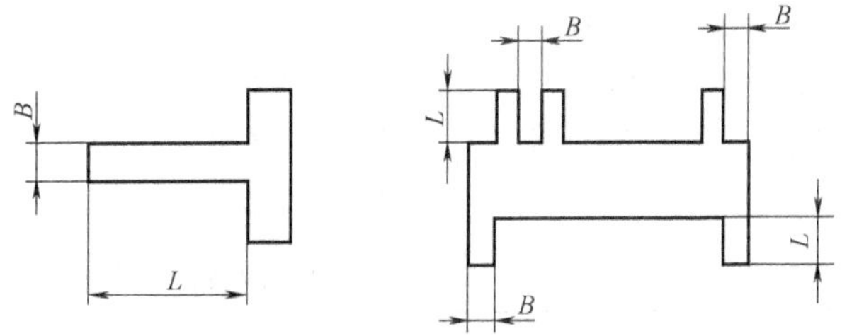

图 2-7 冲裁件的悬臂与凹槽

4）冲孔时，受凸模强度的限制，孔的尺寸不能太小，否则凸模易折断或压弯。冲孔的最小尺寸取决于材料性能、凸模强度和模具结构等。用无导向凸模和带护套凸模所能冲制的孔的最小尺寸，可分别参考表 2-4 和表 2-5。

表 2-4 无导向凸模冲孔的最小尺寸

冲裁件材料	圆形孔直径 d	方形孔孔宽 b	矩形孔孔宽 b	长圆形孔孔宽 b
钢 $\tau_b > 700\text{MPa}$	$1.5t$	$1.35t$	$1.2t$	$1.1t$
钢 $\tau_b = 400 \sim 700\text{MPa}$	$1.3t$	$1.2t$	$1.0t$	$0.9t$
钢 $\tau_b < 400\text{MPa}$	$1.0t$	$0.9t$	$0.8t$	$0.7t$
黄铜、铜	$0.9t$	$0.8t$	$0.7t$	$0.6t$
铝、锌	$0.8t$	$0.7t$	$0.6t$	$0.5t$

注：τ_b 为抗剪强度，t 为料厚。

表 2-5 带护套凸模冲孔的最小尺寸

冲裁件材料	圆形孔直径 d	矩形孔孔宽 b
硬钢	$0.5t$	$0.4t$
软钢及黄铜	$0.35t$	$0.3t$
铝、锌	$0.3t$	$0.28t$

注：t 为料厚。

5）为避免工件变形和保证模具强度，冲裁件的孔与孔之间、孔与边缘之间的距离不能过小。一般要求 $c \geqslant (1 \sim 1.5)\ t$，$c' \geqslant (1.5 \sim 2.0)\ t$，如图 2-8a 所示。在弯曲件或拉深件上冲孔时，为避免冲孔时凸模受水平推力而折断，孔边与直壁之间应保持一定的距离，一般要求 $L \geqslant R + 0.5t$，如图 2-8b 所示。

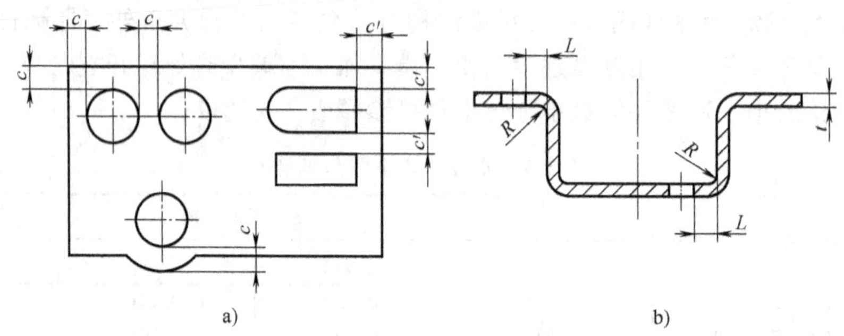

图 2-8 冲裁件上的孔距及孔边距

2. 冲裁件的精度

（1）冲裁件的经济精度 冲裁件的经济精度是指模具达到最大许可磨损时，其所完成的冲压加工在技术上可以实现而在经济上又最合理的精度。为获得最佳的技术经济效果，应尽可能采用经济精度。

冲裁件的经济公差等级不高于 IT11，一般落料件公差等级最好低于 IT10，冲孔件公差等级最好低于 IT9。冲裁可达到的公差和极限偏差分别列于表 2-6 和表 2-7。如果冲裁件要求的公差值小于表中数值，则应在冲裁后进行整修或采用精密冲裁。

表 2-6 冲裁件外形与内孔尺寸公差 δ （单位：mm）

料厚 t	冲裁件尺寸							
	一般精度的冲裁件的公称尺寸				较高精度的冲裁件的公称尺寸			
	≤10	>10～50	>50～150	>150～300	≤10	>10～50	>50～150	>150～300
>0.2～0.5	$\frac{0.08}{0.05}$	$\frac{0.10}{0.08}$	$\frac{0.14}{0.12}$	0.20	$\frac{0.025}{0.02}$	$\frac{0.03}{0.04}$	$\frac{0.05}{0.08}$	0.08
>0.5～1	$\frac{0.12}{0.05}$	$\frac{0.16}{0.08}$	$\frac{0.22}{0.12}$	0.30	$\frac{0.03}{0.02}$	$\frac{0.04}{0.04}$	$\frac{0.06}{0.08}$	0.10
>1～2	$\frac{0.18}{0.06}$	$\frac{0.22}{0.10}$	$\frac{0.30}{0.16}$	0.50	$\frac{0.04}{0.03}$	$\frac{0.06}{0.06}$	$\frac{0.08}{0.10}$	0.12
>2～4	$\frac{0.24}{0.08}$	$\frac{0.28}{0.12}$	$\frac{0.40}{0.20}$	0.70	$\frac{0.06}{0.04}$	$\frac{0.08}{0.08}$	$\frac{0.10}{0.12}$	0.15
>4～6	$\frac{0.30}{0.10}$	$\frac{0.35}{0.15}$	$\frac{0.50}{0.25}$	1.0	$\frac{0.10}{0.06}$	$\frac{0.12}{0.10}$	$\frac{0.15}{0.15}$	0.20

注：1. 分子为外形尺寸公差，分母为内孔尺寸公差。

2. 一般精度的冲裁件采用 IT7～IT8 的普通冲裁模，较高精度的冲裁件采用 IT6～IT7 的精密冲裁模。

表 2-7　冲裁件孔中心距极限偏差 Δ　　（单位：mm）

料厚 t	普通冲裁模			精密冲裁模		
	孔距公称尺寸			孔距公称尺寸		
	≤50	>50～150	>150～300	≤50	>50～150	>150～300
≤1	±0.10	±0.15	±0.20	±0.03	±0.05	±0.08
>1～2	±0.12	±0.20	±0.30	±0.04	±0.06	±0.10
>2～4	±0.15	±0.25	±0.35	±0.06	±0.08	±0.12
>4～6	±0.20	±0.30	±0.40	±0.08	±0.10	±0.15

注：表中所列孔距极限偏差适用于两孔同时冲出的情况。

（2）冲裁件断面的表面粗糙度　冲裁件断面的表面粗糙度与材料塑性、材料厚度、冲裁间隙、刃口锋利程度、冲模机构及凸模、凹模工作部分表面粗糙度值等因素有关。用普通冲裁方式冲裁厚度为 2mm 以下的金属板时，其断面的表面粗糙度 Ra 值一般可达 3.2～12.5μm。

2.2.3　冲裁间隙

冲裁间隙是指冲裁模凸、凹模刃口之间的间隙。凸模与凹模每一侧的间隙称为单面间隙，用 $Z/2$ 表示，两侧间隙之和称为双面间隙，用 Z 表示。如无特殊说明，冲裁间隙均是指双面间隙。

冲裁间隙的数值等于凸、凹模刃口尺寸的差值，如图 2-9 所示，即

$$Z = D_d - d_p \qquad (2\text{-}1)$$

式中　D_d——凹模刃口尺寸；

d_p——凸模刃口尺寸。

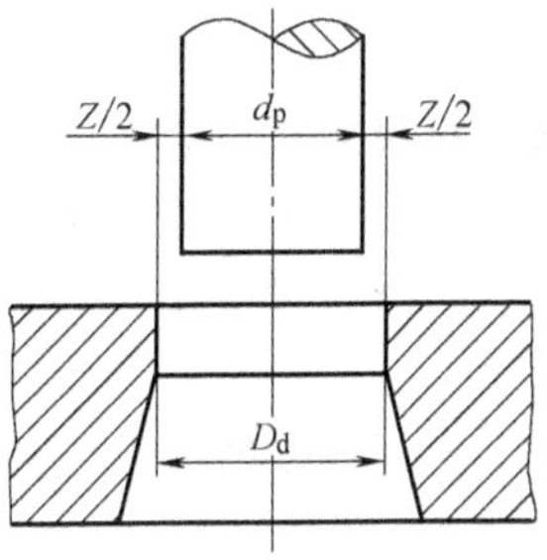

图 2-9　冲裁间隙

1. 间隙对冲裁件质量的影响

间隙是影响冲裁件质量的主要因素之一，详见 2.2.1 节。

2. 间隙对冲裁力的影响

试验证明，随着间隙的增大冲裁力有一定程度的降低，但当单面间隙为材料厚度的 5%～20% 时，冲裁力的降低不超过 5%～10%。因此，在正常情况下，间隙对冲裁力的影响不是很大。

间隙对卸料力、推件力的影响比较显著。随着间隙的增大，卸料力和推件力都将减小。一般当单面间隙增大到材料厚度的 15%～25% 时，卸料力几乎为零。但间隙继续增大，会使毛刺增大，又将引起卸料力、推件力迅速增大。

3. 间隙对模具寿命的影响

模具寿命通常用模具失效前所冲得的合格冲裁件数量来表示。模具失效的形式一般有磨损、变形、崩刃、折断和胀裂等。

冲裁间隙是影响模具寿命的重要因素。间隙减小，模具刃口和材料间的摩擦增大，刃口磨损加快，过小的间隙对模具寿命十分不利。小间隙还会产生凹模胀裂、小凸模折断、凸凹模相互啃刃等异常损坏。而较大的间隙可使模具刃口和材料间的摩擦减小，有利于提高模具使用寿命。因此，在保证冲裁件质量的前提下，合理选用较大的间隙，可显著提高模具寿命，经济效益突出。

此外，刃口磨钝还将使制件尺寸精度、断面的表面粗糙度降低，冲裁力增大。尽量减少模具的磨损，提高模具寿命是冲压生产中非常重要的问题。

4. 合理间隙值的确定

合理间隙一般是指采用某一间隙进行冲裁时，能够得到令人满意的冲裁件的断面质量、较高的尺寸精度及使用较小的冲压力，并使模具具有较长的使用寿命。但是，并不存在一个绝对合理的间隙值能满足这些要求。具体设计时，可依据以下原则选取间隙值：

1）对于尺寸精度要求不高或无特殊断面质量要求的冲裁件，一般采用较大的间隙值，可提高模具使用寿命和减小冲裁力，又可以获得较大的经济效益。

2）对于尺寸精度或断面质量要求较高的冲裁件，尽量选择较小的间隙值。

3）在设计冲裁模刃口尺寸时，由于模具在冲压过程中会使刃口间隙增大，应按最小间隙值来计算刃口尺寸。

目前确定冲裁模合理间隙值的方法有理论确定法和经验确定法两种。

（1）理论确定法　理论确定法的主要依据是保证凸、凹模刃口处产生的上、下裂纹相互重合，以便获得良好的断面质量。图 2-10 所示为冲裁过程中开始产生裂纹的瞬时状态，根据图中的几何关系，可得合理间隙 Z 的计算公式为

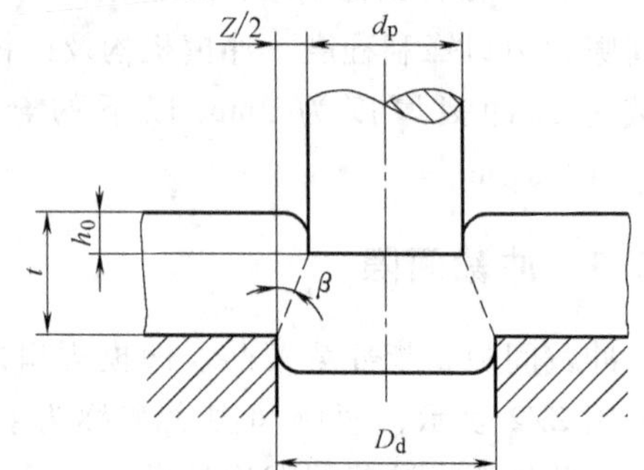

图 2-10　冲裁过程中开始产生裂纹的瞬时状态

$$Z = 2t(1 - h_0/t)\tan\beta \tag{2-2}$$

式中　t——材料厚度（mm）；

h_0——产生裂纹时凸模挤入材料的深度（mm）；

h_0/t——产生裂纹时凸模挤入材料的相对深度；

β——剪切裂纹与垂线间的夹角。

从式（2-2）可以看出，间隙 Z 与材料厚度 t、相对切入深度 h_0/t 以及裂纹方向夹角 β 有关。而 h_0 与 β 又与材料性质有关，由表 2-8 可知材料越硬，h_0/t 越小。因此，影响间隙值的主要因素是材料的性质和厚度。材料越硬、越厚，所需合理间隙越大。

表 2-8　h_0/t 与 β 值

材　料	h_0/t		β	
	退火	硬化	退火	硬化
软钢、纯铜、软黄铜	0.5	0.35	6°	5°
中硬钢、硬黄铜	0.3	0.2	5°	4°
硬钢、硬青铜	0.2	0.1	4°	4°

由于理论计算法在生产中使用不方便，实际生产中广泛采用经验数据来确定间隙值。

（2）经验确定法　经验确定法是根据经验数据来确定间隙值的。有关间隙值的经验数值，可在一般冲压手册中查到，选用时结合冲裁件的质量要求和实际生产条件考虑。

这里推荐两种实用间隙表，供设计时参考：一种是按材料的性能和厚度来选择的间隙

表，见表2-9和表2-10；另一种是以实用方便为前提，综合考虑冲裁件质量等因素的间隙分类表，即2010年修订的国家标准公布的冲裁间隙表（GB/T 16743—2010《冲裁间隙》）见表2-11。

表2-9　冲裁模初始双面间隙Z（一）　（单位：mm）

材料厚度 t	软铝		纯铜、黄铜、软钢 $w_C=0.08\%\sim0.2\%$		杜拉铝、中等硬钢 $w_C=0.3\%\sim0.4\%$		硬钢 $w_C=0.5\%\sim0.6\%$	
	Z_{min}	Z_{max}	Z_{min}	Z_{max}	Z_{min}	Z_{max}	Z_{min}	Z_{max}
0.2	0.008	0.012	0.010	0.014	0.012	0.016	0.014	0.018
0.3	0.012	0.018	0.015	0.021	0.018	0.024	0.021	0.027
0.4	0.016	0.024	0.020	0.028	0.024	0.032	0.028	0.036
0.5	0.020	0.030	0.025	0.035	0.030	0.040	0.035	0.045
0.6	0.024	0.036	0.030	0.042	0.036	0.048	0.042	0.054
0.7	0.028	0.042	0.035	0.049	0.042	0.056	0.049	0.063
0.8	0.032	0.0448	0.040	0.056	0.048	0.064	0.056	0.072
0.9	0.036	0.054	0.045	0.063	0.054	0.072	0.063	0.081
1.0	0.040	0.060	0.050	0.070	0.060	0.080	0.070	0.090
1.2	0.050	0.084	0.072	0.096	0.084	0.108	0.096	0.120
1.5	0.075	0.105	0.090	0.120	0.105	0.135	0.120	0.150
1.8	0.090	0.126	0.108	0.144	0.126	0.162	0.144	0.180
2.0	0.100	0.140	0.120	0.160	0.140	0.180	0.160	0.200
2.2	0.132	0.176	0.154	0.198	0.176	0.220	0.198	0.242
2.5	0.150	0.200	0.175	0.225	0.200	0.250	0.225	0.275
2.8	0.168	0.224	0.196	0.252	0.224	0.280	0.252	0.308
3.0	0.180	0.240	0.210	0.270	0.240	0.300	0.270	0.330
3.5	0.245	0.315	0.280	0.350	0.315	0.385	0.350	0.420
4.0	0.280	0.360	0.320	0.400	0.360	0.440	0.400	0.480
4.5	0.315	0.405	0.360	0.450	0.405	0.490	0.450	0.540
5.0	0.350	0.450	0.400	0.500	0.450	0.550	0.500	0.600
6.0	0.480	0.600	0.540	0.660	0.600	0.720	0.660	0.780
7.0	0.560	0.700	0.630	0.770	0.700	0.840	0.770	0.910
8.0	0.720	0.880	0.800	0.960	0.880	1.040	0.960	1.120
9.0	0.870	0.990	0.900	1.080	0.990	1.170	1.080	1.260
10.0	0.900	1.100	1.100	1.200	1.100	1.300	1.200	1.400

注：1. 初始间隙的最小值相当于间隙的公称数值。
2. 初始间隙的最大值是考虑到凸模和凹模的制造公差所增加的数值。
3. 在使用过程中，由于模具工作部分的磨损，间隙将有所增大，因而间隙的最大使用数值要超过表列数值。
4. 本表适用于尺寸精度和断面质量要求较高的冲裁件。

表2-10　冲裁模初始双面间隙Z（二）　（单位：mm）

材料厚度 t	08、10、35 Q235		Q345		40、50		65Mn	
	Z_{min}	Z_{max}	Z_{min}	Z_{max}	Z_{min}	Z_{max}	Z_{min}	Z_{max}
小于0.5	极小间隙							
0.5	0.040	0.060	0.040	0.060	0.040	0.060	0.040	0.060
0.6	0.048	0.072	0.048	0.072	0.048	0.072	0.048	0.072
0.7	0.064	0.092	0.064	0.092	0.064	0.092	0.064	0.092
0.8	0.072	0.104	0.072	0.104	0.072	0.104	0.064	0.092
0.9	0.090	0.126	0.090	0.126	0.090	0.126	0.090	0.126

（续）

材料厚度 t	08、10、35 Q235		Q345		40、50		65Mn	
	Z_{min}	Z_{max}	Z_{min}	Z_{max}	Z_{min}	Z_{max}	Z_{min}	Z_{max}
小于0.5	极小间隙							
1.0	0.100	0.140	0.100	0.140	0.100	0.140	0.090	0.126
1.2	0.126	0.180	0.132	0.180	0.132	0.180		
1.5	0.132	0.240	0.170	0.240	0.170	0.240		
1.75	0.220	0.320	0.220	0.320	0.220	0.320		
2.0	0.246	0.360	0.260	0.380	0.260	0.380		
2.1	0.260	0.380	0.280	0.400	0.280	0.400		
2.5	0.360	0.500	0.380	0.540	0.380	0.540		
2.75	0.400	0.560	0.420	0.600	0.420	0.600		
3.0	0.460	0.640	0.480	0.660	0.480	0.660		
3.5	0.540	0.740	0.580	0.780	0.580	0.780		
4.0	0.640	0.880	0.680	0.920	0.680	0.920		
4.5	0.720	1.000	0.680	0.960	0.780	1.040		
5.5	0.940	1.280	0.780	1.100	0.980	1.320		
6.0	1.080	1.440	0.840	1.200	1.140	1.500		
6.5			0.940	1.300				
8.0			1.200	1.680				

注：1. 冲裁皮革、石棉和纸板时，间隙取08钢的25%。

2. 本表适用于尺寸精度和断面质量要求不高的冲裁件。

表 2-11 金属板料冲裁间隙分类

项目名称		类别和间隙值				
		Ⅰ类	Ⅱ类	Ⅲ类	Ⅳ类	Ⅴ类
塌角高度 R		$(2\sim5)\%t$	$(4\sim7)\%t$	$(6\sim8)\%t$	$(8\sim10)\%t$	$(10\sim20)\%t$
光亮带高度 B		$(50\sim70)\%t$	$(35\sim55)\%t$	$(25\sim40)\%t$	$(15\sim25)\%t$	$(10\sim20)\%t$
断裂带高度 F		$(25\sim45)\%t$	$(35\sim50)\%t$	$(50\sim60)\%t$	$(60\sim75)\%t$	$(70\sim80)\%t$
毛刺高度 h		细长	中等	一般	较高	高
断裂角 α		—	4°~7°	7°~8°	8°~11°	14°~16°
平面度 f		好	较好	一般	较差	差
尺寸精度	落料件	非常接近凹模尺寸	接近凹模尺寸	稍小于凹模尺寸	小于凹模尺寸	小于凹模尺寸
	冲孔件	非常接近凸模尺寸	接近凸模尺寸	稍大于凸模尺寸	大于凸模尺寸	大于凸模尺寸
冲裁力		大	较大	一般	较小	小
卸、推料力		大	较大	最小	较小	小
冲裁功		大	较大	一般	较小	小
模具寿命		低	较低	较高	高	最高

注：选用冲裁间隙时，应针对冲件技术要求、使用特点和生产条件等因素，首先按表2-11确定拟采用的间隙类别，然后按GB/T 16743—2010《冲裁间隙》表4（附表3）查出对应的5类冲裁间隙值。

2.2.4 凸模与凹模刃口尺寸的确定

冲裁件的冲裁精度主要取决于凸、凹模的刃口尺寸及制造公差，合理的冲裁间隙也要依靠凸、凹模刃口尺寸的准确性来保证。

1. 凸、凹模刃口尺寸计算原则

由于凸、凹模之间存在间隙，使冲裁件断面都带有斜度，而在冲裁件尺寸的测量和使用中，都是以光面尺寸为基准的。落料件的光面是凹模刃口挤切材料产生的，冲孔件的光面是凸模刃口挤切材料产生的。故在计算刃口尺寸时，应按落料和冲孔两种情况分别考虑，并遵循如下原则：

1）设计落料模时，以凹模刃口尺寸为基准，间隙取在凸模上。凹模公称尺寸应取工件尺寸公差范围内的较小尺寸，凸模公称尺寸则是在凹模公称尺寸上减去最小合理间隙获得的。

2）设计冲孔模时，以凸模刃口尺寸为基准，间隙取在凹模上。凸模公称尺寸应取工件孔尺寸公差范围内的较大尺寸，凹模公称尺寸则是在凸模公称尺寸上加上最小合理间隙获得的。

3）凸、凹模刃口的制造公差应根据冲裁件尺寸公差和凸、凹模加工方法确定，既要保证冲裁间隙要求和冲出合格零件，又要便于模具加工。

2. 凸、凹模刃口尺寸计算方法

考虑到模具加工和测量方法的不同，凸模与凹模刃口部分的计算公式与制造公差的标注也不相同，基本上可以分为以下两类。

（1）凸、凹模分别加工　凸、凹模分开按各自的图样加工到最后尺寸，采用这种方法，要分别标注凸模和凹模刃口尺寸与制造公差，冲裁间隙由凸、凹模刃口尺寸及公差保证。其优点是凸、凹模具有互换性，便于成批制造，主要适用于简单规则形状（圆形、方形）的工件。

设落料件外形尺寸为 $D_{-\Delta}^{\ 0}$，冲孔件内孔尺寸为 $d_{\ 0}^{+\Delta}$。根据刃口尺寸计算原则，可得

落料时：

$$D_d = (D_{max} - x\Delta)_{\ 0}^{+\delta_d} \tag{2-3}$$

$$D_p = (D_d - Z_{min})_{-\delta_p}^{\ 0} = (D_{max} - x\Delta - Z_{min})_{-\delta_p}^{\ 0} \tag{2-4}$$

冲孔时：

$$d_p = (d_{min} + x\Delta)_{-\delta_p}^{\ 0} \tag{2-5}$$

$$d_d = (d_p + Z_{min})_{\ 0}^{+\delta_d} = (d_{min} + x\Delta + Z_{min})_{\ 0}^{+\delta_d} \tag{2-6}$$

式中　D_d、D_p——落料凹、凸模刃口尺寸（mm）；

d_p、d_d——冲孔凸、凹模刃口尺寸（mm）；

D_{max}——落料件的上极限尺寸（mm）；

d_{min}——冲孔件的下极限尺寸（mm）；

Δ——冲裁件的制造公差（mm，若冲裁件为自由尺寸，可按公差等级为IT14 处理；

Z_{min}——最小合理间隙（mm）；

δ_p、δ_d——凸、凹模制造公差（mm），按“入体”原则标注，即凸模按单向负偏差标注，凹模按单向正偏差标注，δ_p、δ_d可分别按 IT6 和 IT7 确定，也可查表 2-12，或取（1/4～1/6）Δ；

x——磨损系数，x 值在 0.5～1 之间，它与冲裁件精度有关，可查表 2-13 或按下列关系选取：冲裁件公差等级为 IT10 以上时 $x=1$，冲裁件公差等级为 IT11～IT13 时 $x=0.75$，冲裁件公差等级为 IT14 以下时 $x=0.5$。

表 2-12　规则形状（圆形、方形）件冲裁时凸、凹模的制造公差　（单位：mm）

公称尺寸	凸模公差 δ_p	凹模公差 δ_d	公称尺寸	凸模公差 δ_p	凹模公差 δ_d
≤18	0.020	0.020	>180～260	0.030	0.045
>18～30	0.020	0.025	>260～360	0.035	0.050
>30～80	0.020	0.030	>360～500	0.040	0.060
>80～120	0.025	0.035	>500	0.050	0.070
>120～180	0.030	0.040			

表 2-13 磨损系数 x

料厚 t/mm	非圆形冲裁件			圆形冲裁件	
	1	0.75	0.5	0.75	0.5
	冲裁件公差 Δ/mm				
≤1	<0.16	0.17~0.35	≥0.36	<0.16	≥0.16
>1~2	<0.20	0.21~0.41	≥0.42	<0.20	≥0.20
>2~4	<0.24	0.25~0.49	≥0.50	<0.24	≥0.24
>4	<0.30	0.31~0.59	≥0.60	<0.30	≥0.30

根据上述计算公式，可以将冲裁件与凸、凹模刃口尺寸及公差的分布状态用图 2-11 表示。无论是冲孔还是落料，为了保证间隙值，凸、凹模的制造公差必须满足下列条件

$$\delta_p + \delta_d \leqslant Z_{max} - Z_{min} \qquad (2\text{-}7)$$

若 $\delta_p + \delta_d > Z_{max} - Z_{min}$，可以取 $\delta_p = 0.4(Z_{max} - Z_{min})$，$\delta_d = 0.6\ (Z_{max} - Z_{min})$。若 $\delta_p + \delta_d \gg Z_{max} - Z_{min}$，则应采用后面将要介绍的凸、凹模配作方法。

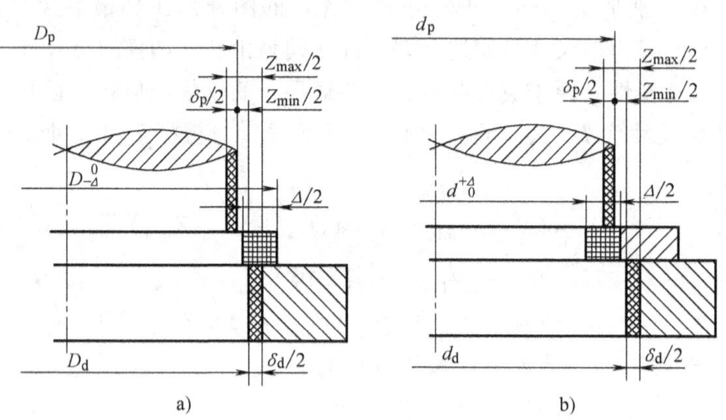

图 2-11 落料、冲孔时各部分尺寸及公差的分布状态

当在同一工步中在冲裁件上冲出两个以上的孔时，因凹模磨损后孔距尺寸不变，故凹模型孔的中心距可按下式确定

$$L_d = (L_{min} + 0.5\Delta) \pm \Delta/8 \qquad (2\text{-}8)$$

式中 L_d——凹模型孔中心距（mm）；

L_{min}——冲裁件孔中心距的下极限尺寸（mm）；

Δ——冲裁件孔中心距公差（mm）。

当冲裁件上的孔有位置公差要求时，凹模上型孔的位置公差一般可取冲裁件上的孔的位置公差的 1/3~3/5。

例 2-1 冲裁图 2-12 所示的垫板零件，材料为 Q235 钢，料厚 $t = 1.0$mm，未注圆角 $R = 1$mm，试计算凸、凹模刃口尺寸及公差。

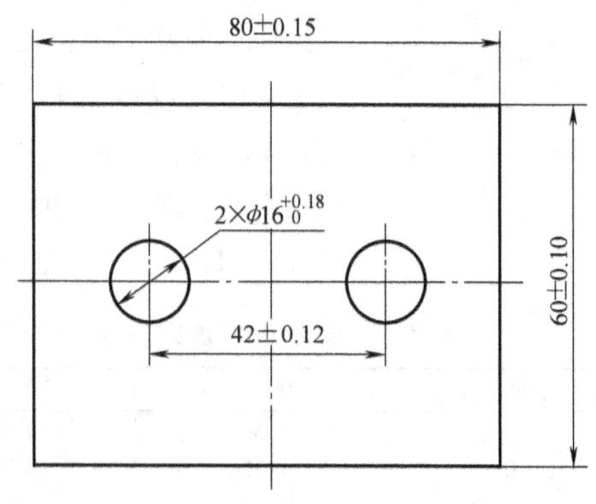

图 2-12 垫板

解：由图可知，该零件属于无特殊要求的一般冲孔、落料件，尺寸 60mm ± 0.10mm、80mm ±

0.15mm 由落料获得，$2\times\phi16^{+0.18}_{0}$mm 及 42mm ±0.12mm 由冲孔同时获得，尺寸公差等级均为 IT11 ~ IT12。查表 2-10 得，$Z_{min}=0.10$mm，$Z_{max}=0.14$mm，则 $Z_{max}-Z_{min}=0.04$mm。

1）落料。

① 落料尺寸 60mm ±0.10mm。

$$D_d=(D_{max}-x\Delta)^{+\delta_d}_{0}$$
$$D_p=(D_d-Z_{min})^{0}_{-\delta_p}$$

查表 2-12、表 2-13 得，$\delta_d=0.03$mm，$\delta_p=0.02$mm，$x=0.75$。

校核间隙：因为 $\delta_p+\delta_d=0.02\text{mm}+0.03\text{mm}=0.05\text{mm}>Z_{max}-Z_{min}=0.04$mm，说明所取凸、凹模公差不能满足 $\delta_p+\delta_d\leqslant Z_{max}-Z_{min}$ 的条件，但相差不大。此时可调整如下：

$$\delta_p=0.4(Z_{max}-Z_{min})=0.4\times0.04\text{mm}=0.016\text{mm}$$
$$\delta_d=0.6(Z_{max}-Z_{min})=0.6\times0.04\text{mm}=0.024\text{mm}$$

将已知和查表的数据代入公式，即得

$$D_d=(60.1-0.75\times0.20)^{+0.024}_{0}\text{mm}=59.95^{+0.024}_{0}\text{mm}$$
$$D_p=(59.95-0.10)^{0}_{-0.016}\text{mm}=59.85^{0}_{-0.016}\text{mm}$$

② 落料尺寸 80mm ±0.15mm。

$$D_d=(D_{max}-x\Delta)^{+\delta_d}_{0}$$
$$D_p=(D_d-Z_{min})^{0}_{-\delta_p}$$

查表 2-12、表 2-13 得，$\delta_d=0.03$mm，$\delta_p=0.02$mm，$x=0.75$。

校核间隙：因为 $\delta_p+\delta_d=0.02\text{mm}+0.03\text{mm}=0.05\text{mm}>Z_{max}-Z_{min}=0.04$mm，说明所取凸、凹模公差不能满足 $\delta_p+\delta_d\leqslant Z_{max}-Z_{min}$ 的条件，但相差不大。此时可调整如下：

$$\delta_p=0.4(Z_{max}-Z_{min})=0.4\times0.04\text{mm}=0.016\text{mm}$$
$$\delta_d=0.6(Z_{max}-Z_{min})=0.6\times0.04\text{mm}=0.024\text{mm}$$

将已知和查表的数据代入公式，即得

$$D_d=(80.15-0.75\times0.30)^{+0.024}_{0}\text{mm}=79.925^{+0.024}_{0}\text{mm}$$
$$D_p=(79.925-0.10)^{0}_{-0.016}\text{mm}=79.825^{0}_{-0.016}\text{mm}$$

2）冲孔 $\phi16^{+0.18}_{0}$mm。

$$d_p=(d_{min}+x\Delta)^{0}_{-\delta_p}$$
$$d_d=(d_p+Z_{min})^{+\delta_d}_{0}$$

查表 2-12、表 2-13 得，$\delta_d=0.02$mm，$\delta_p=0.02$mm，$x=0.5$。

校核间隙：因为 $\delta_p+\delta_d=0.02\text{mm}+0.02\text{mm}=0.04\text{mm}=Z_{max}-Z_{min}$，所以符合 $\delta_p+\delta_d\leqslant Z_{max}-Z_{min}$。

将已知和查表的数据代入公式，即得

$$d_p=(16+0.5\times0.18)^{0}_{-0.02}\text{mm}=16.09^{0}_{-0.02}\text{mm}$$
$$d_d=(16.09+0.10)^{+0.02}_{0}\text{mm}=16.19^{+0.02}_{0}\text{mm}$$

3）孔心距 42mm ±0.12mm。

$L_d=(L_{min}+0.5\Delta)\pm\Delta/8=(41.88+0.5\times0.24)\text{mm}\pm0.24\text{mm}/8=42\text{mm}\pm0.03\text{mm}$

（2）凸、凹模配作加工　配作加工是指在凸模和凹模中选定一件为基准件，制造好后用它的实际尺寸来配作另一件，使它们之间达到最小合理间隙值。此加工方法无需校核 δ_p +

$\delta_d \leqslant Z_{max} - Z_{min}$条件，容易保证较小的凸、凹模间隙，并且还可以放大基准件的制造公差（根据经验一般可取冲裁件公差的1/4），使得制造容易，故目前大多数企业都采用此方法，尤其适合料薄、形状复杂冲裁件的模具加工。

采用凸、凹模配作加工时，在基准件上需标注刃口尺寸及制造公差，而配作件上只标注公称尺寸，不标注公差，但在图样上应标明“凸（凹）模刃口尺寸按凹（凸）模实际刃口尺寸配作，保证双面间隙值为$Z_{min} \sim Z_{max}$”。

由于工件形状复杂，其各部分尺寸性质不同，凸模与凹模磨损情况也不相同，所以基准件的刃口尺寸需要按不同方法计算。根据磨损后刃口尺寸的变化，可以将凸、凹模刃口尺寸分为三类：A（a）类，磨损后变大的尺寸；B（b）类，磨损后变小的尺寸；C（c）类，磨损后不变的尺寸。

根据冲裁件结构形状的不同，刃口尺寸的计算方法如下。

1）落料。落料时以凹模为基准，配作凸模。图2-13a所示为落料件的形状与尺寸，图2-13b所示为落料凹模刃口的轮廓图，图中双点画线表示凹模磨损后尺寸的变化情况。具体计算公式见表2-14。

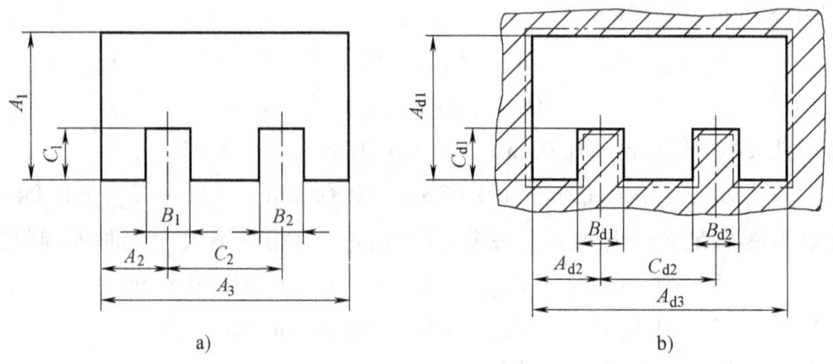

图2-13 落料件与落料凹模

表2-14 以落料凹模为基准的刃口尺寸计算

工序性质	落料件尺寸(见图2-13a)	落料凹模尺寸(见图2-13b)	落料凸模尺寸
落料	A类尺寸：$A_{-\Delta}^{\ 0}$	$A_d = (A_{max} - x\Delta)_{\ 0}^{+\Delta/4}$	按凹模实际刃口尺寸配作，保证间隙$Z_{min} \sim Z_{max}$
	B类尺寸：$B_{\ 0}^{+\Delta}$	$B_d = (B_{min} + x\Delta)_{-\Delta/4}^{\ 0}$	
	C类尺寸：$C \pm \Delta/2$	$C_d = (C_{min} + 0.5\Delta) \pm \Delta/8$	

注：A_d、B_d、C_d——落料凹模刃口尺寸；A、B、C——落料件的公称尺寸；A_{max}、B_{min}、C_{min}——落料件的极限尺寸；Δ——落料件的公差；x——磨损系数。

2）冲孔。冲孔时以凸模为基准，配作凹模。图2-14a所示为冲孔件的形状与尺寸，图2-14b所示为冲孔凸模刃口的轮廓图，图中双点画线表示凸模磨损后尺寸的变化情况。具体计算公式见表2-15。

表2-15 以冲孔凸模为基准的刃口尺寸计算

工序性质	冲孔件尺寸(见图2-14a)	冲孔凸模尺寸(见图2-14b)	冲孔凹模尺寸
冲孔	a类尺寸：$a_{-\Delta}^{\ 0}$	$a_p = (a_{max} - x\Delta)_{\ 0}^{+\Delta/4}$	按凸模实际刃口尺寸配作，保证间隙$Z_{min} \sim Z_{max}$
	b类尺寸：$b_{\ 0}^{+\Delta}$	$b_p = (b_{min} + x\Delta)_{-\Delta/4}^{\ 0}$	
	c类尺寸：$c \pm \Delta/2$	$c_p = (c_{min} + 0.5\Delta) \pm \Delta/8$	

注：a_p、b_p、c_p——冲孔凸模刃口尺寸；a、b、c——冲孔件的公称尺寸；a_{max}、b_{min}、c_{min}——冲孔件的极限尺寸；Δ——冲孔件的公差；x——磨损系数。

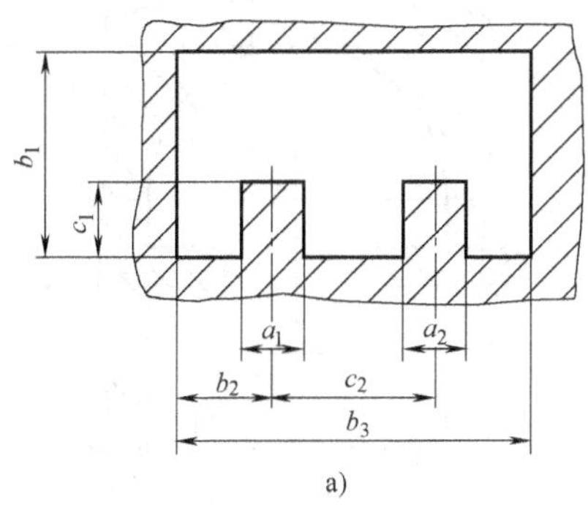

a)

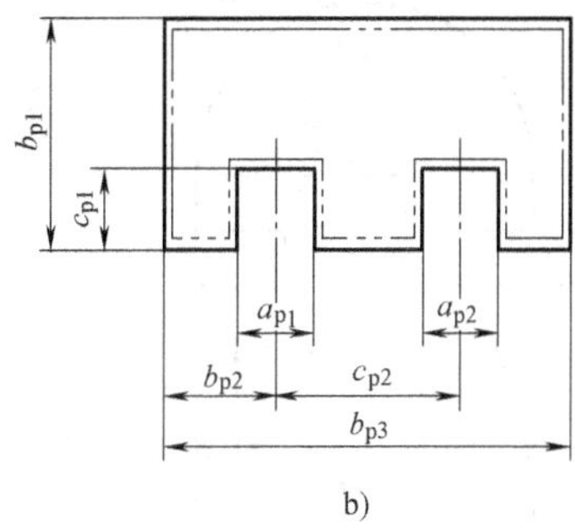

b)

图 2-14　冲孔件与冲孔凸模

例 2-2　图 2-15a 所示零件，材料为 Q235 钢，料厚 2mm，试按配作加工法计算落料凹、凸模刃口尺寸。

解： 根据零件形状，凹模磨损后其尺寸变化有三种情况，如图 2-15b 所示。

1）凹模磨损后变大的尺寸：A_1（$120_{-0.72}^{\ 0}$mm）、A_2（$70_{-0.6}^{\ 0}$mm）、A_3（$160_{-0.8}^{\ 0}$mm）、A_4（$R60$mm）。

刃口尺寸计算公式：$A_d=(A_{max}-x\Delta)_{\ 0}^{+\Delta/4}$

因圆弧尺寸 $R60$mm 与尺寸 $120_{-0.72}^{\ 0}$mm 相切，故 A_{d4}不需要采用刃口尺寸公式计算，而直接取 $A_{d4}=A_{d1}/2$

查表 2-13 得　$x_1=x_2=x_3=0.5$

则刃口尺寸计算为

$$A_{d1}=(120-0.5\times0.72)_{\ 0}^{+\frac{1}{4}\times0.72}\text{mm}=119.64_{\ 0}^{+0.18}\text{mm}$$

$$A_{d2}=(70-0.5\times0.60)_{\ 0}^{+\frac{1}{4}\times0.6}\text{mm}=69.70_{\ 0}^{+0.15}\text{mm}$$

$$A_{d3}=(160-0.5\times0.8)_{\ 0}^{+\frac{1}{4}\times0.8}\text{mm}=159.60_{\ 0}^{+0.20}\text{mm}$$

$$A_{d4}=A_{d1}/2=119.64_{\ 0}^{+0.18}\text{mm}/2=59.82_{\ 0}^{+0.09}\text{mm}$$

2）凹模磨损后变小的尺寸：B_1（$40_{\ 0}^{+0.40}$mm）、B_2（$20_{\ 0}^{+0.20}$mm）。

刃口尺寸计算公式：$B_d=(B_{min}+x\Delta)_{-\Delta/4}^{\ 0}$

查表 2-13 得　$x_1=0.75$，$x_2=1$

则刃口尺寸计算为

$$B_{d1}=(40+0.75\times0.4)_{-\frac{1}{4}\times0.4}^{\ 0}\text{mm}=40.30_{-0.1}^{\ 0}\text{mm}$$

$$B_{d2}=(20+1\times0.2)_{-\frac{1}{4}\times0.2}^{\ 0}\text{mm}=20.20_{-0.05}^{\ 0}\text{mm}$$

3）凹模磨损后无变化的尺寸：C_1（40mm ±0.37mm）、C_2（$30_{\ 0}^{+0.3}$mm）。

刃口尺寸计算公式：　$C_d=(C_{min}+0.5\Delta)\pm\Delta/8$

$$C_{d1}=(40-0.37+0.5\times0.74)\text{mm}\pm0.74\text{mm}/8=40\text{mm}\pm0.09\text{mm}$$

$$C_{d2}=(30+0.5\times0.3)\text{mm}\pm0.3\text{mm}/8=30.15\text{mm}\pm0.04\text{mm}$$

查表 2-10 得：$Z_{min}=0.246$mm，$Z_{max}=0.360$mm。故落料凸模刃口尺寸按凹模实际刃口尺寸配作，保证双面间隙值 0.246～0.360mm。落料凹、凸模刃口尺寸的标注如图 2-15c、d 所示。

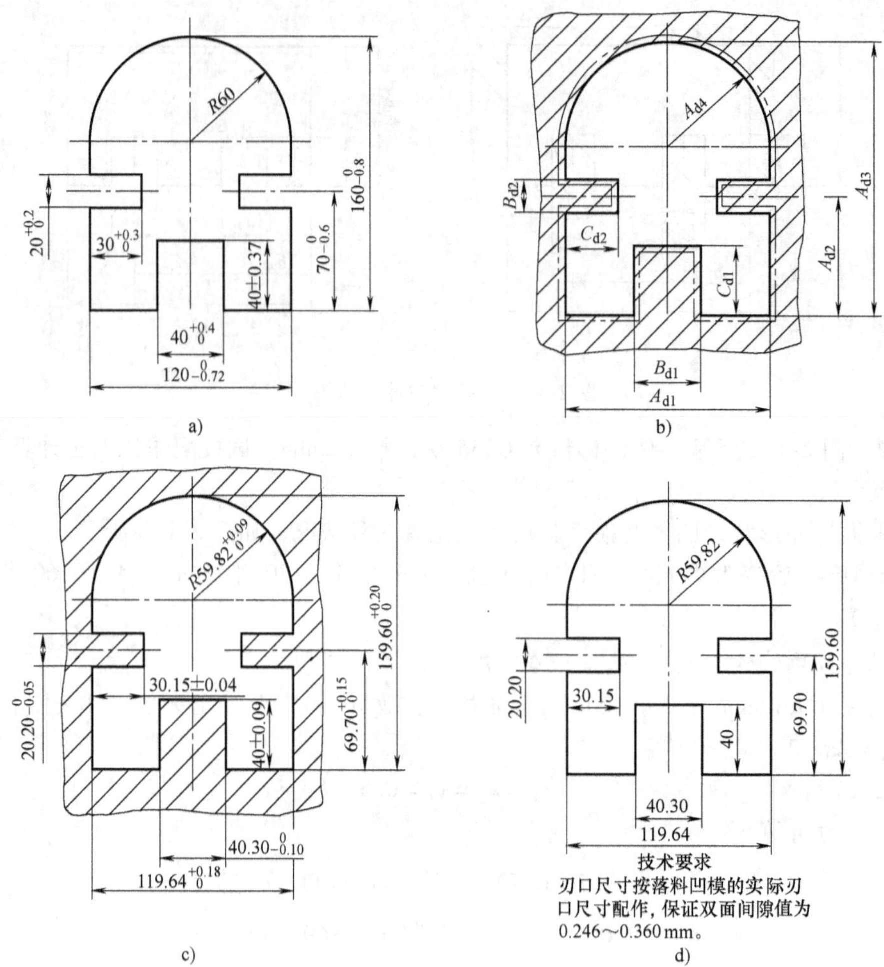

图 2-15　冲裁件及落料凸、凹模刃口尺寸

2.2.5　冲裁排样设计

冲裁件在条料、带料或板料上的布置方法称为排样。合理的排样应是在保证制件质量、有利于简化模具结构的前提下，以最少的材料消耗，冲出最多数量的合格制件。

1. 材料的合理利用

由于材料费用常会占冲裁件总成本的60%以上，因此合理利用材料是提高材料利用率、降低成本、保证冲裁件质量及模具寿命的有效措施。

(1) 材料利用率　材料利用率是指冲裁件的实际面积与所用板料面积的百分比，它是衡量合理利用材料的经济性指标。

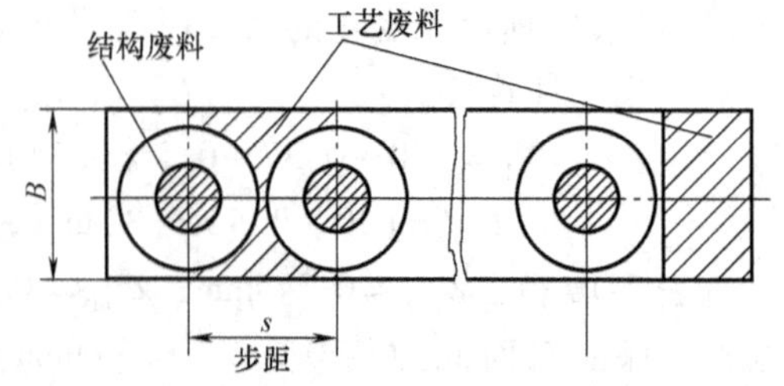

图 2-16　材料利用率计算

一个步距内的材料利用率 η（图 2-16）可表示为

$$\eta=\frac{A}{Bs}\times100\% \tag{2-9}$$

式中　A——一个步距内冲裁件的实际面积（mm^2）；

B——条料宽度（mm）；

s——步距（冲裁时条料或冲裁件每道工序在送料方向上移动的距离，mm）。

一张板料（或条料、带料）上总的材料利用率 η_0 为

$$\eta_0=\frac{nA_1}{BL}\times100\% \tag{2-10}$$

式中　n——一张板料（或条料、带料）上冲裁件的总数目；

A_1——一个冲裁件的实际面积（mm^2）；

L——板料（或条料、带料）的长度（mm）；

B——板料（或条料、带料）的宽度（mm）。

η 或 η_0 值越大，材料利用率就越高。一般 η_0 要比 η 小，这是因为条料和带料可能有料头、料尾消耗，整张板料剪裁成条料时还会有边料消耗。

（2）提高材料利用率的措施　要提高材料利用率，就必须减少废料面积，冲裁过程中所产生的废料可分为结构废料和工艺废料两种（见图 2-16）。

1）结构废料。由于工件结构的需要，如工件内孔产生的废料，称为结构废料，它由工件的形状决定，故一般不能改变。

2）工艺废料。工件之间和工件与条料边缘之间存在的搭边，需要切去的料边与定位孔，不可避免的料头与料尾废料等，都称为工艺废料。工艺废料的多少取决于冲压方式和排样方式。

可见，要提高材料利用率主要应从减少工艺废料着手。一般来说，可以通过设计合理的排样方案、选择合适的板料规格和合理的裁板法（减少料头、料尾和边余料）等措施，来减少工艺废料。

此外，对于一定形状的冲裁件，结构废料是不可避免的。但是在两个冲裁件的材料和厚度相同的情况下，较小尺寸的冲裁件可在较大尺寸的冲裁件废料中冲出来，从而实现对结构废料的充分利用，降低材料成本。

2. 排样方法

根据材料的合理利用情况，排样方法可分为以下三种。

（1）有废料排样　如图 2-17a 所示，沿冲裁件全部外形冲裁，冲裁件与冲裁件之间、冲裁件与条料之间都存在工艺废料。有废料排样时，冲裁件尺寸完全由冲模来保证，因此冲裁件精度高，模具寿命长，但是材料利用率较低。常用于冲裁形状较复杂、尺寸精度要求较高的冲裁件。

（2）少废料排样　如图 2-17b 所示，沿冲裁件部分外形切断或冲裁，只在冲裁件与冲裁件之间或冲裁件与条料之间留有搭边。因受剪裁条料质量和定位误差的影响，其冲裁件质量稍差，同时边缘毛刺被凸模带入间隙也影响模具寿命。但材料利用率较高，可达 70% ~ 90%，冲模结构简单，一般用于形状较规则、某些尺寸精度要求不高的冲裁件。

（3）无废料排样　如图 2-17c、d 所示，沿直线或曲线切断条料而获得冲裁件，无任何搭边废料，材料的利用率高，可达 85% ~ 95%，但冲裁件的质量和模具寿命更差一些。图

2-17c 中，当步距为零件宽度的两倍时，一次切断便能获得两个冲裁件，有利于提高生产率，可用于形状规则对称、尺寸精度不高或贵重金属材料的冲裁件。

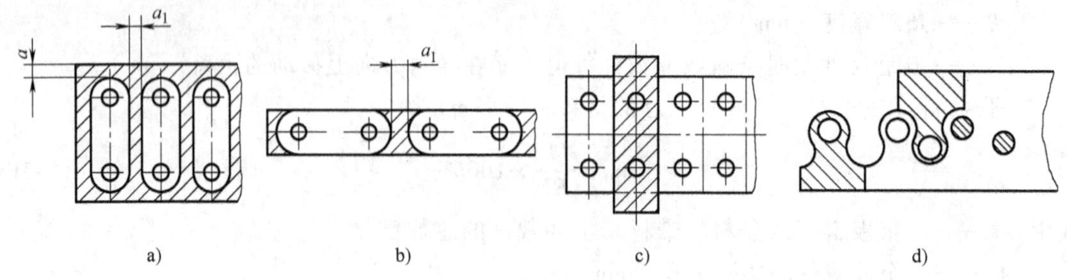

图 2-17　排样方法

此外，对有废料排样及少、无废料排样，还可以进一步按冲裁件在条料上的布置方法加以分类，其主要形式见表 2-16。

表 2-16　排样形式分类

排样形式	有废料排样		少、无废料排样	
	简图	应用	简图	应用
直排	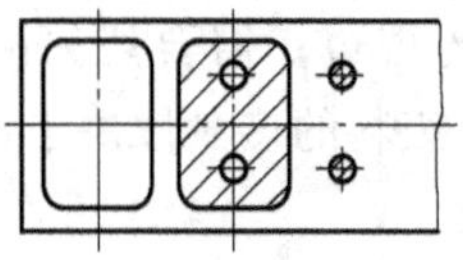	用于几何形状简单（方形、矩形、圆形）的冲裁件	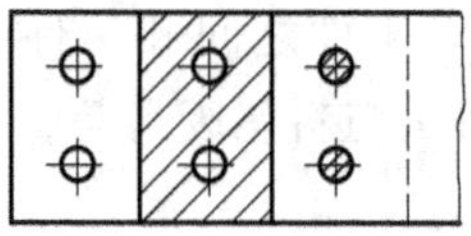	用于矩形或方形冲裁件
斜排	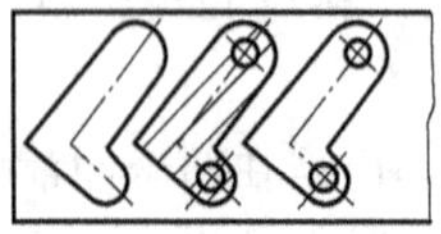	用于 T 形、L 形、S 形、十字形、椭圆形冲裁件	第1方案 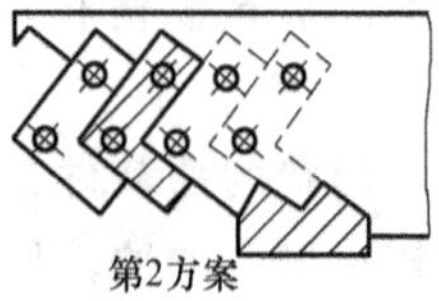 第2方案	用于 L 形或其他形状的冲裁件。在外形上允许有不大的缺陷
直对排	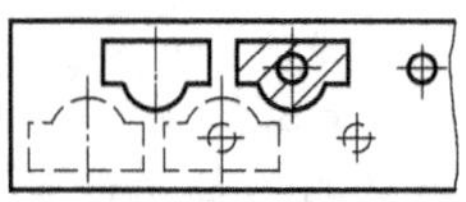	用于 T 形、山形、梯形、三角形、半圆形的冲裁件	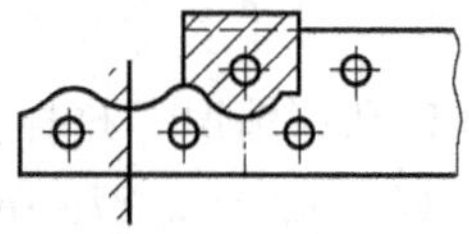	用于 T 形、山形、梯形、三角形冲裁件，在外形上允许有不大的缺陷
斜对排	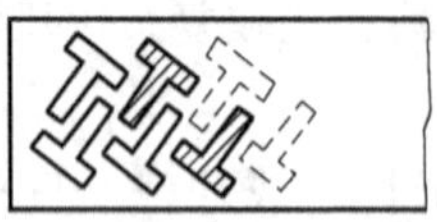	用于材料利用率比直对排高的情况	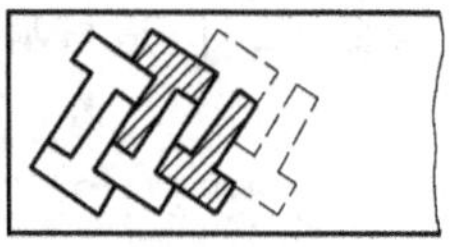	多用于 T 形冲裁件
混合排	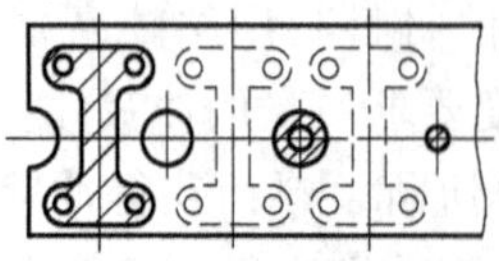	用于材料厚度都相同的两种以上的冲裁件	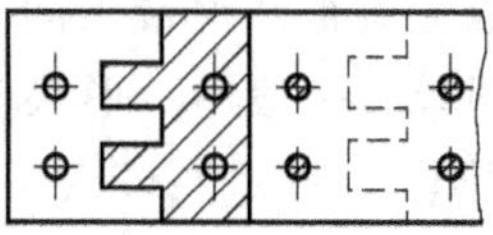	用于两个外形互相嵌入的不同冲裁件（铰链等）

（续）

排样形式	有废料排样		少、无废料排样	
	简图	应用	简图	应用
多排	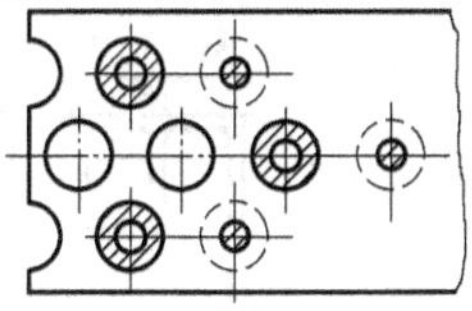	用于大批生产中尺寸不大的圆形、六角形、方形、矩形冲裁件	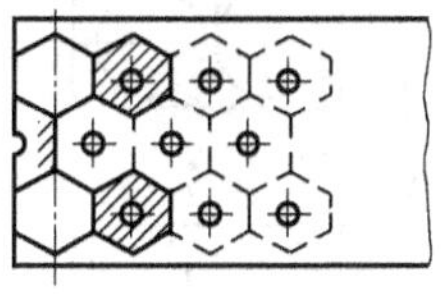	用于大批生产中尺寸不大的方形、矩形及六角形冲裁件
冲裁搭边	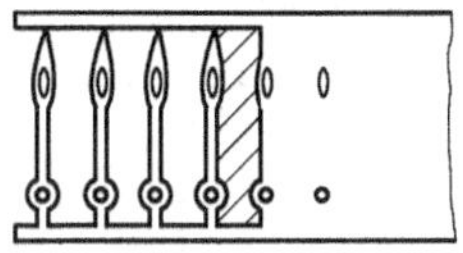	大批生产中用于小的窄冲裁件（表针及类似的冲裁件）或带料的连续拉深	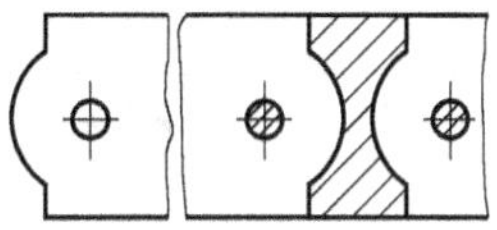	用于以宽度均匀的条料或带料冲制长形件

3. 搭边与料宽

（1）搭边　排样时工件之间以及工件与条料侧边之间留下的余料称为搭边。搭边的作用是补偿定位及送料误差，保证冲出合格零件；使条料具有一定的刚度，保证顺利送料，保证生产效率；避免冲裁时条料边缘的毛刺被拉入模具间隙，提高模具寿命和断面质量。

确定合理的搭边值有利于提高冲裁件质量。从节省材料的角度出发，搭边值越小越好，但是搭边值小于一定数值后，对模具寿命和剪切表面质量不利。在实际确定搭边值时，需要综合考虑以下因素：

1）材料的力学性能。硬材料的搭边值可以小些，软材料、脆材料的搭边值要大些。

2）冲裁件的形状与尺寸。冲裁件尺寸大或有尖凸的复杂形状时，搭边值要大些。

3）材料厚度。厚材料的搭边值要取大一些。

4）送料及挡料方式。用手工送料，有侧压装置的搭边值可以小一些，用侧刃定距比用挡料销定距的搭边值小一些。

5）卸料方式。弹性卸料比刚性卸料的搭边值小一些。

搭边值的大小影响材料的利用率，一般由经验确定，见表 2-17。

表 2-17　最小搭边值 a（低碳钢）　　（单位：mm）

材料厚度 t	圆形或圆角 $r>2t$ 的工件		矩形件边长 $l\leqslant50$		矩形件边长 $l>50$ 或圆角 $r\leqslant2t$	
	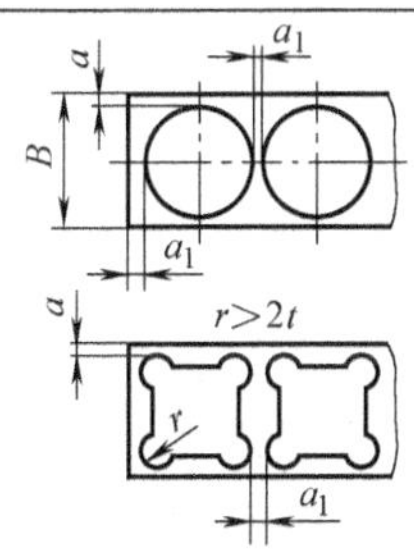		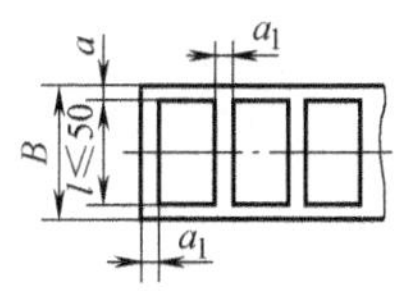		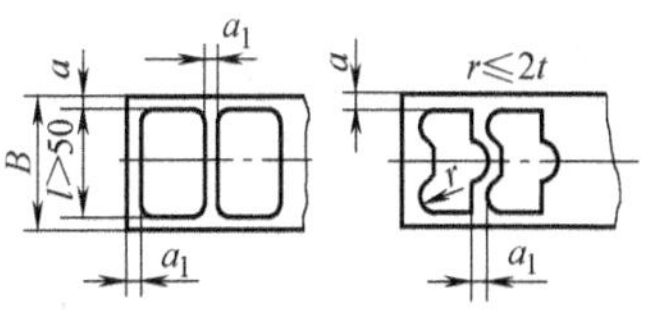	
	工件间 a_1	侧边 a	工件间 a_1	侧边 a	工件间 a_1	侧边 a
≤0.25	1.8	2.0	2.2	2.5	2.8	3.0
>0.25～0.5	1.2	1.5	1.8	2.0	2.2	2.5
>0.5～0.8	1.0	1.2	1.5	1.8	1.8	2.0
>0.8～1.2	0.8	1.0	1.2	1.5	1.5	1.8

（续）

材料厚度 t	圆形或圆角 $r>2t$ 的工件		矩形件边长 $l\leqslant 50$		矩形件边长 $l>50$ 或圆角 $r\leqslant 2t$	
	工件间 a_1	侧边 a	工件间 a_1	侧边 a	工件间 a_1	侧边 a
>1.2~1.6	1.0	1.2	1.5	1.8	1.8	2.0
>1.6~2.0	1.2	1.5	1.8	2.5	2.0	2.2
>2.0~2.5	1.5	1.8	2.0	2.2	2.2	2.5
>2.5~3.0	1.8	2.2	2.2	2.5	2.5	2.8
>3.0~3.5	2.2	2.5	2.5	2.8	2.8	3.2
>3.5~4.0	2.5	2.8	2.5	3.2	3.2	3.5
>4.0~5.0	3.0	3.5	3.5	4.0	4.0	4.5
>5.0~12	$0.6t$	$0.7t$	$0.7t$	$0.8t$	$0.8t$	$0.9t$

注：对于其他材料，应将表中数值乘以下列系数。中等硬度钢 0.9，硬钢 0.8，硬黄铜 1~1.1，硬铝 1~1.2，软黄铜、纯铜 1.2，铝 1.3~1.4，非金属材料 1.5~2。

（2）条料宽度的确定　选定排样方法与确定搭边值后，就可以计算条料宽度和导料板间距。为使条料能顺畅地在导料板之间送进，条料与导料板之间留有一定的间隙。因此，条料宽度与导料板间距及冲模的送料定位方式有关，应根据不同结构分别进行计算。

1）手工送料或有侧压装置的导料板之间送料（图 2-18a）。这种方式能使条料始终紧靠导料板一侧送进，故按下列公式计算

条料宽度 $$B_{-\Delta}^{\ 0}=(D_{max}+2a)_{-\Delta}^{\ 0} \tag{2-11}$$

导料板间距离 $$B_0=B+Z=D_{max}+2a+Z \tag{2-12}$$

2）无侧压装置自动送料的导料板之间送料（图 2-18b）。无侧压装置的模具，应考虑在送料过程中因条料的摆动而使侧面搭边减少的情况。为了补偿侧面搭边的减少，条料宽度应增加一个条料可能的摆动量，故按下列公式计算：

条料宽度 $$B_{-\Delta}^{\ 0}=(D_{max}+2a+Z)_{-\Delta}^{\ 0} \tag{2-13}$$

导料板间距离 $$B_0=B+Z=D_{max}+2a+2Z \tag{2-14}$$

式中　D_{max}——条料宽度方向冲裁件的最大尺寸；

a——侧搭边值，可参考表 2-17；

Δ——条料宽度的单向（负向）偏差，见表 2-18；

Z——导料板与最宽部分条料之间的间隙，其最小值见表 2-19。

3）用侧刃定距（图 2-18c）。当条料用侧刃定距时，条料宽度必须增加侧刃切去的部分，故按下列公式计算：

条料宽度 $$B_{-\Delta}^{\ 0}=(D_{max}+2a+nb_1)_{-\Delta}^{\ 0} \tag{2-15}$$

导料板间距离 $$B'=B+Z=D_{max}+2a+nb_1+Z \tag{2-16}$$

$$B_1'=D_{max}+2a+y \tag{2-17}$$

式中　D_{max}——条料宽度方向冲裁件的最大尺寸；

a——侧搭边值；

b_1——侧刃冲切的料边宽度，见表 2-20；

n——侧刃数；

Z——冲切前条料与导料板间的间隙，见表 2-19；

y——冲切后条料与导料板间的间隙，见表 2-20。

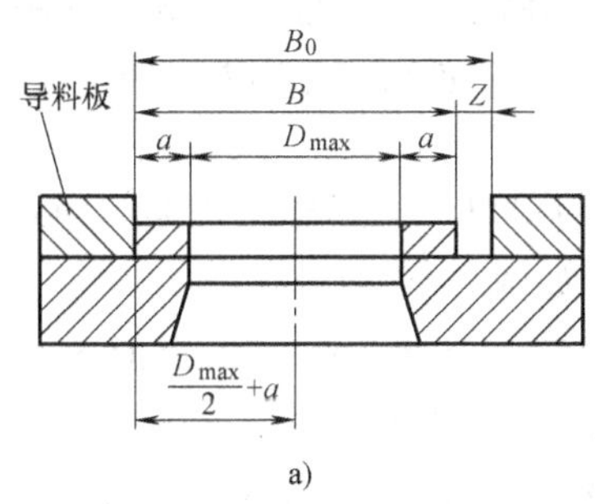

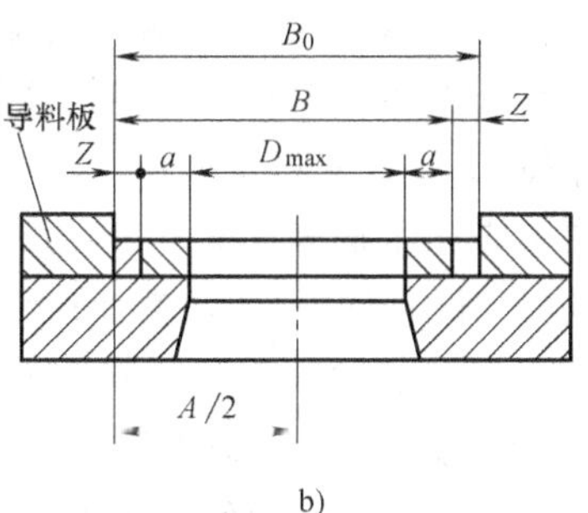

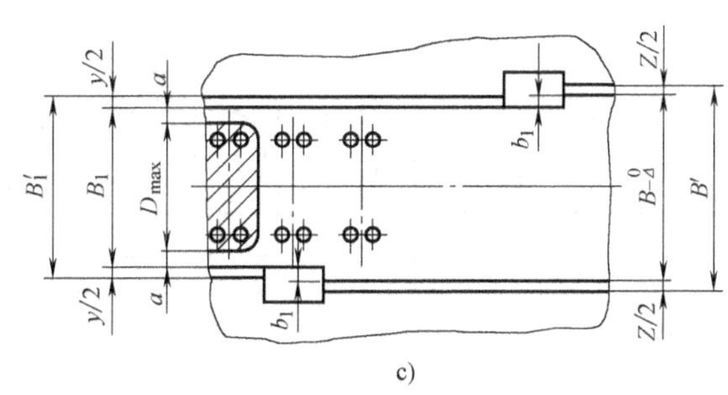

图 2-18　条料宽度的确定

表 2-18　条料宽度的单向偏差 Δ　（单位：mm）

条料宽度 B①	材料厚度 t			条料宽度 B①	材料厚度 t			
	≤0.5	>0.5~1	>1~2		0.5~1	>1~2	>2~3	>3~5
≤20	0.05	0.08	0.10	≤50	0.4	0.5	0.7	0.9
>20~30	0.08	0.10	0.15	>50~100	0.5	0.6	0.8	1.0
>30~50	0.10	0.15	0.20	>100~150	0.6	0.7	0.9	1.1
				>150~220	0.7	0.8	1.0	1.2
				>220~300	0.8	0.9	1.1	1.3

① 表中数值为龙门剪床下料。

表 2-19　导料板与条料之间的最小间隙 Z_{min}　（单位：mm）

材料厚度 t	无侧压装置			有侧压装置	
	条料宽度 B			条料宽度 B	
	≤100	>100~200	>200~300	≤100	>100
≤1	0.5	0.5	1	5	8
>1~5	0.5	1	1	5	8

表 2-20　b_1、y 值　（单位：mm）

材料厚度 t	b_1		y
	金属材料	非金属材料	
≤1.5	1 ~ 1.5	1.5 ~ 2	0.10
>1.5 ~ 2.5	2.0	3	0.15
>2.5 ~ 3	2.5	4	0.20

（3）绘制排样图　将搭边、步距和条料宽度确定后，综合考虑裁板方法（纵向裁剪或横向裁剪）、材料利用率等因素，选择最佳板料规格，就可以绘制排样图。

绘制排样图时应注意下列要求：

1）排样图上应标注条料宽度、条料长度、板料厚度、端距、步距、冲裁件间搭边和侧搭边值、侧刃定距时侧刃的位置及截面尺寸等，如图 2-19 所示。

2）用剖面线表示出冲裁工位上的工序件形状，以便从排样图上能区别出单工序冲裁（图 2-19a）、复合冲裁（图 2-19b）和级进冲裁（图 2-19c）。

3）采用斜排时，应注明倾斜角度的大小。必要时，还可用双点画线画出送料时定位元件的位置。对有纤维方向要求的排样图，应用箭头表示条料的纹向。

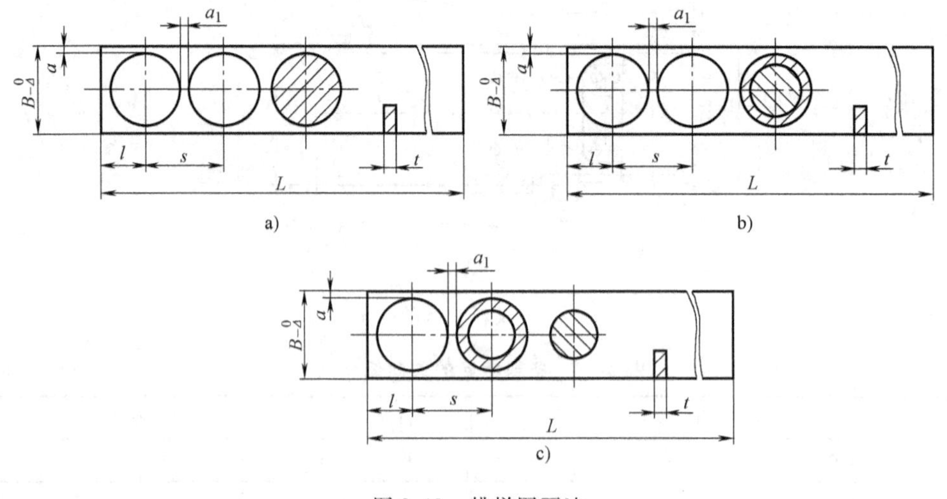

图 2-19　排样图画法

2.2.6　冲裁力和压力中心的计算

1. 冲压力的计算

（1）冲裁力的计算　冲裁力是冲裁时凸模冲穿板料所需的压力，它是随凸模进入板料的深度（凸模行程）而变化的，如图 2-20 所示。通常，冲裁力是指冲裁过程中的最大值，它是选用压力机和设计模具的重要依据。

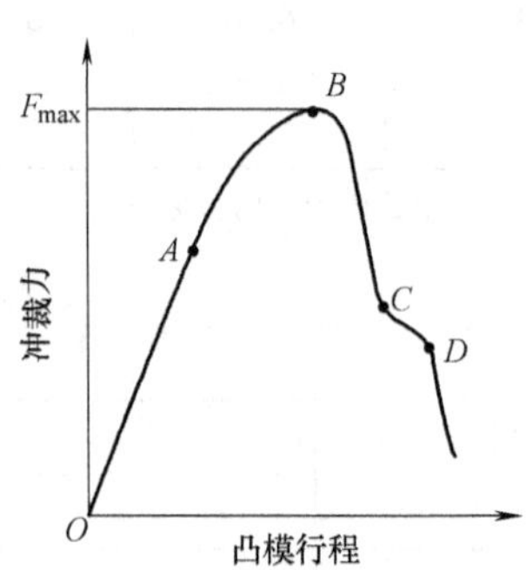

图 2-20　冲裁力曲线

影响冲裁力的因素很多，主要有材料力学性能、厚度、冲裁件周边长度、模具间隙大小以及刃口锋利程度等。一般平刃口模具冲裁时，其冲裁力可按下式计算

$$F = KLt\tau_b \tag{2-18}$$

式中　F——冲裁力（N）；

L——冲裁件周边长度（mm）；

t——材料厚度（mm）；

τ_b——材料抗剪强度（MPa）；

K——考虑模具间隙的不均匀、刃口的磨损、材料力学性能与厚度的波动等因素的影响，而给出的修正系数，一般取 $K=1.3$。

对于同一种材料，其抗拉强度与抗剪强度的关系为 $R_m \approx 1.3\tau_b$，冲裁力也可按下式计算

$$F \approx LtR_m \tag{2-19}$$

（2）卸料力、推件力与顶件力的计算　卸料力、推件力与顶件力是从压力机和模具的卸料、推件和顶件装置中获得的，所以在选择压力机的标称压力和设计冲模以上装置时，应分别予以计算。影响这些力的因素较多，主要有材料的力学性能与厚度、冲裁件形状、冲模间隙与凹模孔口结构、排样的搭边大小及润滑情况等。在实际计算时，常用下列经验公式

$$F_X = K_X F \tag{2-20}$$

$$F_T = nK_T F \tag{2-21}$$

$$F_D = K_D F \tag{2-22}$$

式中　K_X、K_T、K_D——卸料力系数、推件力系数和顶件力系数，其值见表 2-21；

F——冲裁力（N）；

n——同时卡在凹模孔内的冲裁件（或废料）数，$n=h/t$（h 为凹模孔口的直刃壁高度，一般取 4～12mm；t 为材料厚度）。

表 2-21　卸料力、推件力及顶件力的系数

冲件材料		K_X	K_T	K_D
纯铜、黄铜		0.02～0.06	0.03～0.09	0.03～0.09
铝、铝合金		0.025～0.08	0.03～0.07	0.03～0.07
钢（料厚 t/mm）	≤0.1	0.065～0.075	0.1	0.14
	>0.1～0.5	0.045～0.055	0.063	0.08
	>0.5～2.5	0.04～0.05	0.055	0.06
	>2.5～6.5	0.03～0.04	0.045	0.05
	>6.5	0.02～0.03	0.025	0.03

（3）压力机标称压力的确定　对于冲裁工序，压力机的标称压力应大于或等于冲裁时总冲压力的 1.1～1.3 倍，即

$$p \geqslant (1.1 \sim 1.3)F_\Sigma \tag{2-23}$$

式中　p——压力机的标称压力；

F_Σ——冲裁时的总冲压力。

冲裁时，模具结构不同，总冲压力所包含的冲裁力、卸料力、推件力或顶件力也有所不同，具体可分以下情况计算：

采用弹性卸料装置和下出料方式的冲模时

$$F_\Sigma = F + F_X + F_T \tag{2-24}$$

采用弹性卸料装置和上出料方式的冲模时

$$F_{\Sigma} = F + F_{X} + F_{D} \tag{2-25}$$

采用刚性卸料装置和下出料方式的冲模时

$$F_{\Sigma} = F + F_{T} \tag{2-26}$$

2. 降低冲裁力的措施

在冲裁高强度材料、厚料及大尺寸的工件时，所需的冲裁力较大。若生产现场压力机的吨位有限，则必须采取一定的措施来降低冲裁力。目前，生产中常用的降低冲裁力的方法有如下几种。

(1) 阶梯凸模冲裁　在多凸模的冲模中，将凸模设计成不同长度，使凸模工作断面呈阶梯式布置（图 2-21），避免各凸模冲裁力的最大峰值同时出现，以此降低总的冲裁力。

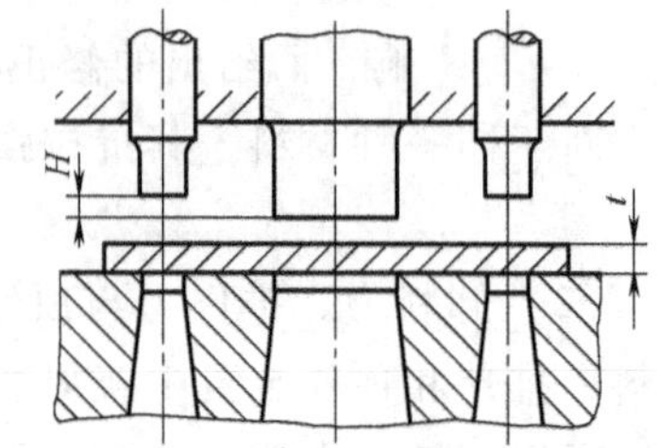

图 2-21　阶梯凸模冲裁

在几个凸模直径相差较大、间距又很近的情况下，为避免小直径凸模因受材料流动侧压力而产生折断或倾斜现象，也应该采用阶梯布置，一般将小凸模做短一些。

凸模间的高度差 H 与板料厚度 t 的关系如下：

$t < 3\text{mm}$ 时，$H = t$；

$t > 3\text{mm}$ 时，$H = 0.5t$。

阶梯凸模冲裁的冲裁力，一般按产生最大冲裁力的那一个阶梯进行计算。

(2) 斜刃冲裁　采用斜刃口模具冲裁时，整个刃口平面不是全部同时切入，而是逐步地将材料切断，减小了同时冲裁的轮廓周长，因而降低了冲裁力；同时能减小冲击、振动和噪声。

斜刃口冲裁模，其结构应对称分布，避免冲裁时产生侧向力使凸、凹模偏斜，啃坏刃口。为了获得平整的工件，落料时凸模应做成平刃，凹模做成斜刃，如图 2-22a、b 所示；冲孔时凹模做成平刃，凸模做成斜刃，如图 2-22c、d、e 所示；图 2-22f 所示为切舌。

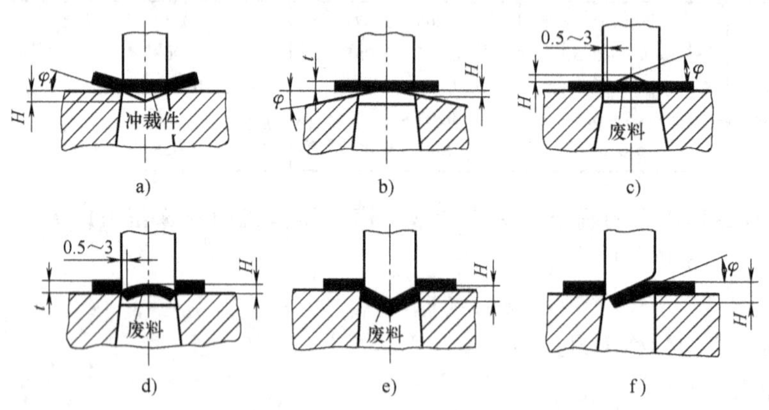

图 2-22　斜刃口的配置形式

a)、b) 落料　c)、d)、e) 冲孔　f) 切舌

斜刃口的主要参数是斜刃角和斜刃高度。斜刃角越大越省力，但过大的斜刃角会降低刃口强度，并使刃口易于磨损，导致使用寿命降低。斜刃角过小则起不到减力作用。斜刃高度也不宜过大或过小，过大的斜刃高度会使凸模进入凹模太深，加快刃口磨损，而过小的斜刃

高度也起不到减力作用。一般情况下，斜刃角和斜刃高度可参考下列数值选取：

料厚 $t<3\text{mm}$ 时，$H=2t$，$\varphi<5°$；

料厚 $t=3\sim10\text{mm}$ 时，$H=t$，$\varphi<8°$。

斜刃口冲裁时的冲裁力可按下面简化公式计算

$$F'=K'Lt \tag{2-27}$$

式中　F'——斜刃口冲裁时的冲裁力（N）；

K'——减力系数，$H=t$ 时 $K'=0.4\sim0.6$，$H=2t$ 时 $K'=0.2\sim0.4$。

斜刃口冲裁的主要缺点是刃口制造与刃磨比较复杂，刃口容易磨损，冲裁件也不够平整，且省力不省功，因此一般情况下尽量不用，只用于大型、厚板冲裁件。

（3）加热冲裁　材料在温度较高的加热状态下，抗剪强度明显下降，见表 2-22。因此，加热冲裁能降低冲裁力。但材料加热后会产生氧化皮，从而影响冲裁件表面质量，且生产环境和劳动条件变差。一般只适用于厚板或表面质量及公差等级要求不高的工件。

表 2-22　钢在加热状态的抗剪强度 τ_b　（单位：MPa）

材料 \ 加热温度 T/℃	200	500	600	700	800	900
Q195、Q215、10、15	360	320	200	110	60	30
Q235、20、25	450	450	240	130	90	60
Q275、30、35	530	520	330	160	90	70
40、45、50	600	580	380	190	90	70

3. 压力中心的计算

冲压力合力的作用点称为模具的压力中心。为了保证压力机和模具的正常工作，应使模具的压力中心与压力机滑块的中心线相重合。否则，冲压时滑块就会承受偏心载荷，导致滑块导轨和模具导向部分不正常的磨损，使合理间隙得不到保证，从而影响制件质量和降低模具寿命甚至损坏模具。

若因冲裁件的形状特殊，从模具结构方面考虑不宜使压力中心与模柄中心相重合，也应注意尽量使压力中心的偏离不超出所选压力机模柄孔投影面积的范围。

（1）简单几何形状零件冲裁时的压力中心

1）冲裁形状对称的冲裁件时，其压力中心位于冲裁件轮廓图形的几何中心。

2）冲裁直线段时，其压力中心位于直线段中点。

3）冲裁圆弧线段时（图 2-23），其压力中心的位置按下式计算

$$x_0=R\frac{180°\times\sin\alpha}{\pi\alpha}=R\frac{b}{l} \tag{2-28}$$

式中　l——弧长；其他符号意义如图 2-23 所示。

（2）多凸模冲裁时的压力中心　图 2-24 给出了冲裁多个型孔的凸模位置分布情况。

根据理论力学，合力对某轴的力矩等于各分力对同轴的力矩之和。由此，可以求出压力中心坐标（x_0，y_0），即

$$x_0=\frac{F_1x_1+F_2x_2+\cdots+F_nx_n}{F_1+F_2+\cdots+F_n}=\frac{\sum_{i=1}^{n}F_ix_i}{\sum_{i=1}^{n}F_i} \tag{2-29}$$

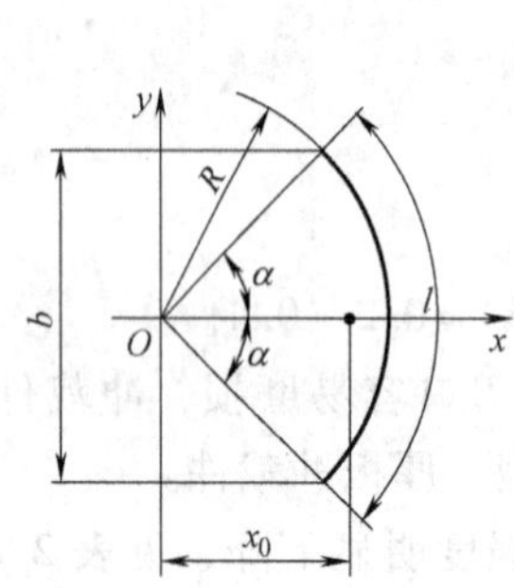

图 2-23　圆弧线段的压力中心计算

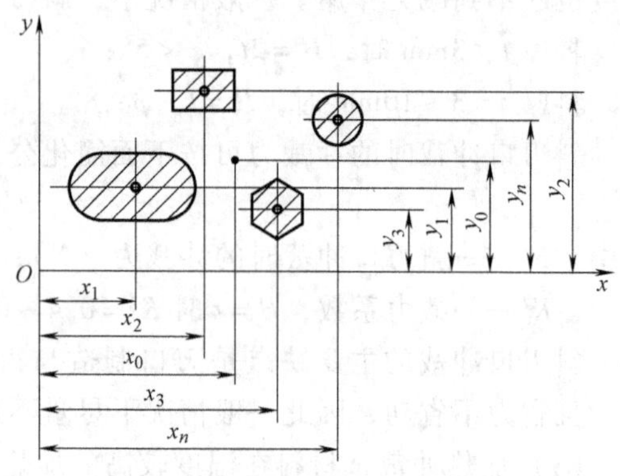

图 2-24　多凸模冲裁时的压力中心计算

$$y_0 = \frac{F_1 y_1 + F_2 y_2 + \cdots + F_n y_n}{F_1 + F_2 + \cdots + F_n} = \frac{\sum_{i=1}^{n} F_i y_i}{\sum_{i=1}^{n} F_i} \tag{2-30}$$

由于线段的冲裁力与线段的长度成正比，所以可以用各线段的长度 L_1、L_2、L_3、…、L_n 代替各线段的冲裁力 F_1、F_2、F_3、…、F_n，此时压力中心坐标的计算公式为

$$x_0 = \frac{L_1 x_1 + L_2 x_2 + \cdots + L_n x_n}{L_1 + L_2 + \cdots + L_n} = \frac{\sum_{i=1}^{n} L_i x_i}{\sum_{i=1}^{n} L_i} \tag{2-31}$$

$$y_0 = \frac{L_1 y_1 + L_2 y_2 + \cdots + L_n y_n}{L_1 + L_2 + \cdots + L_n} = \frac{\sum_{i=1}^{n} L_i y_i}{\sum_{i=1}^{n} L_i} \tag{2-32}$$

（3）复杂形状零件冲裁时的压力中心　冲裁复杂形状零件时，其压力中心的计算公式与计算多凸模冲裁压力中心时的求解公式相同。具体求法按下面步骤进行（图 2-25）。

1）建立坐标轴 x 和 y。

2）将冲裁的轮廓线划分为若干直线段和弧线段，分别求出各线段长度和各线段的压力中心位置。

3）按式（2-31）和式（2-32）计算出压力中心坐标（x_0，y_0）。

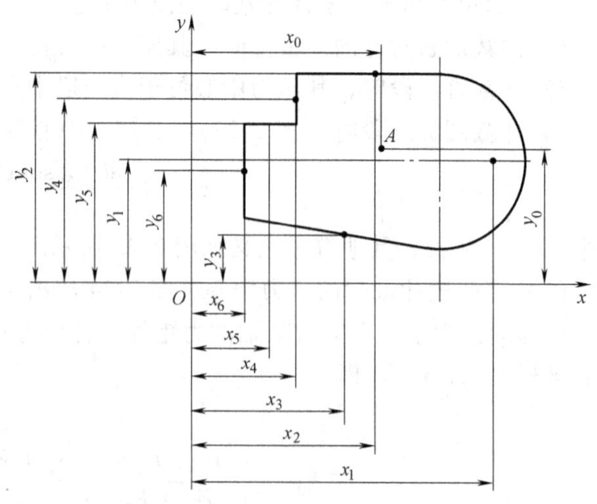

图 2-25　复杂形状件的压力中心计算

例 2-3　图 2-26a 所示冲裁件采用级进冲裁，排样图如图 2-26b 所示，

试计算冲裁时的压力中心。

解： 根据图 2-26a 所示冲裁件，压力中心计算步骤如下。

1）画出全部冲裁轮廓图，并建立坐标系，标出各冲裁图形压力中心对坐标轴 x-y 的坐标，如图 2-26c 所示。

2）计算各图形的冲裁长度及压力中心坐标。虽然落料与冲模上、下缺口的图形轮廓被分隔开，但其整体仍是对称图形，故可分别合并成“单凸模”进行计算。计算结果见表 2-23。

表 2-23　各图形的冲裁长度和压力中心坐标　（单位：mm）

序号	L_i	x_i	y_i	序号	L_i	x_i	y_i
1	97	0	0	4	30	59	20.5
2	42	30	0	5	31.4	60	0
3	26	45	0	6	2	74	21.5

3）计算冲模压力中心。将表 2-23 中的数据代入式（2-31）和式（2-32），得

$$x_0=\frac{97\times0+42\times30+26\times45+30\times59+31.4\times60+2\times74}{97+42+26+30+31.4+2}\text{mm}=27.3\text{mm}$$

$$y_0=\frac{97\times0+42\times0+26\times0+30\times20.5+31.4\times0+2\times21.5}{97+42+26+30+31.4+2}\text{mm}=2.9\text{mm}$$

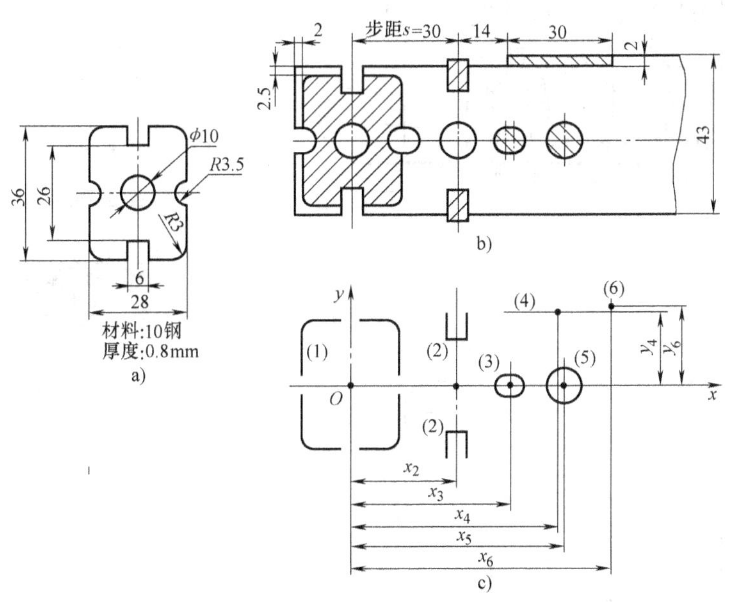

图 2-26　压力中心计算实例

2.2.7　冲裁模的类型及结构

1. 冲裁模的基本类型

按冲裁件结构形式和加工方式冲裁模可分为落料模、冲孔模、切断模、切口模和切边模等。

根据冲裁的工序组合形式，冲裁模可分为单工序模、复合模和级进模等。

按模具的导向方式冲裁模可分为开式模、导板模和导柱模。

按模具工作零件所使用的材料，冲裁模又可分为钢质模、硬质合金冲模、锌基合金模、橡胶模和钢带模等。

2. 冲裁模的结构组成

任何一副冲裁模都是由上模和下模两个部分组成的。上模通过模柄或上模座固定在压力机的滑块上，可随滑块作上、下往复运动，是冲模的活动部分；下模通过下模座固定在压力机工作台或垫板上，是冲模的固定部分。

图 2-27 所示为一副变压器冲片的复合冲裁模。该模具的上模由模柄 7、上模座 4、垫板 10、凸模固定板 11、冲孔凸模 6、落料凹模 12、推件装置（由打杆 8、推板 9、推件块 13 构

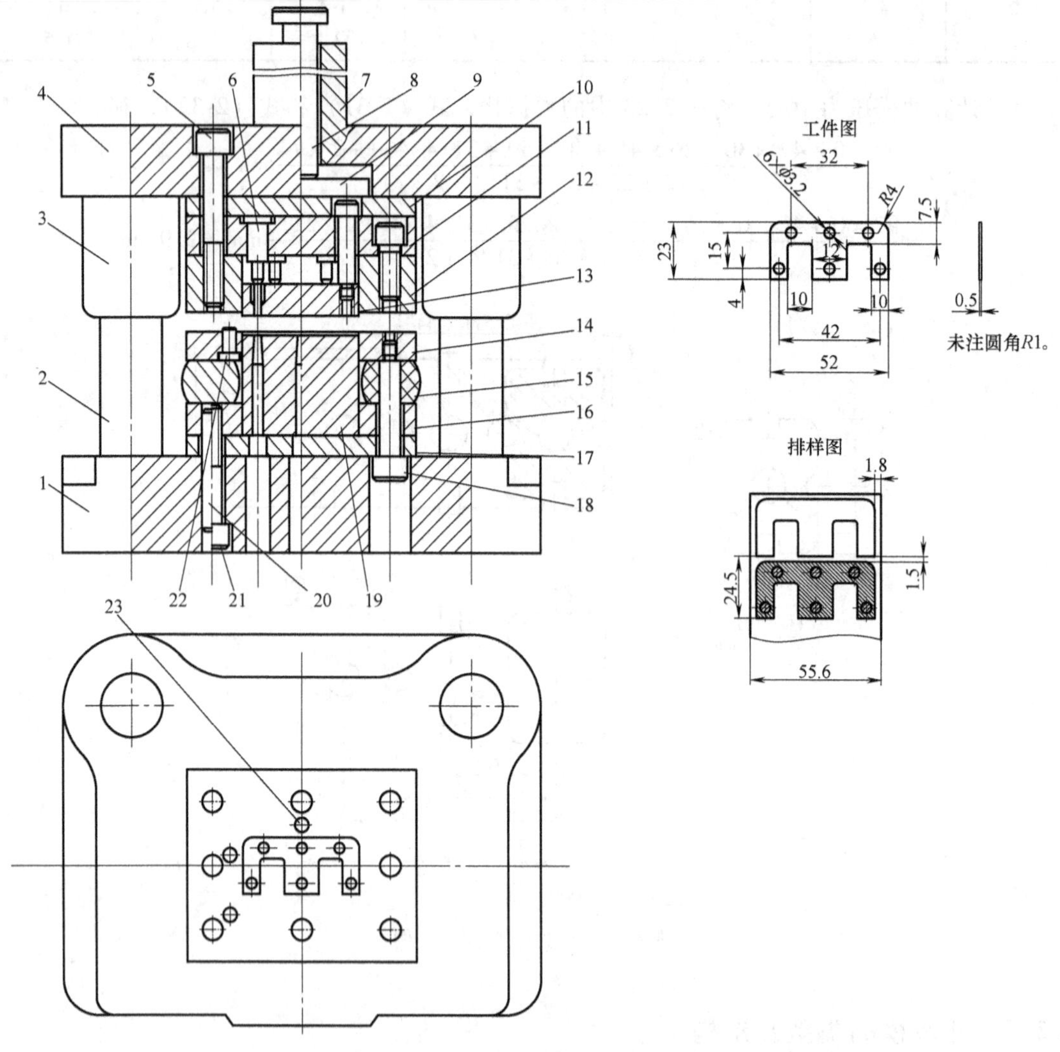

图 2-27　变压器冲片的复合冲裁模

1—下模座　2—导柱　3—导套　4—上模座　5、21—紧固螺钉　6—冲孔凸模　7—模柄　8—打杆　9—推板　10、17—垫板　11—凸模固定板　12—落料凹模　13—推件块　14—卸料板　15—橡胶　16—凸凹模固定板　18—卸料螺钉　19—凸凹模　20—定位销　22—活动导料销　23—活动挡料销

成）、导套3及紧固螺钉5等零部件组成；下模由凸凹模19、卸料装置（由卸料板14、卸料螺钉18、橡胶15构成）、活动导料销22、凸凹模固定板16、下模座1、导柱2及紧固螺钉21和定位销20等零部件组成。

工作时，条料沿活动导料销22送至活动挡料销23处定位，开动压力机，上模随滑块向下运动，具有锋利刃口的冲孔凸模6、落料凹模12与凸凹模19一起穿过条料厚度方向使冲裁件、冲孔废料与条料分离而完成冲裁工作。滑块带动上模回升时，卸料板14将箍在凸凹模上的条料卸下，推件块13将卡在落料凹模与冲孔凸模之间的冲裁件推落在下模面上，而卡在凸凹模内的冲孔废料由冲孔凸模逐次向下推出。将推落在下模面上的冲裁件清理后又可进行下一次冲压，如此循环往复，实现冲压生产。

根据各零部件在模具中所起的作用不同，一般可将冲裁模分成以下几个部分。

工作零件：直接使坯料产生分离或进行塑性成形的零件，是冲裁模中最重要的零件。如图2-27中的冲孔凸模6、落料凹模12和凸凹模19等。

定位零件：确定坯料或工序件在冲模中正确位置的零件，如图2-27中的活动导料销22和活动挡料销23等。

卸料与推出零件：这类零件将箍在凸模上或卡在凹模内的废料或冲裁件卸下、推出或顶出，以保证冲压工作能继续进行，如图2-27中的卸料板14、卸料螺钉18、橡胶15、打杆8和推件块13等。

导向零件：保证上、下模的相对位置及运动导向精度的零件，如图2-27中的导柱2和导套3等。

支承与固定零件：将各类零件固定在上、下模上，并将上、下模连接到压力机的滑块和工作台上，如图2-27中的固定板11与16、垫板10与17、上模座4、下模座1和模柄7等。这些零件是冲裁模的基础零件。

其他零件：如紧固件（主要为螺钉、销钉）和侧孔冲裁模中的滑块、斜楔等。

上述各类零件并不是所有的冲模都需具备，但在一副模具中工作零件和必要的支承固定零件是不可缺少的。

3. 冲裁模的典型结构

冲裁模种类繁多，在生产中常按工序组合的形式将其进行分类。本节对单工序模、复合模及级进模进行介绍。

（1）单工序模　单工序模又称简单冲裁模，是指在压力机的一次行程内只完成一种冲裁工序的模具，如落料模、冲孔模、切断模和切口模等。

1）落料模。落料模是指沿封闭轮廓将冲裁件从板料上分离的冲模。根据上、下模的导向形式，有三种常见的落料模结构。

①无导向落料模（又称敞开模或开式落料模）。图2-28所示为冲裁圆形零件的无导向落料

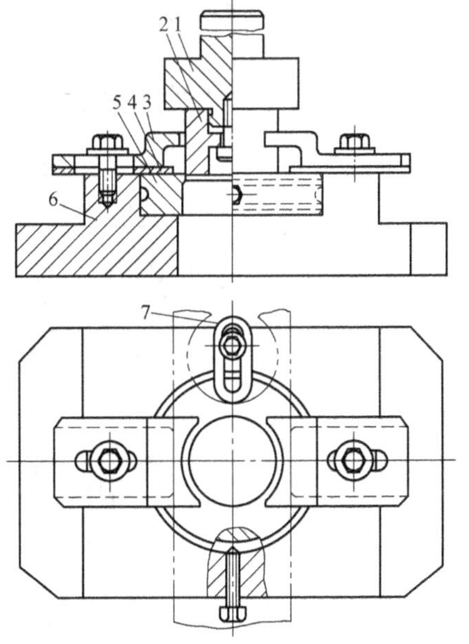

图2-28　无导向落料模
1—模柄　2—凸模　3—固定卸料板　4—导料板
5—凹模　6—下模座　7—定位板

模，上、下模之间无直接导向关系。工作时，条料沿导料板 4 送至定位板 7 定位后进行冲裁，从条料上分离下来的冲裁件靠凸模直接从凹模洞口依次推下，箍在凸模上的废料由固定卸料板 3 刮下来，完成落料工作。

无导向落料模结构简单，制造容易，其卸料与定位装置可调，凸、凹模可快速更换以冲裁不同尺寸的零件。但此类模具不易保证凸、凹模的间隙均匀，只适用于冲裁精度要求不高、形状简单和生产批量小的冲裁件。

② 导板式落料模。图 2-29 所示为冲制圆形零件的导板式落料模。工作时，条料沿承料板 11、导料板 12 自右向左送进，首次送进时先用手将始用挡料销 10 推进，条料端部由始用挡料销定位，凸模 5 下行与凹模 8 一起完成落料，卡在凹模孔中的冲裁件由凸模向下推出。凸模回程时，箍在凸模上的条料被导板（也称固定卸料板）卸下。继续送进条料时，先松手使始用挡料销复位，将落料后的条料端部搭边越过回带式活动挡料销 6 后再往回拉紧条料，挡料销抵住搭边定位，落料工作继续进行。因回带式活动挡料销对首次落料起不到作用，故设置始用挡料销。

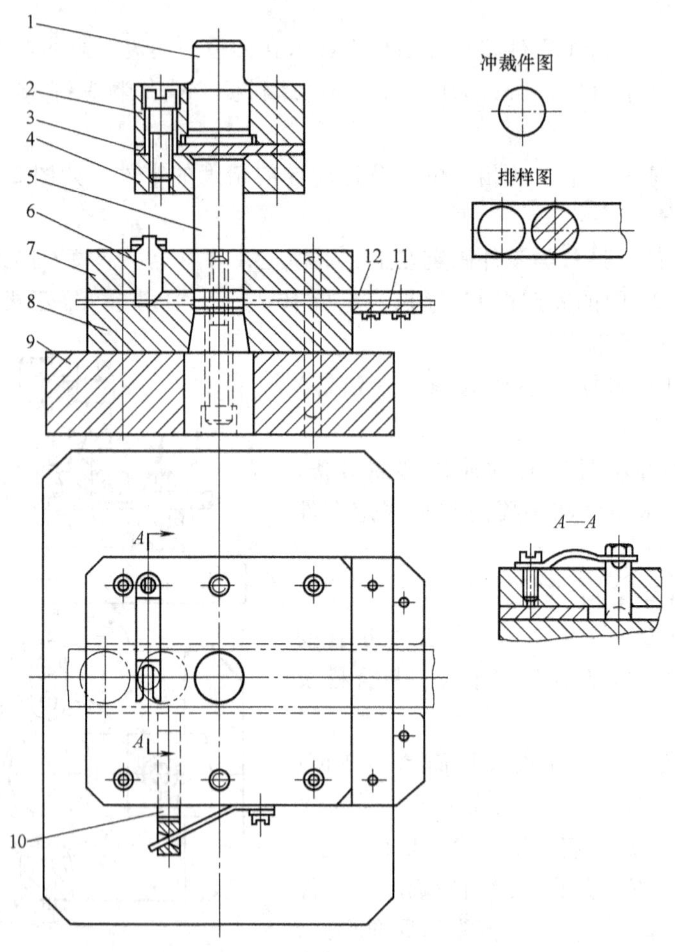

图 2-29　导板式落料模

1—模柄　2—上模座　3—垫板　4—凸模固定板　5—凸模　6—回带式活动挡料销　7—导板　8—凹模　9—下模座　10—始用挡料销　11—承料板　12—导料板

导板式落料模的凸模依靠导板导向，与无导向模相比，冲裁件精度高，卸料可靠，但制造比较麻烦。因而，导板模一般用于形状较简单、尺寸不大、料厚大于0.3mm的小件冲裁。

③ 导柱式落料模。图2-30所示为导柱式固定卸料落料模。此类冲模的上、下模正确位置是利用导柱和导套的导向来保证的，且凸模在进行冲裁之前，导柱已经进入导套，从而保证了在冲裁过程中凸、凹模之间间隙的均匀性。该模具用固定挡料销和导料板对条料进行定位和导进，冲裁件由凸模逐次从模孔中推下并经压力机工作台孔漏入料箱。

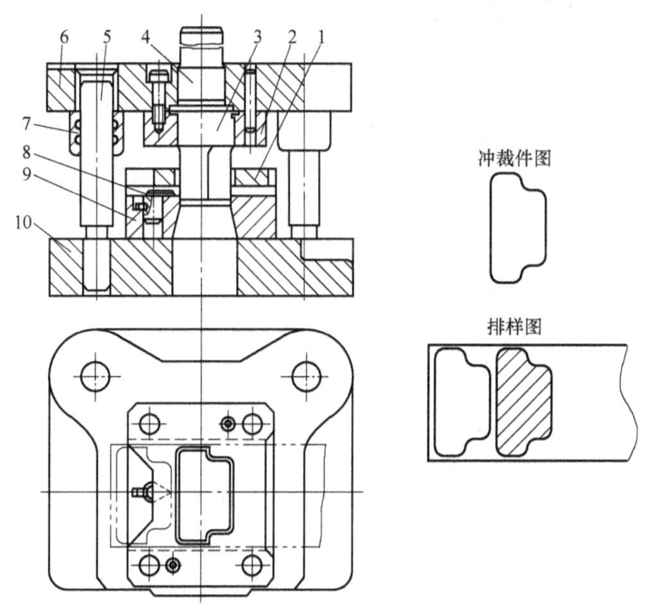

图2-30 导柱式固定卸料落料模

1—固定卸料板 2—凸模固定板 3—凸模 4—模柄 5—导柱 6—上模座 7—导套 8—钩形固定挡料销 9—凹模 10—下模座

导柱式冲裁模导向比导板模可靠，冲裁件精度高，模具寿命长，使用安装方便。但模具轮廓尺寸较大，质量大，制造成本高。这种冲模广泛用于冲裁生产批量大、精度要求高的冲裁件。

2）冲孔模。冲孔模是指沿封闭轮廓将废料从坯料或工序件上分离而得到带孔冲裁件的冲裁模。冲孔大多是在工序件上进行，常采用弹性卸料装置（兼起压料作用）以保证冲裁件平整，并注意解决好工序件的定位和取出问题。冲小孔时必须考虑凸模的强度和刚度，以及快速更换凸模的结构。冲裁成形零件上的侧孔时，需考虑凸模水平运动方向的转换机构等。

图2-31所示为导柱式冲孔模，凸模2和凹模3是工作零件，定位销1、17是定位零件，卸料板5、卸料螺钉10和橡胶9构成弹性卸料装置。工件以$\phi50$mm内孔和$R7$mm圆弧槽分别在定位销1和17上定位，弹性卸料装置在凸模2下行冲孔时可将工件压紧，以保证冲裁件平整，在凸模回程时又能起卸料的作用。冲孔废料直接由凸模依次从凹模孔内推出。定位销1的右边缘与凹模板外侧平齐，可使工件定位时右凸缘悬于凹模板以外，以便于取出冲裁件。

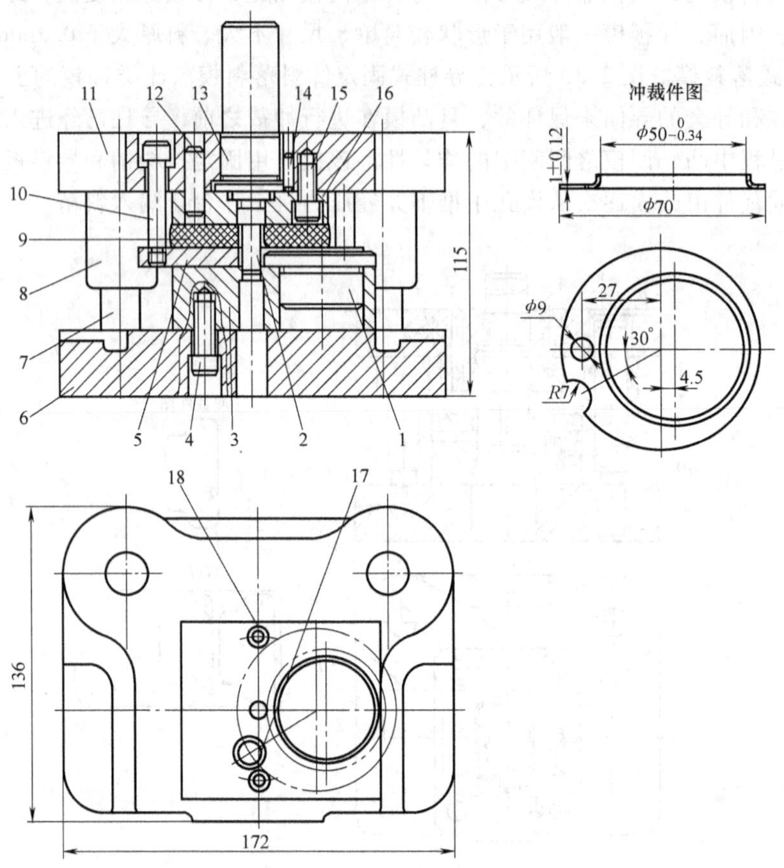

图 2-31　导柱式冲孔模

1、17—定位销　2—凸模　3—凹模　4、15—螺钉　5—卸料板　6—下模座　7—导柱　8—导套　9—橡胶　10—卸料螺钉　11—上模座　12、18—销钉　13—模柄　14—防转销　16—固定板

图 2-32 所示为斜楔式侧面冲孔模，固定在上模的斜楔 1 把压力机滑块的垂直运动变为推动滑块 4 的水平运动，带动凸模 5 在水平方向进行冲孔。凸模 5 与凹模 6 通过滑块在导滑槽内滑动进行对准，上模回升时滑块的复位靠橡胶的弹性回复来完成。斜楔的工作角度 α 取 40°~50°为宜，需要较大冲裁力时，α 也可取 30°，以增大水平推力。将 α 取值增加到 60°时，可获得较大的凸模工作行程。工件以内形在凹模 6 上定位，弹压板 3 在冲孔之前压紧工件以保证冲孔位置的准确。为了排除冲孔废料，应注意开设漏料孔。这种结构的凸模常对称布置，最适宜壁部对称孔的冲裁，主要用于冲裁空心件或弯曲件等成形件上的侧孔、侧槽和侧切口等。

图 2-33 所示为凸模全长导向的厚料小孔冲孔模，通过设置扇形块 9 和凸模活动护套 19，使冲孔凸模 7 在工作行程中除了进入被冲材料的工作部分外，其余长度上都得到了凸模活动护套不间断的导向作用，大大提高了凸模的稳定性。本模具适用于在厚板上冲小孔，避免细长凸模发生纵向弯曲，保护套与扇形块起全程导向保护作用，保护套则由带小导柱的卸料板精确定位导向。

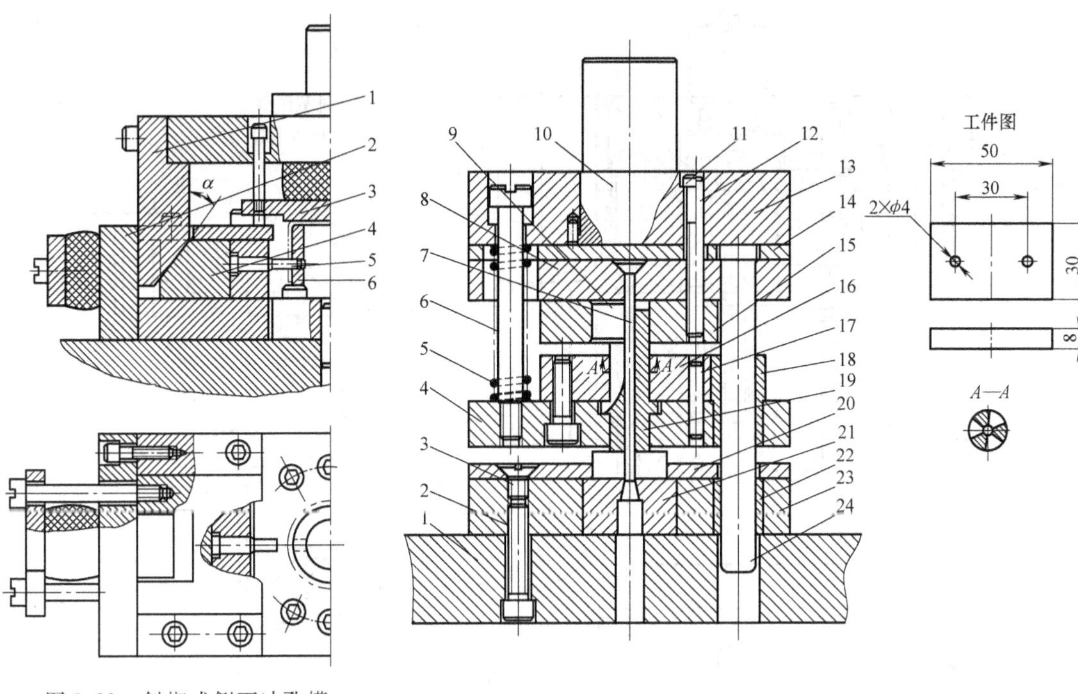

图 2-32　斜楔式侧面冲孔模

1—斜楔　2—座板　3—弹压板　4—滑块　5—凸模　6—凹模

图 2-33　凸模全长导向的厚料小孔冲孔模

1—下模座　2、11—螺钉　3—沉头螺钉　4—卸料板　5—弹簧　6—卸料螺钉　7—冲孔凸模　8—凸模固定板　9—扇形块　10—模柄　12、17—销钉　13—上模座　14—垫板　15—扇形块固定板　16—护套压板　18、22—导套　19—凸模活动护套　20—定位板　21—凹模镶块　23—凹模固定板　24—小导柱

(2) 复合模　复合模是指在压力机的一次行程中，在模具的同一个工位上同时完成两道或两道以上冲裁工序的冲模。复合模是一种多工序冲裁模，它在结构上的主要特征是有一个或几个具有双重作用的工作零件——凸凹模，它既是落料凸模又是冲孔凹模。

图 2-34 所示为复合模工作部分的结构原理图，凸凹模 5 兼起落料凸模和冲孔凹模的作用，它与落料凹模 3 配合完成落料工序，与冲孔凸模 2 配合完成冲孔工序。冲裁结束后，冲裁件卡在落料凹模内腔由推件块 1 推出，条料箍在凸凹模上由卸料板 4 卸下，冲孔废料卡在凸凹模内由冲孔凸模逐次推下。

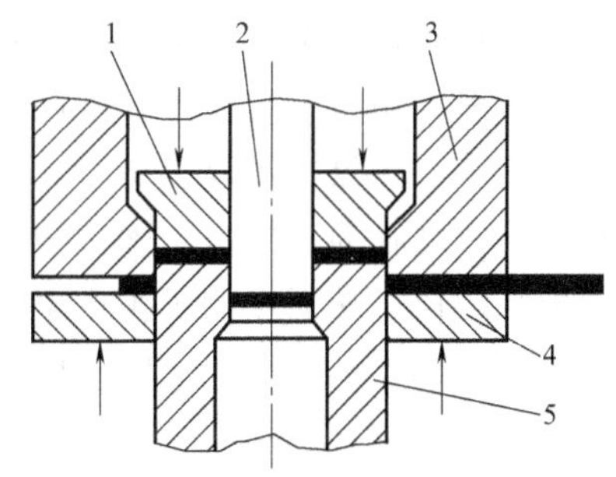

图 2-34　复合模工作部分的结构原理图

1—推件块　2—冲孔凸模　3—落料凹模　4—卸料板　5—凸凹模

根据凸凹模在模具中的装配位置不同，复合模分为正装式复合模和倒装式复合模两种。凸凹模装在上模的称为正装式复合模，凸凹模装在下模的称为倒装式复合模。

1) 正装式复合模。图 2-35 所示为正装式复合模。工作时，条料由导料销 13 和挡料销 12 定位，上模下压，凸凹模外形与落料凹模进行落料，落下的冲裁件卡在凹模内，同时冲孔凸模与凸凹模内孔进行冲孔，冲孔废料卡在凸凹模孔内。卡在凹模内的冲裁件由顶件装置顶出。当上模上行时，原来在冲裁时被压缩的弹性元件回复，弹性力通过

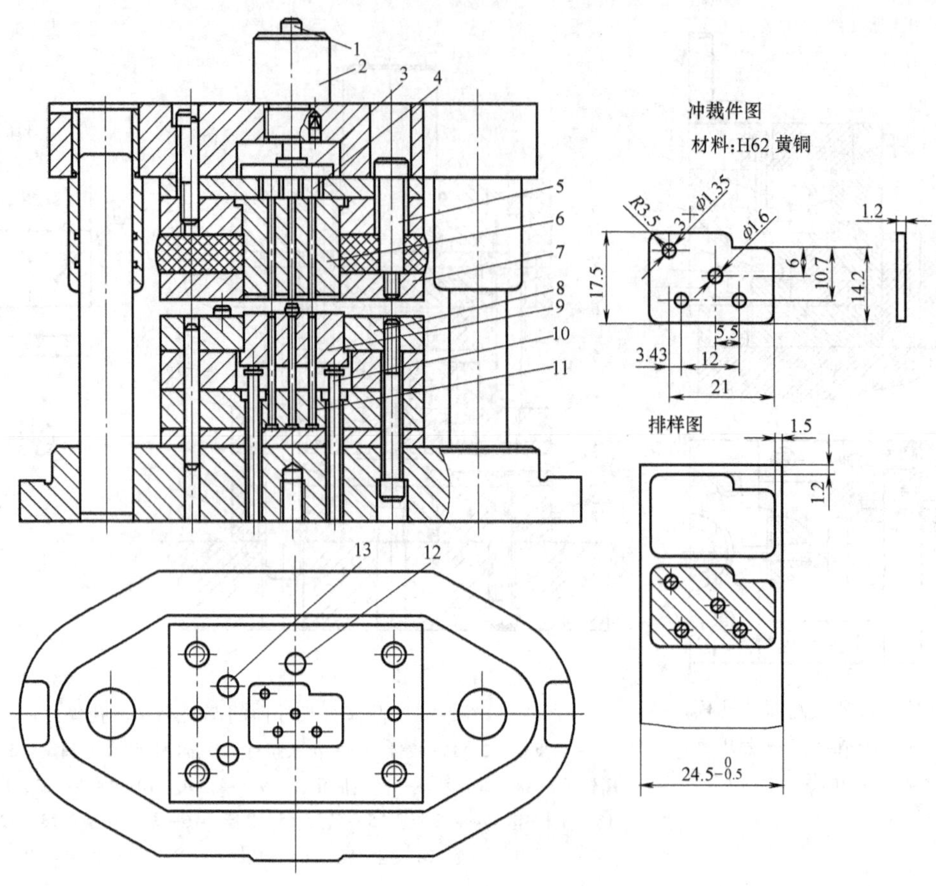

图 2-35　正装式复合模

1—打杆　2—模柄　3—推板　4—推杆　5—卸料螺钉　6—凸凹模　7—卸料板　8—落料凹模　9—顶件块　10—带肩顶杆　11—冲孔凸模　12—挡料销　13—导料销

顶杆和顶件块把卡在凹模中的冲裁件顶出凹模面。当上模上行至上死点时，压力机滑块内的打料杆通过打杆、推板和推杆把废料推出。每冲裁一次，冲孔废料被推出一次，凸凹模孔内不积存废料。条料的边料由弹性卸料装置卸下，并在卸料板上钻出让位孔。

从上述工作过程可以看出，正装式复合模工作时，板料在压紧的状态下分离，故冲出的冲裁件平直度较高，但由于弹性顶件和弹性卸料装置的作用，分离后的冲裁件容易被嵌入边料中影响操作，从而影响了生产率。

2）倒装式复合模。图 2-27 所示为倒装式复合模，该模具的凸凹模 19 装在下模，落料凹模 12 和冲孔凸模 6 装在上模。倒装式复合模一般采用刚性推件装置，由于冲裁件不是在压紧状态下分离的，因而冲裁件的平直度不高。同时由于冲孔废料直接从凸凹模内孔推下，当采用直刃壁凹模洞口时，凸凹模内孔中会聚积废料，凸凹模壁厚较小时可能引起胀裂，因而这种复合模结构适用于冲裁材料较硬或厚度大于 0.3mm、平直度要求不高且孔边距较大的冲裁件。图 2-27 所示的模具结构中，采用斜刃壁的凹模洞口，冲裁中不会聚积冲孔废料，但凹模刃口的强度较差。如果在上模内设置弹性元件，也可用来冲制材料较软或料厚小于 0.3mm、平直度要求较高的冲裁件。

从正装式和倒装式复合模结构分析中可以看出，两者各有优缺点。正装式复合模较适合于冲制材料较软或料厚较薄、平直度较高的冲裁件，还可以冲制孔边距较小的冲裁件。而倒装式复合模结构简单，便于操作，并为机械化出件提供了条件，故应用非常广泛。

（3）级进模　级进模（又称连续模）是指在压力机的一次行程中，在模具的不同工位上同时完成多道工序的冲裁模。在级进模上，根据冲裁件的实际需要，将各工序沿送料方向按一定顺序安排在模具的各工位上，通过级进冲压便可获得所需冲裁件。

图 2-36 所示为级进模工作部分的结构原理图。条料从右往左送料，推进始用挡料销 8，使条料在第一工位由始用挡料销 8 定位，上模向下冲压（冲压前松开始用挡料销），冲孔凸模 1 穿入板料进入凹模 7，完成冲孔，条料由卸料板 4 卸料；材料继续向左送进至第二工位，条料由固定挡料销 6 粗定位、导正销 3 精定位，上模带动落料凸模 2 向下冲压，穿入板料进入凹模 7，完成落料；同时，第一工位实施冲孔。如此循环往复，压力机一次行程冲出一个冲裁件。

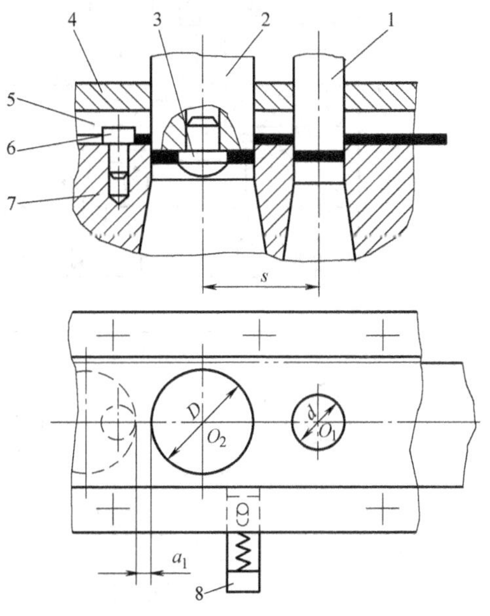

图 2-36　级进模工作部分的结构原理图

1—冲孔凸模　2—落料凸模　3—导正销　4—卸料板　5—导料板　6—固定挡料销　7—凹模　8—始用挡料销

在级进模中，冲孔凸模、落料凸模都安装在上模，而凹模都装在下模，冲孔凹模和落料凹模可以采用整体形式或镶拼形式。条料箍在凸模上由卸料板卸下，而冲孔废料和冲裁件均由凸模向下推出。级进模结构简单、操作方便，宜于实现机械化与自动化，生产效率高。

级进模不仅可以完成冲裁工序，还可完成弯曲、拉深等成形工序，甚至装配等工序。多工序的复杂冲裁件可以在一副模具上完成冲压，因而它是一种多工序高效率冲模。级进模可分为普通级进模和多工位精密级进模，多工位精密级进模将在教学单元七中介绍，这里只介绍普通冲裁级进模的典型结构及排样设计应注意的问题。

1）级进模的典型结构。采用级进模冲压时，冲裁件是依次在不同工位上逐步成形的，因此要保证冲裁件的尺寸及内外形相对位置精度，模具结构上必须解决条料或带料的准确送进与定距问题。根据条料定距方式的不同，级进模有以下三种典型结构。

① 用挡料销和导正销定位的级进模。图 2-37 所示为用挡料销和导正销定位的冲孔落料级进模，上、下模通过导板（兼卸料板）导向，冲孔凸模 3 与落料凸模 4 之间的中心距等于送料距离 s（称为步距），条料由固定挡料销 8 粗定位，由装在落料凸模上的两根导正销 5 精确定位。为了保证条料第一次送进冲裁时的正确定距，采用了始用挡料销 9。工作时，先用手按住始用挡料销对条料进行初始定位，冲孔凸模在条料上冲出两孔，然后松开始用挡料销，将条料送至固定挡料销进行粗定位，上模下行时导正销 5 先行导入条料上已冲出的孔进

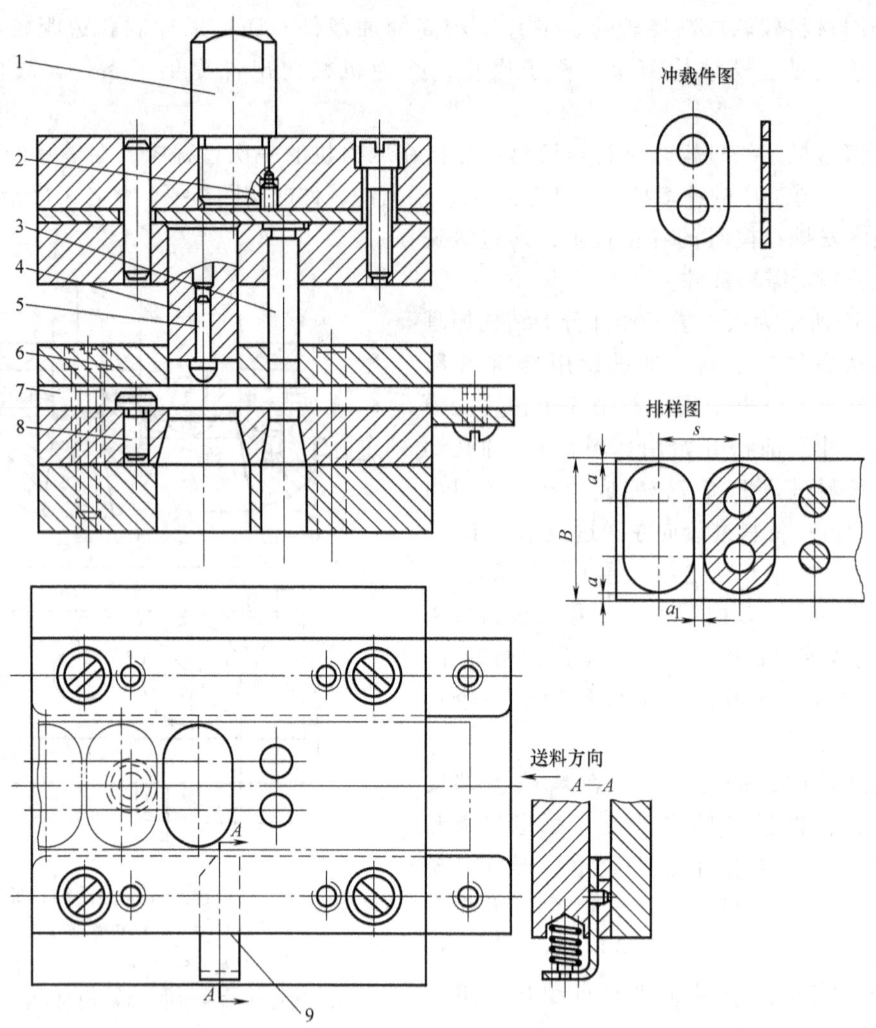

图 2-37 用挡料销和导正销定位的冲孔落料级进模

1—模柄 2—止转螺钉 3—冲孔凸模 4—落料凸模 5—导正销
6—导板 7—导料板 8—固定挡料销 9—始用挡料销

行精确定位，而后同时进行落料和冲孔。以后各次冲裁时都由固定挡料销 8 控制步距进行粗定位，每次行程可冲一个冲裁件及冲出两个内孔。

图 2-38 所示为具有自动挡料装置的级进模。自动挡料装置由挡料杆 3、冲搭边凸模 1 和冲搭边凹模 2 组成。开始工作时，冲孔和落料的两次送进分别由两个始用挡料销定位，第三次及其以后的送料均由自动挡料装置定位。由于挡料杆始终不离开凹模的上平面，所以送料时都能用挡料杆挡住条料搭边，在冲孔、落料的同时，冲搭边凸模 1 和冲搭边凹模 2 也把搭边冲出一个缺口，使条料可以继续送进一个步距，从而起到自动挡料的作用。另外，该模具还设有由侧压块 4 和侧压簧片 5 组成的侧压装置，可将条料始终压向对面的导料板，使条料送进方向更加准确。

② 侧刃定距的级进模。图 2-39 所示为双侧刃定距的三工位冲孔落料级进模。它用一对

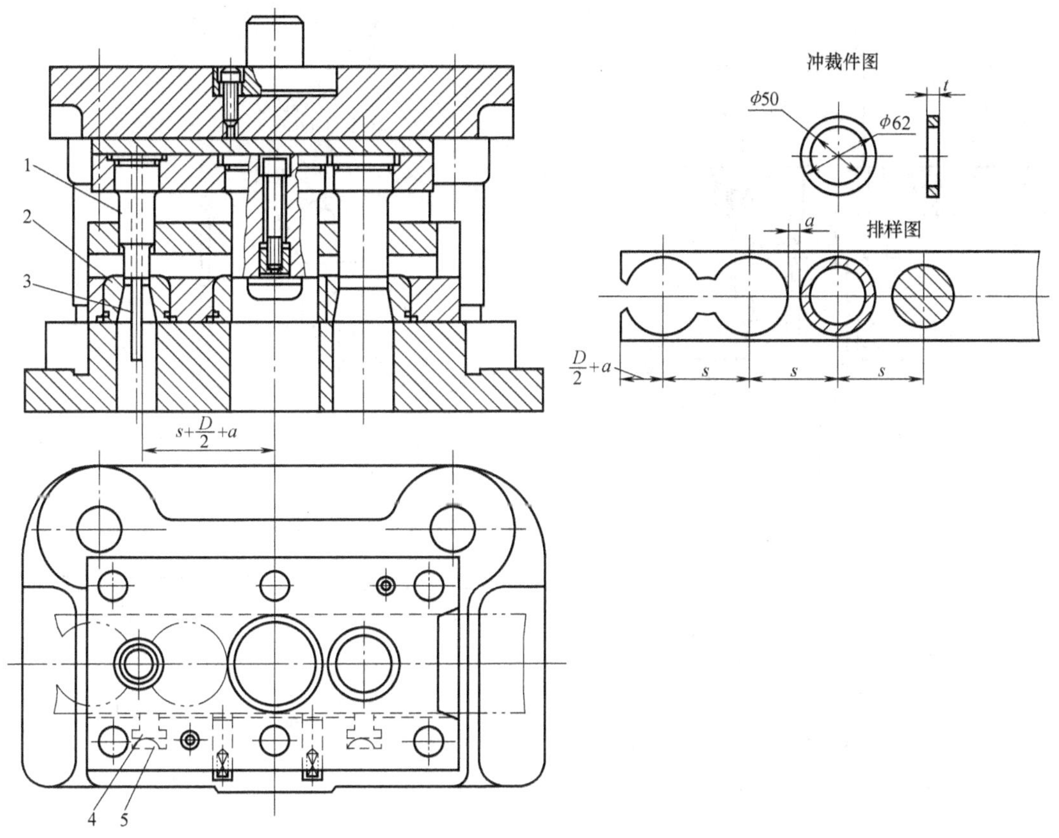

图 2-38 具有自动挡料装置的级进模
1—冲搭边凸模 2—冲搭边凹模 3—挡料杆 4—侧压块 5—侧压簧片

侧刃 16 代替了始用挡料销、固定挡料销和导正销来控制条料的送进距离。侧刃实际上是一个具有特殊功用的凸模，其作用是在压力机每次冲压行程中，沿条料边缘切下一块长度等于步距的边料。由于沿送料方向侧刃前后两导料板的间距不同，前宽后窄形成一个台肩，所以条料上只有被切去料边的部分才能通过，通过的距离即等于步距。采用双侧刃前后对角排列，在料头和料尾冲压时都能起定距作用，从而减少条料的损耗，工位较多的级进模都应采用这种结构方式。此外，由于该模具所冲裁的板料较薄（0.3mm），又是侧刃定距，所以采用弹性卸料方式代替固定卸料方式。

③ 少、无废料排样的级进模。图 2-40 所示为少、无废料排样的级进模。此模具为少废料排样的四工位冲孔落料级进模。第一工位冲出中间排的小孔，第二工位冲两侧小孔，第三工位落料中间排的矩形件，第四工位落料两侧冲裁件。落料凸模 7 与凹模 3 的刃口转角处，加工时不能留有小圆角，以防止冲裁件的角部产生小毛刺。它采取中间排与两侧排错位 1mm 的排样法，这样可有效地避免三冲裁件的角部连在一起。该模具不仅结构简单、操作方便，而且省材同时效率高。

2）级进模的排样设计。采用级进模冲裁时，排样设计十分重要，不仅要考虑材料的利用率，还要考虑冲裁件的精度要求、冲压成形规律、模具结构、强度和寿命等问题。

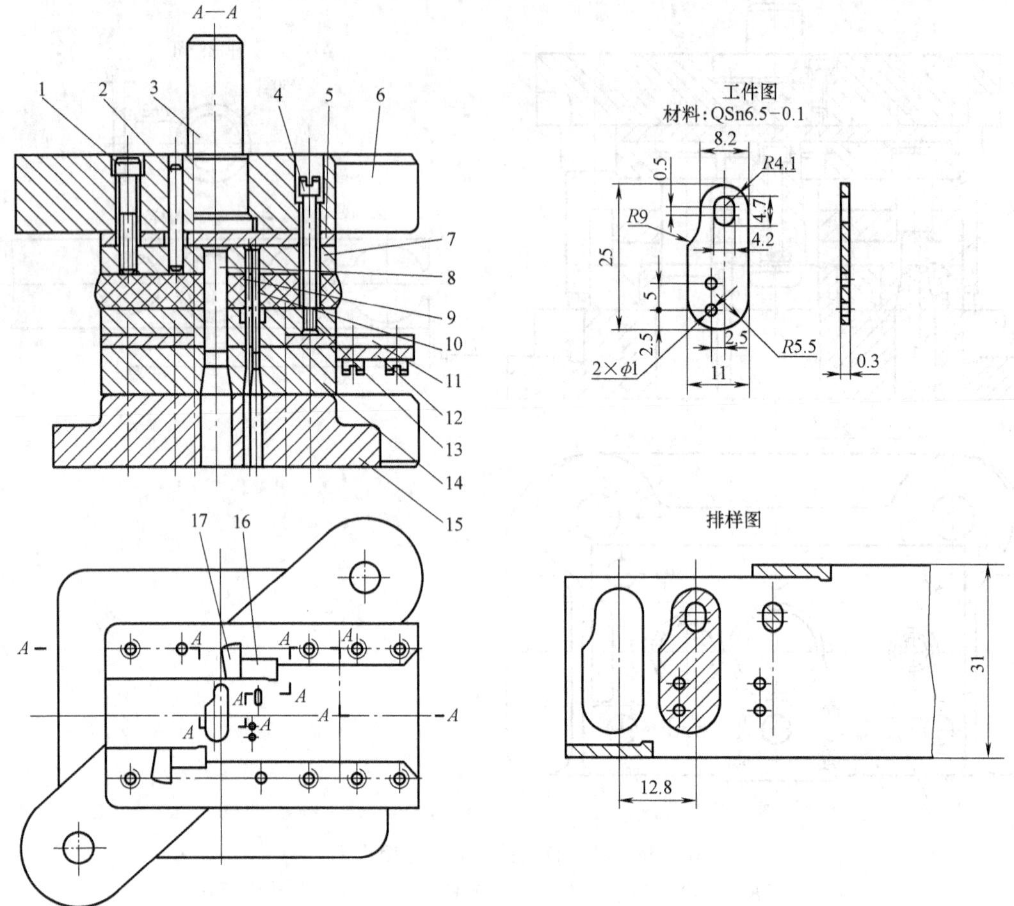

图 2-39　双侧刃定距的三工位冲孔落料级进模

1—内六角圆柱头螺钉　2—销钉　3—模柄　4—卸料螺钉　5—垫板　6—上模座　7—凸模固定板　8、9、10—凸模　11—导料板　12—承料板　13—卸料板　14—凹模　15—下模座　16—侧刃　17—侧刃挡块

① 冲裁件精度对排样设计的要求。冲裁件精度要求较高时，除了注意采用精确的定位方法外，还应尽量减少工位数，以减少误差积累，如图 2-41a 所示。孔距公差较小的孔应尽量在同一工位上冲出。

② 模具结构对排样的要求。冲裁件较大或冲裁件虽小但工步较多时，为减小模具轮廓尺寸，可采用级进—复合排样方法，如图 2-41a 所示，以减少工位数。

③ 模具强度对排样的要求。孔壁间距离较小的冲裁件，其孔应分步冲出，如图 2-41b 所示；工位之间凹模型孔壁厚较小时应增设空工位，如图 2-41c 所示；外形复杂的冲裁件，应分步冲出，以简化凸、凹模结构，提高强度，便于加工和装配，如图 2-41d 所示；侧刃的位置应尽量避免导致凸、凹模局部工作而损坏刃口，可将侧刃与落料凹模刃口之间的距离增大 0.2 ~ 0.4mm，以避免落料凸、凹模切下条料端部的极小宽度，影响模具寿命，如图 2-41b所示。

④ 冲压成形规律对排样的要求。需要经过弯曲、拉深、翻边等成形工序的冲裁件，采用级进冲压时，位于变形部位的孔应安排在成形工位之后冲出，落料或切断工步一般安排在

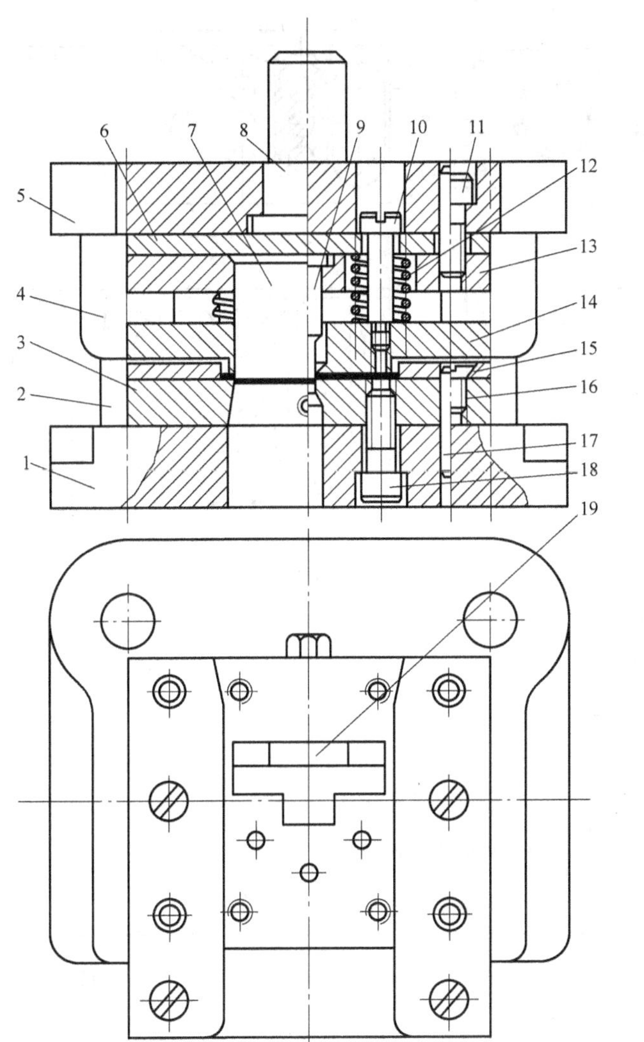

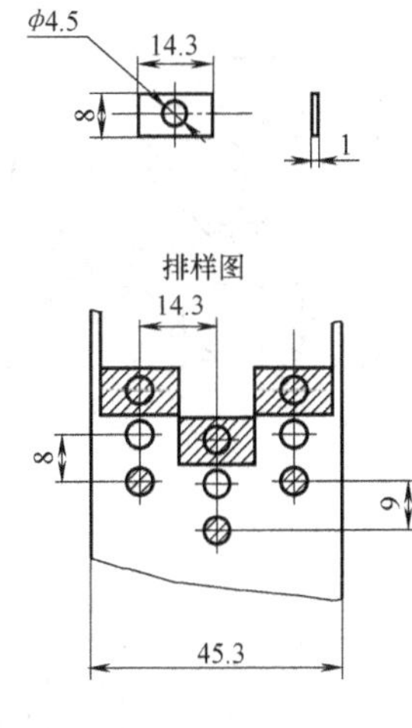

图 2-40 少、无废料排样的级进模

1—下模座 2—导柱 3—凹模 4—导套 5—上模座 6—垫板 7—落料凸模 8—模柄 9—冲孔凸模 10—卸料螺钉 11、16、18—螺钉 12—弹簧 13—凸模固定板 14—卸压板 15—导料板 17—销钉 19—定位挡块

最后的工位上。

⑤ 纯冲裁工序的级进模，一般是先冲孔后落料或切断。先冲出的孔可作为后续工位的定位孔，若该孔不适合于定位或定位精度要求较高时，则可在料边冲出辅助定位工艺孔（又称导正销孔），如图 2-41a 所示。套料级进冲裁时，按由里向外的顺序，先冲内轮廓后冲外轮廓，如图 2-41e 所示。

单工序模、复合模、级进模三类冲裁模的典型结构特点与适用场合各有不同，表 2-24 列出了它们之间的对比关系，供类型选择时参考。

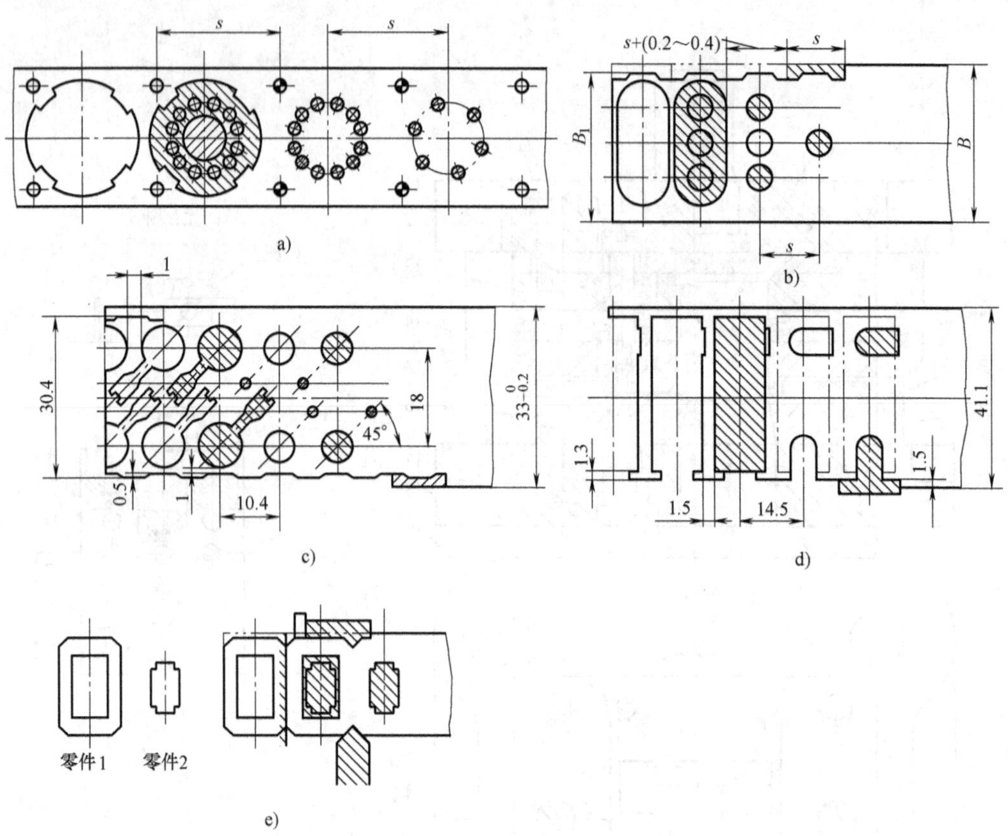

图 2-41　级进模的排样设计

表 2-24　三类冲裁模的对比关系

比较项目＼模具种类	单工序模		复合模	级进模
	无导向的	有导向的		
冲裁件精度	低	一般	可达 IT8 ~ IT10	IT10 ~ IT13
冲裁件平整度	差	一般	因压料较好，冲裁件平整	不平整，要求质量较高时需校平
冲裁件最大尺寸和材料厚度	尺寸、厚度不受限制	中小型尺寸、厚度较大	尺寸在 300mm 以下，厚度在 0.05 ~ 3mm 之间	尺寸在 250mm 以下，厚度在 0.1 ~ 6mm 之间
生产率	低	较低	冲裁件或废料落到或被顶到模具工作面上，需用手工或机械清理，生产率稍低	工序间可自动送料，冲裁件和废料一般从下模漏下，生产率高
使用高速压力机的可能性	不能使用	可以使用	操作时出件困难，速度不宜太高	可以使用
多排冲压法的应用	不采用	很少采用	很少采用	冲裁件尺寸小时应用较多
模具制造的工作量和成本	低	比无导向的稍高	冲裁复杂形状件时比级进模低	冲裁简单形状件时比复合模低
适应冲裁件批量	小批量	中小批量	大批量	大批量
安全性	不安全，需采取安全措施		不安全，需采取安全措施	比较安全

2.2.8　冲裁模零部件设计

冲裁模的结构形式和复杂程度虽然各不相同，但组成模具的零件有共同点，根据它们在模具中的功能和特点可以分为以下两类。

(1) 工艺零件　它们直接参与完成工艺过程并和坯料直接接触，包括工作零件、定位零件和卸料、推料、顶料零件等。

(2) 结构零件　将工艺零件固定连接起来构成模具整体，并对冲模完成工艺过程起保证和完善作用的零件，包括导向零件、支承与固定零件、紧固件及其他零件。

冲裁模零件的详细分类见表 2-25。

表 2-25　冲裁模零件的详细分类

工艺零件			结构零件		
工作零件	定位零件	压料、卸料及出件零件	导向零件	固定零件	紧固件及其他零件
凸模 凹模 凸凹模	挡料销、导正销 导料板 定位销、定位板 侧压板 侧刃	卸料板 压边圈 顶件器 推件器	导柱 导套 导板 导筒	上、下模座 模柄 凸、凹模固定板 垫板 限制器	螺钉 销钉 键 其他

国家标准化管理委员会对中小型冲模先后制订了 GB/T 2861.1 ~ 2861.11—2008《冲模导向装置》等标准。这些标准根据模具类型、导向方式、凹模形状等不同，规定了 14 种组合形式。每一种典型组合中，又对各类零部件的规格、数量、布置方式、相关尺寸及技术条件等作了具体规定。通过制订标准，简化了模具设计，缩短了设计周期。

1. 工作零件

(1) 凸模

1) 凸模的结构形式与固定。凸模的结构形式主要取决于冲裁件的形状和尺寸、冲模结构、加工以及装配工艺等实际条件，所以实际生产中使用的凸模种类很多。按截面形状可分为圆形和非圆形；按刃口形状分有平刃和斜刃；按整体结构分则有整体式、镶拼式、直通式和护套式等。凸模固定有台肩固定，铆接、螺钉和销钉固定，粘结剂浇注法固定等形式。

下面分别介绍整体式圆形与非圆形凸模及护套式小孔凸模的结构形式与固定方法。

① 圆形凸模。圆形凸模的结构和尺寸规格已经标准化，包括如图 2-42 所示的三种形

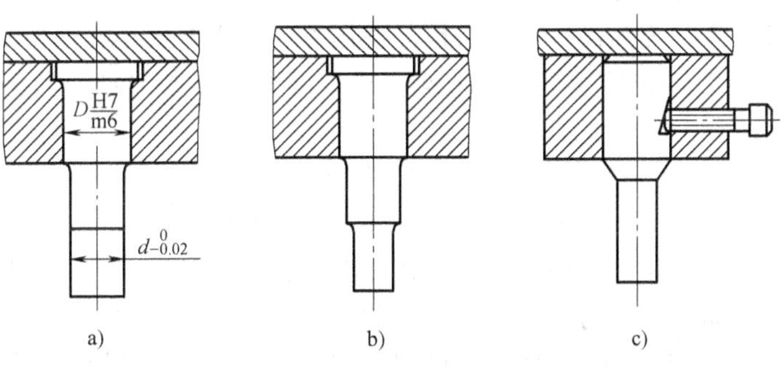

图 2-42　标准圆形凸模的结构及固定

式。此类台阶式的凸模装配修磨方便，强度、刚性较好，工作部分的尺寸由计算得到。与凸模固定板采用过渡配合（H7/m6）方式。

图 2-42a、b 所示分别为较大直径和较小直径的凸模形式，它们适用于冲裁力和卸料力较大的场合；图 2-42c 所示为快换式小凸模，维修更换方便。

② 非圆形凸模。非圆形凸模在实际生产中应用比较广泛，常有台阶式和直通式（图 2-43）。

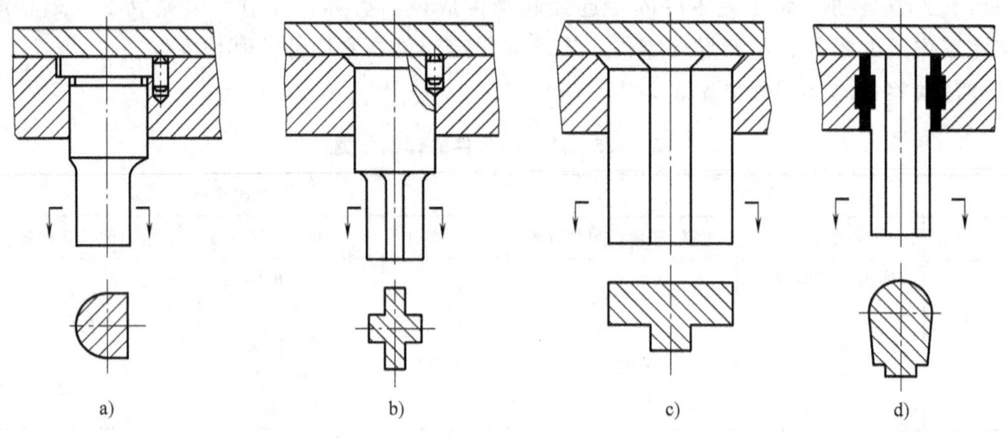

图 2-43　非圆形凸模

台阶式的非圆形凸模（图 2-43a、b）的固定部分应尽可能简化成简单规则的几何截面以便于加工。图 2-43a 所示为采用台肩固定，图 2-43b 所示为采用铆接固定，这两种方法应用较广泛。需要注意的是，对于工作部分截面为非圆形而固定部分是圆形的情况，还必须在固定端配合处加止动销。

采用直通式的非圆形凸模（图 2-43c、d），便于使用线切割加工或成形铣、成形磨削加工。这种凸模的工作端应进行淬火，使其硬度高于铆接部分，以便于与固定板的铆接。

用粘结剂浇注固定的凸模如图 2-43d 所示，此种方法的优势在于使用多冲模冲裁时，可以简化凸模固定板加工工艺，便于在装配时保证凸模与凹模的正确配合。同时，为填充粘结剂，需要在凸模安装孔与凸模之间留有一定的间隙，并在凸模固定端或固定板的相应孔上开设一定的槽，以便于粘结牢固。

③ 冲小孔凸模。小孔一般是指孔径 d 小于被冲板料厚度（或 $d<1\text{mm}$）的圆孔和面积 $A<1\text{mm}^2$ 的异形孔。由于冲小孔凸模强度、刚度差，易弯曲和折断，所以其结构工艺性要求比一般冲孔零件要高。为提高冲小孔凸模的使用寿命，需要给小孔凸模增加导向结构提高它的强度和刚度。冲小孔凸模及其导向结构形式有两种，即局部导向和全长导向，如图 2-44 所示。

其中，图 2-44a、b 所示为局部导向结构，用于导板模或利用弹压卸料对凸模进行导向的模具，其导向效果不如全长导向结构。图 2-44c、d 所示基本上是全长导向结构，其护套装在卸料板或导板上，工作过程中护套对凸模在全长方向上始终起导向保护作用，避免了小凸模受到侧压力，从而可有效防止小凸模的弯曲和折断。

2）凸模长度计算。凸模的长度主要根据模具结构、修磨、操作安全、装配等因素确定。如果选用冲模标准典型组合，可取标准长度，其他情况应该进行计算。

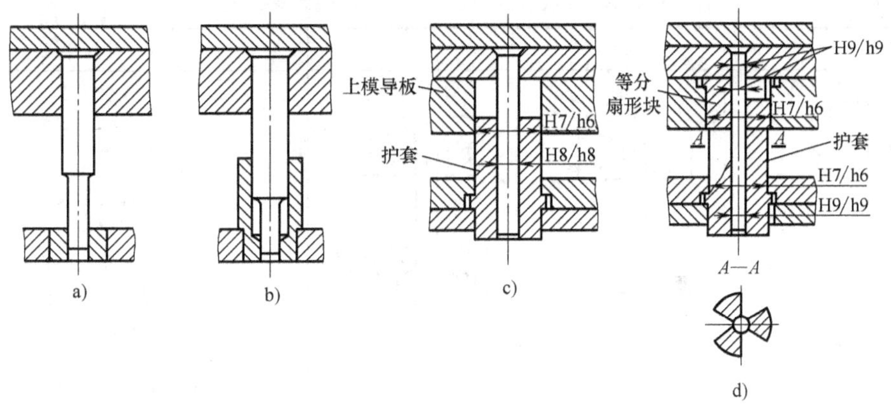

图 2-44　冲小孔凸模及其导向结构

当采用固定卸料时（图 2-45a），凸模长度可按下式计算

$$L = h_1 + h_2 + h_3 + h \tag{2-33}$$

当采用弹性卸料时（图 2-45b），凸模长度可按下式计算

$$L = h_1 + h_2 + h_a \tag{2-34}$$

式中　L——凸模长度（mm）；

h_1——凸模固定板厚度（mm）；

h_2——卸料板厚度（mm）；

h_3——导料板厚度（mm）；

h_a——卸料弹性元件的安装高度，即卸料弹性元件被预压后的高度（mm）；

h——附加长度（mm），它包括凸模的修磨量、凸模进入凹模的深度、凸模固定板与卸料板之间的安全距离等，一般取 $h = 15 \sim 20$mm。

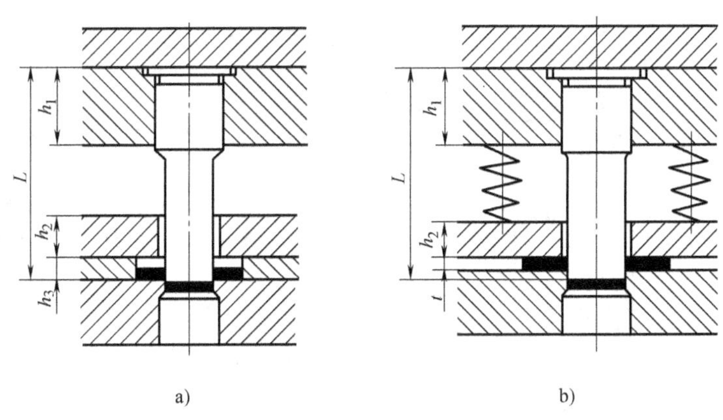

图 2-45　凸模长度的计算

3）凸模的强度与刚度校核。通常情况下，凸模的强度和刚度是足够的，没有必要进行校核。如果凸模的截面尺寸很小而冲裁板料较厚，或凸模特别细长时，则应进行弯曲应力和压应力的校核，见表 2-26。

表 2-26　冲裁凸模强度与刚度校核计算公式

校核内容	计算公式			式中符号意义
弯曲应力	简图	无导向 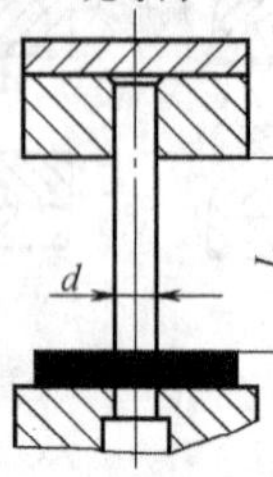	有导向 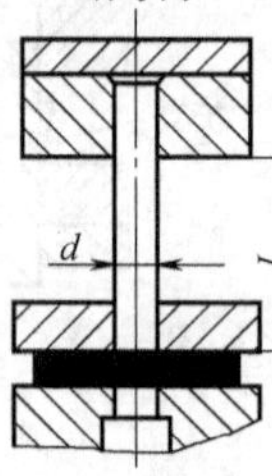	L——凸模允许的最大自由长度(mm) d——凸模最小直径(mm) A——凸模最小截面面积(mm^2) J——凸模最小截面的惯性矩(mm^4) F——冲裁力(N) t——冲压材料厚度(mm) τ_b——冲压材料抗剪强度(MPa) $[\sigma_{压}]$——凸模材料的许用压应力(MPa)，碳素工具钢淬火后的许用压应力一般为淬火前的 1.5 ~ 3 倍
	圆形	$L \leqslant 90\dfrac{d^2}{\sqrt{F}}$	$L \leqslant 270\dfrac{d^2}{\sqrt{F}}$	
	非圆形	$L \leqslant 416\sqrt{\dfrac{J}{F}}$	$L \leqslant 1\ 180\sqrt{\dfrac{J}{F}}$	
压应力	圆 形	$d \geqslant \dfrac{5.2t\tau_b}{[\sigma_{压}]}$		
	非圆形	$A \geqslant \dfrac{F}{[\sigma_{压}]}$		

（2）凹模

1）凹模刃口的结构形式　冲裁凹模刃口的形式有直筒形和锥形两种。表 2-27 列出了冲裁凹模刃口的形式、主要参数、特点及适用范围，可供设计选用时参考。

表 2-27　冲裁凹模刃口的形式、主要参数、特点及适用范围

刃口形式	序号	简　图	特点及适用范围
直筒形刃口	1	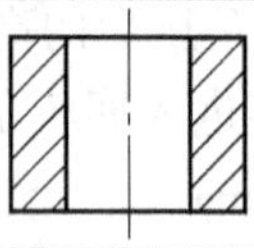	1)刃口为直通式,强度高,修磨后刃口尺寸不变 2)用于冲裁大型或精度要求较高的零件,模具装有反向顶出装置,不适用于下出件的模具
	2	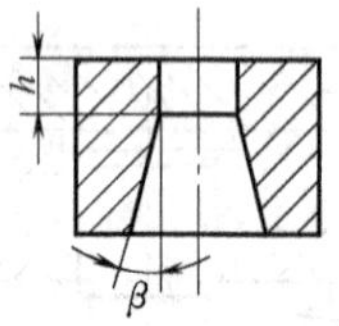 h　β	1)刃口强度较高,修磨后刃口尺寸不变 2)凹模内易积存废料或冲裁件,尤其间隙小时刃口直壁部分磨损较快 3)用于冲裁形状复杂或精度要求较高的零件
	3	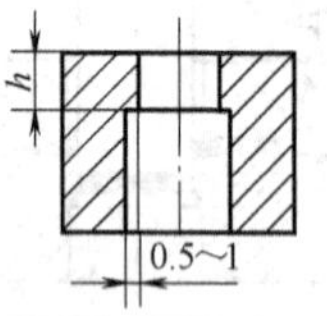 h　0.5~1	1)特点同序号 2 的刃口,且刃口直壁下面的扩大部分可使凹模加工简单,但采用下漏料方式时刃口强度不如序号 2 的刃口强度高 2)用于冲裁形状复杂、精度要求较高的中小型件,也可用于装有反向顶出装置的模具
	4	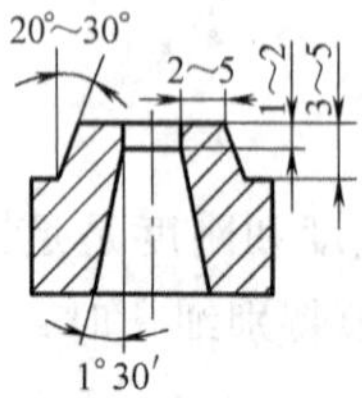 20°~30°　2~5　1~2　3~5　1°30′	1)凹模硬度较低(有时可不淬火),一般为 40HRC 左右,可用锤子敲击刃口外侧斜面以调整冲裁间隙 2)用于冲裁薄而软的金属或非金属件

（续）

刃口形式	序号	简　图	特点及适用范围
锥形刃口	5		1）刃口强度较差，修磨后刃口尺寸略有增大 2）凹模内不易积存废料或冲裁件，刃口内壁磨损较慢 3）用于冲裁形状简单、精度要求不高的零件
	6		1）特点同序号5的刃口 2）可用于冲裁形状较复杂的零件

	材料厚度 t/mm	α	β	刃口直壁高度 h/mm	备注
主要参数	<0.5	15′	2°	≥4	α 值适用于钳工加工。采用线切割时，可取 $\alpha=5'\sim20'$
	0.5～1			≥5	
	1～2.5			≥6	
	2.5～6	30′	3°	≥8	
	>6			≥10	

2）凹模外形结构及其固定方法。图2-46a、b所示为机械行业标准JB/T 5830—2008《冲模圆凹模》中的两种冲裁模圆形凹模及其固定方法。这两种圆形凹模主要用于冲孔，直接装在凹模固定板中，一般采用H7/m6（图2-46a）或H7/r6（图2-46b）的配合关系压入凹模固定板，然后再通过螺钉、销钉将凹模固定板固定在模座上。

冲裁件的形状和尺寸多种多样，常在圆形或矩形凹模板上开设凹模刃口，再通过螺钉或销钉将其固定在模座上，如图2-46c所示。图2-46d所示为快换式冲孔凹模及其固定方法。

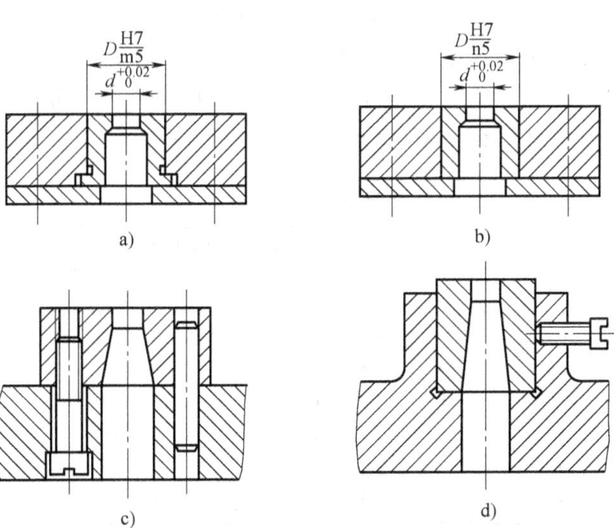

图2-46　凹模形式及其固定

对于采用螺钉和销钉定位直接固定的凹模，需要注意螺孔间距、螺孔与销孔间距以及螺孔、销孔与凹模刃口间距尺寸不能太小（其最小许用值可参考表 2-28），以免降低模具寿命。

表 2-28 螺孔、销孔之间及至刃壁的最小距离 （单位：mm）

简图		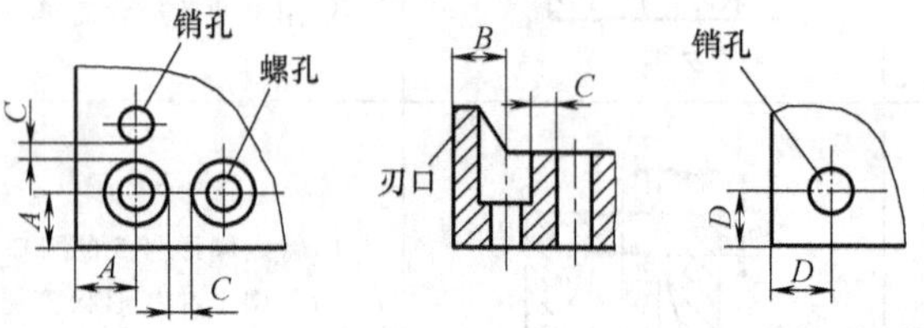						
螺孔		M6	M8	M10	M12	M16	M20	M24
A	淬火	10	12	14	16	20	25	30
	不淬火	8	10	11	13	16	20	25
B	淬火	12	14	17	19	24	28	35
C	淬火	5						
	不淬火	3						
销孔		$\phi4$	$\phi6$	$\phi8$	$\phi10$	$\phi12$	$\phi16$	$\phi20$
D	淬火	7	9	11	12	15	16	20
	不淬火	4	6	7	8	10	13	16

3）凹模轮廓尺寸的确定。凹模轮廓尺寸包括凹模板的平面尺寸 $L\times B$（长×宽）及厚度尺寸 H。从凹模刃口至凹模外边缘的最短距离称为凹模的壁厚 c。对于具有简单对称形状刃口的凹模，由于压力中心即为刃口对称中心，所以凹模的平面尺寸即可沿刃口型孔向四周扩大一个凹模壁来确定，如图 2-47a 所示，即

$$L = l + 2c \qquad B = b + 2c \tag{2-35}$$

式中 l——沿凹模长度方向刃口型孔的最大距离（mm）；

b——沿凹模宽度方向刃口型孔的最大距离（mm）；

c——凹模壁厚（mm），主要考虑布置螺孔与销孔的需要，同时也要保证凹模的强度和刚度，计算时可参考表 2-29 选取。

表 2-29 凹模壁厚 c （单位：mm）

条料宽度	冲裁件材料厚度 t			
	≤0.8	>0.8~1.5	>1.5~3	>3~5
≤40	20~25	22~28	24~32	28~36
>40~50	22~28	24~32	28~36	30~40
>50~70	28~36	30~40	32~42	35~45
>70~90	32~42	35~45	38~48	40~52
>90~120	35~45	40~52	42~54	45~58
>120~150	40~50	42~54	45~58	48~62

注：1. 冲裁件料薄时取表中较小值，反之取较大值。

2. 型孔为圆弧时取小值，为直边时取中值，为尖角时取大值。

对于多型孔模，如图 2-47b 所示，设压力中心 O 沿 $l \times b$ 矩形的宽度方向对称，而沿长度方向不对称，则为了使压力中心与凹模板中心重合，凹模平面尺寸应按下式计算

$$L = l' + 2c \qquad B = b + 2c \tag{2-36}$$

式中　l'——沿凹模长度方向压力中心至最远刃口间距的 2 倍（mm）。

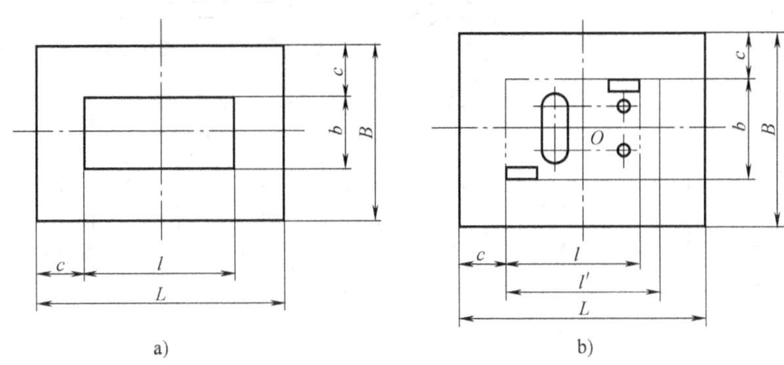

图 2-47　凹模轮廓尺寸的计算

凹模板的厚度主要是从螺钉旋入深度和凹模刚度的需要考虑的，一般应不小于 8mm。随着凹模板平面尺寸的增大，其厚度也相应增大。

整体式凹模板的厚度可按如下经验公式计算

$$H = K_1 K_2 \sqrt[3]{0.1F} \tag{2-37}$$

式中　F——冲裁力（N）；

K_1——凹模材料修正系数，合金工具钢取 $K_1 = 1$，碳素工具钢取 $K_1 = 1.3$；

K_2——凹模刃口周边长度修正系数，可参考表 2-30 选取。

表 2-30　凹模刃口周边长度修正系数 K_2

刃口长度/mm	≤50	>50～75	>75～150	>150～300	>300～500	>500
修正系数 K_2	1	1.12	1.25	1.37	1.5	1.6

在设计标准或非标准模具时，如果凹模板毛坯需要外购时，应将计算尺寸 $L \times B \times H$ 按冲模国家标准 GB/T 2855.1—2008《冲模滑动导向模座　第 1 部分：上模座》和 GB/T 2856.2—2008《冲模滚动导向模座　第 1 部分：下模座》中的系列尺寸进行修正，取接近的较大规格的尺寸。

（3）凸凹模　复合模中同时具有落料凸模和冲孔凹模作用的工作零件称为凸凹模。其内形刃口起冲孔凹模的作用，按一般凹模设计；其外形刃口起落料凸模的作用，按一般凸模设计。内形与外形之间的壁厚取决于冲裁件的尺寸，为保证强度，其壁厚应受最小值的限制。

凸凹模的最小壁厚与模具结构有关：当模具为正装结构时，内孔不积存废料，减小了推件力，最小壁厚可以小些；当模具为倒装结构时，若内孔为直筒形刃口形式，且采用下出料方式，则内孔易积存废料，增大了胀力，因此壁厚应大些。

凸凹模的最小壁厚目前一般按经验数据确定，倒装式复合模的凸凹模最小壁厚可查表 2-31。正装复合模的凸凹模最小壁厚值，冲裁件为钢铁材料时，取料厚的 1.5 倍，但不小于 0.7mm；冲裁件为非铁金属等软材料时，取等于料厚，但不小于 0.5mm。

表 2-31　倒装式复合模的凸凹模最小壁厚　　（单位：mm）

简图										
材料厚度	0.4	0.6	0.8	1.0	1.2	1.4	1.6	1.8	2.0	2.2	2.5
最小壁厚 a	1.4	1.8	2.3	2.7	3.2	3.6	4.0	4.4	4.9	5.2	5.8
材料厚度	2.8	3.0	3.2	3.5	3.8	4.0	4.2	4.4	4.6	4.8	5.0
最小壁厚 a	6.4	6.7	7.1	7.6	8.1	8.5	8.8	9.1	9.4	9.7	10

（4）凸模与凹模的镶拼结构　镶拼结构适用于大、中型或形状复杂、局部薄弱的小型凸、凹模。因为采用整体式结构，在锻造、机械加工或热处理时，有一定的困难，如果发生局部损坏会造成整个凸、凹模的报废。

镶拼结构有镶接和拼接两种。镶接是将局部易磨损部分另做一块，然后镶入凸、凹模体或固定板内，如图 2-48a、b 所示。拼接是将整个凸、凹模根据形状分成若干块，分别加工后再拼接起来，如图 2-48c、d 所示。

设计镶拼结构的凸、凹模时，需要注意以下一些问题：要注意减小镶块的接合面，并且镶块的分块要便于调整间隙；凹模转角部分应分块，且镶块分块线应在距离切点 3～5mm 的直线部分，只有在角部有四块同样 90°的镶块拼起来同时磨削加工时才分在切点上；凸模镶块和凹模镶块的分块线不应重合；在有螺孔、销孔时，应使螺钉接近刃口和接合面，而销钉则应远离。

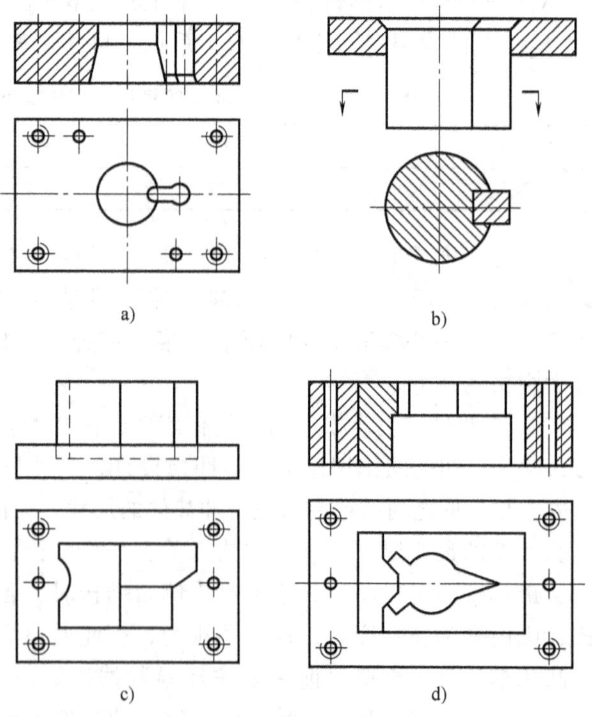

图 2-48　凸、凹模的镶拼结构

镶块结构的固定方法主要有以下几种：

1）平面式固定。把拼块直接用螺钉、销钉固定于固定板或模座平面上，如图 2-49a 所示。这种固定方法主要用于大型的镶拼凸、凹模。

2）嵌入式固定。把各拼块拼合后，采用过渡配合（K7/h6）嵌入固定板凹槽内，再用螺钉紧固，如图 2-49b所示。这种方法多用于中小型凸、凹模的固定。

3）压入式固定。把各拼块拼合后，以过盈配合（U8/h7）压入固定板内，如图 2-49c 所示。这种方法常用于形状简单的小型镶块的固定。

4）斜楔式固定。利用斜楔和螺钉把各拼块固定在固定板上，如图 2-49d 所示。拼块镶入固定板的深度应不小于拼块厚度的 1/3。这种方法也是中小型凹模镶块（特别是多镶块）常用的固定方法。

除上述几种方法外，还有用粘结剂浇注固定的方法。

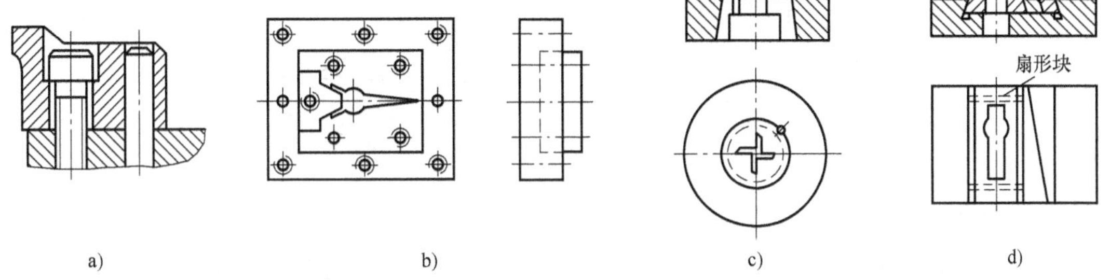

图 2-49　镶拼结构的固定

2. 定位零件

定位零件的作用是使坯料或工序件在模具内保持正确的位置，或在送料时有准确的位置，保证冲出合格的工件。定位零件的结构形式很多，用于对条料进行定位的有挡料销、导料销、导料板、侧压装置、导正销和侧刃等，用于对工序件进行定位的有定位销和定位板等。

（1）挡料销　挡料销的作用是保证条料或带料有准确的步距。常用的挡料销有固定挡料销、活动挡料销及始用挡料销。

1）固定挡料销。固定挡料销可分为圆形与钩形两种，如图 2-50 所示。圆形挡料销结构简单，使用方便，广泛用于冲压中、小型冲裁件时的挡料定距，一般装在凹模上，但销孔要远离凹模刃口，以免削弱凹模强度。对于钩形挡料销，其销孔位置可以离凹模较远而不会削弱凹模强度，但是由于其形状不对称，因此需另外加设定向装置，以防止在使用过程中转动，适用于冲裁较厚的板材。

2）活动挡料销。当凹模安装在上模时，在下模卸料板上安装活动挡料销，可以避免在凹模上开设挡料销让位孔削弱凹模强度。当模具闭合后，挡料销的顶端不会高出板料。图 2-51a 所示为压缩弹簧式活动挡料销，图 2-51b 所示为扭簧式活动挡料销。

3）始用挡料销。始用挡料销一般用于条料以导向板导向的级进模或单工序模中，在条料首次送进定位时使用，如图 2-52 所示。用时向里压，完成条料第一次定位后，在弹簧的作用下挡料销自动退出。

（2）导料销　导料销的作用是保证条料沿正确的方向送进。通常在条料的同一侧设置两个导料销，当条料从右向左送进时设在后侧，从前向后送进时设在左侧。

导料销可开设在固定式的凹模面上，也可开设在活动式的弹压卸料板上，还可开设在固定板或下模座上用挡料螺栓代替。导料销多用于单工序模或复合模中。

（3）导料板　在采用导板导向或固定卸料的冲模中必须用导料板导向，导料板一般设在条料两侧，其结构一般有两种。一种与固定卸料板分开制造，如图 2-53a 所示；另一种是

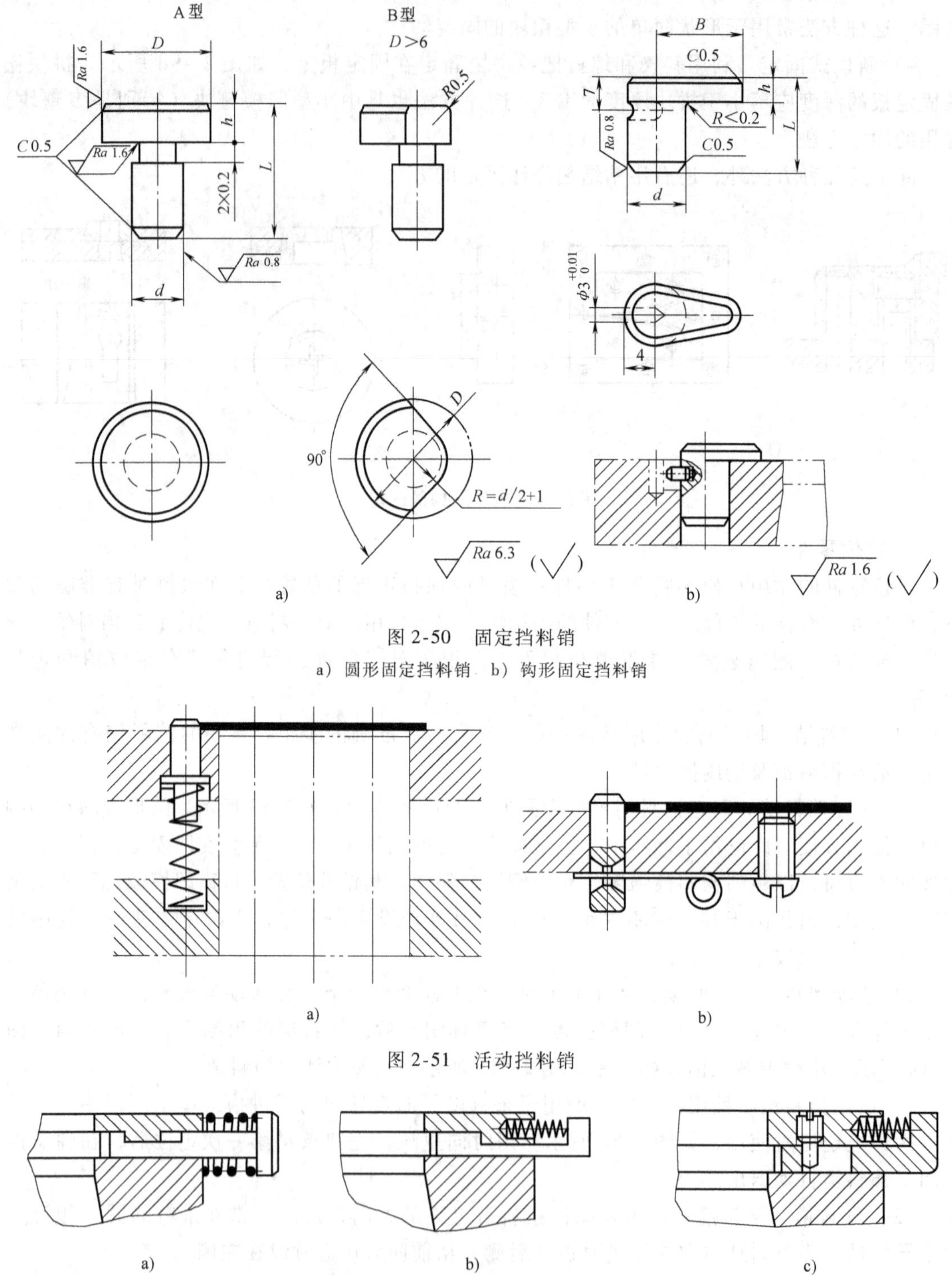

图 2-50　固定挡料销

a）圆形固定挡料销　b）钩形固定挡料销

图 2-51　活动挡料销

图 2-52　始用挡料销

与导板或固定卸料板制成整体的结构，如图 2-53b 所示。为使条料沿导料板顺利通过，两导料板间的距离应略大于条料最大宽度，导料板厚度 H 取决于挡料方式和板料厚度，以便于送料为原则。采用固定导料销时，导料板的厚度见表2-32。

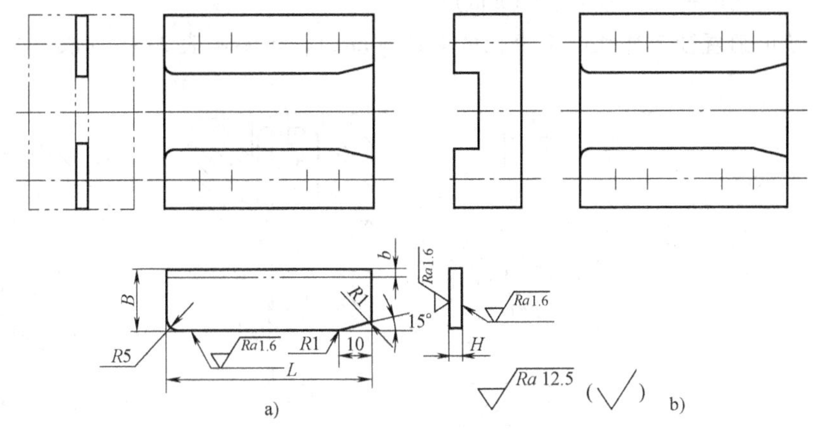

图2-53　导料板结构

表2-32　导料板厚度　　（单位：mm）

简图	卸料板　挡板销　导料板　H　t　h		
材料厚度 t	导料销高度 h	导料板厚度 H	
		固定导料销	自动导料销或侧刃
0.3～2	3	6～8	4～8
2～3	4	8～10	6～8
3～4	4	10～12	8～10
4～6	5	12～15	8～10
6～10	8	15～25	10～15

（4）导正销　级进模为保证冲裁件内孔与外缘的相对位置精度，多采用导正销。导正销一般设置在落料凸模上，与导料销配合使用，也可与侧刃配合使用。

机械行业标准JB/T 7647—2008《冲模导正销》中的导正销结构形式如图2-54所示，其中A型用于导正 $d=2\sim12$mm的孔；B型用于导正 $d\leqslant10$mm的孔，也可用于级进模上对条料工艺孔的导正，导正销背部的压缩弹簧在送料不准确时可避免导正销的损坏；C型用于导正 $d=4\sim12$mm的孔，导正销拆卸方便，且凸模刃磨后导正销长度可以调节；D型用于导正 $d=12\sim50$mm的孔。

为使导正销工作可靠，导正销的直径一般大于2mm。当冲裁件上的导正孔直径小于2mm或孔的精度要求较高时，可在条料上另外冲出工艺孔进行导正。

导正销的头部由圆锥形的导入部分和圆柱形的导正部分组成。导正部分的直径可按下式计算

$$d=d_{\mathrm{p}}-a \tag{2-38}$$

式中　d——导正销导正部分直径（mm）；

d_p——导正孔的冲孔凸模直径（mm）；

a——导正销直径与冲孔凸模直径的差值（mm），可参考表 2-33 选取。

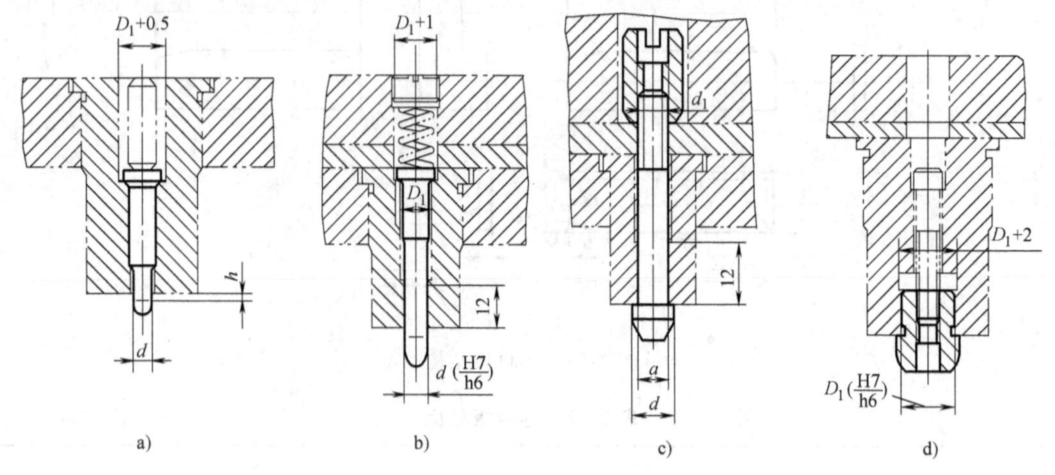

图 2-54　导正销结构

a）A 型　b）B 型　c）C 型　d）D 型

表 2-33　导正销与冲孔凸模直径的差值 a　（单位：mm）

冲裁件料厚 t	冲孔凸模直径 d_p						
	2 ~ 6	>6 ~ 10	>10 ~ 16	>16 ~ 24	>24 ~ 32	>32 ~ 42	>42 ~ 60
≤1.5	0.04	0.06	0.06	0.08	0.09	0.10	0.12
>1.5 ~ 3	0.05	0.07	0.08	0.10	0.12	0.14	0.16
>3 ~ 5	0.06	0.08	0.10	0.12	0.16	0.18	0.20

导正部分的直径公差可按 h6 ~ h9 选取。导正部分的高度一般取 $h=(0.5\sim1)t$，或按表 2-34 选取。

表 2-34　导正销导正部分的高度 h　（单位：mm）

冲裁件料厚 t	导正孔直径 d		
	1.5 ~ 10	>10 ~ 25	>25 ~ 50
≤1.5	1	1.2	1.5
>1.5 ~ 3	0.6t	0.8t	t
>3 ~ 5	0.5t	0.6t	0.8t

由于导正销常与导料销配合使用，导料销只能起粗定位作用，所以导料销的位置应能保证在导正销导正过程中条料有被少许前推或后拉的可能。导料销与导正销的位置关系如图 2-55 所示。

按图 2-55a 所示的方式定位时，导料销与导正销的中心距为

$$s_1=s-D_p/2+D/2+0.1 \tag{2-39}$$

按图 2-55b 所示的方式定位时，导料销与导正销的中心距为

$$s_1'=s+D_p/2-D/2-0.1 \tag{2-40}$$

式中　s_1、s_1'——导料销与导正销的中心距（mm）；

s——送料步距（mm）；

D_p——落料凸模直径（mm）；

D——导料销头部直径（mm）。

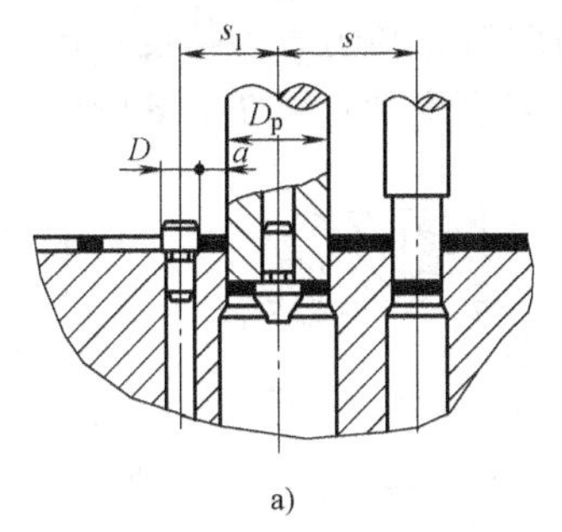

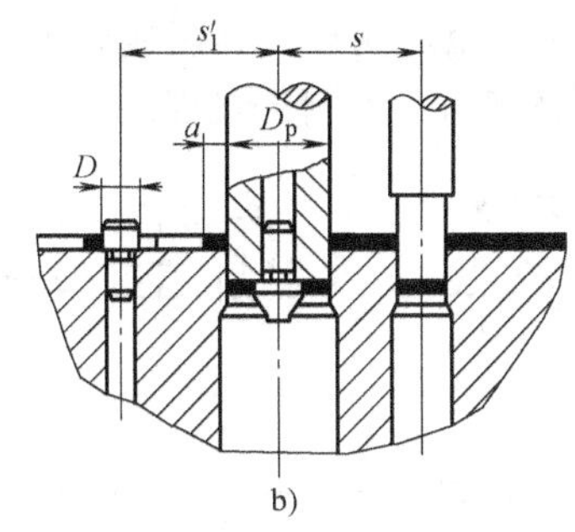

图 2-55　导料销与导正销的位置关系

（5）侧压装置　如果条料的公差较大，为避免条料在导料板中偏摆，使最小搭边得到保证，应在送料方向的一侧设置侧压装置，使条料始终紧靠导料板的另一侧送料。

侧压装置的结构形式如图 2-56 所示。标准化的侧压装置有两种：图 2-56a 所示为弹簧式侧压装置，其侧压力较大，常用于较厚板料的冲裁模；图 2-56b 所示为簧片式侧压装置，其侧压力较小，常用于板料厚度为 0.3 ~ 1mm 的冲裁模。在实际生产中还有两种侧压装置，图 2-56c 所示为簧片压块式侧压装置，其应用场合同图 2-56b 所示的侧压装置；图 2-56d 所示为板式侧压装置，其侧压力大且均匀，一般设在模具进料一端，适用于侧刃定距的级进模。

在一副模具中，侧压装置的数量和位置视实际需要而定。但料厚小于 0.3mm 及采用辊

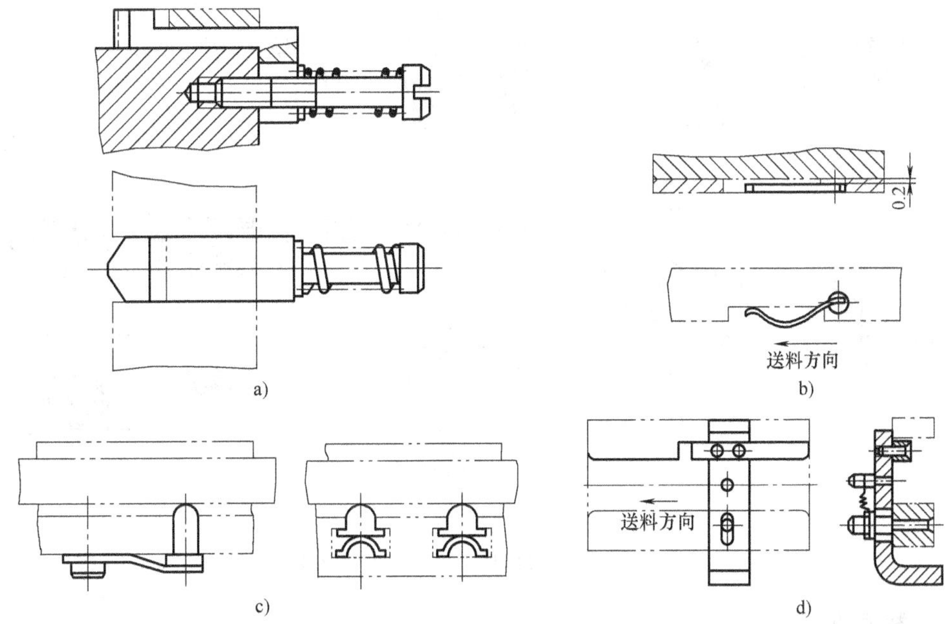

图 2-56　侧压装置的结构形式

轴自动送料装置的模具不宜采用侧压装置。

(6) 侧刃定位　侧刃常用于级进模中控制送料步距，是以切去条料侧边上的少量材料来限定送料距离的。在冲模工作的同时，侧刃切去长度等于步距的料边，这样条料就可以向前送进一个步距。常用侧刃的结构形式如图 2-57 所示，按侧刃的断面形状分为矩形侧刃与成形侧刃。

图 2-57a 所示为矩形侧刃，其制造简单，但易磨损，影响送料精度；图 2-57b 所示为成形侧刃，其送料精度高，但制造难度增大，冲裁废料也增加；图 2-57c 所示为尖角形侧刃。

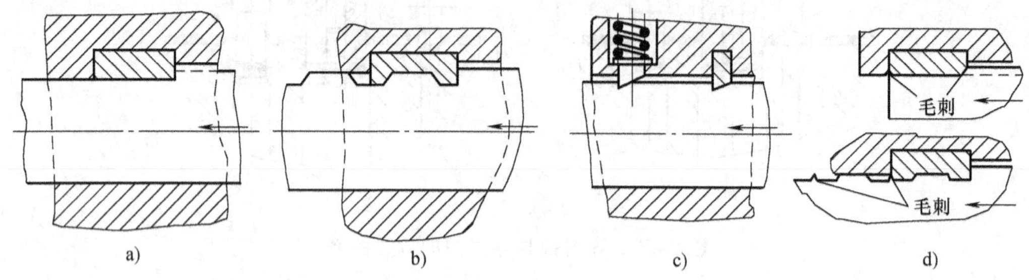

图 2-57　常用侧刃的结构形式

a) 矩形侧刃　b) 成形侧刃　c) 尖角形侧刃　d) 侧刃磨损后形成的毛刺

(7) 定位板与定位销　定位板与定位销用于单个坯料或工序件的定位。常见定位板与定位销的结构形式如图 2-58 所示，其中图 2-58a 所示的结构形式以坯料或工序件的外缘作定位基准，图 2-58b 所示的结构形式以坯料或工序件的内缘作定位基准。根据坯料或工序件的形状、尺寸和冲压工序选用，定位板的厚度或定位销的定位高度应比坯料或工序件厚度大 1 ~ 2mm。

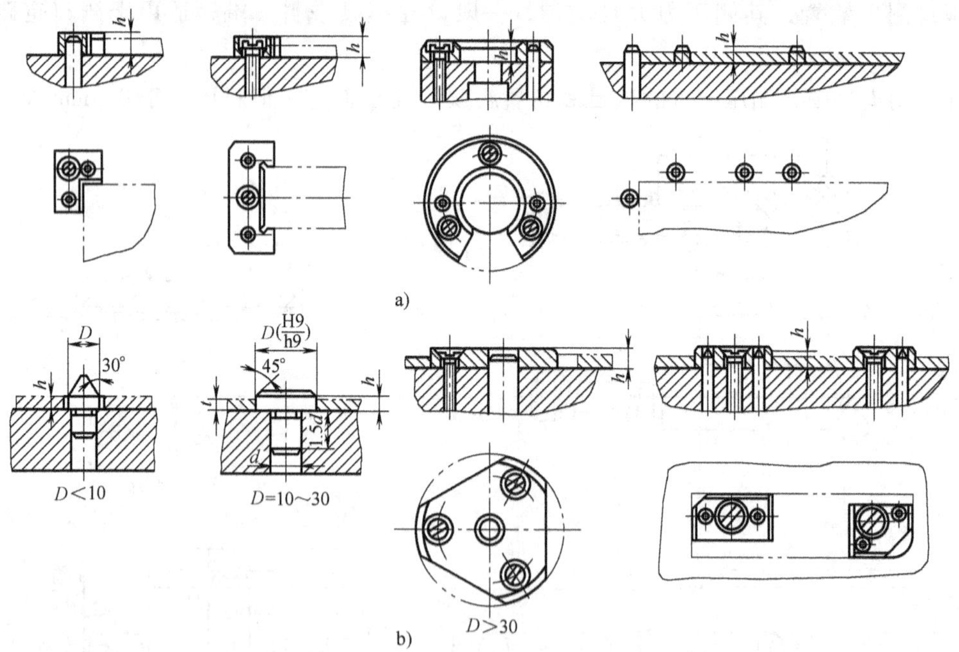

图 2-58　常见定位板与定位销的结构形式

3. 卸料装置

卸料装置的作用是在冲模完成一次冲压后，把冲裁件从模具工作零件上卸下来，以便冲压工作继续进行。卸料装置按卸料方式分为固定卸料装置、弹性卸料装置和废料切刀三种。

（1）固定卸料装置　固定卸料装置常用于材料较硬、较厚且精度要求不太高的工件的冲裁，其结构简单，卸料力大，仅由固定卸料板构成，一般安装在下模的凹模上，如图 2-59 所示。图 2-59a、b 用于平板件的冲裁卸料，图 2-59c、d 用于经弯曲或拉深等成形后的工序件的冲裁卸料，或用于简单的弯曲模和拉深模中的卸料。

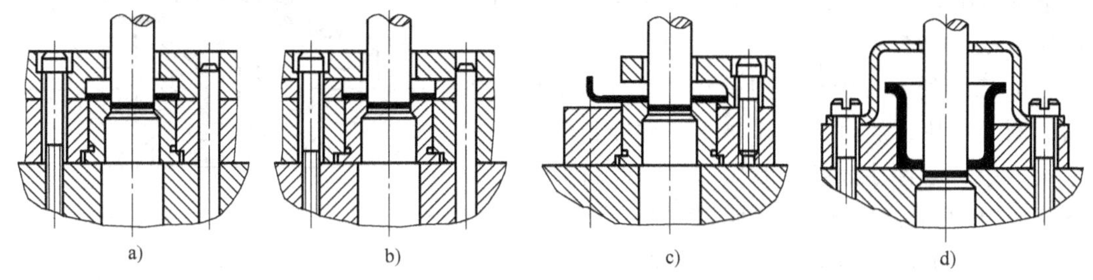

图 2-59　固定卸料装置

固定卸料装置一般用于冲压厚度在 0.5mm 以上的条料或带料。固定卸料板用螺钉和销钉固定在下模上，能承受较大的卸料力，可用于较厚板材冲压件的卸料。固定卸料板和凸模之间的单边间隙一般取（0.1 ~0.5）t，其厚度与卸料力的大小及卸料尺寸等有关，一般取 5 ~15mm。

（2）弹性卸料装置　弹性卸料装置常用于冲裁较薄的板料，具有压料作用，所得冲裁件比较平整，广泛用于复合模中。弹性卸料装置如图 2-60 所示。

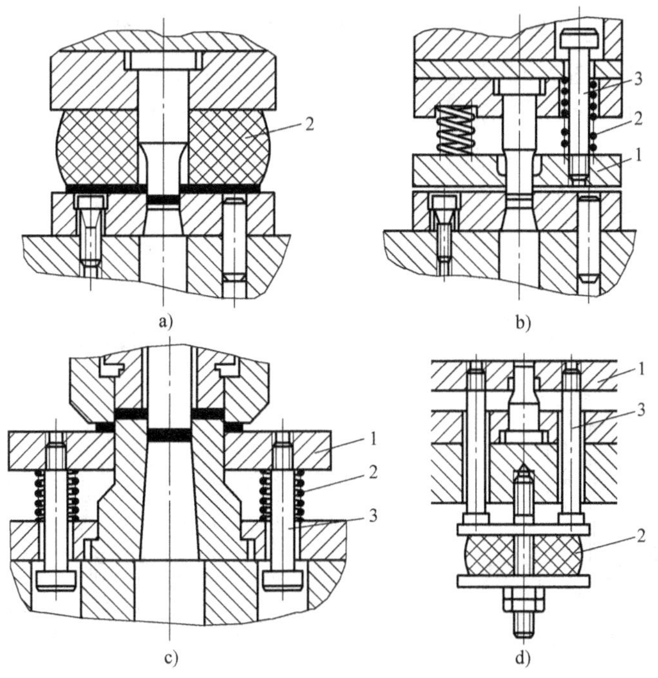

图 2-60　弹性卸料装置

a）橡胶弹性元件的卸料装置　b）正装式模具的弹性卸料装置

c）倒装复合模具的弹性卸料装置　d）倒装式模具的弹性卸料装置

1—卸料板　2—弹性元件　3—卸料螺钉

在冲裁过程中，弹性卸料板先对毛坯产生预压作用，冲压后使冲裁件平稳卸料。采用弹性卸料装置操作方便，生产效率高。但由于其结构复杂，卸料力较小，且可靠性与安全性不如固定卸料装置，因此常用于较薄板材的卸料。弹性卸料板和凸模之间的单边间隙一般取（0.1～0.2）t，对于中小件卸料，弹性卸料板的厚度取5～15mm。

（3）废料切刀　废料切刀是在冲裁过程中将冲裁废料切断成数块，从而实现卸料的一种卸料零件。常用于大、中型零件冲裁或成形切边时，卸料力较大的情况。废料切刀的工作原理如图2-61所示，废料切刀安装在下模的凸模固定板上，当上模带动凹模下压进行切边时，同时把已切下的废料压向废料切刀，从而将其切开卸料。

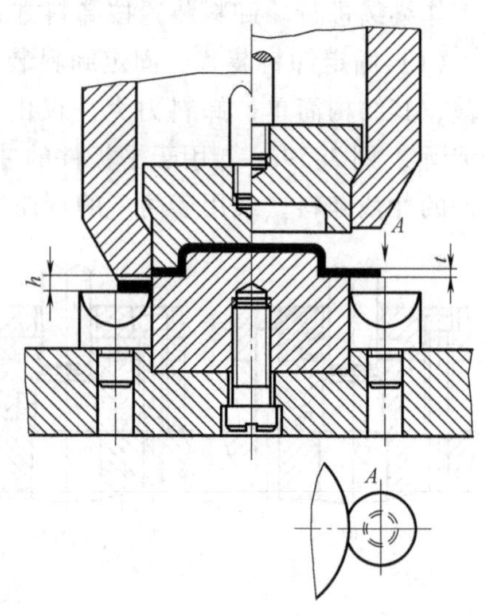

图2-61　废料切刀的工作原理

废料切刀的刃口长度应稍大于废料宽度，刃口要比凹模刃口低，其值$h=(2.5\sim4)t$，并且不小于2mm。

4. 出件装置

出件装置的作用就是从凹模中卸下冲裁件或废料。装在上模内向下推出的机构称为推件装置，装在下模内向上顶出的机构称为顶件装置。

（1）推件装置　推件装置分为刚性推件装置和弹性推件装置。

1）刚性推件装置。图2-62所示为刚性推件装置，其基本零件有推件块、推板、连接推杆和打杆。它是在冲压结束后上模回程时，利用压力机滑块上的打料杆撞击模柄内的打杆，再将推力传至推件块而将凹模内的冲裁件或废料推出的。当打杆下方的投影区域内无凸模时，也可省去由连接推杆和推板组成的中间传递结构，而由打杆直接推动推件块，甚至直接由打杆推件。

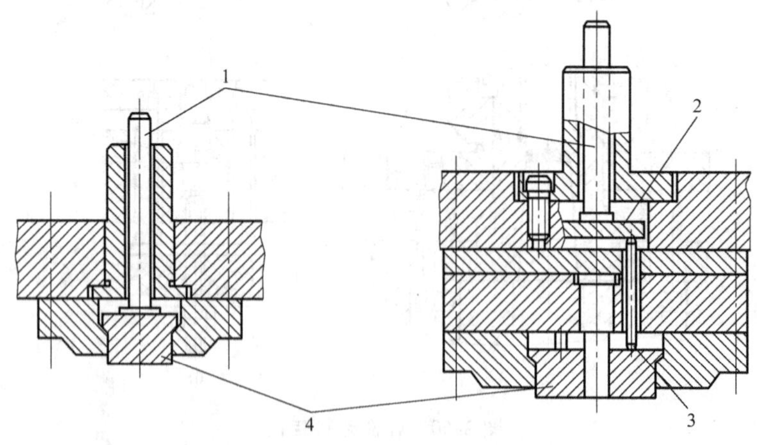

图2-62　刚性推件装置

1—打杆　2—推板　3—连接推杆　4—推件块

刚性推件装置推件力大，而且工作可靠，应用十分广泛。不但可用于倒装式冲模中的推件，而且也用于正装式冲模中的卸件或推出废料。在冲裁较厚板料的冲裁模中，适于采用这种推件装置。

2）弹性推件装置。对于板料较薄且平直度要求较高的薄板冲裁件，适于采用图2-63所示的弹性推件装置，它以弹性元件的弹力来代替打杆施加给推件块的推件力。采用弹性推件装置时，板料在压紧状态下分离，因而平直度较高。需要注意的是，在必要时应选择弹力较大的橡胶弹性体、碟形弹簧等，否则冲裁件容易嵌入边料中，导致取件麻烦。

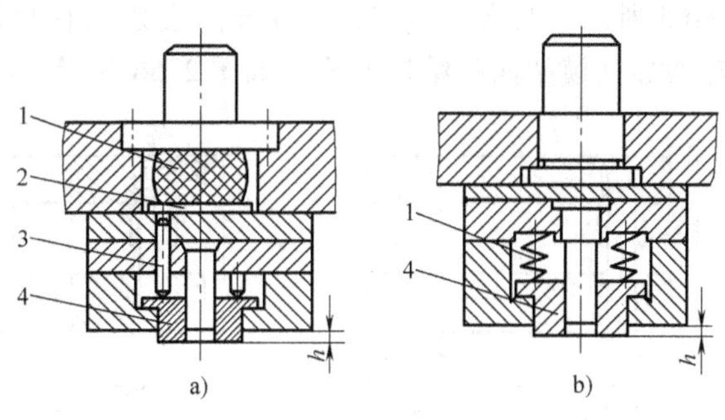

图2-63　弹性推件装置

1—弹性元件　2—推板　3—连接推杆　4—推件块

(2) 顶件装置　顶件装置一般是弹性的，其基本零件是顶杆、顶件块和装在上模底下的弹顶器，如图2-64所示。弹顶器可以做成通用的，其弹性元件是弹簧或橡胶，大型压力机本身有气垫作为弹顶器。

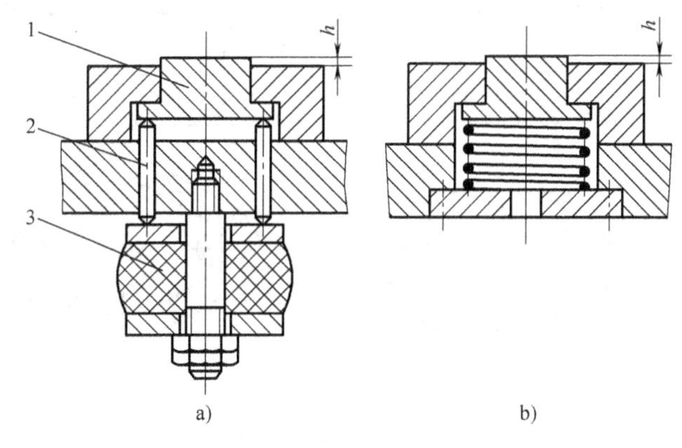

图2-64　弹性顶件装置

1—顶件块　2—顶杆　3—弹性元件

在推件和顶件装置中，推件块和顶件块工作时与凹模孔口配合并作相对运动。因此需要确保：模具处于闭合状态时，其背后有一定的空间，以满足修模和调整的需要；模具处于开启状态时，能够顺利复位，且工作面高出凹模平面0.2～0.5mm，以保证可靠推件或顶件；与凹模和凸模的配合能够顺利滑动，一般与凹模的配合为间隙配合，推件块或顶件块的外形配合面可按h8制造，与凸模的配合可呈较松的间隙配合，或根据板料厚度取适当间隙。

5. 模架及其零件

(1) 模架　模架由上、下模座与模柄及导向装置组成。标准化的冲模模架主要有两大类：一类是由上、下模座和导柱、导套组成的导柱模模架；另一类是由弹压导板、下模座和导柱、导套组成的导板模模架。

1）导柱模模架。导柱模模架按其导向结构形式分为滑动导向模架和滚动导向模架两种。滑动导向模架中导柱与导套采用小间隙或无间隙滑动配合，由于导柱、导套结构简单，加工装配方便，故应用最广泛；滚动导向模架中导柱通过滚珠与导套实现有微量过盈的无间隙配合（通常过盈量为0.01～0.02mm），导向精度高，使用寿命长，但是结构复杂，制造成本高，主要用于精密冲裁模、硬质合金冲裁模、高速冲模及其他精密冲模上。

根据导向装置在模架中的安装位置，滑动导向模架可分为对角导柱模架、后侧导柱模架、后侧导柱窄形模架、中间导柱模架、中间导柱圆形模架和四导柱模架六种结构形式，如

图 2-65 所示。与之相对应，滚动导向模架也有对角导柱模架、后侧导柱模架、中间导柱模架和四导柱模架四种结构形式，如图 2-66 所示。

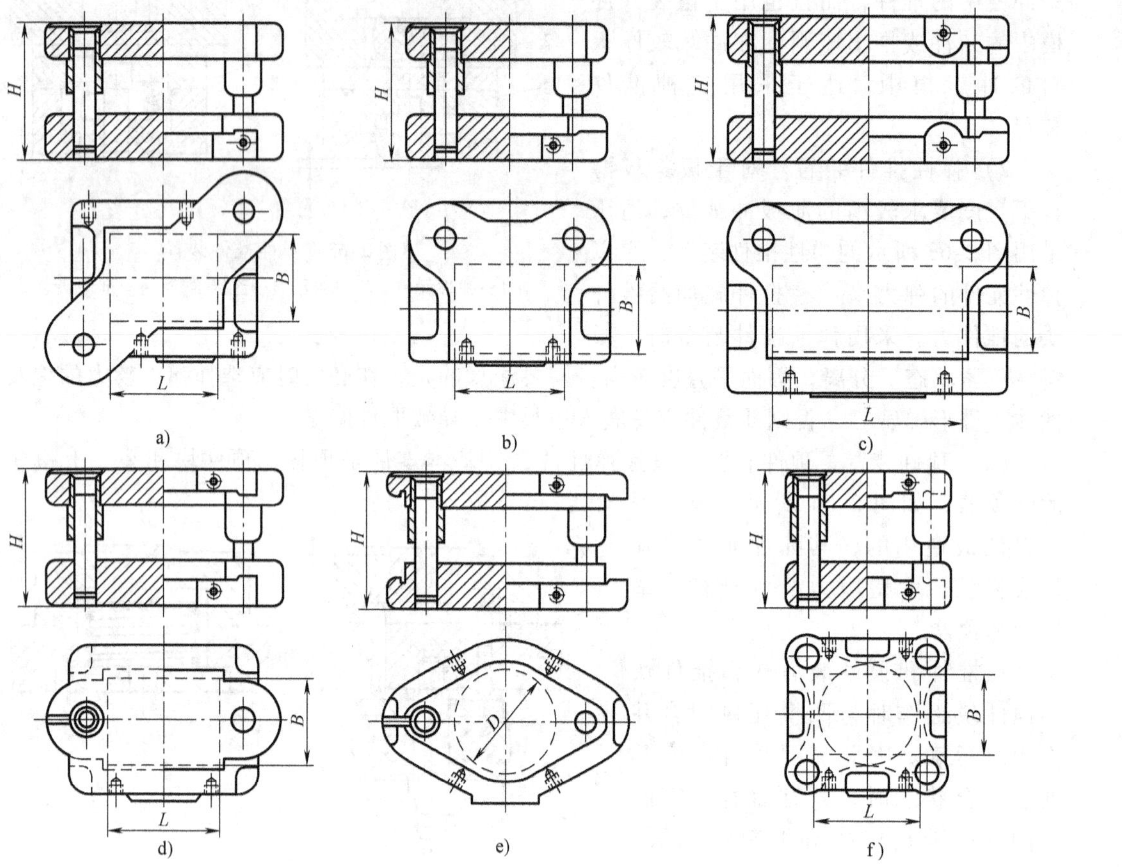

图 2-65　滑动导向模架

a）对角导柱模架　b）后侧导柱模架　c）后侧导柱窄形模架　d）中间导柱模架
e）中间导柱圆形模架　f）四导柱模架

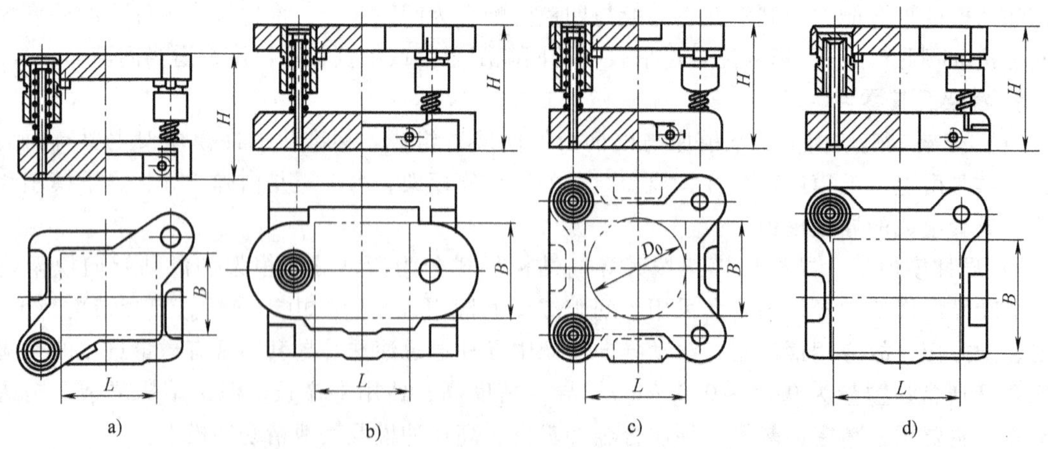

图 2-66　滚动导向模架

a）对角导柱模架　b）中间导柱模架　c）四导柱模架　d）后侧导柱模架

对角导柱模架、中间导柱模架和四导柱模架的共同特点是导向零件安装在模具的对称线上，滑动平稳，导向准确可靠。对角导柱模架适用于冲裁一般精度冲压件的冲裁模或级进模，中间导柱模架适用于纵向送料和由单个毛坯冲制的较精密的冲压件，四导柱模架则常用于冲制比较精密的冲压件。

后侧导柱模架的导向装置设在后侧，送料操作比较方便，但冲压时容易产生偏心矩而使模具歪斜。因此，该模架适用于冲压中等精度的较小尺寸冲压件，大型冲模不宜常用此种形式。

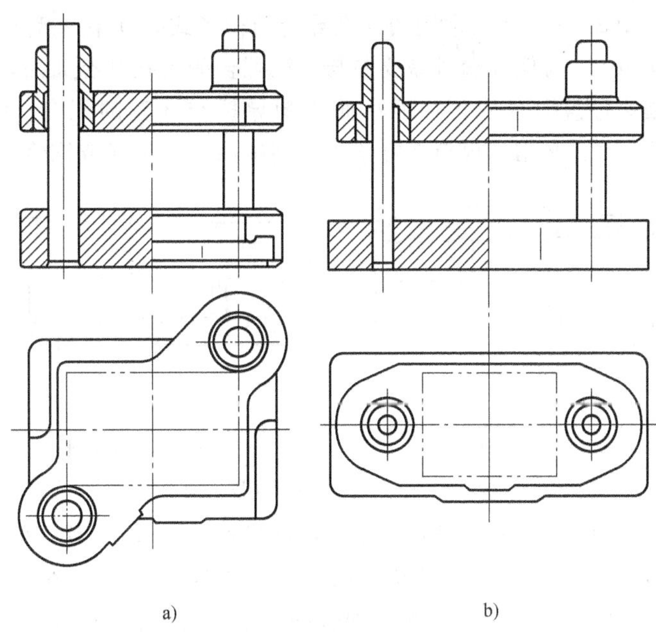

图 2-67　导板模模架

a）对角导柱弹压导板模架　b）中间导柱弹压导板模架

2）导板模模架。导板模模架有对角导柱弹压导板模架和中间导柱弹压导板模架两种结构形式，如图 2-67 所示。导板模模架的特点是：弹压导板对凸模起导向作用，并与下模座通过导柱、导套进行导向构成整体结构；凸模与固定板之间采用间隙配合而不是过渡配合，因而凸模在固定板中有一定的活动量，这样的结构形式可以起到保护凸模的作用。因而导板模模架一般用于带有细小凸模的级进模。

（2）导向零件　生产批量大、要求模具寿命长、工具精度较高的冲模，一般采用导柱、导套来保证上、下模的精确导向。

图 2-68 所示为常用的标准导柱结构形式。其中 A 型导柱和 B 型导柱结构简单，但是与模座为过盈配合（H7/r6），装拆麻烦；A 型可卸导柱和 B 型可卸导柱通过锥面与衬套配合

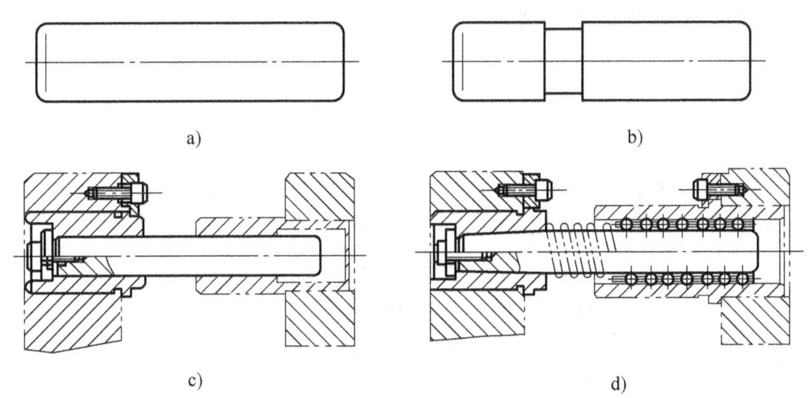

图 2-68　导柱结构形式

a）A 型导柱　b）B 型导柱　c）A 型可卸导柱　d）B 型可卸导柱

并用螺钉和垫圈紧固，衬套再与模座过渡配合（H7/m6）并用压板和螺钉紧固，其结构复杂，制造麻烦，但导柱磨损后可及时更换，便于模具维修和刃磨。为使导柱顺利地进入导套，导柱的顶部一般均以圆弧过渡或30°锥面过渡。

图2-69所示为常用的标准导套结构形式。其中A型导套和B型导套与模座为过盈配合（H7/r6），为保证润滑需要在与导柱配合的内孔开有储油环槽，扩大的内孔是为了避免导套与模座过盈配合使孔径缩小而影响导柱与导套的配合；C型导套与模座也采用过渡配合（H7/r6），并用压板与螺钉紧固，磨损后便于更换或维修。

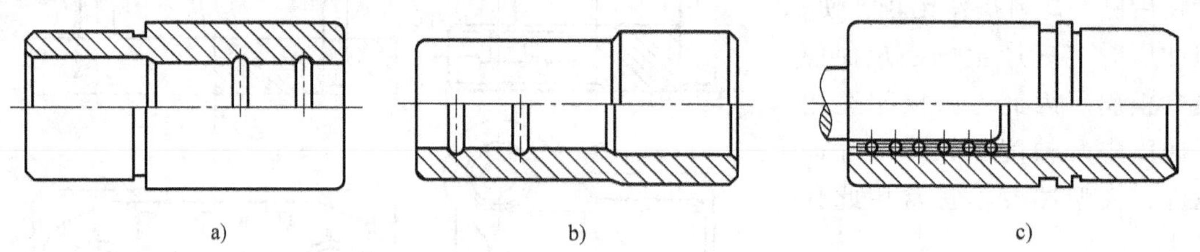

图2-69　导套结构形式

a）A型导套　b）B型导套　c）C型导套

A型导柱、B型导柱、A型可卸导柱一般与A型导套或B型导套配套用于滑动导向，导柱与导套按H7/h6或H7/h5配合，但应注意使其配合间隙小于冲裁间隙。B型可卸导柱的公差和表面粗糙度 *Ra* 值较小，一般与C型导套配套用于滚动导向，导柱与导套之间通过滚珠实现有微量过盈的无间隙配合，且滑动摩擦磨损较小，精度高、寿命长。

导柱、导套的尺寸规格根据所选标准模架和模具实际闭合高度确定，但还应符合图2-70所示的安装尺寸要求，并保证有足够的导向长度。

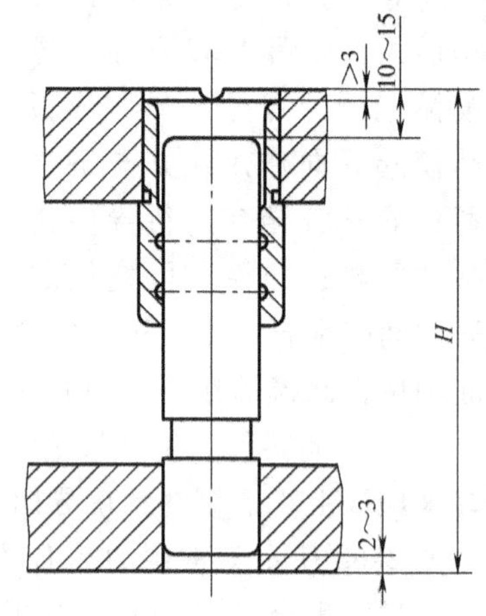

图2-70　导柱与导套安装尺寸要求

6. 其他支承与固定零件

（1）模柄　模柄的作用是将模具的上模座固定在压力机的滑块上，同时使模具中心通过滑块的压力中心。常用的模柄形式如图2-71所示。其中图2-71a所示为旋入式模柄，通过螺纹与上模座联接，多用于有导柱的小型冲模；图2-71b所示为压入式模柄，有较高的同轴度和垂直度，适用于上模座较厚的各种中小型模具；图2-71c所示为凸缘式模柄，用螺钉、销钉与上模座紧固在一起，主要用于大型冲模或上模座中开设了推板孔的中小型冲模；图2-71d所示为槽形模柄，图2-71e所示为通用模柄，此两种模柄都用来直接固定凸模，主要用于简单冲模，凸模更换方便；图2-71f所示为浮动式模柄，适用于硬质合金冲模等精密导柱模；图2-71g所示为推入式活动模柄，实际上也是一种浮动模柄，主要用于精密冲模。

在设计模柄时，其长度不得大于压力机滑块内模柄孔的深度，模柄直径应与压力机滑块上的模柄孔径一致。

（2）凸模固定板与垫板　凸模固定板的作用是将凸模或凸凹模固定在上模座或下模座的正确位置上。标准凸模固定板有圆形、矩形和单凸模固定板等多种形式，其厚度一般为凹

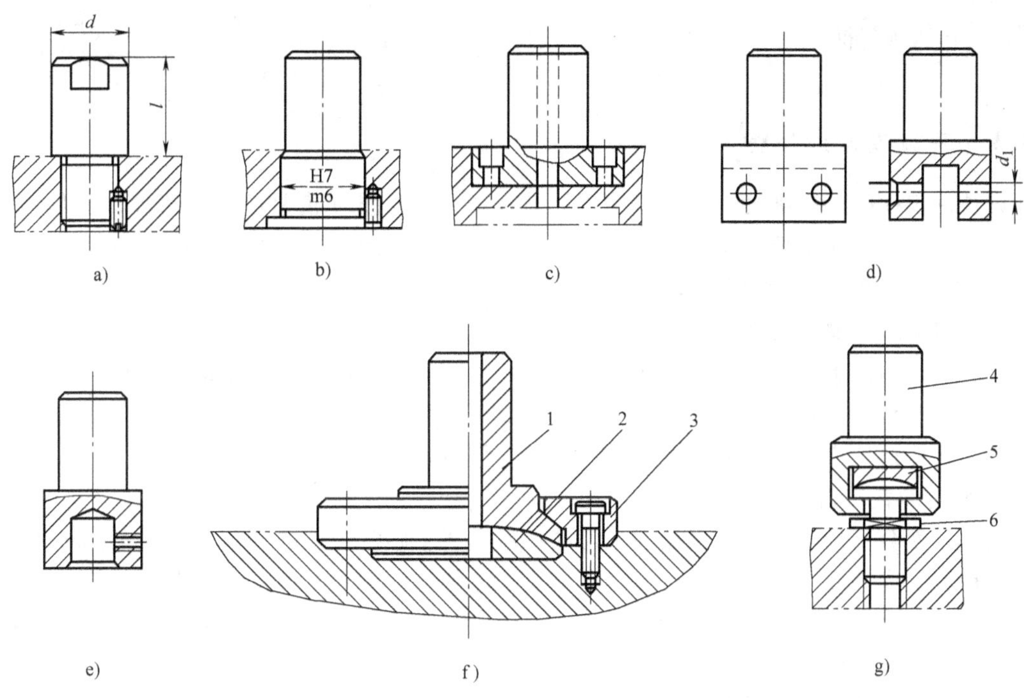

图 2-71　模柄的结构形式

1—凹球面模柄　2—凸球面垫块　3—压板　4—模柄接头　5—凹球面垫块　6—活动模柄

模厚度的60%～80%。固定板与凸模为过渡配合（H7/n6 或 H7/m6），压装后应将凸模断面与固定板一起磨平。对于弹压导板等模具，浮动凸模与固定板采用间隙配合。

垫板的作用是直接承受凸模的压力，以防模座被凸模头部压陷而影响凸模的正常工作。如果凸模头部端面上的单位面积压力大于模座材料的许用压应力，就需要在凸模头部的支承面上加一块硬度较高的垫板；如果凸模头部端面上的单位面积压力不大于模座材料的许用压应力，则可以不加垫板。因此，凸模较小而冲裁力较大时，一般需加垫板；凸模较大时，一般可以不加垫板。

7. 紧固件

冲模用到的紧固件主要是螺钉和销钉，其中螺钉起联接固定作用，销钉起定位作用，设计时主要是确定它们的规格和紧定位置。螺钉和销钉都是标准件，应根据冲压工艺力的大小、凹模厚度等确定。冲压中广泛使用的是内六角圆柱头螺钉和圆柱销钉，一个组合销钉一般不少于两个。螺钉规格可参考表 2-35 选用。

表 2-35　螺钉规格的选用

凹模厚度 H/mm	≤13	>13～19	>19～25	>25～32	>32
螺钉规格	M4、M5	M5、M6	M6、M8	M8、M10	M10、M12

螺钉拧入的深度不能太浅，否则紧固不牢靠；也不能太深，否则拆装工作量大。圆柱销钉的配合深度一般不小于其直径的 2 倍，但也不宜太深。

2.3 任务实施

2.3.1 冲裁模设计步骤

设计冲裁模时，在满足制件使用性能的前提下，应尽量使模具的结构简单，操作方便，材料消耗少，制件成本低，既要保证模具寿命，又要考虑经济性。冲裁模设计一般分为冲裁工艺设计和冲裁模具设计两个阶段，主要步骤简述如下。

1. 分析冲裁件的工艺性

模具设计前必须对制件进行工艺审查，确定制件的结构形状、尺寸精度、所用材料等是否符合工艺要求和材料的利用率是否合理。如发现冲裁件存在工艺缺陷，应及时会同产品设计人员，在保证使用要求的前提下，对冲裁件进行必要的修改。

2. 确定冲裁工艺方案

在工艺性分析的基础上，根据冲裁件的特点和要求确定合理的冲裁工艺方案，即冲裁零件所采用的工序性质、工序数量、工序顺序及工序的组合方式。通常可以先拟定若干种可行的工艺方案，对各种工艺方案进行分析比较，综合其优缺点，从中选择可行、合理、满足产量和质量要求的最佳冲裁工艺方案。

3. 确定模具总体结构方案

在冲裁工艺方案确定后，应对模具进行全面考虑和总体布局的安排，确定其总体结构方案，即确定所选用的模具类型、操作与定位方式、卸料与出件方式以及模架类型和精度，以此作为模具零部件设计与选用的依据，并为模具总装图的绘制做必要的准备。

4. 进行有关工艺与设计计算

为进一步设计模具零件的具体结构，应进行有关工艺与设计方面的计算，包括排样设计与计算，确定冲压力与压力中心，计算凸、凹模刃口尺寸及公差。

5. 设计选用模具零部件，绘制模具总装草图

完成相关计算后，可确定凸、凹模的结构形式，计算凹模轮廓尺寸及凸模结构尺寸。然后根据定位方式及坯料的形状尺寸，选择定位零件；结合卸料与出件方式及凸、凹模轮廓尺寸，设计卸料与出件零件；并根据凹模轮廓尺寸、模架类型和大致的模具闭合高度，选取模架规格，再相应地确定其他模具零件的结构尺寸或标准规格。

根据模具总体结构方案及设计选用模具零部件，绘制模具总装草图，检查并核对各零部件的位置关系、相关尺寸、配合关系及结构工艺性是否合理，并对压力机的有关参数进行校核。需要注意的是，总装草图的绘制与零部件的设计选用往往是交错进行的。

6. 绘制模具总装图和零件图

在模具总装草图检查核对无误后，便可按机械制图方面的国家标准绘制模具总装图和拆画模具零件图。

（1）模具总装图的绘制　模具总装图的图面布置一般如图 2-72 所示。主视图是模具总装图的主体部分，一般应画上、下模剖视图。俯视图一般用于表示下模上平面，还可以局部表示上模上平面，通常只俯视可见部分。下模俯视图中的排样图轮廓线要用双点画线表示。侧视图或上模俯视图、局部或辅助视图一般情况下不要求画出，在模具结构过于复杂难以表达清楚时才画出。

冲裁件图应严格按比例画出，并尽量与冲压方向一致，同时在其下方标明冲裁件名称、材料、板料厚度及绘图比例。对于落料模、复合模和级进模，绘制排样图时也应尽量与冲压方向一致；技术要求一般只简要注明模具所使用的压力机型号、模具闭合高度（当主视图中不便标注时）、模具总体几何公差以及装配、安装、调试、使用等方面的要求。

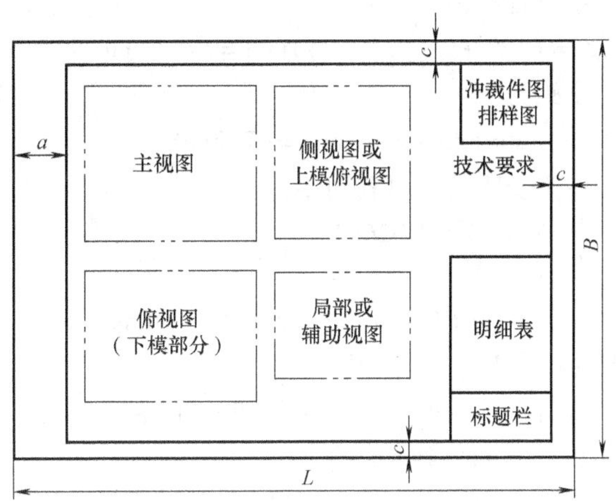

图 2-72　模具总装图的图面布置

（2）模具零件图的绘制　模具总装图中的非标准零件，均需分别画出零件图。部分标准零件需要补充加工时，也应画出零件图，通常只画出需加工的部位，其余非加工部分可用双点画线表示轮廓，并在图中注明标准件规格代号。

绘制零件图时需注意，应尽量按该零件在总装图中的装配方位画出，不要任意旋转或颠倒；图中尺寸、公差、表面粗糙度值选用要适当，标注要齐全、合理，符合国家标准。

2.3.2　基础训练——T 形板倒装式复合冲裁模设计

图 2-73 所示为 T 形板零件图，大批量生产，材料为 10 钢，料厚为 2.2mm，试确定冲裁工艺方案，并设计冲裁模。

1. 零件的工艺性分析

该零件形状简单对称，由圆弧和直线组成，长度方向尺寸较大，属于窄长形冲裁件。根据标准公差值表查得，冲裁件所标注的尺寸公差等级为 IT12 ~ IT13，属于冲裁的经济精度。对照表 2-6 和表 2-7，该零件的精度要求能够在冲裁加工中得到保证。其他尺寸标注和生产批量等情况，也均符合冲裁的工艺要求。

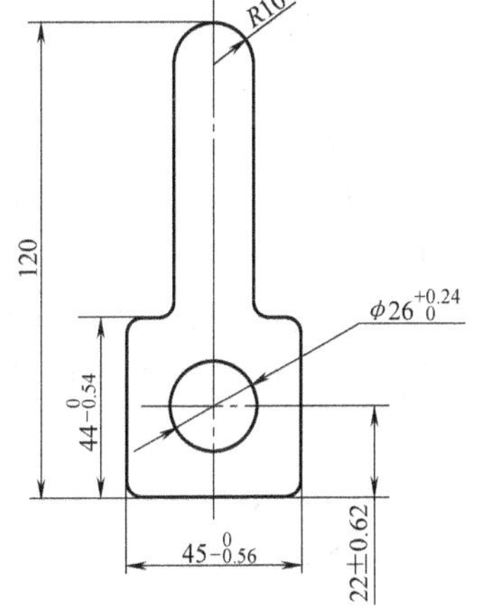

图 2-73　T 形板零件图

2. 确定冲裁工艺方案

根据图 2-73 所示的零件尺寸，ϕ26mm 孔与 45mm 外形两侧的孔边距为 9.5mm，与 T 形板大尺寸端边缘的距离为 9mm。根据料厚 2.2mm 查表 2-31，得倒装式复合模的凸凹模最小壁厚 a = 5.2mm。孔边距均大于此数值，故可采用倒装式复合冲裁模进行加工，冲孔落料一次冲压成形。

3. 工艺设计与计算

（1）排样设计与计算　为提高材料利用率，采用直对排的排样方案，如图 2-74 所示。由表 2-17 查得最小搭边值 a = 2.5，a_1 = 2.2mm，计算冲压件坯料面积

$$A=\left(44\times45+66\times20+\frac{1}{2}\pi\times10^2-\frac{\pi}{4}\times26^2\right)\text{mm}^2=2\,926.3\text{mm}^2$$

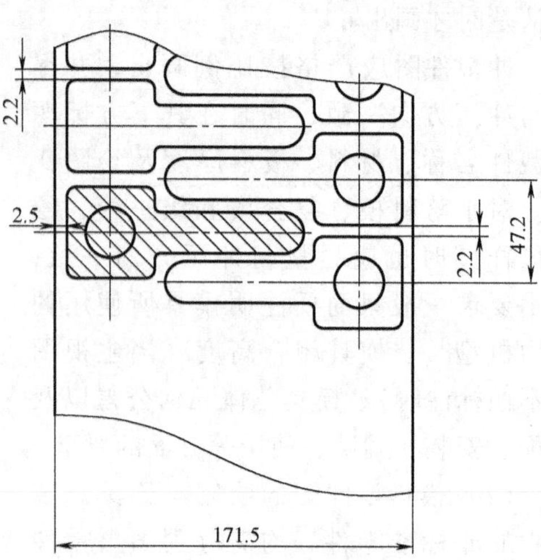

图 2-74　T 形板排样图

条料宽度为

$B=(120+3\times2.5+44)\text{mm}=171.5\text{mm}$

步距为

$$s=(45+2.2)\text{mm}=47.2\text{mm}$$

一个步距的材料利用率为

$$\eta=\frac{2A}{Bs}=\frac{2\times2\,926.3}{171.5\times47.2}\times100\%=72.3\%$$

(2) 计算冲压力与压力中心　查表 1-4，材料 10 钢取 $\tau_b=300\text{MPa}$

落料力：根据零件图可算得一个零件外周边之和 $L_1=321.4\text{mm}$，则

$$F_1=F=KL_1t\tau_b=1.3\times321.4\times2.2\times300\text{N}\approx275\,761\text{N}$$

冲孔力：零件内孔周长 $L_2=81.64\text{mm}$，则

$$F_2=K\,L_2t\tau_b=1.3\times81.64\times2.2\times300\text{N}\approx70\,047\text{N}$$

卸料力：查表 2-21，取 $K_X=0.05$，则落料时卸料力为

$$F_X=K_XF_1=0.05\times275\,761\text{N}\approx13\,788\text{N}$$

推件力：根据材料厚度查表 2-27，取凹模刃口直壁高度 $h=6\text{mm}$，故 $n=h/t=6/2.2\approx2$。查表 2-21，取 $K_T=0.055$，则

$$F_T=nK_TF_2=2\times0.055\times70\,047\text{N}\approx7\,705\text{N}$$

总冲压力：$F_\Sigma=F_1+F_2+F_X+F_T=(275\,761+70\,047+13\,788+7\,705)\text{N}$

$=367\,301\text{N}\approx367.3\text{kN}$

应选取的压力机标称压力：$p_0\geqslant(1.1\sim1.3)F_\Sigma=(1.1\sim1.3)\times367.3\text{kN}=404\sim477\text{kN}$，因此可选压力机型号为 J23-63。

按比例画出零件形状，选得坐标系 Oxy，如图 2-75 所示。零件左右对称，即 $x_0=0$，只需计算 y_0。将工件冲裁周边分成 L_1、L_2、…、L_6 六个基本线段，求出各段长度及各段的重心位置

$L_1=45\text{mm}$，$y_1=0$

$L_2=88\text{mm}$，$y_2=22\text{mm}$

$L_3=25\text{mm}$，$y_3=44\text{mm}$

$L_4=132\text{mm}$，$y_4=77\text{mm}$

$L_5=31.4\text{mm}$，$y_5=110\text{mm}+6.29\text{mm}=116.29\text{mm}$

$L_6=81.64\text{mm}$，$y_6=22\text{mm}$

$$y_0=\frac{L_1y_1+L_2y_2+\cdots+L_ny_n}{L_1+L_2+\cdots+L_n}=46.27\text{mm}$$

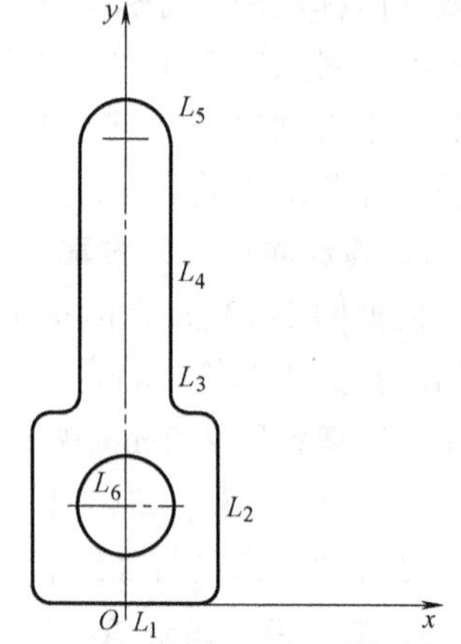

图 2-75　压力中心

设计模具时，确定落料凹模周界，将压力中心适当调整到 $y_0=50\text{mm}$ 处。

(3) 计算凸、凹模刃口尺寸及公差　查表 2-10，取间隙 $Z_{min}=0.34\text{mm}$，$Z_{max}=0.39\text{mm}$。

1）对冲孔 $\phi 26$mm 采用凸、凹模分开加工的方法，其凸、凹模刃口部分尺寸计算如下。由表 2-12 得凸、凹模制造公差：$\delta_p=0.02$mm，$\delta_d=0.025$mm。

$Z_{max}-Z_{min}=0.05$mm，$\delta_p+\delta_d=0.045$mm，满足 $\delta_p+\delta_d\leqslant Z_{max}-Z_{min}$ 的条件。查表 2-13 得磨损系数 $x=0.5$，则

$$d_p=(d_{min}+x\Delta)_{-\delta_p}^{\ 0}=(26+0.5\times0.24)_{-0.02}^{\ 0}\text{mm}=26.12_{-0.02}^{\ 0}\text{mm}$$

$$d_d=(d_p+Z_{min})_{\ 0}^{+\delta_d}=(26.12+0.34)_{\ 0}^{+0.025}\text{mm}=26.46_{\ 0}^{+0.025}\text{mm}$$

2）对于外轮廓的落料，由于形状比较复杂，采用配合加工的方法，其凸、凹模刃口部分尺寸计算如下。

以凹模为基准件，凹模磨损后，刃口部分尺寸都增大，因此都属于 A 类尺寸。零件图中未注公差的尺寸采用自由公差，其极限偏差为：$120_{-0.87}^{\ 0}$mm，$R10_{-0.36}^{\ 0}$mm。

查表 2-13 得磨损系数：当 $\Delta\geqslant0.50$mm 时，$x=0.5$；当 $\Delta<0.50$mm 时，$x=0.75$。

零件尺寸 45mm 处的凹模尺寸：

$$A_{d1}=(A_{max}-x\Delta)_{\ 0}^{+\Delta/4}=(45-0.5\times0.56)_{\ 0}^{+0.56/4}\text{mm}=44.72_{\ 0}^{+0.14}\text{mm}$$

零件尺寸 44mm 处的凹模尺寸：

$$A_{d2}=(A_{max}-x\Delta)_{\ 0}^{+\Delta/4}=(44-0.5\times0.54)_{\ 0}^{+0.54/4}\text{mm}=43.73_{\ 0}^{+0.14}\text{mm}$$

零件尺寸 120mm 处的凹模尺寸：

$$A_{d3}=(A_{max}-x\Delta)_{\ 0}^{+\Delta/4}=(120-0.5\times0.87)_{\ 0}^{+0.87/4}\text{mm}=119.57_{\ 0}^{+0.22}\text{mm}$$

零件尺寸 $R10$mm 处的凹模尺寸：

$$A_{d4}=(A_{max}-x\Delta)_{\ 0}^{+\Delta/4}=(10-0.75\times0.36)_{\ 0}^{+0.36/4}\text{mm}=9.73_{\ 0}^{+0.09}\text{mm}$$

中心距尺寸（22 ± 0.62）mm 对应的凹模尺寸：

$$L_d=(A+0.5\Delta)\pm\frac{\Delta}{8}=\left[(22-0.62+0.5\times1.24)\pm\frac{1.24}{8}\right]\text{mm}=(22\pm0.15)\text{mm}$$

4. 设计选用模具零部件，绘制模具总装草图

对于冲 $\phi 26$mm 孔的圆形凸模，由于需要在凸模外面装推件块，因此设计成直柱的形状，其尺寸如图 2-76a 所示。

凹模的刃口形式，考虑到生产批量较大，所以采用刃口强度较高的凹模，选用如图 2-76b 所示的刃口形式。凹模的外形尺寸：查相关冲压设计资料，取凹模高度系数为 0.22，则 $H=Kb=0.22\times120\text{mm}=26.4\text{mm}$，取凹模高度为 28mm；凹模壁厚 $c=1.5H=40$mm。

该模具为复合冲裁模，因此除冲孔凸模和落料凹模外，必然还有一个凸凹模。凸凹模的结构简图如图 2-76c 所示。校核凸凹模的强度：凸凹模的最小壁厚 $m=1.5t=3.3$mm，而实际壁厚为 9.5mm，故符合强度要求。凸凹模的外刃口尺寸按凹模尺寸配制并保证双面间隙为 0.34～0.39mm。凸凹模上孔中心与边缘的距离尺寸 22mm 的公差，应比零件图所标的公差等级高 3～4 级，定为（22 ± 0.15）mm。

5. 确定模具总体结构及主要零部件设计

图 2-77 所示为倒装式复合冲裁模总装图。该复合冲裁模将凸凹模 24 装在下模，而落料凹模 6 及冲孔凸模 5 装在上模，是典型的倒装结构。两个导料销 25 控制条料送进的方向，活动挡料销 1 控制送料的步距，卸料采用由卸料板 20、卸料螺钉 22 和橡胶 4 组成的弹性卸料装置。冲制的工件由推杆 18、推板 13 和推件块 19 组成的刚性推件装置推出。冲孔的废料可通过凸凹模的内孔从压力机工作台面孔漏下。

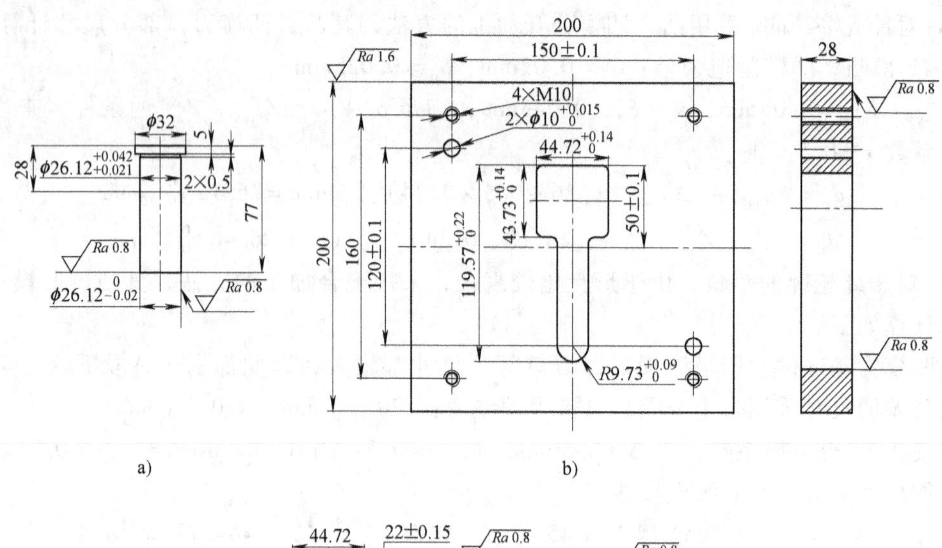

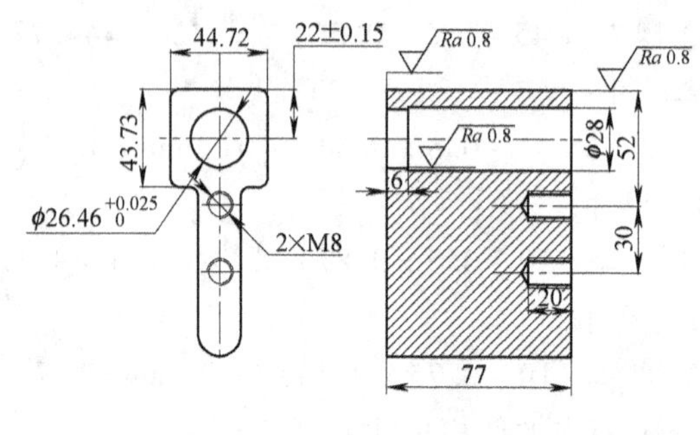

图 2-76　T 形复合模的工作零件

a）冲孔凸模　b）落料凹模　c）凸凹模

卸料弹性元件采用橡胶，选用厚度为 50mm 的橡胶，满足卸料力 $F_X = 13\ 788N$ 的要求。

模架选用中等精度、操作与观察方便，中小尺寸冲压件常用的后侧导柱模架，从右向左送料。查国家标准 GB/T 2851—2008，模架尺寸如下。

上模座：$L \times B \times H = 200mm \times 200mm \times 45mm$

下模座：$L \times B \times H = 200mm \times 200mm \times 50mm$

导柱：$d \times L = 32mm \times 220mm$

导套：$d \times L \times D = 32mm \times 105mm \times 43mm$

垫板厚度 10mm、16mm、10mm，凸模固定板厚度 30mm，凹模厚度 30mm，卸料板厚度 12mm，橡胶压缩厚度 40mm，凸凹模固定板厚度 30mm。

模具的闭合高度：$H = (45 + 10 + 28 + 16 + 28 + 2.2 + 12 + 40 + 30 + 10 + 50)mm = 271.2mm$

J23-63 压力机的最大闭合高度为 400mm，调节量为 80mm，垫板厚度为 80mm，符合装模高度要求。

2.3.3　综合训练——接触环级进冲裁模设计

冲裁如图 2-78 所示的接触环零件，材料为锡青铜带 QSn6.5-0.1（M），厚度 $t = 0.3mm$。已知每年产量 15 万件，试确定冲裁工艺方案，设计冲裁模。

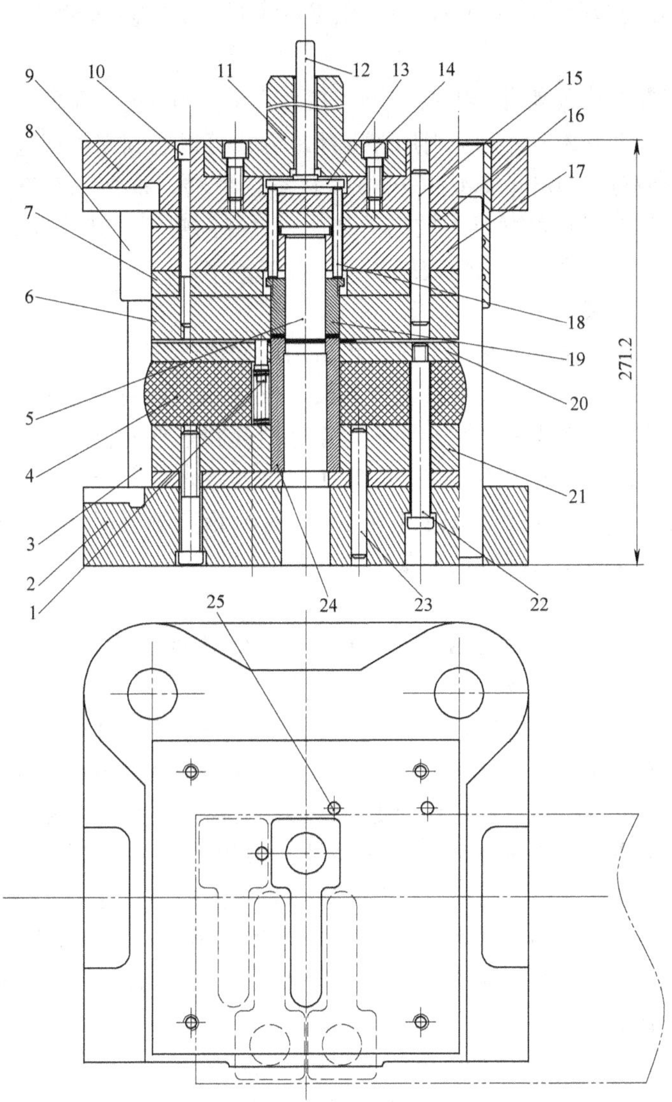

图 2-77　倒装式复合冲裁模

1—活动挡料销　2—下模座　3—导柱　4—橡胶　5—冲孔凸模　6—落料凹模　7、16—垫板　8—导套　9—上模座　10、14—螺钉　11—模柄　12—打杆　13—推板　15、23—销钉　17—凸模固定板　18—推杆　19—推件块　20—卸料板　21—凸凹模固定板　22—卸料螺钉　24—凸凹模　25—导料销

1. 零件的工艺性分析

（1）结构与尺寸　该零件结构较简单，形状对称，尺寸较小。悬臂宽度（1.5mm、$\frac{3.7-1.65}{2}$mm = 1.025mm）大于 1.5t，中间臂长 3.25mm、小端两悬臂长为（13.3 − 9.8 − 2.2）mm = 1.3mm，均小于 5 倍臂宽；凹模宽度 $1.65^{+0.12}_{0}$mm > 1.5t，深

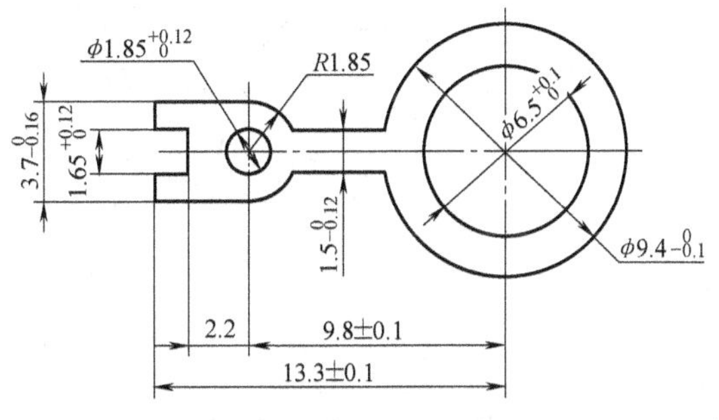

图 2-78　接触环

度也较小；最小孔径 $\phi 1.85^{+0.12}_{0}$mm > 0.9t；孔与边缘间最小距离 0.925mm > 1.5t。均适宜于冲裁加工。

（2）精度　零件冲裁公差除 $\phi 9.4^{0}_{-0.1}$mm 接近 IT11 级以外，其余尺寸均低于 IT12 级，也无其他特殊要求。从表 2-6 可知，利用普通冲裁方式可以达到零件图样要求。

（3）材料　锡青铜带 QSn6.5-0.1（M），软态，带料，抗剪强度 τ_b = 255MPa（表 1-4），伸长率 $A_{11.3}$ = 38%。此材料具有较高的弹性和良好的塑性，其冲裁加工性较好。

根据以上分析，该零件的工艺性较好，可以冲裁加工。

2. 确定冲裁工艺方案

该零件包括落料和冲孔两个基本工序，可采用的冲裁工艺方案有单工序冲裁、复合冲裁和级进冲裁三种。由于零件属于大批量生产，尺寸又较小，因此采用单工序冲裁效率太低，且不便于操作。若采用复合冲裁，虽然冲出的零件精度和平直度较好，生产效率也较高，但因零件的孔边距太小，模具强度不能保证。采用级进冲裁时，生产效率高，操作方便，通过设计合理的模具结构和排样方案可以达到较好的零件质量和避免模具强度不够的问题。

根据以上分析，该零件采用级进冲裁工艺方案。

3. 确定模具总体结构方案

（1）模具类型　根据零件的冲裁工艺方案，采用级进冲裁模。

（2）操作与定位方式　虽然零件的生产批量较大，但如果合理安排生产，采用手工送料方式也能够达到批量要求，且能降低模具成本，因此采用手工送料方式。考虑到零件尺寸较小，材料厚度较薄，为了便于操作和保证零件的精度，宜采用导料板导向、侧刃定距的定位方式。为减少料头和料尾的材料消耗和提高定距的可靠性，采用双侧刃前后对角布置。

（3）卸料与出件方式　考虑到零件厚度较薄，采用弹性卸料方式。为了便于操作、提高生产率，冲裁件和废料采用由凸模直接从凹模洞口推下的下出件方式。

（4）模架类型及精度　由于零件厚度薄，冲裁间隙很小，因此采用导向平稳的对角导柱模架。考虑到零件精度要求不是很高，但冲裁间隙较小，因此采用 I 级模架精度。

4. 工艺设计与计算

（1）排样设计与计算　该零件材料厚度较薄，尺寸小，近似 T 形，因此可采用 45°的斜对排样，如图 2-79 所示。考虑模具强度的影响，在冲孔和落料工位之间增设了一个空工位。

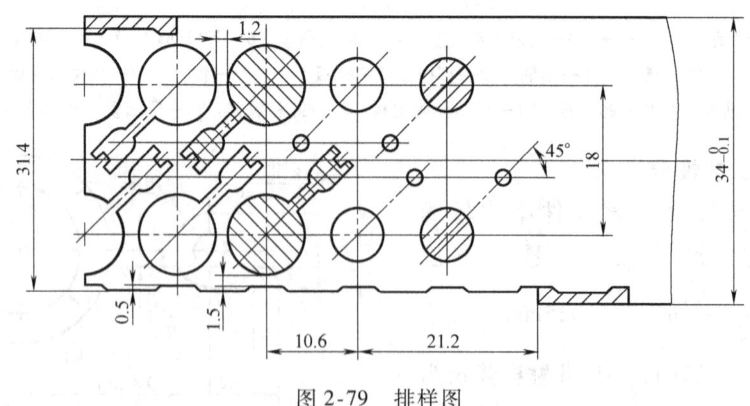

图 2-79　排样图

根据排样图的几何关系，可以近似算出两排中心距为 18mm。

查表 2-17、表 2-18、表 2-19 和表 2-20，取 $a=1.5\text{mm}$，$a_1=1.2\text{mm}$，$\Delta=0.10\text{mm}$，$Z=0.5\text{mm}$，$b_1=1.3\text{mm}$，$y=0.1\text{mm}$。另因采用的是 JB/T 7648.1—2008《冲模侧刃和导料装置 第 1 部分：侧刃》中的ⅠC 型侧刃，故料宽每边需增加燕尾行切入深度 $a'=0.5\text{mm}$。因此，条料宽度为

$$B_{-\Delta}^{\ 0}=(D_{max}+2a+2a'+nb_1)_{-\Delta}^{\ 0}$$
$$=(18+9.4+2\times1.5+2\times0.5+2\times1.3)_{-0.10}^{\ 0}\text{mm}=34_{-0.10}^{\ 0}\text{mm}$$

冲裁后废料宽度为

$$B_1=D_{max}+2a+2a'=(18+9.4+2\times1.5+2\times0.5)\text{mm}=31.4\text{mm}$$

步距为

$$s=(9.4+1.2)\text{mm}=10.6\text{mm}$$

导料板间距为

$$B'=B+Z=(34+0.5)\text{mm}=34.5\text{mm}$$
$$B_1'=B_1+y=(31.4+0.1)\text{mm}=31.5\text{mm}$$

由零件图近似算得一个零件的面积为 54.5mm^2，一个步距内冲两件，故 $A=54.5\times2\text{mm}^2=109\text{mm}^2$。一个步距内的坯料面积 $Bs=34\times10.6\text{mm}^2=360.4\text{mm}^2$。因此材料利用率为

$$\eta=A/Bs=(109\text{mm}^2/360.4\text{mm}^2)\times100\%\approx30.3\%$$

（2）计算冲压力与压力中心，初选压力机

冲裁力：根据零件图可算得一个零件的外周边之和 $L_1=77\text{mm}$，侧刃冲切长度 $L_2=13.8\text{mm}$，根据排样图所示的一模冲两件和双侧刃布置，总冲裁长度 $L=(77+13.8)\times2\text{mm}=181.6\text{mm}$。又 $\tau_b=255\text{MPa}$，$t=0.3\text{mm}$，取 $K=1.3$，则

$$F=KLt\tau_b=1.3\times181.6\times0.3\times255\text{N}\approx18\ 060\text{N}$$

卸料力：查表 2-21，取 $K_X=0.05$，则

$$F_X=K_XF=0.05\times18\ 060\text{N}=903\text{N}$$

推件力：根据材料厚度取凹模刃口直壁高度 $h=5\text{mm}$，故 $n=h/t=5/0.3\approx16$。查表 2-21，取 $K_T=0.07$，则

$$F_T=nK_TF=16\times0.07\times18\ 060\text{N}\approx20\ 227\text{N}$$

总冲压力：$F_\Sigma=F+F_X+F_T=(18\ 060+903+20\ 227)\text{N}=39\ 190\text{N}\approx39.2\text{kN}$

应选取的压力机标称压力：$p_0\geqslant(1.1\sim1.3)F_\Sigma=(1.1\sim1.3)\times39.2\text{N}=43\sim51\text{kN}$，因此可选压力机型号为 J24-6.3。

因冲裁件尺寸较小，故冲裁力不大，且选用了对角导柱模架，受力平稳，估计压力中心不会超出模柄端面积之外，故不必详细计算压力中心的位置。

（3）计算凸、凹模刃口尺寸及公差　由于材料薄，模具间隙小，故凸、凹模采用配作加工为宜。又根据排样图可知，凹模的加工较凸模困难，且级进模所有凹模型孔均在同一凹模板上，因此，选用凹模为制造基准件。故不论冲孔、落料，只计算凹模刃口尺寸及公差，并将计算值标注在凹模图样上。各凸模仅按凹模各对应尺寸标注其公称尺寸，并注明按凹模实际刃口尺寸配双面间隙 0.03mm（查表 2-11 按Ⅱ类间隙），侧刃按侧刃孔配单面间隙 0.015mm。

1）落料凹模刃口尺寸，按磨损情况分类计算。

① 凹模磨损后增大的尺寸，按公式 $A_d=(A_{max}-x\Delta)^{+\Delta/4}_{0}$ 计算：

$9.4^{\ 0}_{-0.1}$mm $\qquad A_{d1}=(9.4-0.75\times0.1)^{+0.1/4}_{0}\text{mm}=9.33^{+0.025}_{0}\text{mm}$

$1.5^{\ 0}_{-0.12}$mm $\qquad A_{d2}=(1.5-0.75\times0.12)^{+0.12/4}_{0}\text{mm}=1.41^{+0.03}_{0}\text{mm}$

$3.7^{\ 0}_{-0.16}$mm $\qquad A_{d3}=(3.7-0.75\times0.16)^{+0.16/4}_{0}\text{mm}=3.58^{+0.04}_{0}\text{mm}$

13.3mm ±0.1mm $\qquad A_{d4}=(13.3+0.1-0.75\times0.2)^{+0.2/4}_{0}\text{mm}=13.25^{+0.05}_{0}\text{mm}$

2.2mm ±0.12mm $\qquad A_{d5}=(2.2+0.12-0.5\times0.24)^{+0.24/4}_{0}\text{mm}=2.2^{+0.06}_{0}\text{mm}$

② 凹模磨损后减小的尺寸，按公式 $B_d=(B_{min}+x\Delta)^{\ 0}_{-\Delta/4}$ 计算：

$1.65^{+0.12}_{0}$mm $\qquad B_d=(1.65+0.75\times0.12)^{\ 0}_{-0.12/4}\text{mm}=1.74^{\ 0}_{-0.03}\text{mm}$

③ 凹模磨损后不变的尺寸，按公式 $C_d=(C_{min}+0.5\Delta)\pm\Delta/8$ 计算：

9.8mm ±0.1mm $\qquad C_d=(9.7+0.5\times0.2)\text{mm}\pm0.2/8\text{mm}=9.8\text{mm}\pm0.025\text{mm}$

2）对于冲孔凹模刃口尺寸，因为冲孔凹模均为圆形，故可按公式 $d_d=(d_{min}+x\Delta+Z_{min})^{+\Delta/4}_{0}$ 计算：

$6.5^{+0.1}_{0}$mm $\qquad d_{d1}=(6.5+0.75\times0.1+0.03)^{+0.1/4}_{0}\text{mm}=6.61^{+0.025}_{0}\text{mm}$

$1.85^{+0.12}_{0}$mm $\qquad d_{d2}=(1.85+0.75\times0.12+0.03)^{+0.12/4}_{0}\text{mm}=1.97^{+0.03}_{0}\text{mm}$

3）侧刃孔尺寸可按公式 $A_d=(A+0.5Z_{min})^{+\delta_d}_{0}$ 计算，取 $\delta_d=0.02$mm，则

$$A_d=(A+0.5Z_{min})^{+\delta_d}_{0}=(10.6+0.5\times0.03)^{+0.02}_{0}\text{mm}\approx10.61^{+0.02}_{0}\text{mm}$$

当采用线切割机床加工凹模时，各型孔尺寸和孔距尺寸的制造极限偏差均可标注为±0.01mm（为机床一般可达到的加工精度），本例即采用此种加工的标注法。

5. 设计选用模具零部件，绘制模具总装草图

此处只介绍凸、凹模零件的设计过程，其他零件的设计或选用过程从略。

（1）凹模设计　凹模采用矩形板状结构和直接通过螺钉、销钉与下模座固定的固定方式。因冲裁件的批量较大，考虑凹模的磨损和保证冲裁件的质量，凹模刃口采用直刃壁结构，刃壁高度取5mm，漏料部分沿刃口轮廓单边扩大0.8mm（为便于加工，落料凹模漏料孔可设计成近似于刃口轮廓的简化形状，如图2-80所示）。凹模轮廓尺寸计算如下：

沿送料方向的凹模型孔壁间的最大距离为

$$l=(31.81+21.2+10.61)\text{mm}\approx63.6\text{mm}$$

垂直于送料方向的凹模型孔壁间的最大距离为

$$b=(31.4-2\times0.5+2\times6)\text{mm}=42.4\text{mm}(\text{取侧刃厚度为6mm})$$

沿送料方向的凹模长度为

$$L=l+2c=63.6\text{mm}+2\times20\text{mm}=103.6\text{mm}(\text{查表2-29,取 }c=20\text{mm})$$

垂直于送料方向的凹模宽度为

$$B=b+2c=42.4\text{mm}+2\times20\text{mm}=82.4\text{mm}$$

凹模厚度为

$$H=K_1K_2\sqrt[3]{0.1F}=1\times1.25\times\sqrt[3]{0.1\times18\,060}\text{mm}\approx15.2\text{mm}$$

$$(\text{取 }K_1=1,\text{查表2-30,取 }K_2=1.25)$$

根据算得的凹模轮廓尺寸，选取与计算值相接近的标准凹模板轮廓尺寸为 $L \times B \times H = 100\text{mm} \times 80\text{mm} \times 16\text{mm}$。

凹模的材料选用 CrWMn 钢，工作部分热处理淬硬至 58 ~ 62HRC。

（2）凸模设计　落料凸模刃口部分为非圆形，如图 2-81 所示，为便于凸模和固定板的加工，可设计成阶梯形结构，并将安装部分设计成便于加工的长圆形，通过铆接方式与固定板固定。凸模的尺寸根据刃口尺寸、卸料装置和安装固定要求确定。凸模的材料也选用 CrWMn，工作部分热处理淬硬至 58 ~ 62HRC。

模直径很小，故需对最小凸模（$\phi 1.85^{+0.12}_{0}$mm 冲孔凸模）进行强度和刚度校核。

1）凸模最小直径校核（强度校核）。因孔径虽小，但远大于材料厚度，所以估计凸模的强度和刚度是足够的。为使弹压卸料板加工方便，取凸模与卸料板的双面间隙为 0.2mm（不起导向作用）。

根据表 2-26，凸模的最小直径 d 应满足：

$d \geqslant 5.2t\tau_b/[\sigma_{压}] = 5.2 \times 0.3\text{mm} \times 255\text{MPa}/1\ 200\text{MPa} \approx 0.33\text{mm}$（取 $[\sigma_{压}] = 1\ 200\text{MPa}$），而 $d_{p2} = d_{d2} - Z_{min} = 1.97\text{mm} - 0.03\text{mm} = 1.94\text{mm}$，因 $d_{p2} > 0.33\text{mm}$，所以凸模强度足够。

2）凸模最大自由长度的校核（刚度校核）。根据表 2-26，凸模最大自由长度 L 应满足：

$$L \leqslant 90d^2/\sqrt{F} = 90 \times 1.94^2\text{mm}^2/\sqrt{1.3 \times 3.14 \times 1.94 \times 0.3 \times 255}\text{mm} \approx 13.8\text{mm}$$

由此可知，小冲孔凸模取 12mm，大冲孔凸模和落料凸模为 15mm，如图 2-81、图 2-82 和图 2-83 所示。

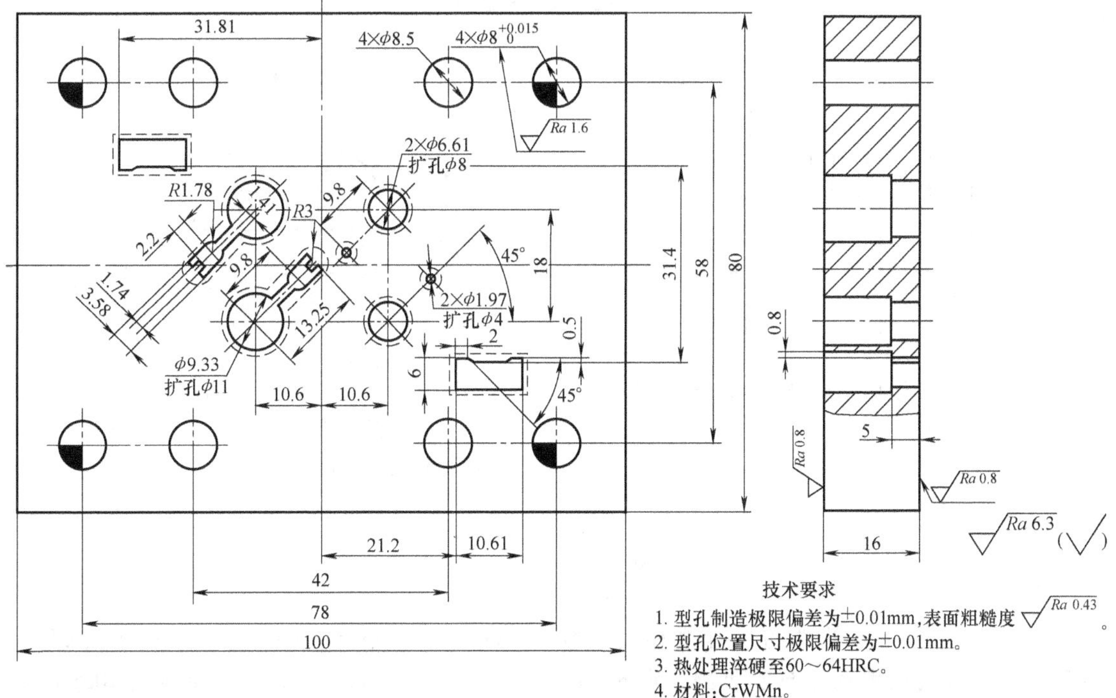

图 2-80　凹模

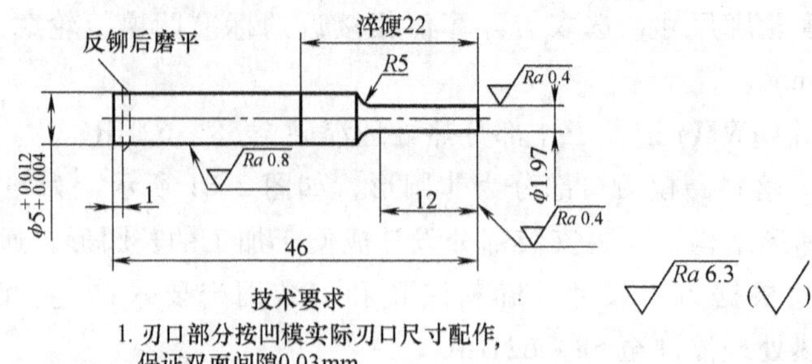

图 2-81　小冲孔凸模

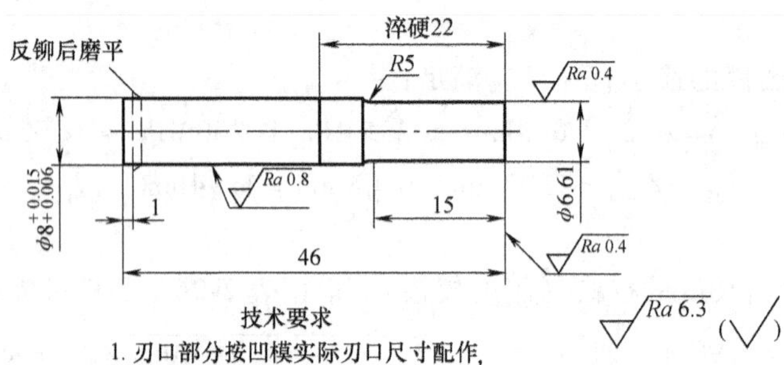

图 2-82　大冲孔凸模

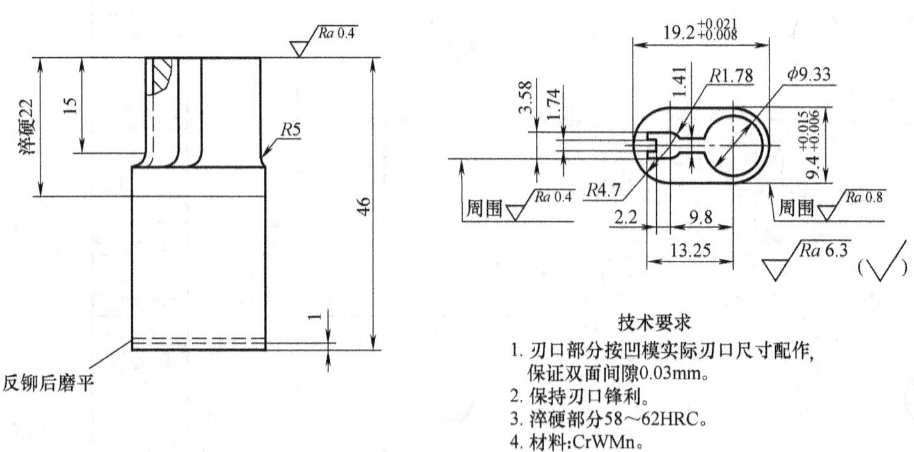

图 2-83　落料凸模

其他主要模具零部件的尺寸规格为：模架 100mm × 80mm ×（120 ~ 145）mm（GB/T 2851—2008《冲模滑动导向模架》），凸模固定板 100mm × 80mm × 18mm，卸料板 100mm × 80mm × 12mm（台阶高度 4.5mm），垫板 100mm × 80mm × 4mm，卸料弹簧 2.5 × 12 × 40（GB/T 20915.1—2007《冲模　弹性体压缩弹簧　第 1 部分：通用规格》），模柄 A30 × 78

（JB/T 7646.1—2008《冲模模柄　第 1 部分：压入式模柄》）。

根据模具总体结构方案和已设计选用的模具零部件，绘制模具总装草图，并检查核对模具零件的相关尺寸、配合关系及结构工艺性等，校核压力机的参数，最后进行合理修改。

6. 绘制正规模架总装图和非标准模架零件图

凹模、冲孔凸模、落料凸模、凸模固定板和卸料板分别如图 2-80 ~ 图 2-85 所示。模架

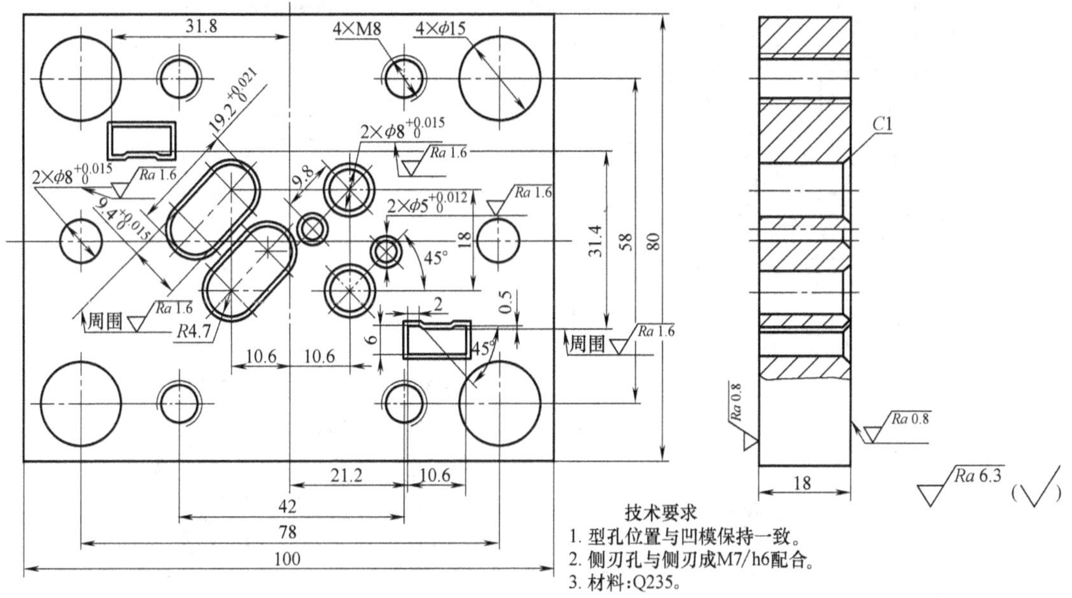

图 2-84　凸模固定板

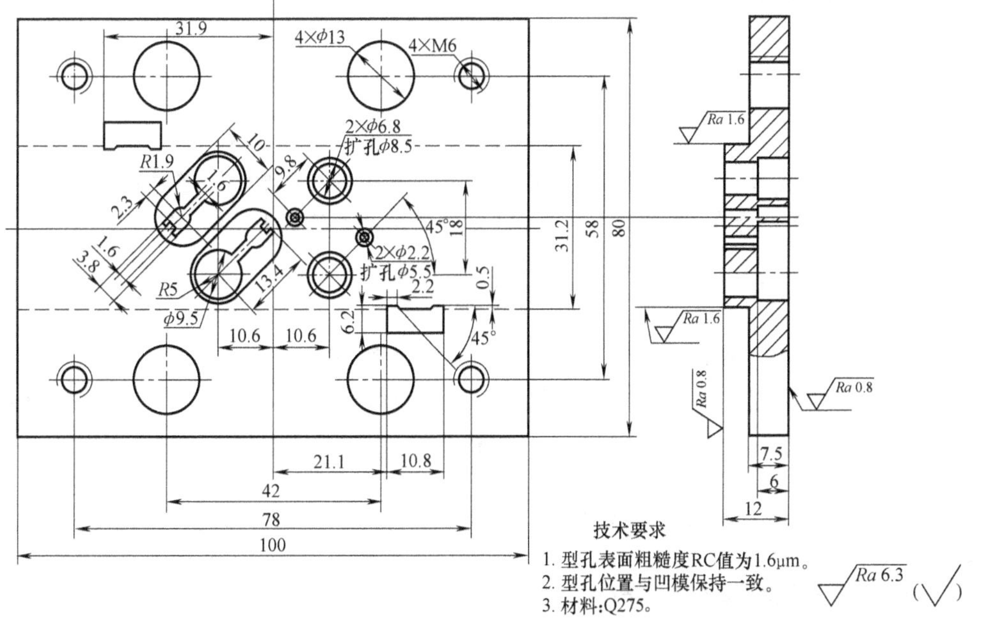

图 2-85　卸料板

总装图如图 2-86 所示。

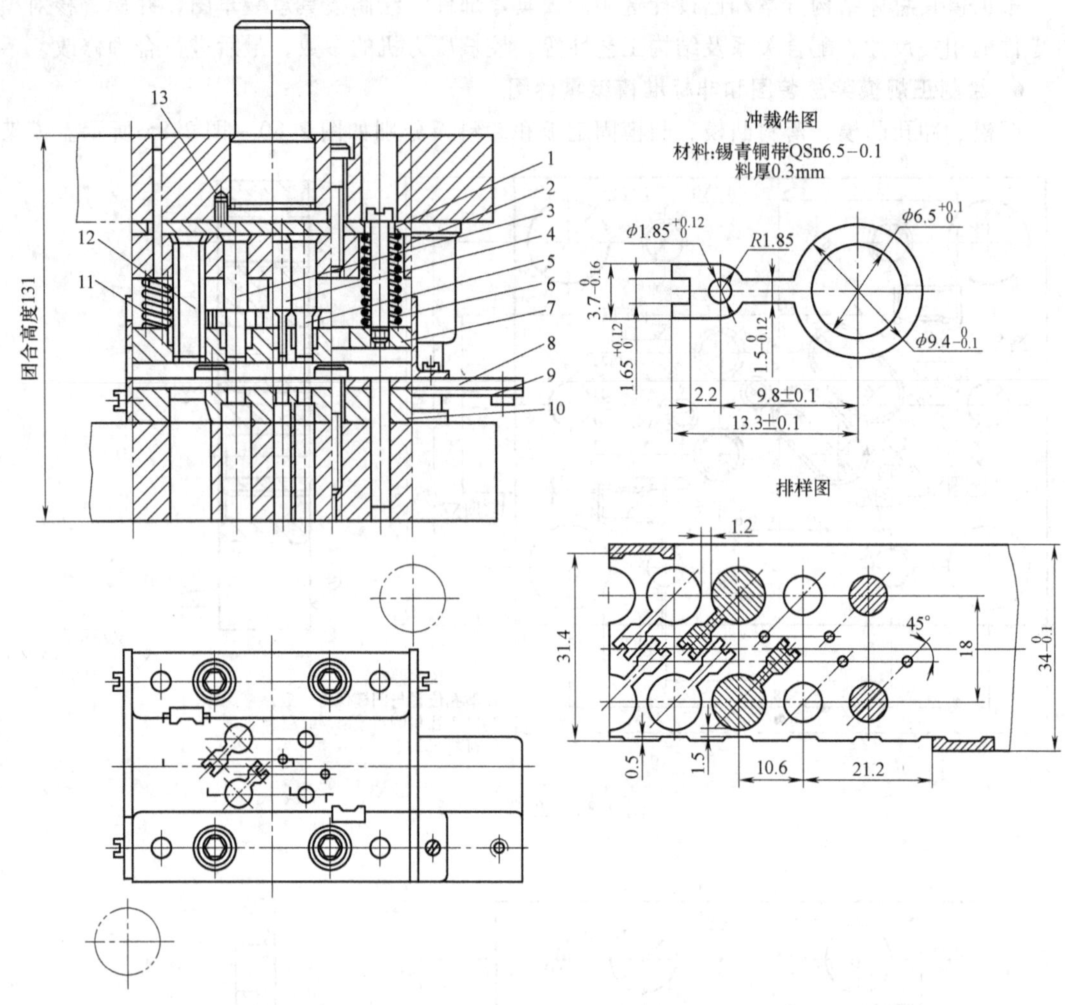

图 2-86　双侧刃定距的冲孔落料级进模模架总装图

1—垫板　2—固定板　3—落料凸模　4、5—冲孔凸模　6—卸料螺钉　7—卸料板　8—导料板　9—承料板　10—凹模　11—弹簧　12—侧刃　13—防转销

思考与练习题

2-1　板料冲裁时，其切断面有什么特征？这些特征是如何形成的？

2-2　试讨论冲裁间隙的大小与冲裁断面质量的关系，并分析其对冲裁件质量、冲裁力以及模具寿命的影响。

2-3　确定冲裁凸、凹模刃口尺寸的方法有哪些？

2-4　如何提高材料利用率？生产中有哪些排样方法？

2-5　如何确定冲压工艺总力？

2-6　试比较单工序模与复合模的结构特点及应用。

2-7　冲裁模的卸料方式有哪几种？分别适用于何种场合？

2-8　计算冲裁图 2-87 所示零件的凸、凹模刃口尺寸及其公差（图 2-87a 按分别加工法，图 2-87b 按

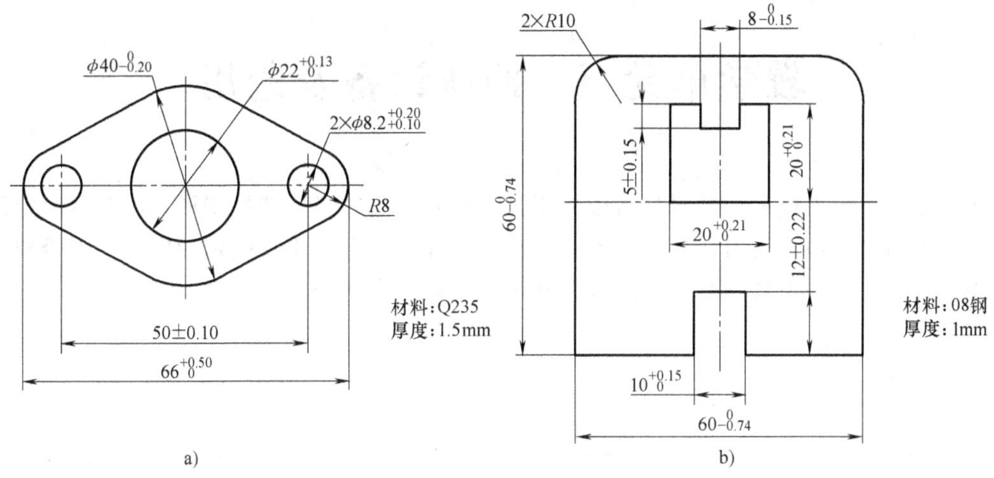

图 2-87　习题 2-8 图

配作加工法)。

2-9　用复合冲裁方式冲裁图 2-87a 所示零件，假设模具采用弹性卸料、刚性推件的倒装式复合模，试完成以下有关冲裁工艺与模具设计的工作：

1）确定合理的排样方法，画出排样图，并计算材料利用率和条料宽度（条料采用导料销和挡料销定位）。

2）计算冲裁力及总冲裁力，并确定压力机的标称压力。

3）绘制模具结构草图。

4）绘制凸模、凹模及凸凹模零件图。

2-10　试分析图 2-88 所示零件的冲裁工艺性，并确定其冲裁工艺方案（零件按中批量生产）。

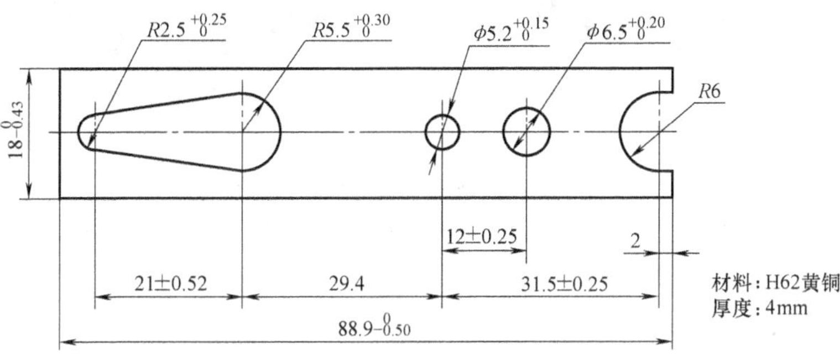

图 2-88　习题 2-10 图

教学单元三　冲压设备及选用

冲压是利用压力机和冲模对材料施加压力，使其分离或产生塑性变形，以获得一定形状和尺寸的制品的一种加工工艺。冲压设备的正确选择及合理使用将决定冲压生产能否顺利进行，并与产品质量、模具寿命、生产效率和生产成本等密切相关。

3.1　任务引入

图 3-1a 所示为卡环冲裁件，其材料为 Q235A 钢，内环 ϕ6mm、外环 ϕ10mm，料厚 $t=1.5$mm；图 3-1b 所示为盒形拉深件，材料为 10 钢，要在底部冲 4 个 ϕ5mm 和 2 个 ϕ7mm 的底孔。试根据冲裁工艺、冲压工艺总力及模具结构等要求，合理选择冲压生产中相适应的冲压设备。下面先分别介绍各类冲压设备的型号和基本结构知识，然后根据两任务的要求，完成冲压设备的选择。

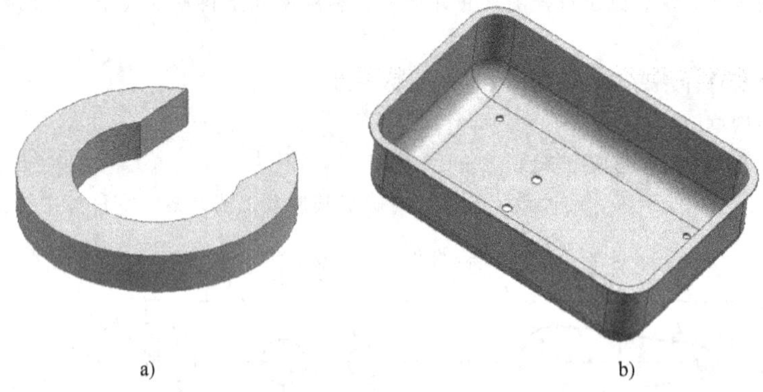

a)　　b)

图 3-1　卡环冲裁件与盒形拉深件三维图
a）卡环冲裁件　b）盒形拉深件

3.2　相关知识

3.2.1　冲压设备的分类及型号

在冲压生产中，不同的冲压工艺，应采用相应的冲压设备。这些冲压设备都具有其特有的结构形式及作用特点。

1. 冲压设备的分类

根据驱动方式和工艺用途的不同，冲压设备可作如下分类。

（1）按驱动方式分类

1）机械压力机。机械压力机是利用机械传动来传递运动和压力的一类冲压设备，一般可分为曲柄压力机和摩擦压力机等。机械压力机在冲压生产中应用广泛，其中以曲柄压力机的应用最广。

2）液压机。液压机是利用液压（油压或水压）产生运动和压力的一种压力机械。液压机具有较大的压力和行程，并且能够在较大范围内实现对压力和速度的无级调节。但是由于采用液体工作介质，运动平缓，生产效率较低。

（2）按工艺用途分类

1）板料冲压压力机。主要有曲柄压力机、拉深压力机、高速自动压力机、精密冲裁压力机、数控压力机、摩擦压力机和板料成形液压机等。上述冲压设备适用于板料冲压，可根据产品的冲压工序性质和生产效率要求，进行合理选择。

2）体积模压压力机。主要有冷挤压机和精压机等，用来进行冷挤压工艺、平面精压、体积精压和表面压印等工艺。

3）剪切机。有板料剪切机和棒料剪切机等，用于板料和棒料的剪裁。

2. 冲压设备的型号表示方法

（1）机械压力机　机械压力机属于锻压机械类。其基本型号是由一个汉语拼音字母和几个阿拉伯数字组成的。汉语拼音字母代表锻压机械的大类，称为类别，见表3-1。同一类锻压机械中分为若干列，称为列别，由第一位数字（自左向右）代表；同一列中又分为若干组，由第二位数字代表，见表3-2。在短横线“-”后面的数字代表锻压机械的主要规格，一般为标称压力，单位为t，转化为单位kN时，将此数乘以10。

对于类、列、组和主要规格完全相同，只是次要参数与基本型号不同的压力机，按变形处理，即在原型号的字母后（第一位数字前）加字母A、B、C……依次表示第一、第二、第三……种变形。

对于已确定型号的锻压机械，在结构和性能上有所改进时，按改进处理，即在原型号的末端加字母A、B、C……依次表示第一、第二、第三……次改进。

如型号JC23-63A的含义是：

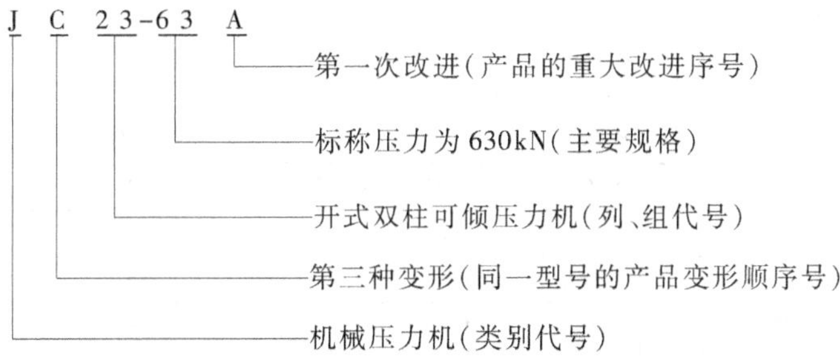

有些锻压设备紧接列、组代号后面还有一个字母，代表设备的通用特性，例如J21G-20中的“G”代表“高速”；J92K-250中的“K”代表“数控”。

（2）液压机　从表3-1中可知液压机在锻压机械行业标准GB/T 9965—1999《锻压机械型号编制方法》中属于第二类，代号为“Y”。

表3-1　锻压机械类别代号

类别	机械压力机	液压机	自动锻压机	锤	锻机	剪切机	弯曲校正机	其他
字母代号	J	Y	Z	C	D	Q	W	T

表 3-2　机械压力机的列、组划分

列	0		1		2		3		4	
	手动及台式压力机		单柱（偏心）压力机		开式（双柱曲轴）压力机		闭式（曲轴）压力机		拉伸压力机	
组	0		0		0		0		0	
	1	齿条式压力机	1	单柱固定台压力机	1	开式固定台压力机	1	闭式单点压力机	1	闭式单点单动拉伸压力机
	2	螺旋压力机	2	单柱活动台压力机	2	开式活动台压力机	2	闭式单点切边压力机	2	闭式双点单动拉伸压力机
	3	杠杆式压力机	3	单柱柱形台压力机	3	开式可倾压力机	3	闭式侧滑块压力机	3	开式双动拉伸压力机
	4	台式压力机	4		4		4		4	底传动双动拉伸压力机
	5		5		5	开式双点压力机	5		5	闭式单点双动拉伸压力机
	6		6		6		6	闭式双点压力机	6	闭式双点双动拉伸压力机
	7		7		7		7	闭式双点切边压力机	7	闭式四点双动拉伸压力机
	8		8		8		8		8	闭式三动拉伸压力机
	9		9		9		9	闭式四点压力机	9	

列	5		6		7		8		9	
	摩擦压力机		粉末制品压力机		板料自动压力机		精压、挤压压力机		其他压力机	
组	0		0	单面冲压粉末制品压力机	0		0		0	
	1	无盘摩擦压力机	1	双面冲压粉末制品压力机	1	闭式多工位压力机	1		1	分度台压力机
	2	单盘摩擦压力机	2	轮转式粉末制品压力机	2	开式多工位压力机	2	多工位挤压机	2	冲模回转头压力机
	3	双盘摩擦压力机	3		3		3		3	多冲模压力机
	4	三盘摩擦压力机	4		4		4	精压机	4	底传动精密压力机
	5	上移式摩擦压力机	5		5	闭式高速精密压力机	5		5	步冲压力机
	6		6		6	开式高速精密压力机	6		6	
	7		7		7		7	立式曲柄挤压机	7	
	8		8		8		8	卧式肘杆挤压机	8	
	9		9		9		9	立式肘杆挤压机	9	冲孔切割复合机

部分液压机的组型代号见表 3-3。如 YA32-315 表示标称压力为 3150kN，经过一次变形的四柱立式万能液压机。

表 3-3　部分液压机的组型代号

组型	名　称	组型	名　称	组型	名　称
Y11	单臂式锻压液压机	Y26	精密冲裁液压机	Y32	四柱液压机
Y12	下拉式锻压液压机	Y27	单动薄板冲压液压机	Y33	四柱上移式液压机
Y13	正装式锻压液压机	Y28	双动薄板拉伸液压机	Y41	单柱校正压装液压机
Y14	模锻液压机	Y29	橡胶囊冲压液压机	Y63	轻合金管材挤压液压机
Y23	单动厚板冲压液压机	Y30	单柱液压机	Y71	塑料制品液压机
Y24	双动厚板冲压液压机	Y31	双柱液压机	Y98	模具研配液压机

3.2.2　曲柄压力机

曲柄压力机是冲压生产中最常用的冲压设备。在冲压生产中，它能与冲模配合进行各种冲压工艺，直接生产出成品冲压件或半成品冲压件。

1. 曲柄压力机的工作原理与组成

（1）曲柄压力机的工作原理　曲柄压力机通过传动系统把电动机的运动和能量传递给

曲轴，使曲轴作旋转运动，并通过连杆使滑块产生往复运动。

图 3-2 所示为曲柄压力机的工作原理简图。电动机 9 通过小齿轮 10、大齿轮 11（飞轮）和离合器 12 带动曲轴 1 旋转，再通过连杆 2 使滑块 3 在机身 8 的导轨 14 中作往复运动。将模具的上模 4 固定在滑块上，下模 5 固定在机身工作台 6 上，压力机便能对放置在上、下模之间的被冲压材料进行加压，依靠模具将其冲制成工件，实现压力加工。离合器 12 由脚踏板 7 通过操纵机构控制，实现曲柄滑块机构的运动或停止。制动器 13 与离合器密切配合，可在离合器脱开后将曲柄滑块机构停止在一定的位置上（一般是指滑块处于上死点的位置）。大齿轮 11 还起飞轮的作用，使电动机的负荷均匀，并有效地储存和释放能量。

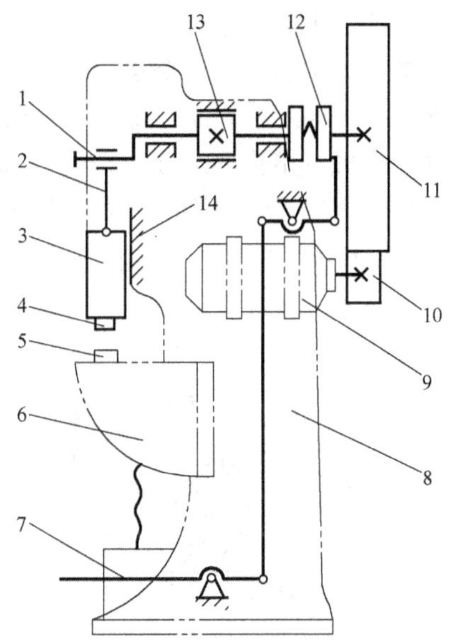

图 3-2　曲柄压力机的工作原理简图
1—曲轴　2—连杆　3—滑块　4—上模　5—下模　6—工作台　7—脚踏板　8—机身　9—电动机　10—小齿轮　11—大齿轮（兼作飞轮）　12—离合器　13—制动器　14—导轨

（2）曲柄压力机的结构组成　图 3-3 所示为曲柄压力机的结构简图。曲柄压力机在冲压过程中，电动机通过小齿轮、大齿轮和离合器带动曲轴旋转，再通过连杆带动滑块沿导轨作上下往复运动。

虽然各种类型的曲柄压力机形状和吨位各不相同，但从上述工作原理和结构简图中可以看出，曲柄压力机一般由以下几个基本部分组成：

1）传动系统。传动系统一般由带轮、传动带、齿轮和传动轴组成，它的作用是将电动机输出的能量和运动传递给曲柄压力机的工作机构。

2）工作机构。曲柄压力机的工作机构一般为曲柄滑块机构，由曲轴、连杆和滑块组成，它的作用是将曲轴的旋转运动变为滑块的往复直线运动，实现曲柄压力机的动作要求。

3）操纵与控制系统。主要包括离合器、制动器和电气控制元件等。离合器和制动器协调作用以控制曲柄压力机工作机构的起动与停止，电气元件用来控制包括主电动机在内的所有从动元件的正常和顺序工作。

4）能量系统。曲柄压力机的能量是由电动机供给的，但由于压力机在整个工作周期内进行工艺操作的时间很短，大部分时间为无负荷的空程，因此设置了飞轮将电动机空程运转时的能量储存起来，以有效地利用能量。

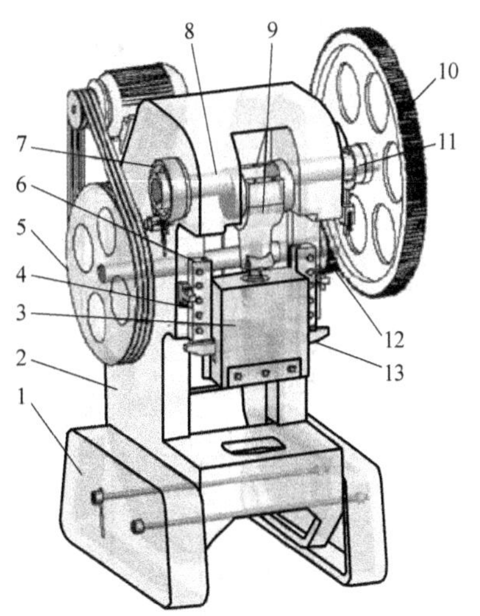

图 3-3　曲柄压力机的结构简图
1—底座　2—床身　3—滑块　4—限位螺钉　5—大带轮　6—导轨　7—制动器　8—曲轴　9—连杆　10—大齿轮　11—离合器　12—小齿轮　13—横杆

5）机身。几乎所有的零部件都装在机身上组成一个整体，工作时由机身承受工艺力和超载力，因此其强度与刚度对曲柄压力机的正常使用和加工件的精度有极大的影响。

2. 曲柄压力机的结构类型

通用曲柄压力机是各类曲柄压力机中应用最广泛的一种，它是曲柄压力机的基本类型。

（1）按机身结构形式分　按机身结构的不同，可分为开式压力机和闭式压力机。开式压力机的机身为“C”字形，操作空间三面敞开，便于工人操作，如图3-4、图3-5和图3-6所示。但机身刚度较差，压力机在工作负荷下易产生角变形，影响精度。小型压力机多采用这种形式。

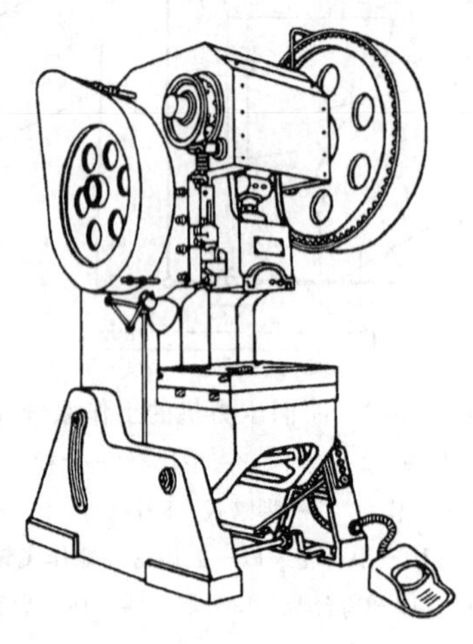

图3-4　开式双柱可倾压力机

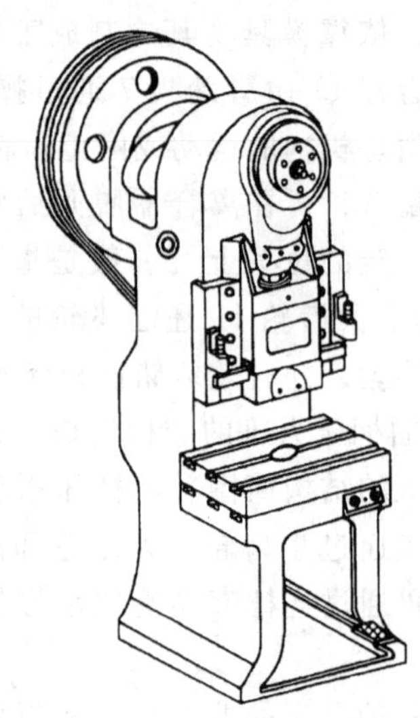

图3-5　开式单柱固定工作台压力机

闭式压力机的机身为一封闭的框架，操作仅能从压力机的正面和背面两个方向进行，由于这种机身具有较高的强度和刚度，因此大、中型压力机都采用这种结构，如图3-7所示。

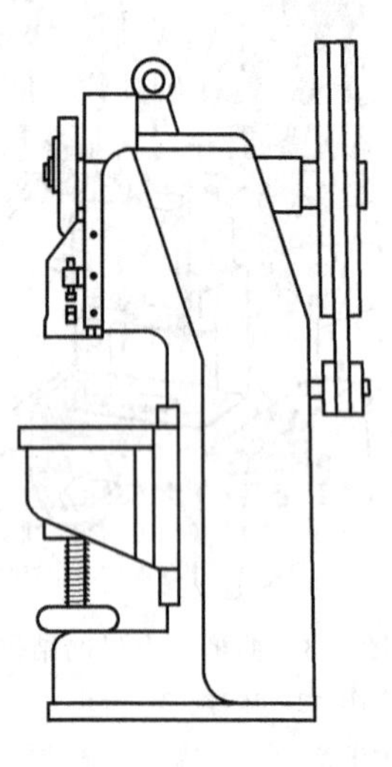

图3-6　开式升降台压力机

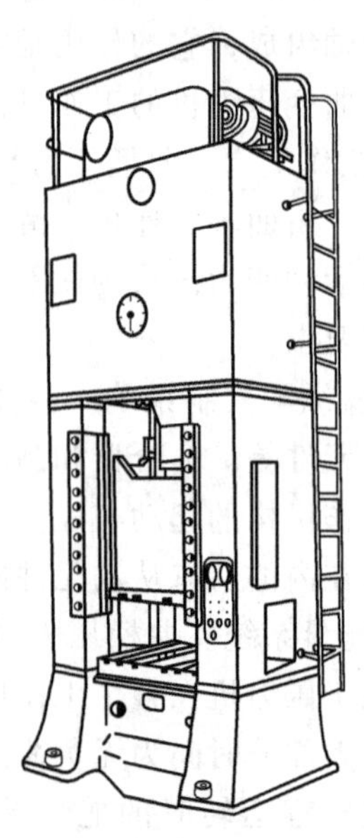

图3-7　闭式压力机

（2）按压力机滑块数目分　按压力机滑块数目的不同，可分为单动压力机、双动压力机和三动压力机，如图3-8所示。通用曲柄压力机一般是指单动压力机，它是目前使用最多的一种压力机。双动压力机和三动压力机主要用于拉深工艺。

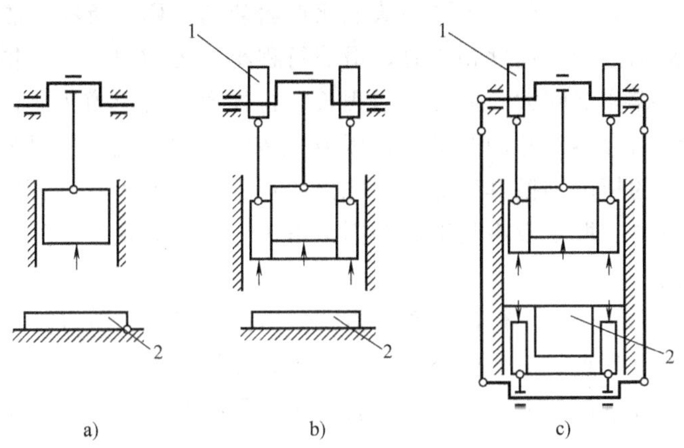

图3-8　压力机按滑块数目分类示意图

a）单动压力机　b）双动压力机　c）三动压力机

1—凸轮　2—工作台

（3）按曲柄连杆数目分　按曲柄连杆数目的不同，又可分为单点压力机、双点压力机和四点压力机，如图3-9所示。双点压力机和四点压力机可实现较宽的工作台面。曲柄连杆数的设置主要根据滑块面积的大小和吨位而定，点数越多，滑块承受偏心载荷的能力越大，压力机的吨位就越大。

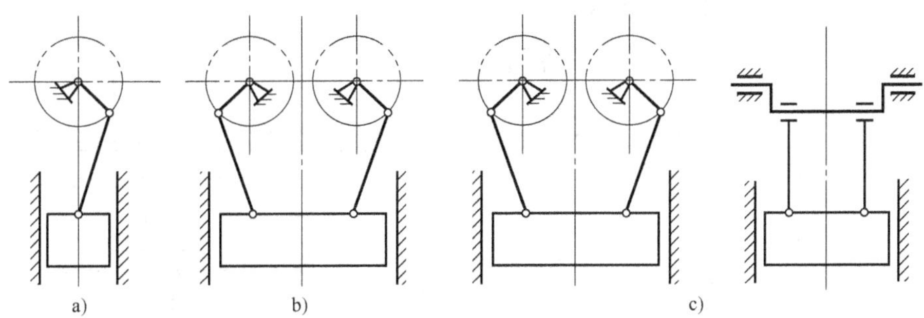

图3-9　压力机按曲柄连杆数目分类示意图

a）单点压力机　b）双点压力机　c）四点压力机

3. 曲柄压力机的主要技术参数

曲柄压力机的技术参数反映了压力机的工艺性能和应用范围，是设计模具及选用压力机的主要依据。曲柄压力机的主要技术参数如下。

（1）标称压力 F_g 及标称压力行程 S_g　标称压力是指滑块在工作行程内所允许承受的最大负荷，而滑块必须在到达下死点前，在某一特定距离之内允许承受标称压力，这一特定距离称为标称压力行程 S_g，标称压力行程所对应的曲柄转角称为标称压力角 α_g。例如JC24-63压力机的标称压力为630kN，标称压力行程为8mm，即指该压力机的滑块在下死点前8mm之内，允许承受的最大压力为630kN。

标称压力是压力机的主要技术参数。国产压力机的标称压力已经系列化，如 160kN、200kN、250kN、315kN、400kN、500kN、630kN、800kN、1 000kN、1 600kN、2 500kN、3 150kN、4 000kN、5 000kN 和 6 300kN 等。

（2）滑块行程 S　滑块行程是指滑块从上死点运动到下死点所经过的距离，它的大小反映了压力机的工作范围。运行速度相等时，滑块行程小，可加快生产节拍，但操作空间受到限制；滑块行程大，操作空间大，但工作行程长。行程大使得压力机曲柄尺寸要加大，随之而来的是齿轮模数和离合器尺寸均要增大，压力机造价增加，且工作时模具的导柱、导套可能分离，影响冲压件的精度和模具寿命。因此滑块行程并非越大越好，应根据设备规格大小兼顾冲压生产时的送料、取件及模具寿命等因素考虑。为了满足实际生产需要，有些压力机的滑块行程是可调的。

（3）滑块行程次数 n　滑块行程次数是指在压力机运行中，每分钟可实现滑块从上死点到下死点，再返回到上死点的工作循环次数。如果是连续作业，它就是每分钟生产冲压件的个数。所以，行程次数数值越大，生产效率就越高。但行程次数超过一定数值后，必须配备自动送料装置。

（4）闭合高度 H_m　当滑块处于下死点时，滑块下端面与工作台上表面之间的距离称为压力机的闭合高度。调节连杆中的调节螺杆即可实现闭合高度的调整。当滑块调整到上极限位置时（即当连杆调至最短时），闭合高度达到最大值，为最大闭合高度（见图 3-10 中的 H_{max}）；反之，当滑块调整到下极限位置时（即当连杆调至最长时），其闭合高度为最小闭合高度（H_{min}）。两者的差值为闭合高度调节量（ΔH）。

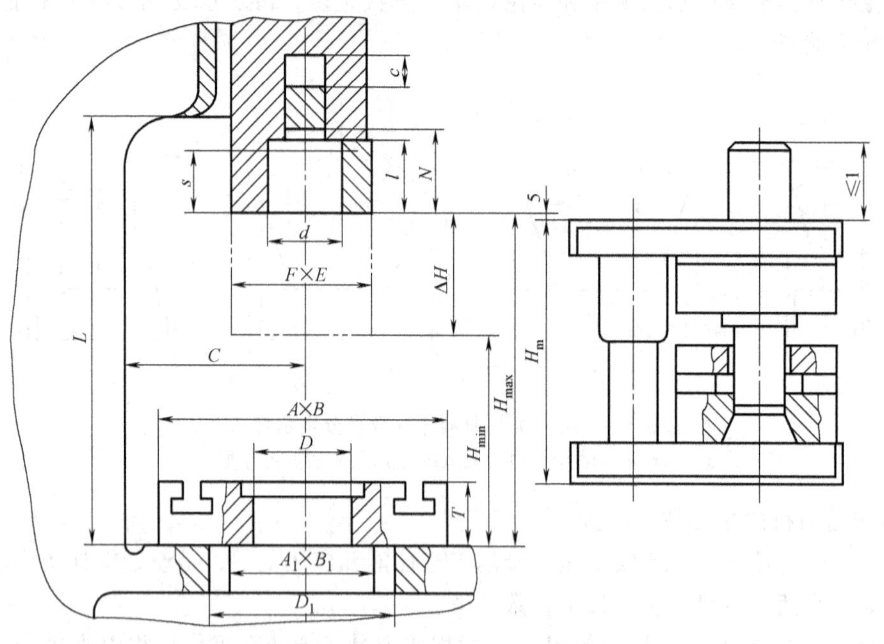

图 3-10　压力机的基本参数

（5）装模高度 H_1　装模高度与压力机的闭合高度在多数情况下相同，其区别在于有的压力机工作台上表面装有工作垫板，即压力机的装模高度 H_1 是指滑块处于下死点时，滑块底面至工作台垫板上表面间的距离。此时装模高度与闭合高度就相差一个垫板的厚度 T。模

具的闭合高度 H_m（模具闭合时，上模座上平面至下模座下平面之间的距离）应小于压力机的最大装模高度或最大闭合高度。

（6）工作台面和滑块底面尺寸 该参数是压力机工作空间的平面尺寸，指工作台面和滑块下平面前后和左右的平面尺寸，以“左右×前后”的尺寸表示，如图 3-10 中的 $A \times B$ 和 $F \times E$ 所示。它直接影响所安装模具的平面尺寸。

（7）工作台孔尺寸 压力机的工作台孔是用于向下出料或安装模具顶件装置的，呈方形或圆形，其尺寸如图 3-10 所示，以“左右 A_1 ×前后 B_1”或直径 D_1 表示。

（8）模柄孔尺寸 $d \times l$ 中、小型压力机滑块下端开出模柄孔，用来安装固定模具的上模，其尺寸用“直径 d ×孔深 l”来表示。大型压力机没有模柄孔，取而代之的是 T 形槽，用 T 形螺栓来紧固上模。

（9）立柱间距 A 与喉深 C 立柱间距是指双柱式压力机两立柱内侧之间的距离。对于开式压力机，其值主要关系到向后侧送料或出件机构的安装。对于闭式压力机，其值直接限制了模具和加工板料的最宽尺寸。

喉深是开式压力机特有的参数，它是指滑块中心线到机身的前后方向距离，如图 3-10 中的 C 所示。喉深直接限制了加工件的尺寸，也与压力机机身刚度有关。

（10）活动横梁的浮动量 压力机一般在滑块上设有刚性打料装置，如图 3-11 所示。当滑块下行冲压时，由于工件冲压成形的作用，通过上模模柄中的打杆 7 使打料横梁 4 在滑块中顶起。当滑块回程上行时，打料横梁 4 两端被机身上的调节螺钉 3 挡住，滑块继续上升，打料横梁就相对于滑块向下运动，推动上模中的刚性打料机构（由模具中的打杆、推板、推杆和推件板等零件组成）把工件或废料向下推出。

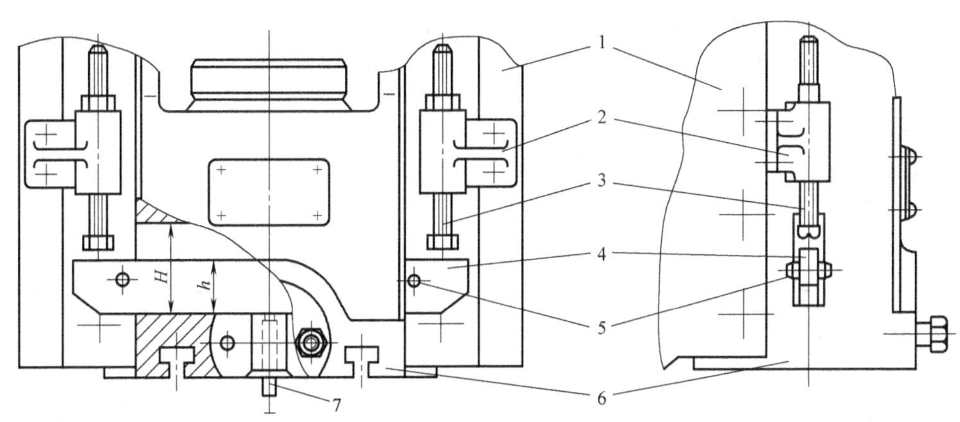

图 3-11 压力机的刚性打料装置

1—机身 2—调节螺钉座 3—调节螺钉 4—打料横梁 5—挡销 6—滑块 7—打杆

几种常用压力机的主要技术规格见表 3-4、表 3-5 和表 3-6。

表 3-4 开式双柱固定台压力机（部分）主要技术规格

型 号	JA21-35	JH21-80	JD21-100	JA21-160	J21-400A
标称压力/kN	350	800	1 000	1 600	4 000
滑块行程/mm	130	160	可调 10 ~ 120	160	200
滑块行程次数/(次/min)	50	40 ~ 75	75	40	25

（续）

型　　号		JA21-35	JH21-80	JD21-100	JA21-160	J21-400A
最大闭合高度/mm		280	320	400	450	550
闭合高度调节量/mm		60	80	85	130	150
滑块中心线至床身距离/mm		205	310	325	380	480
立柱距离/mm		428		480	530	896
工作台尺寸/mm	前后	380	600	600	710	900
	左右	610	950	1000	1 120	1 400
工作台孔尺寸/mm	前后	200		300		480
	左右	290		420		750
	直径	260			460	600
垫板尺寸/mm	厚度	60		100	130	170
	直径	150		200		300
模柄孔尺寸/mm	直径	50	50	60	70	100
	深度	70	60	80	80	120
滑块底面尺寸/mm	前后	210		380	460	
	左右	270		500	650	

表 3-5　开式双柱可倾压力机（部分）主要技术规格

型　　号		J23-6.3	J23-10	J23-16	J23-25	JC23-35	JG23-40	JB23-63	J23-80	J23-100	J23-125
标称压力/kN		63	100	160	250	350	400	630	800	1 000	1 250
滑块行程/mm		35	45	55	65	80	100	100	130	130	140
滑块行程次数/(次/min)		170	145	120	55	50	80	40	45	38	38
最大闭合高度/mm		150	180	220	270	280	300	400	380	480	480
闭合高度调节量/mm		35	35	45	55	60	80	80	90	100	110
喉深/mm		110	130	160	200	205	220	310	290	380	380
立柱距离/mm		105	180	220	270	300	300	420	380	530	530
工作台尺寸/mm	前后	200	240	300	370	380	420	570	540	710	710
	左右	310	370	450	560	610	630	860	800	1 080	1 080
工作台孔尺寸/mm	前后	110	130	160	200	200	150	310	230	380	340
	左右	160	200	240	290	290	300	450	360	560	500
	直径	140	170	210	260	260	200	400	280	500	450
垫板尺寸/mm	厚度	30	35	40	50	60	80	80	100	100	100
	直径					150			200		250
模柄孔尺寸/mm	直径	30	30	40	40	50	50	50	60	60	60
	深度	55	55	60	60	70	70	70	80	75	80
滑块底面尺寸/mm	前后					190	230	360	350	360	
	左右					210	300	400	370	430	
床身最大可倾角/(°)		45	35	35	30	20	30	25	30	30	30

表 3-6　闭式单点压力机（部分）主要技术规格

型　号		J31-100	J31-160A	J31-250	J31-315	J31-400A	J31-630
标称压力/kN		1 000	1 600	2 500	3 150	4 000	6 300
滑块行程/mm		165	160	315	315	400	400
滑块行程次数/(次/min)		35	32	20	25	20	12
最大闭合高度/mm		280	480	630	630	710	850
最大装模高度/mm		155	375	490	490	550	650
连杆调节长度/mm		100	120	200	200	250	200
床身两立柱间距离/mm		660	750	1 020	1 130	1 270	1 230
工作台尺寸/mm	前后	635	790	950	1 100	1 200	1 500
	左右	635	710	1 000	1 100	1 250	1 200
垫板尺寸/mm	厚度	125	105	140	140	160	200
	直径	250	430	—	—	—	—
气垫工作压力/kN		—	—	100	250	630	1 000
气垫行程/mm		—	—	150	160	200	200
主电动机功率/kW		7.5	10	30	30	40	55

3.2.3　液压机

1. 液压机的工作原理与特点

（1）液压机的工作原理　液压机是根据帕斯卡原理制成的，它是利用液体静压力能来传递能量的机器。

图 3-12 所示为液压机工作原理图。两个充满液体大小不等的连通密封容器中，一端装有面积为 A_1 的小柱塞，另一端装有面积为 A_2 的大柱塞。当对小柱塞施加一个向下的作用力 F_1 时，作用在液体单位面积上的压力为 $p=F_1/A_1$。根据静压传递原理，此压力 p 将传递到密闭连通容器中的各个部位，且数值不变，方向垂直于容器的内表面。因此，在另一端的大柱塞上将产生 $F_2=pA_2=F_1A_2/A_1$ 的向上推力。

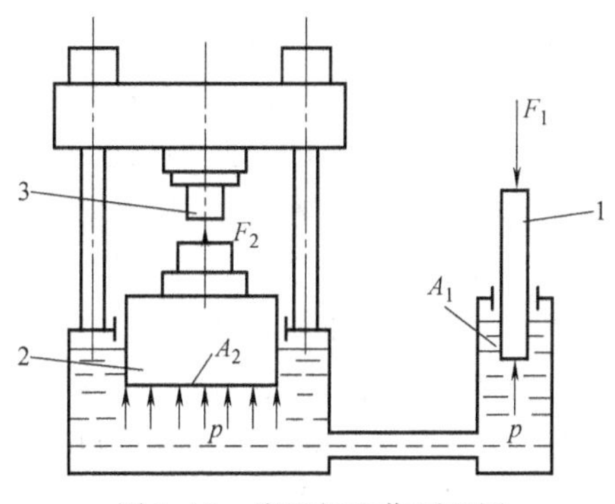

图 3-12　液压机工作原理图
1—小柱塞　2—大柱塞　3—模具

由此可见，只要增加大柱塞的面积，由小柱塞上一个较小的力 F_1，就可以在大柱塞上获得一个很大的力 F_2。这里的小柱塞就相当于液压泵中的柱塞，而大柱塞就相当于液压机中工作缸的柱塞。

液压机的工作介质主要有两种，一种是乳化液，相应的液压机称为水压机；另一种是油液，相应的液压机称为油压机，两者统称为液压机。

（2）液压机的特点　液压机是静压作用的机器，靠液体静压力使工件产生变形，这是其与其他锻压设备的不同点。曲柄压力机与液压机性能方面的比较见表 3-7。

表 3-7 曲柄压力机与液压机性能方面的比较

性　能	曲柄压力机	液　压　机
行程速度	较快	较慢
行程长度	600~1000mm	较容易实现 1000mm 以上的大行程
行程长度调整	仅曲轴纵放压力机的行程长度可调，一般曲柄压力机的行程不可调	行程长度可在最大值内调整
行程上、下死点的位置	固定	不固定
施加压力与位移的关系	距下死点越远能施加的压力越小，仅在距下死点很近的一段距离内（称为标称压力行程）允许施加标称压力	在全行程中任意位置都能施加标称压力
施加压力的调节	一般难于做到，即使做到也不能准确调节	容易调节
保压作用	不能	能
冲击作用	仅在滑块接触被冲工件的瞬间有冲击，其他时间无冲击	正常使用没有冲击
过载的可能性	会产生过载，但装有过载保护装置	液压系统设有溢流阀，不会产生过载
维修的难易	较易	较易

由于液压机具有许多优点，所以它在工业生产中得到了广泛应用。尤其在冲压、锻造生产中具有悠久的历史，对于大型热锻和大件深拉深其优越性更明显。

2. 液压机的结构类型

液压机在锻压机械行业标准 JB/T 9965—1999 中属于第二类，设备型号以字母 Y 开头。随着液压机应用范围的扩大，其类型也不断增多，但为了操作方便，多为立式结构。通常按动作方式、机身结构和传动形式等进行分类。

（1）按动作方式分

1）上压式液压机。此种液压机的工作缸装设在机身上部，活塞从上向下移动对工件加压。装料工序可在固定的工作台上进行，操作方便，而且容易实现快速下行，应用最广。

2）下压式液压机。此种液压机的工作缸装设在机身下部，上横梁固定在立柱上，当活塞杆上升时带动活动横梁上升，从而对工件施压，如图 3-13 所示。开模时，活塞杆靠自重复位。下压式液压机的重心位置比较低，稳定性好。此外，工作缸安装在机身下面，在操作中可避免漏油污染工件。

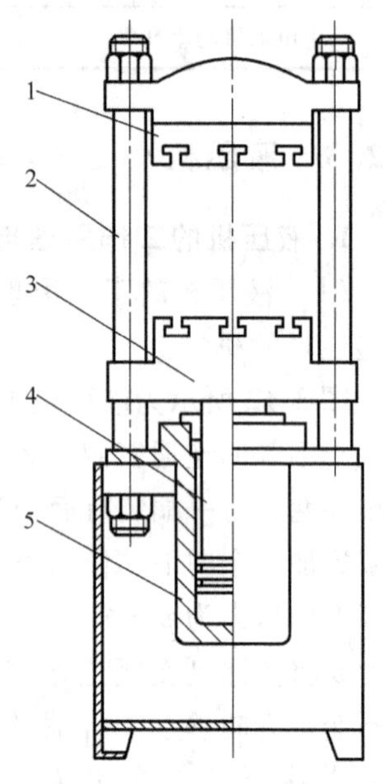

图 3-13 下压式液压机

1—上横梁 2—立柱 3—活动横梁 4—活塞杆 5—工作缸

3）双动液压机。通常这种液压机的上活动横梁分为内、外滑块，分别由不同的液压缸驱动，可分别移动也可组合在一起移动，压力则为内、外滑块压力的总和。此种液压机工作方式灵活，通常在机身下部还设有顶出缸，可实现三动操作。因此特别适合于板料的拉深成形，在汽车制造业中应用广泛。

4）特种液压机。如角式液压机和卧式液压机等。

（2）按机身结构分

1）柱式液压机。液压机的上横梁与下横梁（工作台）采用立柱连接，由锁紧螺母上下锁紧。压力较大的液压机多为四立柱结构，机器稳定性好，采光情况也较好。图 3-13 所示即为柱式液压机的一种。

2）整体框架式液压机。这种液压机的机身由铸造或型钢焊接而成，一般为空心箱形结构，抗弯性能较好，立柱部分做成矩形截面，便于安装平面可调导向装置。

也有立柱做成“ ┌┐ ”形的，以便在内侧空间安装电气控制元件和液压元件。整体框架式机身在塑料制品、粉末冶金和薄板冲压液压机中获得了广泛应用。图3-14所示为焊接框架式液压机，机身的左、右内侧装有两对可调节的导轨，活动横梁的运动精度由导轨保证，运动精度较高。

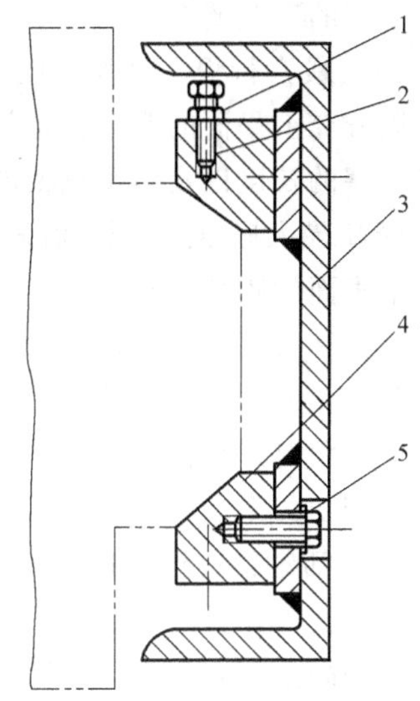

图3-14　焊接框架式液压机

1—紧固螺母　2—调节螺钉　3—框架　4—导轨　5—固定螺栓

（3）按传动形式分

1）泵直接传动液压机。这种液压机单独配备高压泵，中、小型液压机多为这种传动形式。

2）泵蓄能器传动液压机。这种液压机的高压液体是采用集中供应的办法提供的，这样可以节省资金，提高液压设备的利用率。但需要高压蓄能器和一套中央供压系统，以平衡低负荷和负荷高峰时对高压液体的需要。

这种形式在使用多台液压机（尤其是多台大、中型液压机）的情况下，无论在技术上还是经济上都是可行的。

（4）按操纵方式分　按操纵方式可以分为手动液压机、半自动液压机和全自动液压机。目前使用较多的是上压式泵直接传动半自动和手动的柱式或框架式液压机。层压机一般采用下压式液压机。

3. 液压机的主要技术参数

液压机的技术参数是根据它的工艺用途和结构特点确定的，反映了液压机的工作能力及特点，是设计和选用液压机的重要依据。因液压机类型的不同，其技术参数的项目也不尽相同。

（1）标称压力　标称压力是指液压机能发出的最大压力的名义值，等于工作柱塞总工作面积和液体工作压力的乘积。标称压力是液压机的主要技术参数，它反映了液压机的主要工作能力，一般用它来表示液压机规格。

（2）工作液压力　影响最大总压力的因素除了工作缸直径大小以外，还有工作液压力，它是与液压机标称压力和压制能力有关的一个技术参数。工作液压力不宜过低，否则不能满足液压机标称压力的需要。反之，工作液压力过高，则密封难以保证，甚至损坏液压密封元件。目前，国内液压机所使用的工作液压力有16MPa、25MPa、30MPa、32MPa和50MPa等，但多数用32MPa左右的工作压力。使用液压机时，根据冲压所需的实际压力，可适当调整工作液压力，但不能超过其最大值。

（3）最大回程力　最大回程力是指活动横梁回程时所需的力。计算回程力要考虑活动横梁及安装在其上的柱塞和模具等运动部分的质量、工艺上所需的力、工作缸排液阻力、各缸密封处的摩擦力以及活动横梁导套处的摩擦力等。液压机最大回程力为标称压力的20%～50%。

（4）最大顶出力　有些液压机在下横梁底部装有顶出缸，以顶出工件或拉深时使用。最大顶出力与液压机顶出缸活塞的有效工作面积及工作液压力有关，顶出力的大小及行程应满足冲压的工艺要求。

（5）最大行程　最大行程是指活动横梁位于上限位置时，活动横梁立柱导套下平面到立柱限程套上平面的距离，也就是活动横梁能移动的最大距离。它直接影响工作缸、回程缸及其柱塞的长度以及整个机架的高度。

（6）最大净空距　最大净空距是指活动横梁停在上限位置时，从工作台上表面到活动横梁下表面的距离，它反映了液压机在高度方向上工作空间的大小。最大净空距对液压机的总高、立柱长度、液压机的稳定性及安装都有很大的影响。

（7）立柱中心距　在四柱式液压机中，立柱中心距反映了平面尺寸上工作空间的大小。立柱中心距对三个横梁的平面尺寸和质量均有直接影响，与液压机的使用性能及本体结构尺寸有着密切关系。

（8）活动横梁运动速度　活动横梁运动速度分为工作行程速度及空程（充液及回程）速度两种。工作行程速度的变化范围较大，应根据不同的工艺要求来确定。空程速度一般较高，以提高生产效率，但速度太快，会在停止或换向时引起冲击和振动。

3.2.4 冲压设备的选用

冲压设备的选择是冲压工艺及模具设计中的一项重要内容，它直接关系到冲压设备的安全使用、冲压工艺能否顺利实现和模具寿命、产品质量、生产效率、成本高低等重要问题。

1. 冲压设备的选用原则

冲压设备的选择主要是根据冲压工艺性质、生产批量大小以及冲压件的几何形状、尺寸和精度要求等因素来进行的。冲压生产中常用的冲压设备种类很多，选用冲压设备时主要应考虑下述因素：

1）冲压设备的类型和工作形式能够适用于所需完成的冲压工序，并符合安全生产和环保的要求。

2）冲压设备的标称压力和功率应能满足所需冲压工艺总力和功率的需求。

3）冲压设备的装模高度、工作台面尺寸、行程等技术参数要适合相应冲模的安装和工作要求。

4）冲压设备的行程次数应满足生产率的要求。

2. 冲压设备类型的选择

冲压生产中，一般根据所要完成的冲压工艺性质、生产批量、冲压件的尺寸大小和精度要求等来选择冲压设备的类型。

1）对于中、小型冲裁件、弯曲件或拉深件等，主要选用开式机械压力机。开式压力机虽然刚度不高，在较大冲压力的作用下床身的变形会改变冲模间隙的分布，降低模具寿命和冲压件表面质量，但是由于它提供了极为方便的操作调节条件和具有易于安装机械化附属装置的特点，所以目前仍是中、小型冲压件生产的主要设备。另外，在中、小型冲压件生产中，若采用导板模或工作时要求导柱、导套不脱离的模具，则应选用行程较小的偏心压力机。

2）对于大、中型冲压件，多选用闭式机械压力机，包括一般用途的通用压力机和专用的精密压力机、双动或三动拉深压力机等。其中薄板冲裁或精密冲裁时，选用精度和高度较高的精密压力机；大型复杂拉深件生产中，应尽量选用双动或三动拉深压力机，因其可使所用模具结构简单，调整方便。

3）在小批量生产中，多采用液压机或摩擦压力机。液压机没有固定的行程，不会因为板料厚度变化而超载，而且在需要很大的施力行程时，与机械压力机相比具有明显的优点，因此特别适合大型厚板冲压件的生产。但液压机的速度低，生产效率不高，而且冲压件的尺寸精度有时受到操作因素的影响而不是十分稳定。摩擦压力机具有结构简单、造价低廉、不易发生超载破坏等特点，因此在小批量生产中常用来弯曲大而厚的弯曲件，尤其适用于校平、整形和压印等成形工序。但是摩擦压力机的行程次数数值小，生产效率低，而且操作也不太方便。

4）在大批量生产或形状复杂件的大量生产中，应尽量选用高速压力机或多工位自动压力机。

3. 冲压设备规格的选择

在压力机的类型选定之后，应进一步根据变形力的大小、冲压件尺寸和模具尺寸来确定设备的规格。具体地说，在选用压力机时，必须考虑下列主要技术参数：标称压力、滑块行程、行程次数、工作台面尺寸、滑块模柄孔尺寸、闭合高度和电动机的功率等。

（1）标称压力　压力机的标称压力是压力机滑块在工作行程内允许承受的最大负荷。实际上，压力机的许用负荷是随滑块行程位置而变化的，而冲压力的大小也是随凸模（或压力机滑块）行程的变化而变化的。因此，选择压力机标称压力时，应保证在全行程范围内，压力机的许用负荷在任何时刻均大于相应时刻所需变形力的总和。例如图 3-15 中，曲线 1、2 与 3 分别为冲裁、弯曲和拉深时冲压力与行程之间的关系曲线。从图中可以看出，三种冲压力曲线与压力机的许用负荷曲线都不同步，在进行冲裁和弯曲时，标称压力为 F_{ga} 的压力机能够保证在全部行程内压力机的许用负荷都高于冲压力，因此选用具有许用负荷曲线 a 的压力机是合适的。但在拉深时，虽然拉深所需的最大冲压力低于 F_{ga}，由于拉深时的最大冲压力出现在拉深行程的中前期，这个最大冲压力超过了相应位置上压力机的许用负荷，因此不能选用标称压力为 F_{ga}（具有许用负荷曲线 a）的压力机，必须选择标称压力更大（如标称压力为 F_{gb}、具有许用负荷曲线 b）的压力机。

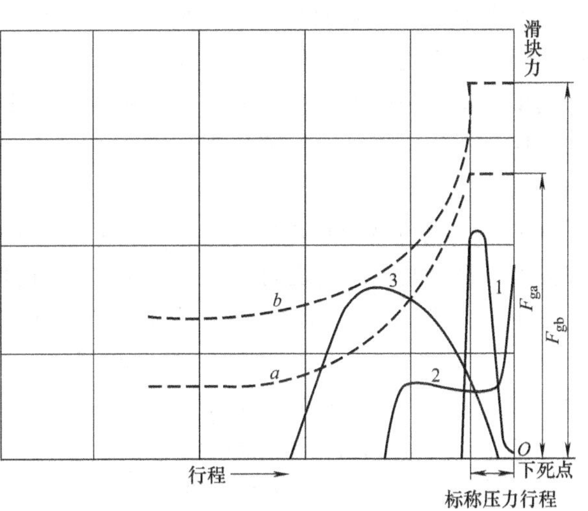

图 3-15　压力机许用负荷曲线与冲压力曲线

a、b—两种不同型号压力机的许用负荷曲线

1—冲裁实际压力曲线　2—弯曲实际压力曲线

3—拉深实际压力曲线

实际生产中，为了简便起见，压力机的标称压力可按如下经验公式确定：

对于施力行程（滑块实际施压行程）较小的冲压工序（如冲裁、浅弯曲和浅拉深等），有

$$F_g \geq (1.1 \sim 1.3) F_{\Sigma} \tag{3-1}$$

对于施力行程较大的冲压工序（如深弯曲和深拉深等），有

$$F_g \geqslant (1.6 \sim 2.0) F_{\Sigma} \tag{3-2}$$

式中 F_g——压力机的标称压力（kN）；

F_{Σ}——冲压工艺总力（kN）。

（2）滑块行程 滑块行程应保证坯料能顺利地放入模具和冲压件能顺利地从模具中取出，同时还要考虑模具结构要求。例如，对于拉深工序，压力机滑块行程应大于拉深件高度的2倍，即 $S \geqslant 2h$（h 为拉深件高度）；采用导板模或其他冲压时不允许模具导柱、导套完全脱离的模具，滑块行程应小于相应的最大开模距离。

（3）行程次数 行程次数主要根据生产率要求、材料允许的变形速度和操作的可能性等来确定。

（4）工作台面尺寸 压力机工作台面（或垫板平面）的长、宽尺寸一般应大于模具下模座尺寸，且每边留出60~100mm，以便于安装固定模具。当冲压件或废料从下模漏料时，工作台孔尺寸必须大于漏料件尺寸。对于有弹顶装置的模具或采用拉深垫时，工作台孔还应大于弹顶器或相应拉深垫的外形尺寸。

（5）模柄孔尺寸或滑块下底面尺寸 对于中、小型压力机，模具的上模部分都是通过模柄固定在压力机滑块上的，因此其模柄孔的直径应与模具模柄直径一致，模柄孔的深度应大于模柄夹持部分长度；对于大型压力机或部分中型压力机，上模是通过T形螺栓固定在滑块下底面上的，这时滑块下底面尺寸应大于上模座尺寸，并保证有一定的空间来固定上模座。

（6）闭合高度或装模高度 选择压力机时，必须使模具的闭合高度介于压力机的最大装模高度与最小装模高度之间（图3-10）。模具的闭合高度是指模具在工作行程终了时（即模具处于闭合状态下），上模座的上平面至下模座的下平面之间的距离。一般应满足

$$(H_{max} - T) - 5 \geqslant H_m \geqslant (H_{min} - T) + 10 \tag{3-3}$$

式中 H_{max}——压力机最大闭合高度；

H_{min}——压力机最小闭合高度；

T——压力机工作垫板厚度；

$(H_{max} - T)$——压力机最大装模高度；

$(H_{min} - T)$——压力机最小装模高度；

H_m——模具的闭合高度。

（7）压力机的功率 一般在保证了冲压工艺力的情况下，压力机的功率是足够的。但在某些施力行程较大的情况下，也会出现压力足够而功率不够的现象，此时必须对压力机的功率进行校核，保证压力机功率大于冲压时所需的功率。

曲柄压力机克服冲压力所做的功相当于许用负荷曲线所包围的面积，但这个功并不表示压力机的做功能力，压力机的做功能力取决于电动机功率和飞轮能量的储存。考虑飞轮的储能效果，在校核压力机功率时，通常只限制压力机的平均冲压功率，使其小于电动机的额定功率。

压力机的平均冲压功率可按一个工作循环所做功的平均量来计算，即

$$P_c = \frac{W_1 + W_2}{t\eta} \tag{3-4}$$

式中　P_c——平均冲压功率（W）；

W_1——冲压件的变形功（J）；

W_2——冲压时压料力、顶件力等弹性力所做的功（J）；

t——压力机一个工作循环的时间（s）；

η——压力机的效率，$\eta = 0.2 \sim 0.45$，实际行程次数的值比额定行程次数的值小得越多，η 越小；施力行程比压力机行程小得越多，η 越小。

压力机一个工作循环的时间可按下式计算

$$t = 1/n' \tag{3-5}$$

式中　n'——压力机滑块的实际行程次数，连续冲压时，等于压力机行程次数 n。

冲压件变形功的计算方法如下。

1）冲裁时

$$W_1 = c_1 F t \tag{3-6}$$

式中　F——冲裁力（N）；

t——板料厚度（mm）；

c_1——系数，冲裁间隙小时，$c_1 = 0.6 \sim 0.8$；冲裁间隙大时，$c_1 = 0.25 \sim 0.5$。

2）V 形件弯曲时

$$W_1 = c_2 F h \tag{3-7}$$

式中　F——弯曲力（N）；

h——弯曲工作行程（mm）；

c_2——系数，$c_2 = 0.63$。

3）圆筒形件拉深时

$$W_1 = c_3 F h \tag{3-8}$$

式中　F——拉深力（N）；

h——拉深工作行程（mm）；

c_3——系数，见表 3-8。

表 3-8　系数 c_3 与拉深系数 m 的关系

拉深系数 m	0.55	0.60	0.65	0.70	0.75	0.80
c_3	0.8	0.77	0.74	0.70	0.67	0.64

3.3　任务实施

3.3.1　基础训练——多件落料模冲裁力的计算及设备选择

图 3-16 所示为卡环的零件图与排样图，其材料为 Q235A 钢，内环 ϕ6mm、外环 ϕ10mm，料厚 $t = 1.5$mm，大批量生产。因零件结构尺寸较小，故采用多排复式落料模，模具结构如图 3-17 所示，已知模具闭合高度为 155mm，选择凹模周界为 80mm × 63mm 的后侧导柱模架。试选择相适应的压力机。

1. 计算冲压工艺总力，初选压力机

冲裁力：根据排样图同时冲 3 个卡环，再掉头或翻转条料冲另 3 排，总冲裁长度估算为

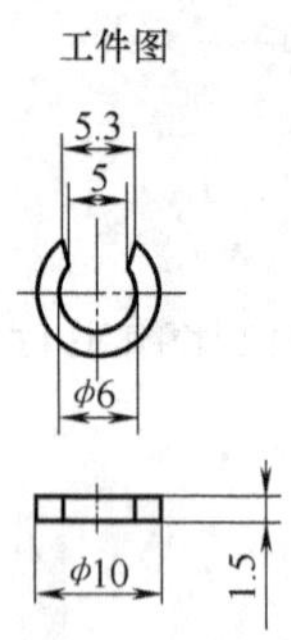

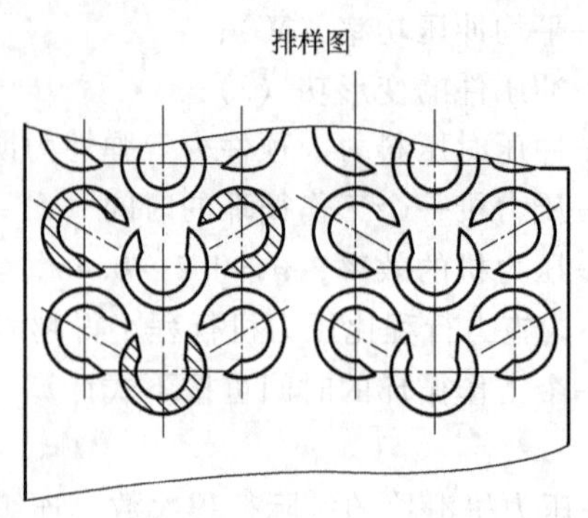

图 3-16　卡环的零件图与排样图

$$L=3\times(6\pi+10\pi-5-5.3+2\times2)\text{mm}=131.8\text{mm}$$

查表 1-4 取 $\tau_b=350\text{MPa}$，又 $t=1.5\text{mm}$，取 $K=1.3$，则冲裁力为

$$F=KLt\tau_b=1.3\times131.8\times1.5\times350\text{N}\approx89\ 954\text{N}$$

卸料力：查表 2-21，取 $K_X=0.045$，则

$$F_X=K_XF=0.045\times89\ 954\text{N}=4047.93\text{N}$$

推件力：根据模具结构图可知凹模采用斜刃壁，故不积聚冲裁件，$n=0$，F_T 忽略不计。

总冲压力：$F_\Sigma=F+F_X=89\ 954+4\ 047.93=94\ 001.93\text{N}\approx94\text{kN}$

应选取的压力机标称压力：$p_0\geqslant(1.1\sim1.3)F_\Sigma=(1.1\sim1.3)\times94\text{kN}=103\sim122\text{kN}$，因此根据表 3-5 可初选压力机型号为 J23-16。

2. 根据模具结构和工艺要求，校核压力机主要技术参数

由于冲裁件的内环与外环直径差值小，模具采用弹性卸料板，压住条料进行冲压。另外，因工件尺寸小，凹模制造也困难，故采用图 3-17 所示的镶入凹模镶块 18 的结构，以便于加工与维修。

因排样采用错位多排法，先冲 3 排再冲另 3 排，故凹模周界设计为 80mm × 63mm，下模座边界尺寸为长 150mm × 宽 113mm。

根据模具结构，已知模具闭合高度为 155mm，对照上述 J23-16 开式双柱可倾压力机的技术参数，标称压力、滑块行程和滑块行程次数符合要求。

(1) 闭合高度校核　压力机的最大闭合高度为 220mm，最小闭合高度为 (220 − 45) mm = 175mm，根据公式 (3-3) 校核如下：

因模具闭合高度较小，可加垫板，垫板厚度 $T=40\text{mm}$。

公式 (3-3) 为 $(H_{max}-T)-5\geqslant H_m\geqslant(H_{min}-T)+10$

压力机最大装模高度 $(H_{max}-T)-5=(220-40-5)\text{mm}=175\text{mm}$

压力机最小装模高度 $(H_{min}-T)+10=(175-40+10)\text{mm}=145\text{mm}$

而模具闭合高度 $H_m=155\text{mm}$，符合压力机装模高度的要求。

(2) 工作台面尺寸校核　压力机工作台面（或垫板平面）的长、宽尺寸一般应大于模具下模座尺寸，并要求每边留出 60 ~ 100mm，以便于安装固定模具。

即要求工作台面长 $A=150\text{mm}+(60\sim100\text{mm})\times2=270\sim350\text{mm}$

J23-16 压力机的工作台面尺寸长 450mm × 宽 300mm，符合要求。

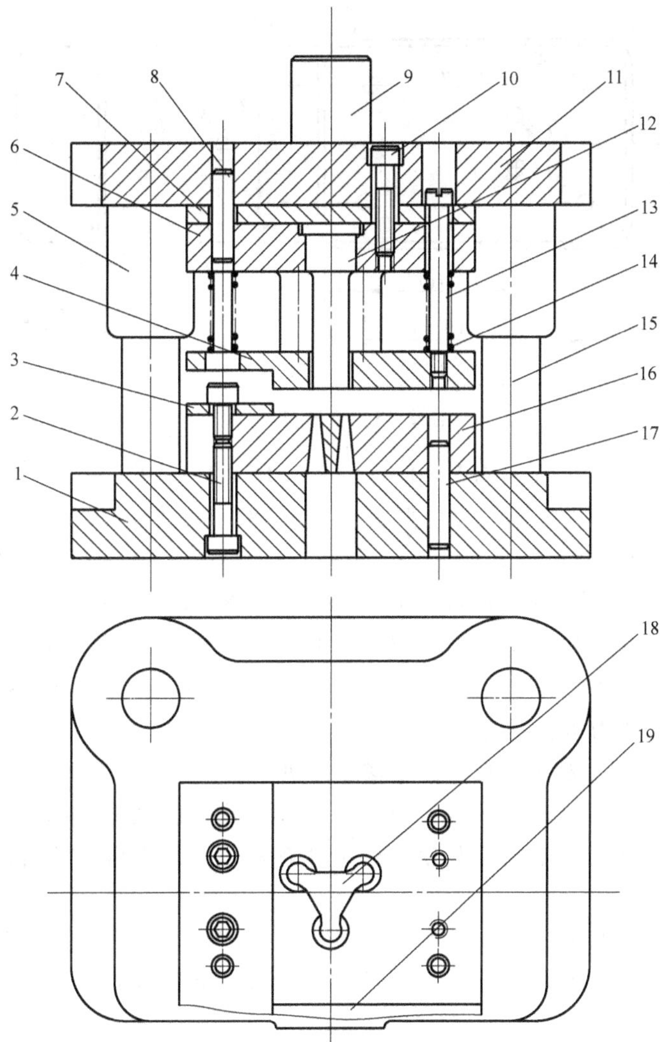

图 3-17　卡环多件落料模

1—下模座　2、10—螺钉　3—导料板　4—卸料板　5—导套　6—凸模固定板　7—垫板　8、17—销钉　9—模柄　11—上模座　12—落料凸模　13—卸料螺钉　14—弹簧　15—导柱　16—凹模固定板　18—凹模镶块　19—承料板

3.3.2　综合训练——选择盒形件冲孔模的冲压设备

图 3-18 所示盒形拉深件的材料为 10 钢，料厚 1.5mm，在底部冲 $4\times\phi5$mm 和 $2\times\phi7$mm 的小孔，冲压模具如图 3-19 所示，已知模具闭合高度为 275mm，下模座边界尺寸为长 350mm × 宽 290mm。试选择合理的压力机型号。

1. 计算冲压工艺总力，初选压力机

冲裁力：根据零件图 3-18 可知需冲 4 个 $\phi5$mm 和 2 个 $\phi7$mm 小孔，总冲裁长度为

$$L=(4\times5\pi+2\times7\pi)\text{mm}=106.8\text{mm}。$$

查表 1-4 取 $\tau_b=300\text{MPa}$，又 $t=1.5\text{mm}$，取 $K=1.3$，则冲裁力为

$$F=KLt\tau_b=1.3\times106.8\times1.5\times300\text{N}=62478\text{N}$$

卸料力：查表 2-21，取 $K_X=0.05$，则

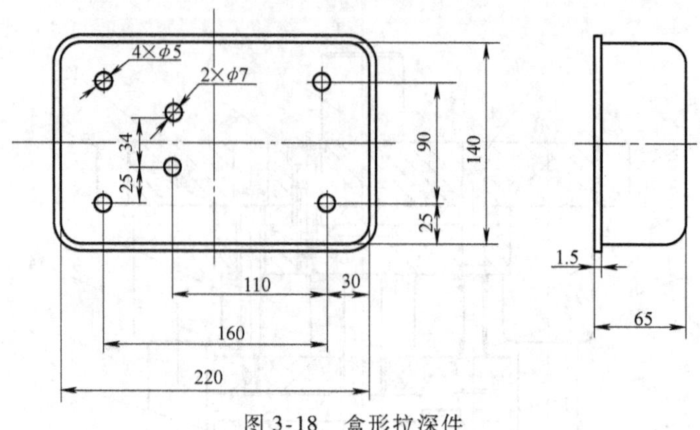

图 3-18　盒形拉深件

$$F_X = K_X F = 0.05 \times 62\ 478\text{N} = 3123.9\text{N}$$

推件力：根据材料厚度取凹模刃口直壁高度 $h = 8\text{mm}$，故 $n = h/t = 8\text{mm}/1.5\text{mm} \approx 6$。查表 2-21，取 $K_T = 0.055$，则

$$F_T = nK_T F = 6 \times 0.055 \times 62\ 478\text{N} \approx 20617.7\text{N}$$

总冲压力：$F_\Sigma = F + F_X + F_T = (62\ 478 + 3\ 123.9 + 20\ 617.7)\text{N} = 86\ 219.6\text{N} \approx 86\text{kN}$

应选取的压力机标称压力：$p_0 \geqslant (1.1 \sim 1.3) F_\Sigma = (1.1 \sim 1.3) \times 86\text{kN} = 95 \sim 112\text{kN}$，因此根据表 3-5 可初选压力机型号为 J23-16。

2. 根据模具结构尺寸和工艺要求，校核压力机参数，复选压力机型号

盒形件冲孔模结构如图 3-19 所示，该模具适用于高度较大的拉深件底部冲孔，下模凹模固定板上镶入圆形凹模以节省模具钢材。工件有两个面采用活动挡料销，以便于取放工件，定位较准确。

根据模具结构，已知模具闭合高度为 275mm，下模座边界尺寸为长 350mm × 宽 290mm，对照表 3-5 中 J23-16 开式双柱可倾压力机的技术参数，标称压力、滑块行程和滑块行程次数符合要求。

（1）闭合高度校核　压力机的最大闭合高度为 220mm，最小闭合高度为 175mm，根据公式（3-3）校核如下：

因模具闭合高度较大，不加垫板。

公式（3-3）为 $H_{max} - 5 \geqslant H_m \geqslant H_{min} + 10$

压力机的最大闭合高度 $H_{max} - 5 = (220 - 5)\text{mm} = 215\text{mm}$

而模具闭合高度 $H_m = 275\text{mm}$，已大大超出 215mm，故需重新选择压力机。

（2）工作台面尺寸校核　压力机工作台面（或垫板平面）的长、宽尺寸一般应大于模具下模座尺寸，并要求每边留出 60 ~ 100mm，以便于安装固定模具。

即要求工作台面长 $A = 350\text{mm} + (60 \sim 100\text{mm}) \times 2 = 470 \sim 550\text{mm}$

显然 J23-16 型号压力机的工作台面尺寸长 450mm × 宽 300mm，不能符合要求，查表3-5 选择 J23-35 型号的压力机。

在实际生产中，选择压力机的类型与规格时，可综合考虑生产现场的设备拥有量，参考每台设备生产调度任务的繁重与空闲，再结合设备的技术参数与冲压工艺总力、模具结构是否相适应等因素，合理加以选择。

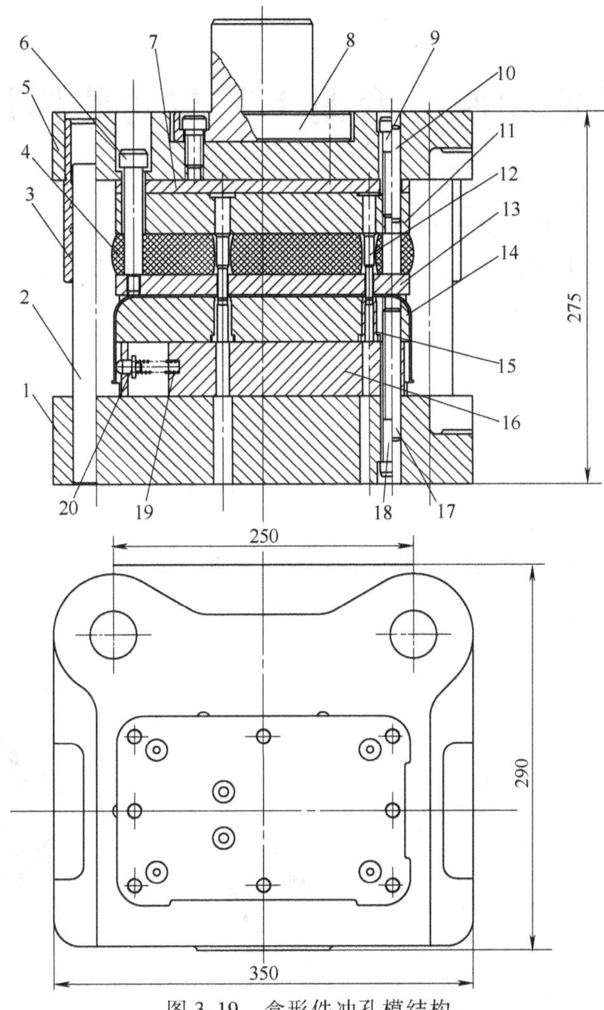

图 3-19　盒形件冲孔模结构

1—下模座　2—导柱　3—导套　4—橡胶　5—上模座　6—卸料螺钉　7—垫板　8—模柄　9、18—螺钉　10、17—销钉　11—凸模固定板　12—冲孔凸模　13—卸料板　14—凹模固定板　15—凹模镶块　16—垫板　19—弹簧　20—活动挡料销

思考与练习题

3-1　冲压用压力机有哪些类型？各有何特点？

3-2　说明型号 JA31-250A、J92K-160、YB32-100C 的含义。

3-3　选择压力机时要考虑哪些问题？

3-4　如图 3-20 所示，在带凸缘筒形件的底部冲一 $\phi35$mm 的底孔，材料为 08 钢，若已知模具闭合高度为 210mm，下模座边界尺寸为 320 mm × 280mm，所需冲压工艺总力为 150kN，试选择压力机型号。

3-5　简述液压机的工作原理与特点。如何合理选用冲压设备？

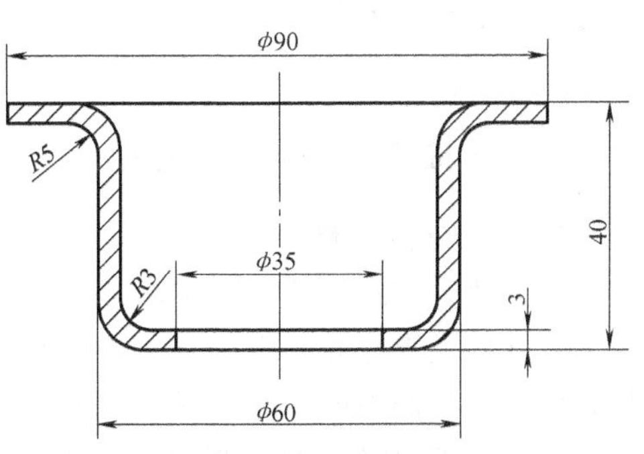

图 3-20　习题 3-4 图

教学单元四　弯曲工艺与弯曲模设计

将金属板料、棒料、管料或型材等弯成一定的角度和曲率，从而获得所需形状工件的冲压工艺称为弯曲。弯曲是冲压的基本工序之一，在冲压生产中占有很大的比重。弯曲件种类很多：如汽车大梁、门窗铰链、自行车车把、机床控制柜和工具箱外壳等。

4.1　任务引入

根据弯曲成形方式的不同，弯曲方法可分为压弯、折弯、滚弯和拉弯等，但最常见的是用弯曲模（又称压弯模）在普通压力机上进行弯曲（压弯）。图 4-1 所示为压板与保持架零件，欲将平板坯料加工成图中所示形状的冲压件，试确定冲压成形工艺及模具设计。在介绍完弯曲工艺及模具设计的相关基础知识后，讨论这两个零件的成形工艺及弯曲模设计。

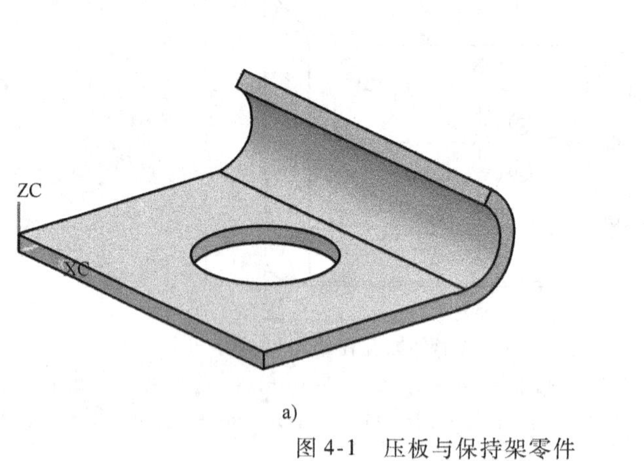

a)

b)

图 4-1　压板与保持架零件
a）压板　b）保持架

4.2　相关知识

4.2.1　弯曲变形分析及特点

1. 弯曲变形过程

V 形件的弯曲是板料最基本的弯曲，如图 4-2 所示。在弯曲开始时，凸模在板料上施加压力，在凹模支撑处产生反力，此时板料弯曲半径为 r_0，弯曲力臂为 l_0。随着凸模的下压，板料的直边与凹模的 V 形表面逐渐靠紧，弯曲半径逐渐减小变为 r_1，同时弯曲力臂也逐渐减小，由 l_0 变为 l_1。直到板料与凸模三点接触，弯曲半径和弯曲力臂分别减小为 r_2 和 l_2。当凸模到达行程终点时，凸、凹模对弯曲件进行校正，使其直边和圆角与凸模全部靠紧，得

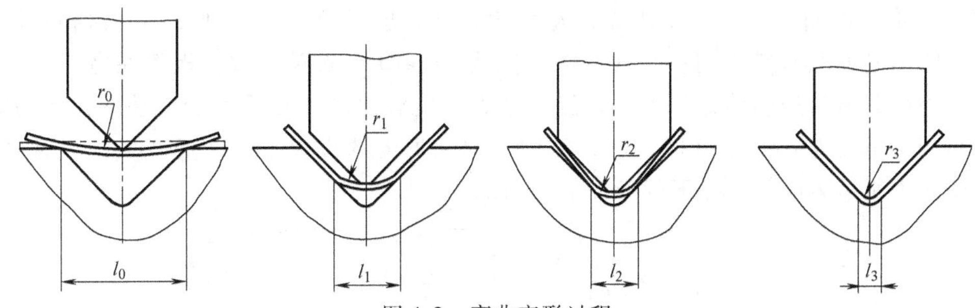

图 4-2　弯曲变形过程

到所需的弯曲件。

由此可见，弯曲成形的过程是从弹性弯曲到塑性弯曲的过程，弯曲成形的效果表现为板料弯曲变形区曲率半径和两直边夹角的变化。

2. 弯曲变形特点

为观察板料弯曲时的变形特点，可在弯曲板料的侧面画出正方形网格，然后将其弯曲，如图 4-3 所示。观察其侧面网格的变化，可进行如下简要分析。

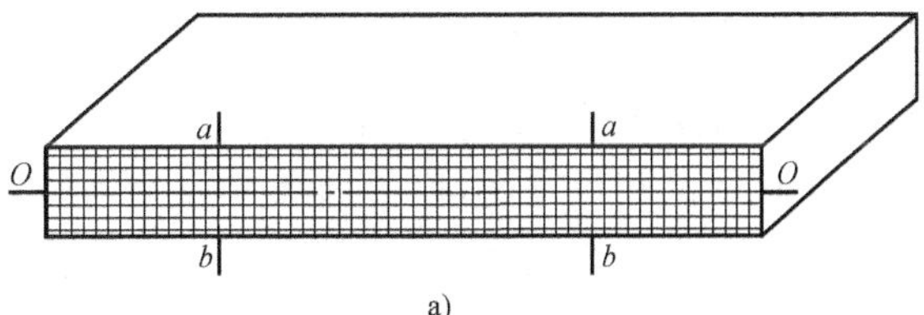

a)

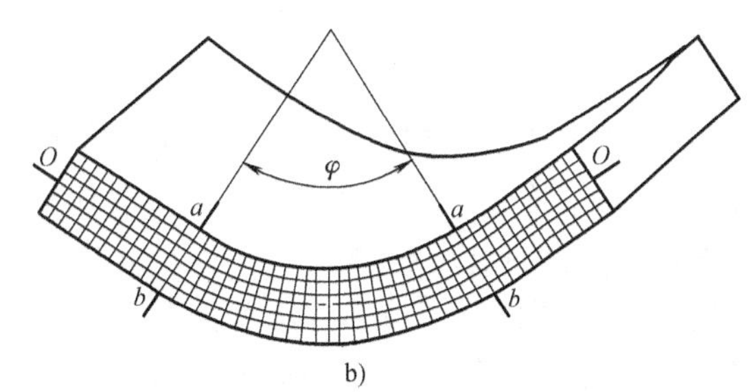

b)

图 4-3　板料弯曲前后网格的变化

a）变形前　b）变形后

（1）弯曲变形区的位置　弯曲变形区主要集中在圆角部分，此处正方形网格已变成扇形。在圆角与直边交界附近只有少量变形，其余直边部分不发生变形。

（2）应变中性层　在变形区内，板料外区（靠凹模一侧）切向受拉而伸长，内区（靠凸模一侧）切向受压而缩短。变形区在由外侧的拉应变过渡到内侧的压应变时，必然存在一层金属的纤维长度在变形前后保持不变，此层称为应变中性层。

（3）变形区厚度和板料长度　根据试验，弯曲半径与板厚之比 r/t 较小时，应变中性层向内偏移。应变中性层内移的结果是：内层纤维长度缩短，导致厚度增大；外层纤维长度伸长，厚度相应变薄。由于厚度增大量小于厚度变薄量，因此板料总厚度在弯曲变形区内变薄。变薄后的厚度为

$$t_1 = \eta t \tag{4-1}$$

式中　t_1——变形后的料厚（mm）；

t——变形前的料厚（mm）；

η——变薄系数，见表 4-1。

根据塑性变形体积不变定律，变形区的变薄使板料长度略有增加。

表 4-1　90°弯曲时的变薄系数 η

r/t	0.1	0.25	0.5	1.0	2.0	3.0	4.0	>4.0
η	0.82	0.87	0.92	0.96	0.99	0.992	0.995	1

（4）变形区的断面　内层受压缩，宽度增大；外层受拉伸，宽度减小。这种状况由于板料宽度的不同而又有所区别：当板料相对宽度 $b/t \geqslant 3$（宽板）时，板料在宽度方向的变形受到相邻部分材料的制约，阻力大，流动困难，横截面尺寸几乎不变，基本保持为矩形；而当板料相对宽度 $b/t < 3$（窄板）时，宽度方向变形的约束较小，断面变成了内宽外窄的扇形，图 4-4 所示为此种情况下的断面变化情况。

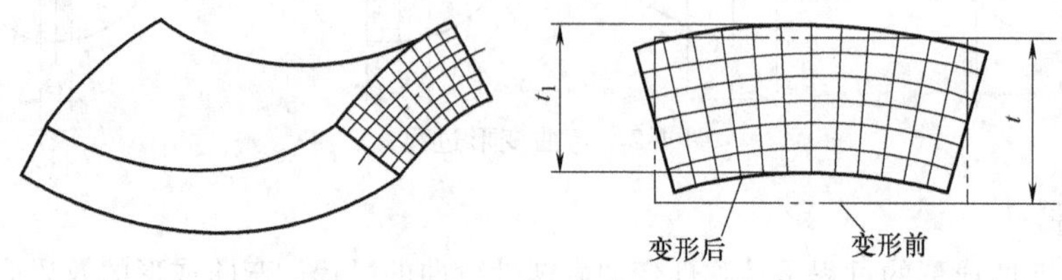

图 4-4　窄板弯曲后的断面变化

3. 弯曲变形时的应力、应变状态

由于板料的相对宽度 b/t 直接影响着板料宽度方向的应力、应变，因此变形区的应力、应变值也随之发生变化。

（1）应变状态

1）长度方向（切向）。外侧为拉应变，内侧为压应变。其应变 ε_1 为绝对值最大的主应变。

2）厚度方向（径向）。根据塑性变形体积不变定律可知，沿着板料的宽度和厚度方向，必然产生与 ε_1 符号相反的应变。在板料的外侧，厚度方向的 ε_2 为压应变；在板料的内侧，厚度方向的 ε_2 为拉应变。

3）宽度方向（轴向）。分两种情况：窄板（$b/t < 3$）弯曲时，材料在宽度方向可以自由变形，因此外侧为压应变，内侧为拉应变；宽板（$b/t \geqslant 3$）弯曲时，沿宽度方向，板料的变形受到材料彼此的限制，使内侧和外侧的应变 ε_3 近似为零。

（2）应力状态

1）长度方向（切向）。外侧受拉应力，内侧受压应力。其应力 σ_1 为最大主应力。

2）厚度方向（径向）。在弯曲过程中，材料有挤向曲率中心的倾向。靠近板料的外表面，其切向拉应力 σ_1 越大，材料向内挤压的倾向越大，这使板料在厚度方向产生了压应力 σ_2。在板料的内侧，也产生了压应力 σ_2。

3）宽度方向（轴向）。分两种情况：窄板（$b/t < 3$）弯曲时，由于材料在横向的变形不受限制，因此，其内侧和外侧的应力均可忽略，认为是零；宽板（$b/t \geqslant 3$）弯曲时，外侧材料在横向的收缩受阻，产生拉应力 σ_3，内侧横向拉伸受阻，产生压应力 σ_3。

板料在弯曲过程中的应力、应变状态如图 4-5 所示。从图中可以看出，窄板弯曲是平面应力状态，而宽板弯曲则是三向应力状态；窄板弯曲是三向应变状态，而宽板弯曲则是平面应变状态。

4.2.2　弯曲件的质量问题及控制

由于弯曲过程中变形区应力和应变分布的性质、大小和表现形态不尽相同，加上板料在弯曲过程中要受到凹模摩擦阻力的作用，所以在实际生产中弯曲件容易产生许多质量问题，

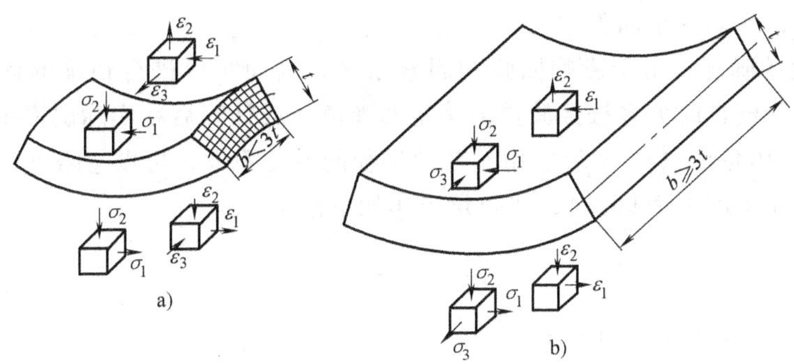

图 4-5　板料在弯曲过程中的应力、应变状态

a）窄板弯曲 $b/t<3$　b）宽板弯曲 $b/t\geqslant3$

其中最常见的是回弹、弯裂、偏移、翘曲与剖面畸变等。

1. 回弹及其控制

弯曲是一种塑性变形，在外载荷作用下，材料产生塑性变形的同时，伴随着弹性变形。当外载荷去掉后，弹性变形恢复，致使弯曲件的形状和尺寸都发生变化，这种现象称为回弹。回弹是指冲压件的弯曲角和弯曲半径与模具相应的几何参数不一致的现象，弯曲回弹是弯曲成形不可避免的现象，它将直接影响弯曲件的精度，必须加以控制。

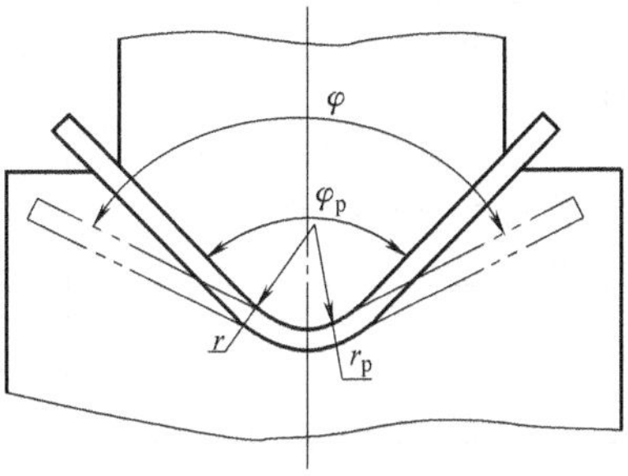

图 4-6　弯曲时的回弹

回弹的大小通常用弯曲件的弯曲半径或弯曲角与凸模相应半径或角度的差值来表示，如图 4-6 所示，即

$$\Delta\varphi=\varphi-\varphi_p \tag{4-2}$$

$$\Delta r=r-r_p \tag{4-3}$$

式中　$\Delta\varphi$、Δr——弯曲角与弯曲半径的回弹值；

φ、r——弯曲件的弯曲角与弯曲半径；

φ_p、r_p——凸模的角度和弯曲半径。

通常 $\Delta\varphi$、Δr 为正值，称为正回弹。但在校正某些弯曲时，也会出现负回弹。

（1）影响回弹的因素

1）材料的力学性能。回弹的大小与材料的屈服强度成正比，与弹性模量成反比，即屈弹比越大，则回弹越大。在材料性能不稳定时，回弹值也不稳定。

2）相对弯曲半径 r/t。当其他条件相同时，回弹随 r/t 值的增大而增大。原因在于当 r/t 值增大时，弯曲变形程度减小，其中塑性变形和弹性变形成分均减小，但总变形中弹性变形所占比例增加。这也是大曲率半径的制件难以弯曲成形的原因。因此，可按 r/t 值来确定回弹角的大小。

3）弯曲件的形状。弯曲件形状复杂时，一次弯曲成形角的数量越多，则弯曲时各部分互相牵制的作用越大，弯曲中拉伸变形的成分越大，故回弹值就越小。如弯曲⺄⺁形件比弯曲 U 形件的回弹小，弯曲 U 形件比弯曲 V 形件的回弹小。

4）模具间隙。在弯曲 U 形件时，凸、凹模之间的间隙对回弹有直接影响。间隙减小时，由于模具对板料产生挤薄作用，因此可使回弹减小。反之，间隙增大，则回弹增大。

5）弯曲力。生产中多采用加大弯曲力的方法校正弯曲。弯曲力的增大可扩大弯曲件内部的塑性变形区，从而减小回弹。

（2）回弹值的确定　由于影响回弹的因素很多，因而难以进行精确的计算或分析。在实际生产中，设计模具时大多按经验数值确定回弹值，或计算后在实际试模中加以修正。

1）大变形自由弯曲（$r/t<5$）。由于弯曲半径的变化不大，可以忽略不计，故只考虑角度的回弹。当弯曲角度不为90°时，回弹角应作如下修正

$$\Delta\varphi_x=\frac{\varphi\Delta\varphi_{90°}}{90} \tag{4-4}$$

式中　$\Delta\varphi_x$——弯曲角为 x 的回弹角；

$\Delta\varphi_{90°}$——弯曲角为90°的回弹角，见表4-2；

φ——制件的弯曲角。

表4-2　单角自由弯曲90°时的平均回弹角 $\Delta\varphi_{90°}$

材　　料	r/t	材料厚度 t/mm		
		<0.8	0.8~2	>2
软钢 $R_m=350$MPa	<1	4°	2°	0°
黄铜 $R_m=350$MPa	1~5	5°	3°	1°
铝和锌	>5	6°	4°	2°
中硬钢 $R_m=400\sim500$MPa	<1	5°	2°	0°
硬黄铜 $R_m=400\sim500$MPa	1~5	6°	3°	1°
硬青铜	>5	8°	5°	3°
硬钢 $R_m>550$MPa	<1	7°	4°	2°
	1~5	9°	5°	3°
	>5	12°	7°	6°
硬铝 2A12	<2	2°	3°	4°30′
	2~5	4°	6°	8°30′
	>5	6°30′	10°	14°

2）小变形自由弯曲（$r/t>10$）。由于弯曲半径较大，回弹量较大，故弯曲半径及弯曲角均有较大变化。根据材料的有关参数，用下列公式计算回弹补偿时弯曲凸模的圆角半径及角度。

$$r_p=\frac{1}{1/r+3\sigma_s/Et} \tag{4-5}$$

$$\varphi_p=180°-\frac{r}{r_p}(180°-\varphi) \tag{4-6}$$

式中　φ、r——弯曲件的弯曲角与弯曲半径；

φ_p、r_p——凸模的角度和弯曲半径；

σ_s——材料的屈服强度（MPa）；

E——材料的弹性模量（MPa）；

t——材料的厚度（mm）。

棒料弯曲时，其凸模圆角半径按下式计算

$$r_p=\frac{1}{1/r+3.4\sigma_s/Ed} \tag{4-7}$$

式中　d——棒料直径（mm）。

3）校正弯曲时的回弹值。校正弯曲时也不需要考虑弯曲半径的回弹，只需要考虑弯曲

角的回弹值。弯曲角的回弹值可按表4-3中的经验公式计算。

表4-3　V形件校正弯曲时的回弹角 $\Delta\varphi$

材　　料	弯曲角 φ			
	30°	60°	90°	120°
08、10、Q195	$\Delta\varphi=0.75r/t-0.39$	$\Delta\varphi=0.58r/t-0.80$	$\Delta\varphi=0.43r/t-0.61$	$\Delta\varphi=0.36r/t-1.26$
15、20、Q215、Q235	$\Delta\varphi=0.69r/t-0.23$	$\Delta\varphi=0.64r/t-0.65$	$\Delta\varphi=0.434r/t-0.36$	$\Delta\varphi=0.37r/t-0.58$
25、30	$\Delta\varphi=1.59r/t-1.03$	$\Delta\varphi=0.95r/t-0.94$	$\Delta\varphi=0.78r/t-0.79$	$\Delta\varphi=0.46r/t-1.36$
35、Q275	$\Delta\varphi=1.51r/t-1.48$	$\Delta\varphi=0.84r/t-0.76$	$\Delta\varphi=0.79r/t-1.62$	$\Delta\varphi=0.51r/t-1.71$

例4-1　图4-7a所示的零件，材料为2A12，$\sigma_s=361\text{MPa}$，$E=71\times10^3\text{MPa}$，求凸模圆角半径 r_p 及角度 φ_p。

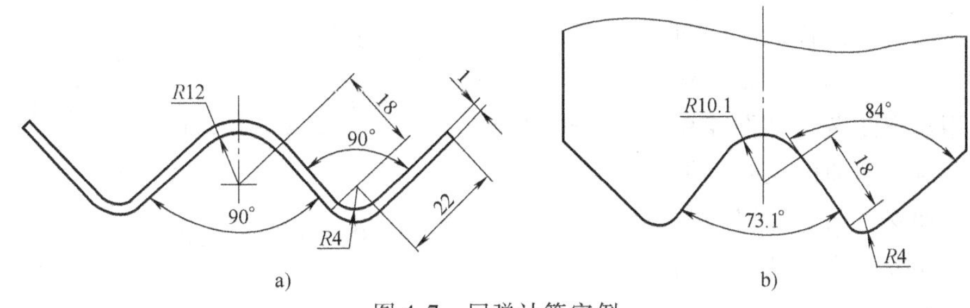

图4-7　回弹计算实例

解：1）零件中间弯曲部分（$r=12\text{mm}$，$\varphi=90°$，$t=1\text{mm}$）

由于 $r/t=12\text{mm}/1\text{mm}=12>10$，因此应考虑零件的圆角半径回弹和角度回弹。由式（4-5）和式（4-6）得

$$r_p=\frac{1}{1/r+3\sigma_s/Et}=\frac{1}{1/12+3\times361/(71\times10^3\times1)}\text{mm}\approx10.1\text{mm}$$

$$\varphi_p=180°-\frac{r}{r_p}(180°-\varphi)=180°-\frac{12\text{mm}}{10.1\text{mm}}\times(180°-90°)\approx73.1°$$

2）零件两侧弯曲部分（$r=4\text{mm}$，$\varphi=90°$，$t=1\text{mm}$）

由于 $r/t=4\text{mm}/1\text{mm}=4<5$，因此只需考虑弯曲角度的回弹。查表4-2，得 $\Delta\varphi=6°$，则

$$\varphi_p=\varphi-\Delta\varphi=90°-6°=84°,r_p=r=4\text{mm}$$

计算后的凸模尺寸如图4-7b所示。

（3）减小回弹的措施　由于塑性变形的同时总伴随有弹性变形，在实际生产中又存在着材质及板厚等差异，所以要完全消除弯曲件的回弹是不可能的。生产中可以采取某些措施来减小或补偿由于回弹所产生的误差，以提高弯曲件的精度。

1）改善弯曲件的结构。

① 加强弯曲件变形部位的刚性。如设计加强筋或成形边翼，以提高弯曲件的刚度，抑制回弹，如图4-8所示。

② 设计有利于变形的弯曲形状。如采用最有利的相对弯曲半径、适当的弯曲角以及对称且有足够高度的直边等。

③ 采用屈弹比小、力学性能稳定和板料厚度均匀的材料，以减小回弹。

2）采用正确的弯曲工艺。

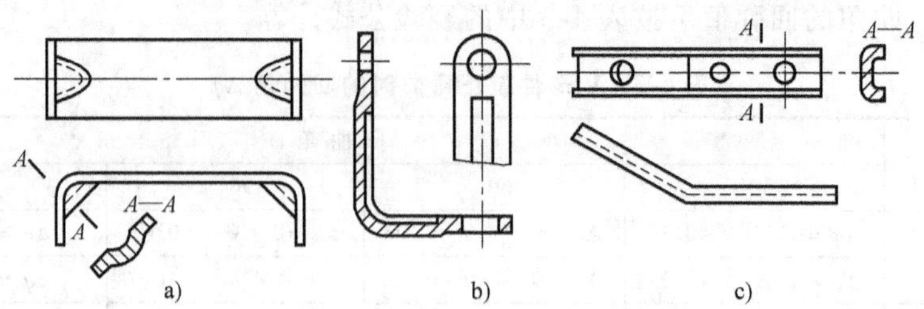

图 4-8　改善弯曲件结构减小回弹

① 采用校正弯曲。在弯曲终了时，对板料施加一定的校正力，使内、外层金属都被拉长，则回弹可因为相互抵消而减小。

② 采用拉弯工艺。对于大曲率半径的弯曲件，用普通的弯曲方法弯曲时，由于回弹大而不易成形，常采用拉弯工艺，如图 4-9 所示。通过在制件弯曲的同时施加一轴向拉力，使材料内、外层均为拉应力，回弹相互抵消，从而达到减小回弹的目的。

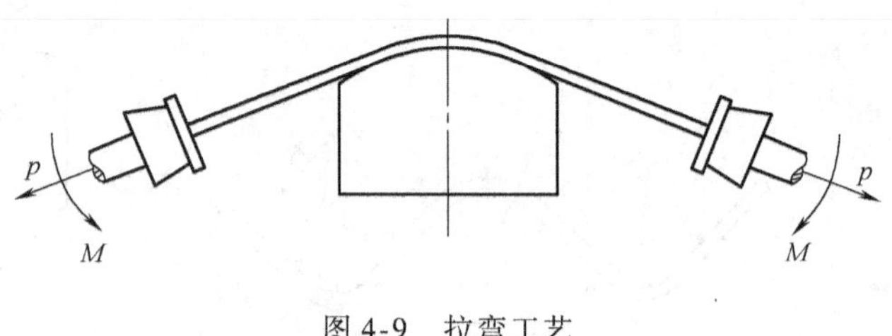

图 4-9　拉弯工艺

③ 采用端部加压弯曲。在弯曲终了时，利用模具对板料端部施加压力，使弯曲变形内、外层均产生压应力以减小回弹，如图 4-10 所示。

④ 对经过冷作硬化后的材料在弯曲前进行退火处理，弯曲后再用热处理的方法恢复处理性能。对于回弹较大的材料，必要时可采用加热弯曲的方法。

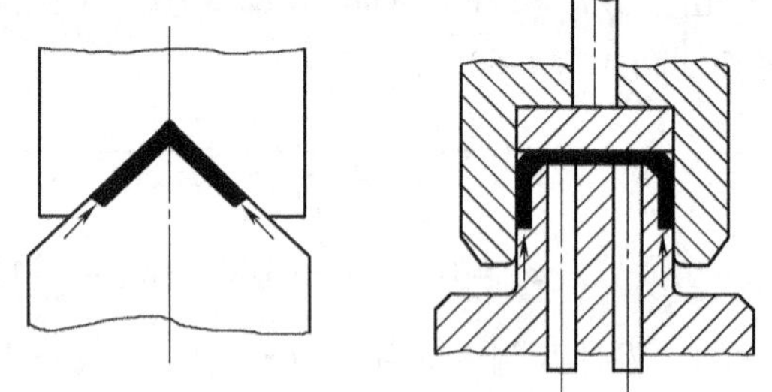

图 4-10　端部加压减小回弹

3）合理设计弯曲模结构。

① 根据弯曲件的回弹趋势和回弹量的大小，修正凸模或凹模工作部分的形状、尺寸，使弯曲后的工件回弹量得到补偿，如图 4-11 所示。

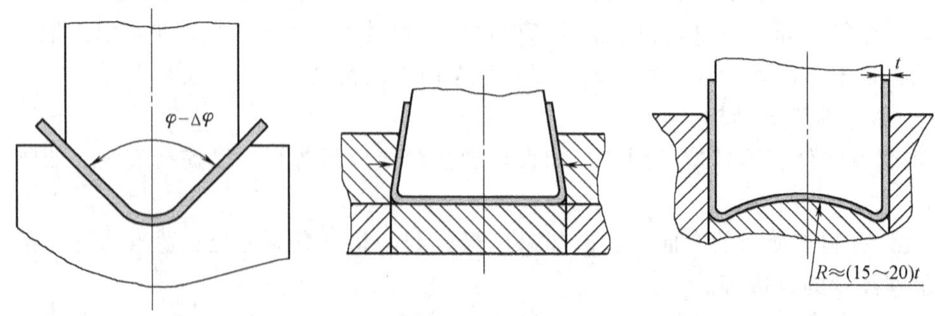

图 4-11　补偿回弹

② 把弯曲凸模做成局部凸起的形状，使压力集中作用在产生回弹的变形区，以改善弯曲变形区的应力状态，如图 4-12 所示。

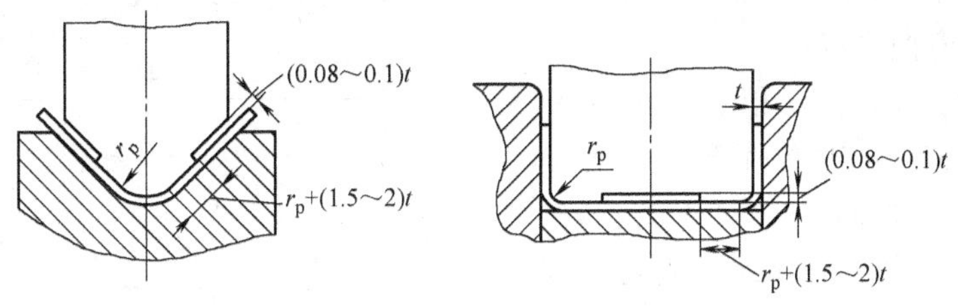

图 4-12　增大局部变形减小回弹

③ 采用橡胶或聚氨酯软凹模来代替金属刚性凹模进行弯曲，可使坯料紧贴凸模，同时使坯料产生拉伸变形，得到类似拉弯的效果，从而显著减小回弹，并通过调节凸模压入软凹模的深度控制回弹值，如图 4-13 所示。

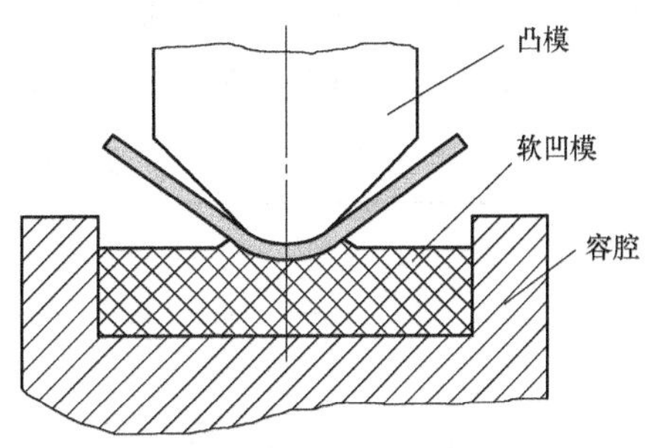

图 4-13　采用软凹模弯曲减小回弹

2. 弯裂及其控制

板料弯曲时外层受拉，当拉应力超过材料的抗拉强度时，板料外层将出现弯曲裂纹。实践表明，板料是否会发生弯裂，主要与弯曲半径 r 与板料厚度 t 的比值 r/t（称为相对弯曲半径）有关。r/t 越小，其变形程度就越大，弯曲过程中越容易产生裂纹。

（1）最小相对弯曲半径　设弯曲件中性层的曲率半径为 ρ，弯曲中心角为 α，如图 4-14 所示。

对于一定厚度的材料，弯曲半径越小，外层金属的相对伸长量越大。当外层金属的相对伸长量达到材料的断后伸长率时，弯曲半径达到最小值，板料就会产生弯曲裂纹。因此相对弯曲半径 r/t 反映了板料的弯曲变形程度，r/t 越小，弯曲变形程度越大。

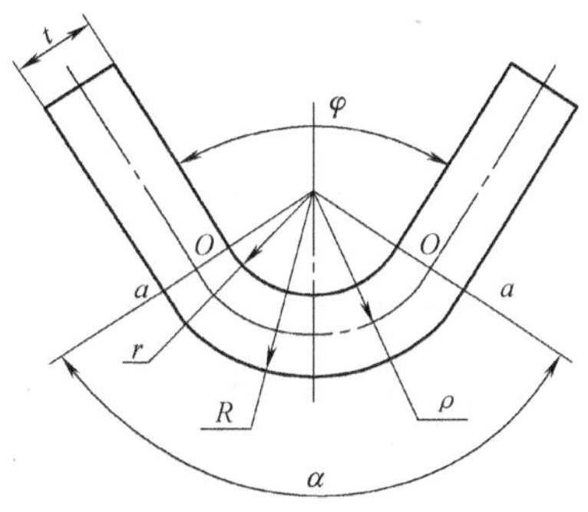

图 4-14　弯曲时的变形情况

因此，在保证板料最外层纤维不发生破裂的前提下，所能达到的内表面最小圆角半径与厚度的比值 r_{min}/t 称为最小相对弯曲半径。生产中用它表示弯曲时的成形极限。

（2）影响最小相对弯曲半径的因素

1）材料的力学性能和热处理状态。材料的塑性越好，其断后伸长率 A 越大，r_{min}/t 就越小。经退火的板料塑性较好，r_{min}/t 较小。冷作硬化的板料塑性降低，r_{min}/t 较大。

2）弯曲中心角 α。在实际弯曲过程中，由于材料的相互牵连，弯曲变形区的范围扩大到圆角附近的直边部分，分散了集中在圆角部分的弯曲应变，从而可以降低弯曲时弯裂的危险。弯曲中心角 α 越小，减缓作用越明显，因而 r_{min}/t 可以越小。

3）板料的表面和侧面质量。表面及侧面质量较差的板料，弯曲时容易造成应力集中而增大破裂倾向，在这种情况下需选用较大的相对弯曲半径。

4）板料的弯曲方向。板料经轧制后产生纤维组织，使板料性能呈现出明显的各向异性。沿纤维方向的力学性能较好，抗拉强度高，不易弯裂。因此，当弯曲线与纤维组织方向垂直时，r_{min}/t 可取较小值；当弯曲线与纤维组织方向平行时，r_{min}/t 应取较大值；当弯曲件具有两个相互垂直的弯曲线时，应使两个弯曲线与纤维方向成45°夹角，如图4-15所示。

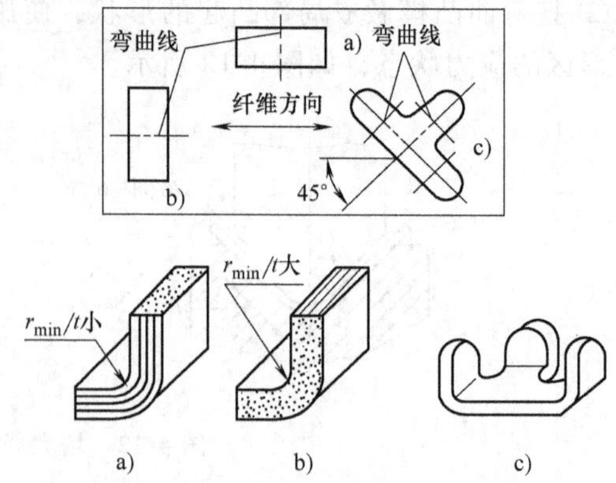

图4-15　板料弯曲方向对 r_{min}/t 的影响

影响板料最小相对弯曲半径的因素较多，通常用试验方法确定 r_{min}/t 的数值，见表4-4。

表4-4　最小相对弯曲半径 r_{min}/t

材　料	退火状态		冷作硬化状态	
	弯曲线的位置			
	垂直纤维方向	平行纤维方向	垂直纤维方向	平行纤维方向
08、10、Q195、Q215	0.1	0.4	0.4	0.8
15、20、Q235	0.1	0.5	0.5	1.0
25、30	0.2	0.6	0.6	1.2
35、40、Q275	0.3	0.8	0.8	1.5
45、50	0.5	1.0	1.0	1.7
55、60	0.7	1.3	1.3	2.0
铝	0.1	0.35	0.5	1.0
纯铜	0.1	0.35	1.0	2.0
软黄铜	0.1	0.35	0.35	0.8
半硬黄铜	0.1	0.35	0.5	1.2
磷青铜	—	—	1.0	3.0
1Cr18Ni9Ti	1.0	2.0	3.0	4.0

注：1. 当弯曲线与纤维方向不垂直也不平行时，可取垂直方向和平行方向两者的中间值。
2. 冲裁或剪裁后的板料若未作退火处理，则应作为硬化的金属选用。
3. 弯曲时应使板料有毛刺的一面处于弯角的内侧。

（3）控制弯裂的措施　为减少和防止弯曲裂纹，一般情况下应采用大于最小相对弯曲半径的数值。当零件的相对弯曲半径小于表4-4所列数值时，可以采取以下措施：

1）通过热处理工艺或采用塑性较好的材料，改善弯曲成形性能。

2）采用整修、挤光、滚光等方法改善板料表面和侧面质量。

3）弯曲时使有毛刺的一面处于弯曲内侧。

4）采取两次弯曲的工艺方法，扩大变形区域，减小每次弯曲的变形程度，从而减小外层材料的伸长率。第一次弯曲采用较大的相对弯曲半径，中间退火后按零件要求的相对弯曲半径进行弯曲。

5）在弯曲较厚的板料时，如结构允许，可采取先在弯角内侧开出工艺槽后再进行弯曲的工艺，如图 4-16a、b 所示。对于薄料，可在弯角处压出工艺凸肩，如图 4-16c 所示。

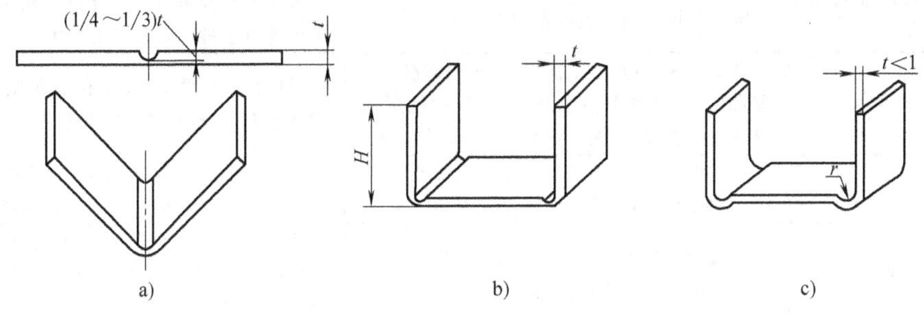

图 4-16　在弯角处开工艺槽或压出工艺凸肩

3. 偏移及其控制

在弯曲过程中，由于坯料沿凹模滑动时受到的摩擦阻力不等，坯料会产生偏移，使弯曲线不在指定的位置，从而造成弯曲件边长不符合要求，这种现象称为弯曲偏移。

对于不对称件，弯曲偏移现象尤为明显。此外，坯料定位不牢、压料不牢、凸模与凹模的圆角不对称、间隙不对称和润滑情况不一致时，也会导致弯曲时产生偏移现象。

减少弯曲偏移通常采用的方法如下：

1）采用弹性压料装置，使毛坯在弯曲过程中一直处在压紧状态，达到防止坯料滑移的目的，如图 4-17a、b 所示。

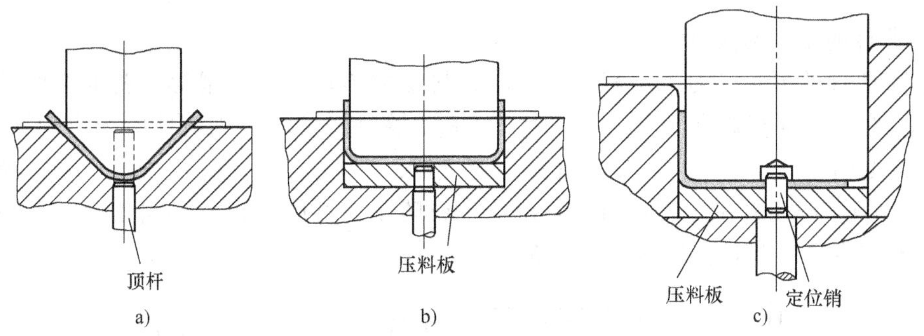

图 4-17　弹性压料装置与销钉定位

2）利用工件的孔或弯曲前预冲的工艺孔，用销钉定位，可以防止弯曲中坯料偏移，如图 4-17c 所示。

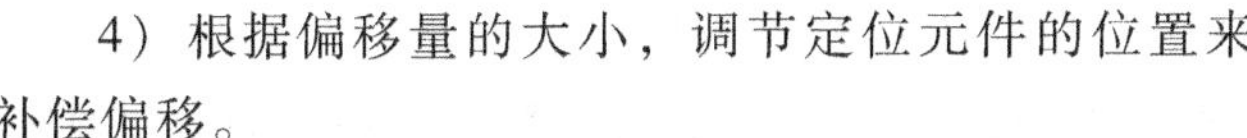

3）制订冲压工艺时，尽量使工件弯曲时两侧面受力平衡。对于不对称零件，先成对弯曲后再切断，如图 4-18 所示。

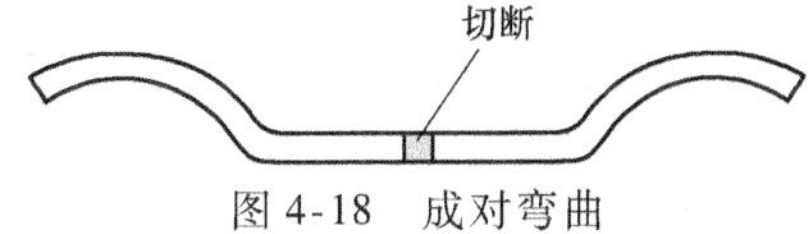

图 4-18　成对弯曲

4）根据偏移量的大小，调节定位元件的位置来补偿偏移。

4. 其他常见质量问题

在实际生产过程中，还存在一些其他常见的质量问题，其产生原因和控制方法见表 4-5。

表 4-5 常见质量问题、产生的原因及控制方法

序号	质量问题	产生的原因	控制方法
1	U 形弯曲件底部不平	压弯时板料与凸模底部没有靠紧	采用带有压料顶板的模具，在压弯开始时顶板便对工件施加足够的压力
2	翘曲	由变形区的应变状态引起，横向应变（沿弯曲线方向）在中性层是压应变，中性层内侧是拉应变，故横向形成翘曲	采用校正弯曲，增大单位面积压力；根据预定弹性变形量，修正凸、凹模
3	孔不同心	弯曲时工件产生滑动，引起孔中心线错移，弯曲后的回弹使孔中心线倾斜	工件要准确定位，保证左右弯曲高度一致；设置防止工件滑动的定位销或压料装置
4	弯曲件擦伤	金属微粒附着在工作部分表面；凹模圆角半径过小；凸、凹模间隙过小	清除工作部分的表面污物，降低凸、凹模表面粗糙度值；适当增大凹模圆角半径；采用合理的凸、凹模间隙
5	孔变形	孔边距弯曲线太近，在中性层内侧为压缩变形，而外侧为拉伸变形，使孔发生了变形	保证从孔边到弯曲半径 r 中心的距离大于一定值，在弯曲部位设置辅助孔，减小弯曲变形应力
6	弯曲端部鼓起	弯曲时中性层内侧的金属层，长度方向被压缩，宽度方向则被拉伸，故宽度方向边缘出现突起，厚板小角度弯曲时较为明显	在弯曲部位两端预先做出圆弧切口，将工件带有毛刺的一面放在弯曲内侧

4.2.3 弯曲件的工艺性

设计弯曲件必须满足使用上的要求，同时考虑工艺成形的可能性与合理性。弯曲件的工艺性是指弯曲件的结构形状、尺寸精度要求、材料选用以及技术要求是否符合加工的工艺要求。

1. 弯曲件的结构与尺寸

（1）弯曲件的形状　为防止弯曲变形时材料受力不均匀产生滑移，要求弯曲件的形状尽量对称。对于边缘有缺口的弯曲件，若在坯料上将缺口冲出，则弯曲时会出现叉口现象，严重时无法弯曲成形。这时可在缺口处留出连接带，待弯曲成形后，再把它切除，如图4-19a、b 所示。为保证坯料在弯曲模内准确定位，或防止在弯曲过程中坯料偏移，最好能在坯料上预先增添定位工艺孔，如图 4-19c 所示。

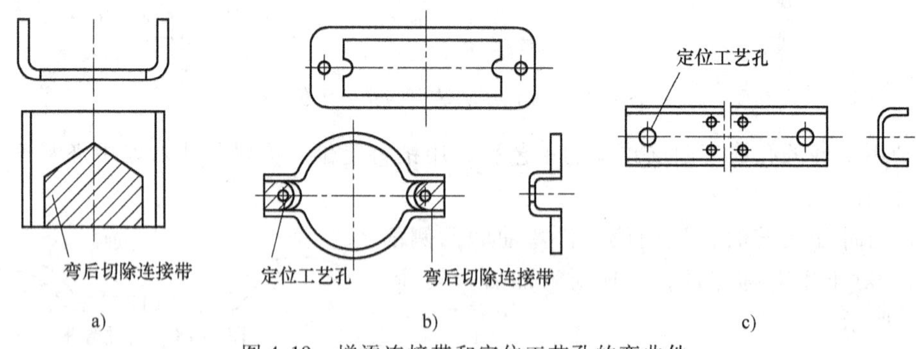

图 4-19　增添连接带和定位工艺孔的弯曲件

（2）最小相对弯曲半径　弯曲件的弯曲半径不宜小于最小相对弯曲半径（见表 4-4），否则会造成变形区外层材料弯裂。对于厚度在 1mm 以下的薄料，当弯曲半径过小时，可改变工件的结构形状；对于厚料，则可先开槽后弯曲，如图 4-16 所示。

（3）弯曲件的孔边距　弯曲带孔的板料时，如果孔位于弯曲变形区内，则孔的形状会

发生畸变。因此，要保证孔边到弯曲半径中心的距离：当 $t<2\text{mm}$ 时，$L\geqslant t$；当 $t\geqslant 2\text{mm}$ 时，$L\geqslant 2t$，如图 4-20a 所示。

如果孔边至弯曲半径 r 中心的距离过小，为防止弯曲时孔变形，可在弯曲线上冲工艺孔或切槽，如图 4-20b、c 所示。如对冲压件孔的精度要求较高，则应弯曲后再冲孔。

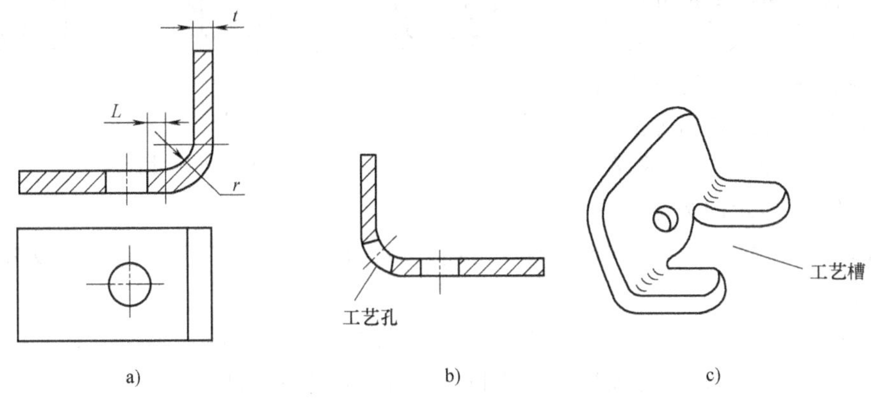

图 4-20　弯曲件孔边距

（4）弯曲件的弯边高度　在弯曲角为 90°时，为使弯边有一定的变形稳定性，必须使弯边高度 $h>r+2t$。若 $h<r+2t$，则需压槽，或增加弯边高度，弯曲后再将其切除，如图 4-21 所示。

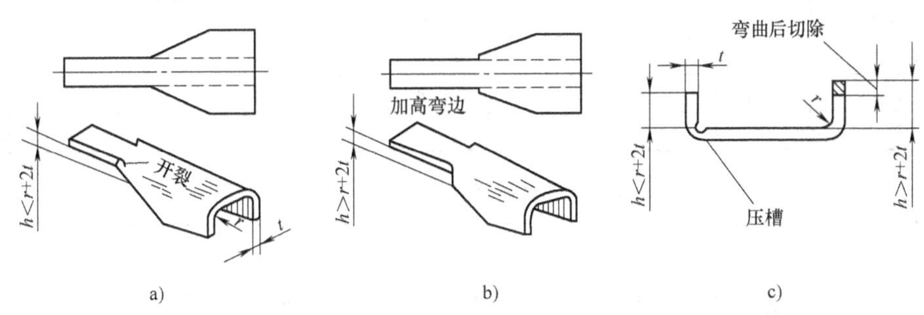

图 4-21　弯曲边的高度要求

（5）避免弯边根部开裂　为避免弯曲时坯料根部开裂，应使不弯部分退出弯曲线之外，即保证 $b\geqslant r$（图 4-22a）。若条件 $b\geqslant r$ 不能满足，则可在弯曲部分和不弯部分之间切槽（图

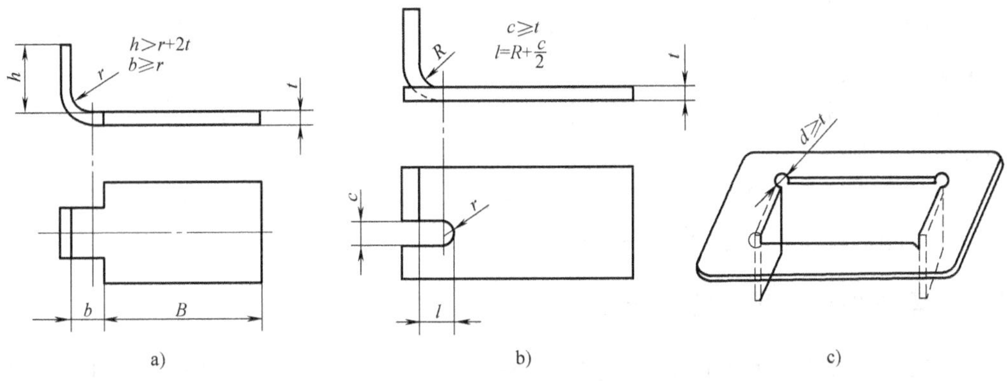

图 4-22　避免弯边根部开裂

4-22b，槽深 l 应大于弯曲半径 R），或在弯曲前冲出工艺孔（图 4-22c）。

（6）弯曲件的尺寸标注　弯曲件的尺寸标注不同，会影响冲压工序的安排。例如，图 4-23 所示是弯曲件孔的位置尺寸的三种标注方法。其中采用图 4-23a 所示的标注方法时，孔的位置精度不受坯料展开长度和回弹的影响，成形工艺和模具设计简单；采用图 4-23b、c 所示的标注方法时，受弯曲回弹的影响，冲孔只能安排在弯曲之后进行，增加了工序，还会造成诸多不便。

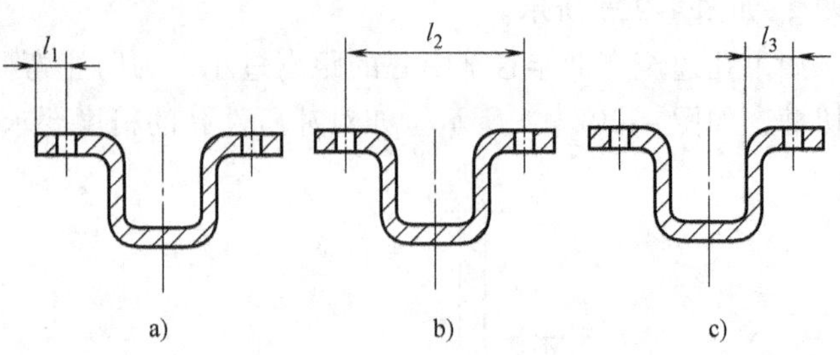

图 4-23　弯曲件的尺寸标注

2. 弯曲件的精度

弯曲件的精度与很多因素有关，如弯曲件材料的力学性能和材料厚度，模具结构和模具精度，工序的数目和顺序，弯曲模的安装和调整情况以及弯曲件本身的形状和尺寸等。对弯曲件精度的要求应合理，一般弯曲件长度的尺寸公差等级在 IT13 级以下，角度公差大于 15′。弯曲件未注公差的长度尺寸的极限偏差见表 4-6，弯曲件角度的极限偏差见表 4-7。

表 4-6　弯曲件未注公差的长度尺寸的极限偏差

长度尺寸 l/mm		3 ~ 6	>6 ~ 18	>18 ~ 50	>50 ~ 120	>120 ~ 260	>260 ~ 500
材料厚度 t/mm	≤2	±0.3	±0.4	±0.6	±0.8	±1.0	±1.5
	2 ~ 4	±0.4	±0.6	±0.8	±1.2	±1.5	±2.0
	≥4	—	±0.8	±1.0	±1.5	±2.0	±2.5

表 4-7　弯曲件角度的极限偏差

弯边长度 l/mm	≤6	>6 ~ 10	>10 ~ 18	>18 ~ 30	>30 ~ 50
角度极限偏差 $\Delta\varphi$	±3°	±2°30′	±2°	±1°30′	±1°15′
弯边长度 l/mm	>50 ~ 80	>80 ~ 120	>120 ~ 180	>180 ~ 260	>260 ~ 360
角度极限偏差 $\Delta\varphi$	±1°	±50′	±40′	±30′	±25′

3. 弯曲件的材料

弯曲件的材料要有足够的塑性，屈弹比和屈强比应较小。足够的塑性和较小的屈强比能保证弯曲时不开裂，较小的屈弹比能使弯曲件的形状和尺寸准确。适宜于弯曲的材料有软钢、黄铜和铝等。

脆性较大的材料，如磷青铜、铍青铜和弹簧钢等，要求弯曲时有较大的相对弯曲半径，否则容易产生裂纹。

对于非金属材料，只有塑性较大的纸板和有机玻璃才能进行弯曲，而且在弯曲前坯料要进行预热，相对弯曲半径也较大，一般要求 $r/t>3 \sim 5$。

4.2.4　弯曲件坯料尺寸的计算

在拟定弯曲件工艺的过程中，要计算弯曲件的展开长度，即毛坯尺寸。目前，弯曲工艺中采用的近似计算方法，主要是根据板料弯曲过程中应变中性层长度不变的原则进行的。

1. 中性层位置的确定

根据中性层的定义可知，弯曲件的坯料长度应等于中性层的展开长度。因此，确定中性层的位置是计算弯曲件弯曲部分长度的前提。坯料在塑性弯曲时，中性层发生内移，且相对弯曲半径越小，中性层内移量越大。中性层位置以曲率半径 ρ 表示，常用下列经验公式确定

$$\rho = r + xt \tag{4-8}$$

式中　r——弯曲件的内弯曲半径；

t——材料厚度；

x——中性层位移系数，见表 4-8。

表 4-8　中性层位移系数 x

r/t	0.1	0.2	0.3	0.4	0.5	0.6	0.7	0.8	1.0	1.2
x	0.21	0.22	0.23	0.24	0.25	0.26	0.28	0.30	0.32	0.33
r/t	1.3	1.5	2	2.5	3	4	5	6	7	≥8
x	0.34	0.36	0.38	0.39	0.40	0.42	0.44	0.46	0.48	0.50

2. 弯曲件展开尺寸的计算

弯曲件的展开长度等于各直边部分与各圆弧部分的长度之和。直边部分的长度是不变的，而确定圆弧部分的长度时则必须考虑材料的变形和中性层的位移。

（1）$r>0.5t$ 的弯曲件　对于 $r>0.5t$ 的弯曲件，由于变薄不严重，按中性层展开的原理，坯料总长度等于弯曲件直边部分和圆弧部分的长度之和（图 4-24），即

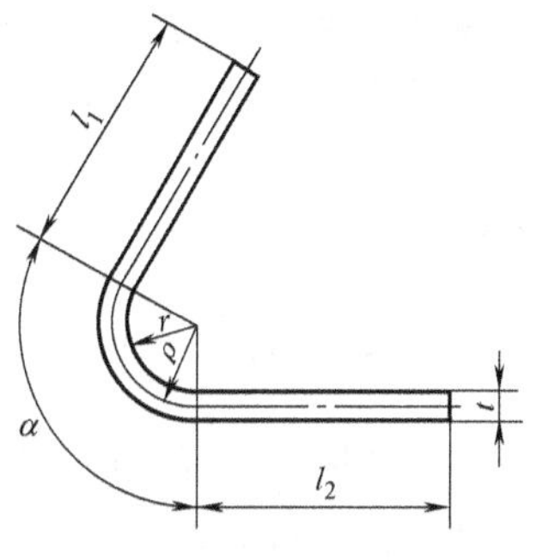

图 4-24　$r>0.5t$ 的弯曲件

$$L_z = l_1 + l_2 + \frac{\pi\alpha}{180}\rho = l_1 + l_2 + \frac{\pi\alpha}{180}(r + xt) \tag{4-9}$$

式中　L_z——坯料展开总长度（mm）；

α——弯曲中心角（°）。

（2）$r<0.5t$ 的弯曲件　对于 $r<0.5t$ 的弯曲件，由于弯曲变形时不仅零件的变形圆角区严重变薄，而且与其相邻的直边部分也变薄，故应按变形前后体积不变的条件确定坯料长度。通常采用表 4-9 所列公式计算。

表 4-9　$r<0.5t$ 的弯曲件坯料长度的计算公式

简　图	计算公式	简　图	计算公式
	$L_z = l_1 + l_2 + 0.4t$		$L_z = l_1 + l_2 + l_3 + 0.6t$ （一次同时弯曲两个角）
	$L_z = l_1 + l_2 - 0.43t$		$L_z = l_1 + 2l_2 + 3l_3 + t$ （一次同时弯曲四个角） $L_z = l_1 + 2l_2 + 2l_3 + 1.2t$ （分为两次弯曲四个角）

（3）铰链式弯曲件　对于 $r=(0.6\sim3.5)t$ 的铰链件，通常采用图 4-25 所示的推圆方法成形，在卷圆过程中坯料增厚，中性层外移，其坯料长度 L_z 可按下式近似计算

$$L_z = l + 1.5\pi(r + x_1 t) + r \approx l + 5.7r + 4.7x_1 t \quad (4\text{-}10)$$

式中 l——直线段长度；

r——铰链内半径；

x_1——中性层位移系数，见表 4-10。

表 4-10　卷边时中性层位移系数 x_1

r/t	0.5 ~ 0.6	>0.6 ~ 0.8	>0.8 ~ 1.0	>1.0 ~ 1.2	>1.2 ~ 1.5	>1.5 ~ 1.8	>1.8 ~ 2.0	>2.0 ~ 2.2	>2.2
x_1	0.76	0.73	0.7	0.67	0.64	0.61	0.58	0.54	0.5

用上述公式计算时，由于较少考虑其他因素，可能产生较大的误差，所以只适用于形状比较简单、尺寸精度要求不高的弯曲件。对于形状比较复杂或精度要求高的弯曲件，在利用上述公式初步计算坯料长度后，还需反复试弯，不断修正，才能最后确定坯料的形状及尺寸。因此在生产中应先制造弯曲模，后制造落料模。

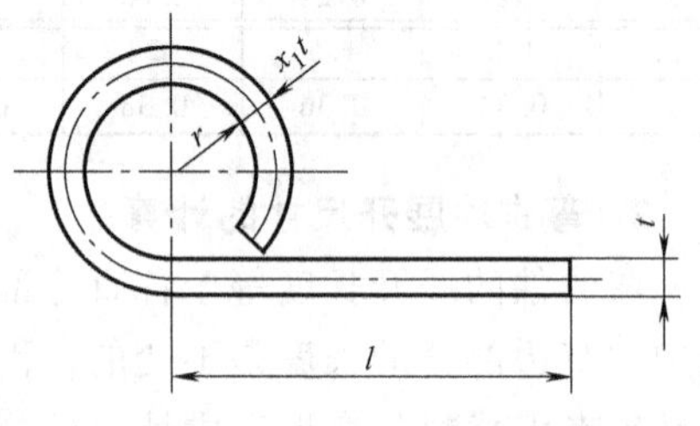

图 4-25　铰链式弯曲件

4.2.5　弯曲力的计算

为了合理地选择弯曲用的压力机和设计模具，必须计算弯曲力。弯曲力的大小不仅与毛坯的尺寸、材料的力学性能和弯曲半径等有关，而且与弯曲方式也有很大的关系，从理论上计算弯曲力比较复杂，精度也不高，因此生产中常利用经验公式进行计算。

1. 自由弯曲时的弯曲力

V 形件的弯曲力

$$F_{自} = \frac{0.6KBt^2R_m}{r+t} \quad (4\text{-}11)$$

U 形件的弯曲力

$$F_{自} = \frac{0.7KBt^2R_m}{r+t} \quad (4\text{-}12)$$

⌉⌈形件的弯曲力

$$F_{自} = 2.4BtR_m ac \quad (4\text{-}13)$$

式中 $F_{自}$——冲压行程结束时的自由弯曲力（N）；

B——弯曲件的宽度（mm）；

r——弯曲件的内弯曲半径（mm）；

t——弯曲件的材料厚度（mm）；

R_m——弯曲件的抗拉强度（MPa）；

K——安全因数，一般取 $K=1.3$；

a——系数，见表 4-11；

c——系数，见表 4-12。

表 4-11　系数 a 值

断后伸长率 A(%) / r/t	20	25	30	35	40	45	50
10	0.416	0.379	0.337	0.302	0.265	0.233	0.204
8	0.434	0.398	0.361	0.326	0.288	0.257	0.227
6	0.459	0.426	0.392	0.358	0.321	0.290	0.259
4	0.502	0.467	0.437	0.407	0.371	0.341	0.312
2	0.555	0.552	0.520	0.507	0.470	0.445	0.417
1	0.619	0.615	0.607	0.680	0.576	0.560	0.540
0.5	0.690	0.688	0.684	0.680	0.678	0.673	0.662
0.25	0.704	0.732	0.746	0.760	0.769	0.764	0.764

表 4-12　系数 c 值

r/t / Z/t	10	8	6	4	2	1	0.5
1.20	0.130	0.151	0.181	0.245	0.388	0.570	0.765
1.15	0.145	0.161	0.185	0.262	0.420	0.605	0.822
1.10	0.162	0.184	0.214	0.290	0.460	0.675	0.830
1.08	0.170	0.200	0.230	0.300	0.490	0.710	0.960
1.06	0.180	0.204	0.250	0.322	0.520	0.755	1.120
1.04	0.190	0.222	0.277	0.360	0.560	0.835	1.130
1.05	0.208	0.250	0.355	0.410	0.760	0.990	1.380

注：Z 为凸、凹模间隙，一般非铁金属的 Z/t 为 1.0 ~ 1.1，钢铁材料的 Z/t 为 1.05 ~ 1.15。

2. 校正弯曲时的弯曲力

校正弯曲时，校正力比压弯力大得多，而且两个力先后作用。因此，校正弯曲时一般只计算校正力。V 形件和 U 形件的校正力均按下式计算

$$F_{校} = Aq \tag{4-14}$$

式中　$F_{校}$——校正弯曲时的弯曲力（N）；

A——校正部分在垂直于凸模运动方向上的投影面积（mm^2）；

q——单位面积校正力（MPa），其值见表 4-13。

表 4-13　单位面积校正力 q　　（单位：MPa）

材　料	材料厚度 t/mm			
	≤1	>1 ~ 3	>3 ~ 6	>6 ~ 10
铝	10 ~ 20	20 ~ 30	30 ~ 40	40 ~ 50
黄铜	20 ~ 30	30 ~ 40	40 ~ 60	60 ~ 80
10、15、20 钢	30 ~ 40	40 ~ 60	60 ~ 80	80 ~ 100
20、30、35 钢	40 ~ 50	50 ~ 70	70 ~ 100	100 ~ 120

3. 顶件力或压料力

若弯曲模有顶件装置或压料装置，其顶件力 F_D（或压料力 F_Y）可以近似取自由弯曲力的 30% ~ 80%，即

$$F_D(F_Y)=(0.3\sim0.8)F_{自} \tag{4-15}$$

4. 压力机标称压力的确定

对于有压料的自由弯曲，压力机的标称压料为

$$P=(1.6\sim1.8)(F_{自}+F_Y)$$

对于校正弯曲，由于校正弯曲力出现在接近压力机下死点的位置，且校正弯曲力比压料力或推件力大得多，故 F_Y 值可忽略不计，压力机的标称压力可取

$$P=(1.1\sim1.3)F_{校}$$

4.2.6 弯曲件的工序安排

弯曲件的工序安排应根据工件形状、精度要求的高低、生产批量的大小以及材料的力学性能等因素进行考虑。合理的工序安排可以减少工序，简化模具设计，提高工件的质量和劳动生产率。

1. 形状简单的弯曲件

形状比较简单的弯曲件，如 V 形件、U 形件和 Z 形件等，可以一次弯曲成形，如图 4-26 所示。

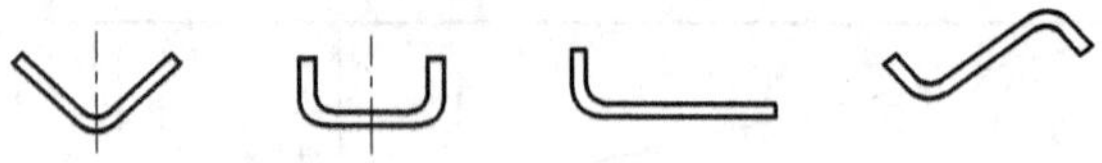

图 4-26 一次弯曲成形

2. 形状复杂的弯曲件

形状较为复杂的弯曲件，一般需要两次或多次弯曲成形。其弯曲工序安排的原则是先弯两端，后弯中间部分；前次弯曲应考虑后次弯曲有可靠的定位，后次弯曲不能影响前次已弯成的形状，如图 4-27 和图 4-28 所示。

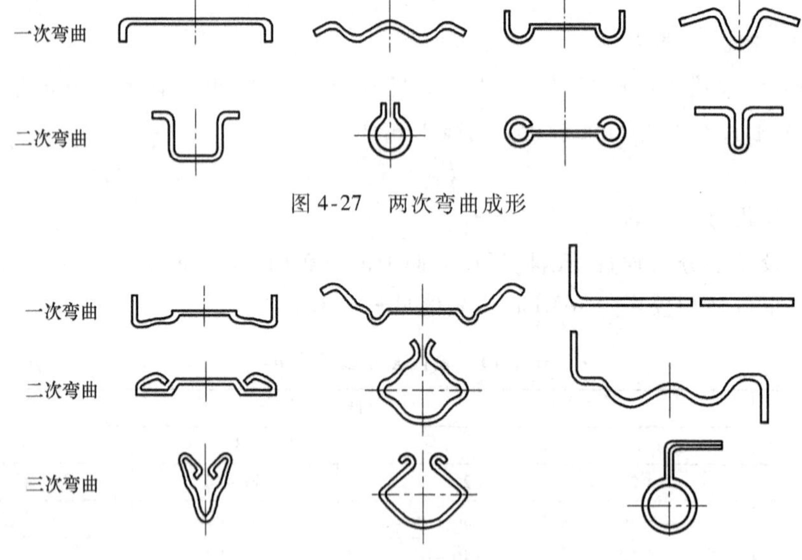

图 4-27 两次弯曲成形

图 4-28 三次弯曲成形

对于非对称弯曲件，为避免弯曲时坯料偏移，应尽可能采用成对弯曲后再切成两件的方法，如图 4-29 和图 4-30 所示。但某些尺寸小、材料薄、形状较复杂的弹性接触件，应尽量采用一次弯曲成形。如采用多次弯曲，则易造成定位不准确，给操作带来不便，同时材料经过多次弯曲也容易失去弹性。

3. 批量大、尺寸较小的弯曲件

为提高生产率，可以采用多工序的冲裁、压弯、切断等连续冲压工艺成形，如图 4-29 所示。

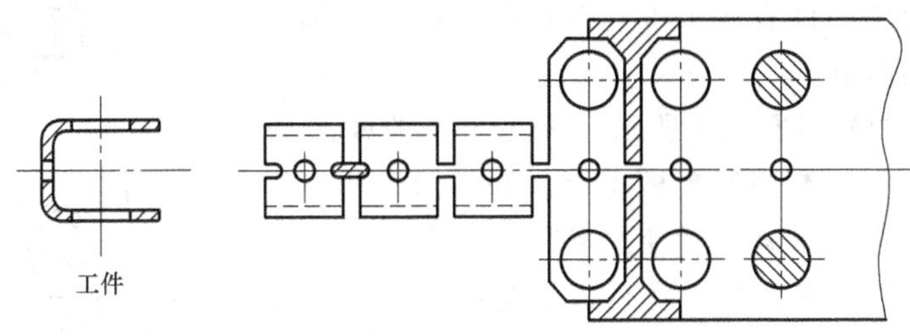

图 4-29　连续冲压工艺成形

4. 非对称弯曲件

为避免弯曲时坯料偏移，应尽可能采用成对弯曲后再切成两件的工艺，如图 4-30 所示。

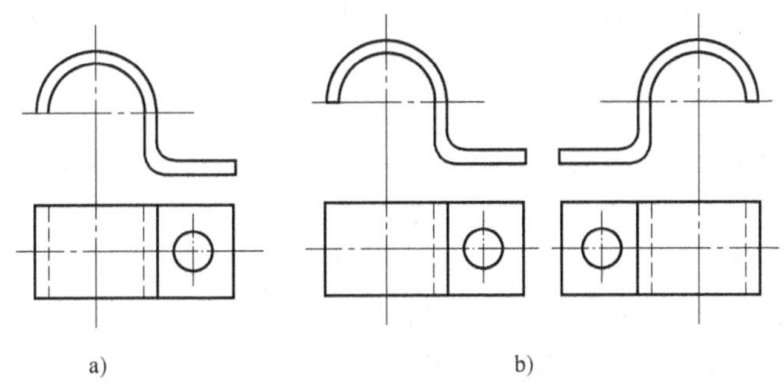

图 4-30　成对弯曲成形

弯曲件的工序安排并不是一成不变的，在实际生产中，要具体分析生产条件和生产规模对工序安排的影响，力求所确定的弯曲件工序，能够获得最好的技术经济效果。

4.2.7　弯曲模的设计要点及典型结构

1. 弯曲模的设计要点

弯曲模的结构与冲裁模相似，分上、下两部分，由工作零件、定位零件、卸料装置及导向件、紧固件等组成。弯曲模结构设计应在选定弯曲工艺的基础上进行，为了满足工件的要求，设计时必须注意以下几点：

1）应保证毛坯在模具上的定位准确可靠，尽可能利用零件上的孔定位，防止毛坯在压弯时发生偏移和窜动。

2）模具结构不应阻碍毛坯在弯曲过程所产生的转动和移动，以免影响零件的尺寸和形状。

3）模具结构必须考虑单边弯曲时凸模、凹模所受侧压力的平衡，以提高模具寿命。

4）毛坯在模具中的放入和弯曲件的取出要方便、快捷和安全。

5）为减小回弹，弯曲行程结束时应使弯曲件在模具中得到校正。

2. 弯曲模的典型结构

由于弯曲件的种类很多，形状繁简不一，因此弯曲模的结构类型也是多种多样的。常见的弯曲模结构类型有：单工序弯曲模、复合弯曲模、级进弯曲模和通用弯曲模等。

（1）单工序弯曲模　单工序弯曲模工作时通常只有一个垂直运动，完成的制件有V形件、L形件、U形件和Z形件等，模具结构简单。

1）V形件弯曲模。图4-31所示为V形件弯曲模的基本结构。凸模3装在标准槽形模柄1上，并用两个销钉2固定。凹模5通过螺钉和销钉直接固定在下模座上。顶杆6和弹簧7组成的顶件装置在工作行程中起压料作用，可防止坯料偏移，回程时又可将弯曲件从凹模内顶出。弯曲时，坯料由定位板4定位，在凸、凹模的作用下，一次便可将平板坯料弯曲成V形件。

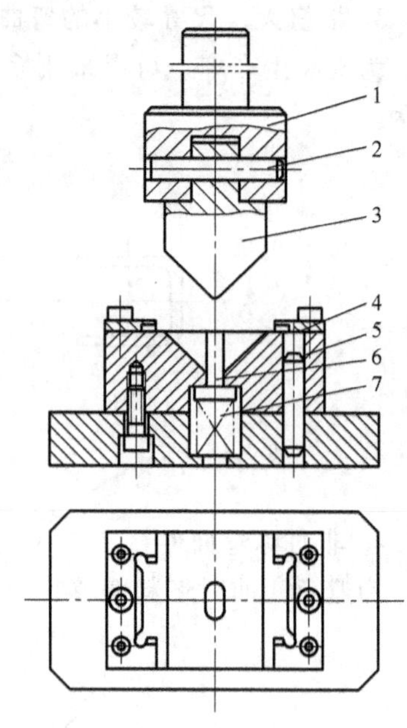

图4-31　V形件弯曲模的基本结构
1—槽形模柄　2—销钉　3—凸模
4—定位板　5—凹模
6—顶杆　7—弹簧

该模具的特点是结构简单，在压力机上安装及调整方便，对材料厚度的公差要求不高。适用于两直边相等的V形件的弯曲，制件在弯曲终了时可得到一定程度的校正，回弹较小。

图4-32所示为通用可调V形件弯曲模，模具结构中的凹模9由两个长方形零件组合而成，可翻转变换四种角度，具有一定的通用性，可以适应冲压件多种弯曲角度的成形。弯曲过程中由凸模7与顶件块10压牢材料，可防止弯曲过程中冲压件产生偏移，从而保证冲压件的尺寸精度。另外，两块定位板4可松开螺钉，通过T形槽和长圆形孔调节其在下模中的位置，以适应不同边长弯曲件的成形。此模具适用于产品的试制或小批量生产，这类生产因产量少、品种多、尺寸经常改变，采用专用的弯曲模时成本高、周期长，采用手工加工时劳动强度大、精度不易保证，所以生产中常采用通用弯曲模。

2）L形件弯曲模。对于两直边不相等的L形弯曲件，如果采用一般的V形件弯曲模弯曲，两直边的长度不容易保证，此时可采用图4-33所示的L形件弯曲模。其中图4-33a适用于两直边长度相差不大的L形件，图4-33b适用于两直边长度相差较大的L形件。由于是单边弯曲，弯曲时坯料容易偏移，因此必须在坯料上冲出工艺孔，利用定位销4定位。对于图4-33b所示的模具，还必须使用压料板6将坯料压住，以防止弯曲时坯料上翘。另外，由于单边弯曲时凸模1将承受较大的水平侧压力，因此需设置反侧压块2，以平衡侧压力。反侧压块的高度要保证在凸模接触坯料以前其能先挡住凸模，为此，反侧压块应高出凹模3的上平面，其高度差h可按下式确定：

$$h \geqslant 2t + r_1 + r_2$$

式中　t——料厚；

r_1——反侧压块导向面入口圆角半径；

r_2——凸模导向面端部圆角半径，可取$r_1 = r_2 = (2 \sim 5)t$。

3）U形件弯曲模。图4-34所示为上出件U形件弯曲模，坯料用定位板4和定位销2定位，凸模1下压时将坯料及顶板3同时压下，待坯料在凹模5内成形后，凸模回升，弯曲后

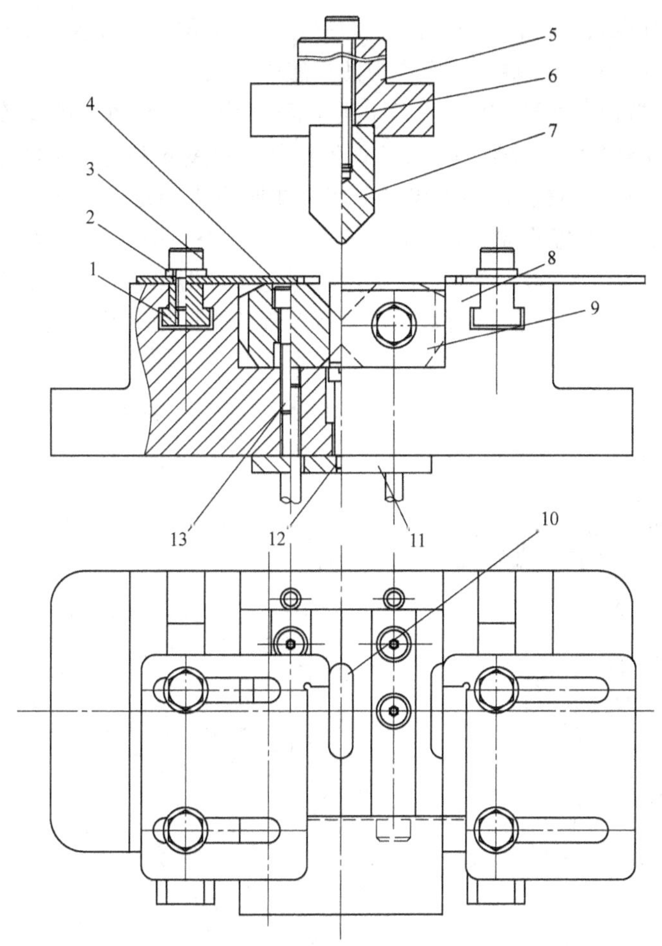

图 4-32　通用可调 V 形件弯曲模

1—T 形滑块　2—垫圈　3、6、13—螺钉　4—定位板　5—上模座　7—凸模　8—下模座　9—凹模　10—顶件块　11—顶板　12—顶杆

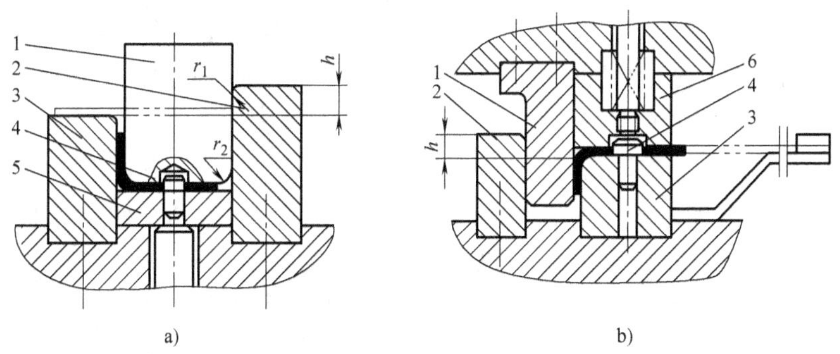

图 4-33　L 形件弯曲模

1—凸模　2—反侧压块　3—凹模　4—定位销　5—顶板　6—压料板

的零件就在弹顶器（图 4-34 中未画出）的作用下，通过顶杆和顶板顶出，完成弯曲工作。该模具的主要特点是在凹模内设置了顶件装置，弯曲时顶板能始终压紧坯料，因此弯曲件底部平整。同时顶板上还装有定位销 2，可利用坯料上的孔（或工艺孔）定位，即使 U 形件两

直边高度不同，也能保证弯边的高度尺寸。因有定位销定位，定位板可不进行精确定位。如果要进行校正弯曲，顶板可接触下模座作为凹模底来使用。

图 4-35 所示为弯曲角小于 90°的闭角 U 形件弯曲模，在凹模 4 内安装有一对可转动的凹模镶件 5，其缺口与弯曲件外形相适应。凹模镶件受拉簧 6 和止动销的作用，非工作状态下总是处于图 4-35 所示位置。模具工作时，坯料在凹模 4 和定位销 2 上定位，随着凸模的下压，坯料先在凹模 4 内弯曲成夹角为 90°的 U 形过渡件。当工件底部接触到凹模镶件后，凹模镶件就会转动而使工件最后成形。凸模回程时，带动凹模镶件反转，并在拉簧的作用下保持复位状态。同时，顶杆 3 配合凸模一起将弯曲件顶出凹模，最后将弯曲件由垂直于图面的方向从凸模上取下。

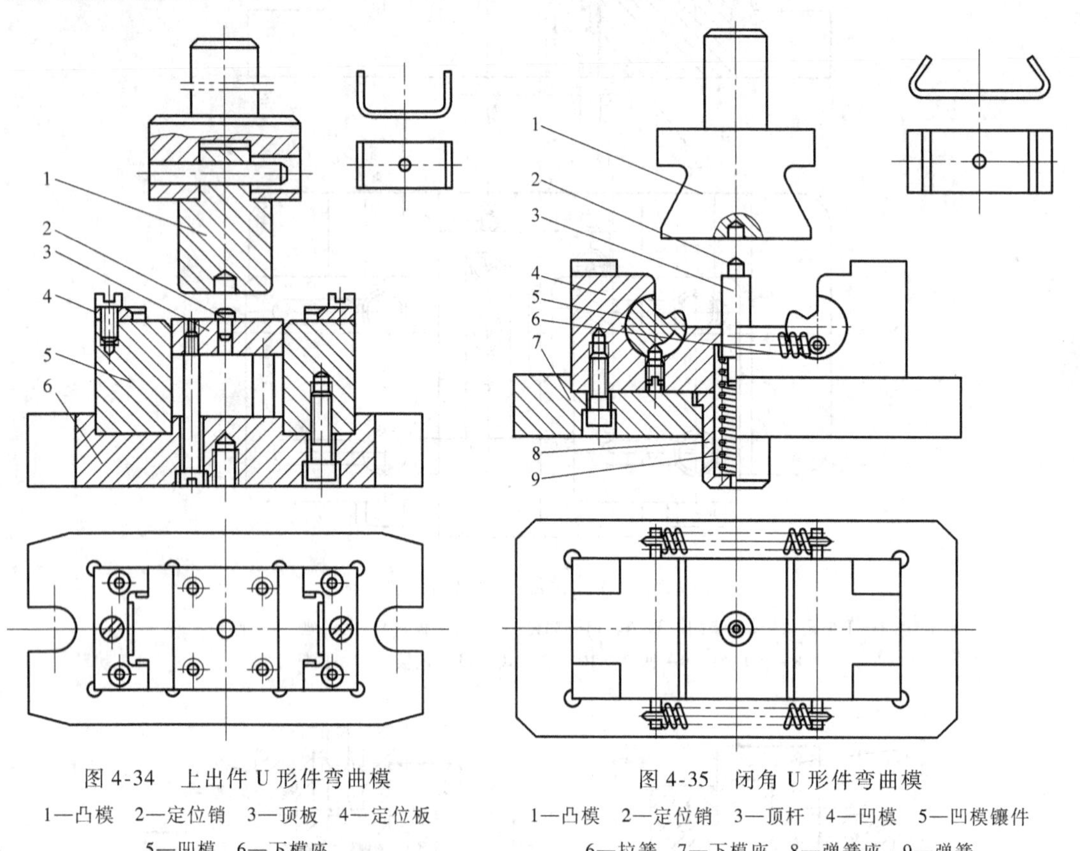

图 4-34　上出件 U 形件弯曲模
1—凸模　2—定位销　3—顶板　4—定位板
5—凹模　6—下模座

图 4-35　闭角 U 形件弯曲模
1—凸模　2—定位销　3—顶杆　4—凹模　5—凹模镶件
6—拉簧　7—下模座　8—弹簧座　9—弹簧

图 4-36 所示为带整形的 U 形件弯曲模，将弯曲坯料放置在活动凹模 7 上，并由定位板 3 保证其在模具中的正确位置。当压力机滑块带动上模向下冲压时，将坯料压在凸模 4 和顶板 8 之间，随着凸模的向下运动，将冲压件弯成 U 形。当凸模继续向下冲压时，上部台阶处与活动凹模相碰，使左右两块活动凹模在斜楔的作用下向内移动，行程终了时，U 形件两侧被受斜楔推动的活动凹模整形，使弯曲件的内形尺寸不受材料厚度偏差与间隙的影响，实现校正精弯。

4）乚厂形件弯曲模。根据乚厂形件的高度、弯曲半径及尺寸精度要求的不同，分为一次成形弯曲模和二次成形弯曲模。

图 4-37 所示为乚厂形件一次成形弯曲模，凸模为阶梯形。从图中可以看出，弯曲过程中

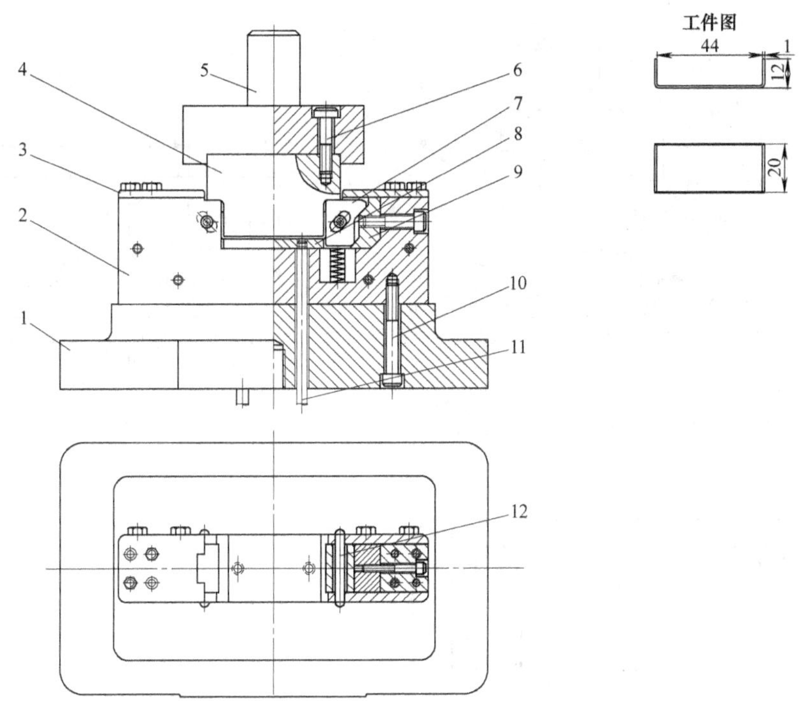

图 4-36　带整形的 U 形件弯曲模

1—下模座　2—凹模固定板　3—定位板　4—凸模　5—模柄　6、10—螺钉　7—活动凹模　8—顶板　9—斜楔　11—顶杆　12—转轴

由于凸模肩部阻碍了坯料的转动，因此外角弯曲线不断上移，并且随着凸模的下压，坯料通过凹模圆角的摩擦力逐渐增大，使得弯曲件侧壁容易擦伤和变薄，同时弯曲后容易产生较大的回弹，使得弯曲件两肩与底部不易平行。但当弯曲件高度较小时，上述影响不太大。

图 4-38 所示为摆动式乚厂形件一次成形弯曲模，模具结构中采用了摆动凹模，先将坯料置于摆动凹模 10 上，由定位板 9 定位。因下模无顶件块，弯曲初始时对材料无压料作用，所以在凸模上安装导正销 8 与冲压件底部的孔配合定位，以保证冲压件弯曲后的对称性。弯曲行程终了时，使冲压件得到校正弯曲。回程时，由顶杆 11 和顶板 14 将摆动凹模 10 复位。该模具采用活动凹模与材料一起运动并弯曲成形的方法，避免了材料因摩擦而变薄、伸长，冲压件平直度高、质量好，但模具结构较复杂。

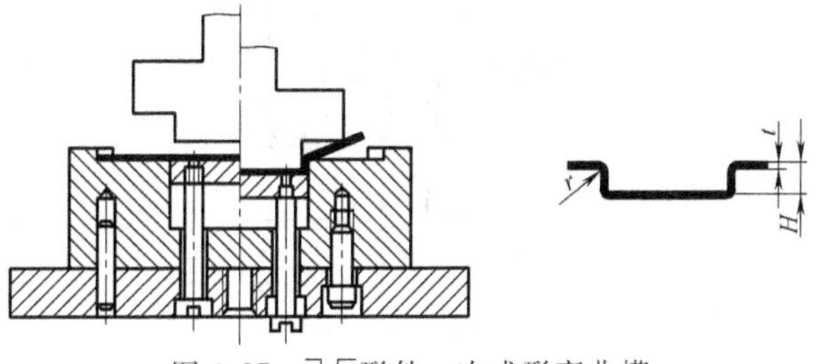

图 4-37　乚厂形件一次成形弯曲模

图 4-39 所示为乚厂形件二次成形弯曲模，第一次采用图 4-39a 所示的模具先弯外角，完成 U 形工序件。第二次采用图 4-39b 所示的模具再弯内角，完成乚厂形件。由于第二次弯曲内角时工序件需倒扣在凹模上定位，因此为了保证凹模的强度，乚厂形件的高度 H 应大于 $(12 \sim 15)t$。

5）Z 形件弯曲模。Z 形件一次弯曲即可成形。图 4-40a 所示的 Z 形件弯曲模结构简单，

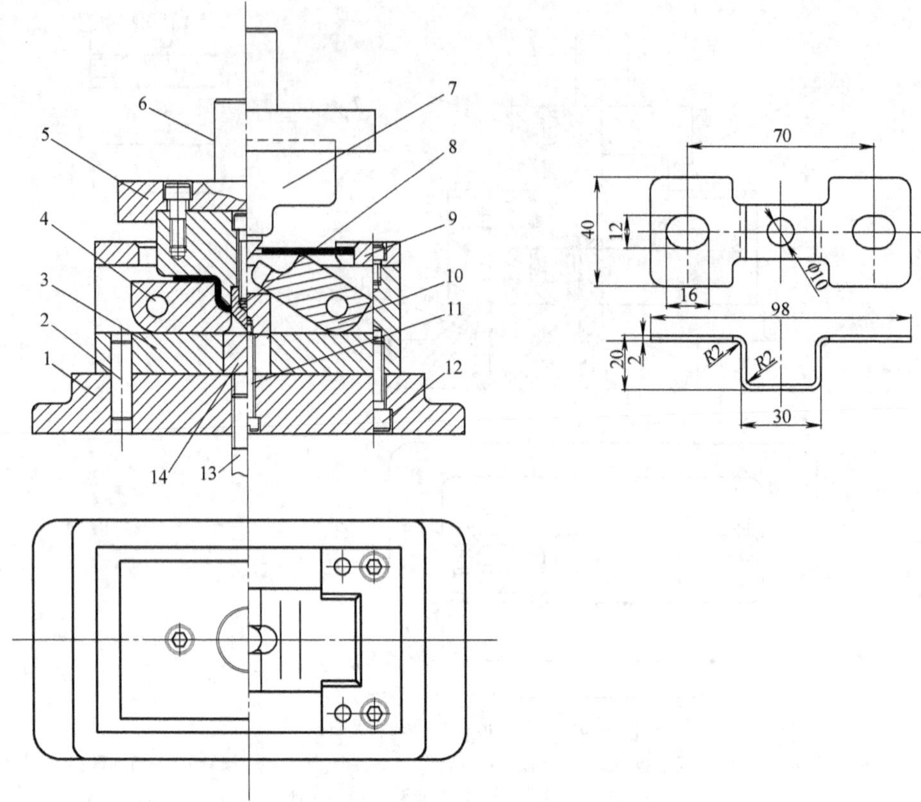

图 4-38　摆动式⎿⎾形件一次成形弯曲模

1—下模座　2—销钉　3—垫板　4—转轴　5—上模座　6—模柄　7—凸模　8—导正销　9—定位板　10—摆动凹模　11—顶杆　12—螺钉　13—螺栓　14—顶板

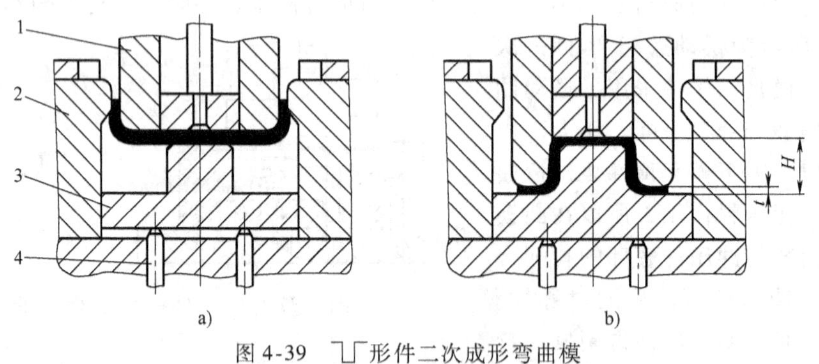

图 4-39　⎿⎾形件二次成形弯曲模

1—凸凹模　2—凹模　3—活动凸模　4—顶杆

但由于没有压料装置，弯曲时坯料容易滑动，只适用于精度要求不高的零件。

图 4-40b 所示的 Z 形件弯曲模设置了顶板 1 和定位销 2，能有效防止坯料的偏移。反侧压块 3 的作用是平衡上、下模之间水平方向的错移力，同时也为顶板导向，防止其窜动。

图 4-40c 所示的 Z 形件弯曲模弯曲时活动凸模与顶板 1 将坯料压紧，由于橡胶弹力较大，其推动顶板下移使坯料左端弯曲。当顶板接触下模座 11 后，橡胶 8 压缩，则凸模 4 相对于活动凸模 10 下移将坯料右端弯曲成形。当压块 7 与上模座 6 相碰时，整个弯曲件得到校正。

6）圆形件弯曲模。圆形弯曲件可根据尺寸大小进行分类：直径 $d \leqslant 5\text{mm}$ 的属于小圆形件，直径 $d \geqslant 20\text{mm}$ 的属于大圆形件。弯小圆形件的方法是先弯成 U 形，再将 U 形弯成圆形。用模具弯曲圆形件通常限于中、小型件，大直径圆形件可采用滚弯成形。

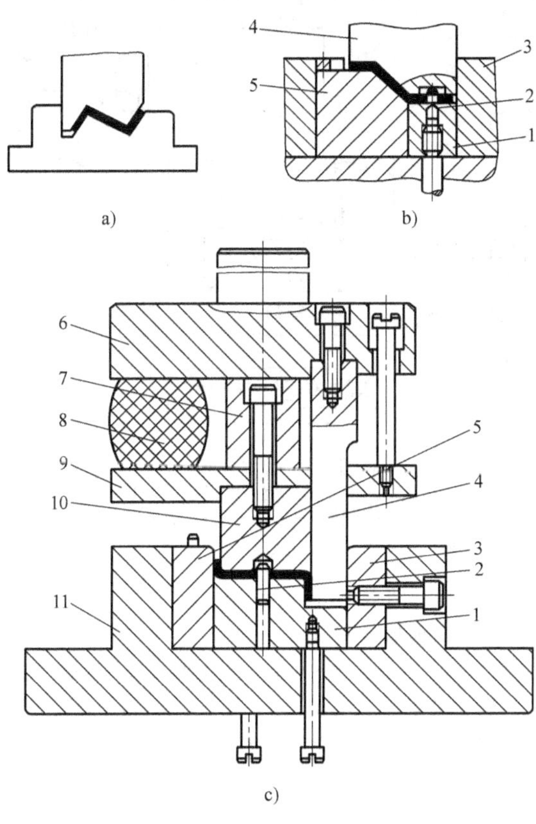

图 4-40　Z 形件弯曲模

1—顶板　2—定位销　3—反侧压块　4—凸模　5—凹模　6—上模座　7—压块　8—橡胶　9—凸模托板　10—活动凸模　11—下模座

图 4-41a 所示为用两套简单模弯圆的方法。由于工件小，分两次弯曲操作不便，可将两道工序合并。如图 4-41b 所示为有斜楔的小圆一次弯曲模，上模下行时，凸模芯棒 1 先将坯料弯成 U 形，随着上模继续下行，斜楔 3 推动活动凹模 2 将 U 形弯成圆形。

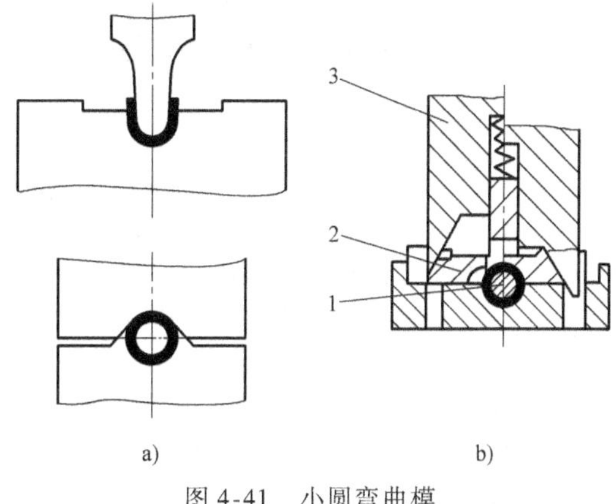

图 4-41　小圆弯曲模

1—凸模芯棒　2—活动凹模　3—斜楔

图 4-42 所示为自动出件的小圆一次成形弯曲模，首先将坯料置于活动定位板 4 上定位，上模下行时，上凹模 5 压向凸模芯棒 18，先将坯料向下弯成 U 形，活动定位板克服弹簧 2 的作用力稍作转动。上模继续下降，后方的调整螺钉 13 压下升降架 14，带动凸模芯棒 18 一起向下运动，压向下凹模 20，将 U 形坯料弯成圆形。上模回程时，升降架 14 在顶杆 21 的作用下复位。当上模继续升高时，滑轮 10 受推块 11 的斜面作用，带动滑套 17 将工件从凸模芯棒中推出，实现上模回程时的自动出件。

图 4-43 所示为大圆三次弯曲模，这种方法生产率低，适用于料厚较大的工件。图 4-44 所示为大圆两次弯曲模，先预弯成三个 120°的波浪形，然后再利用第二套模具弯成圆形，沿凸模轴线方向取下工件。

图 4-45 所示为带摆动凹模的大圆一次成形弯曲模，将坯料置于活动凹模上端，由两侧的定位板定位。上模下行时，凸模 2 先将坯料压成 U 形，上模继续下行，摆动凹模 3 将 U 形弯成圆形，沿凸模轴线方向推开支撑摆块 1 取出工件。这种模具生产率较高，但由于回弹，在工件接缝处留有缝隙和少量直边，工件精度差，结构也较复杂。

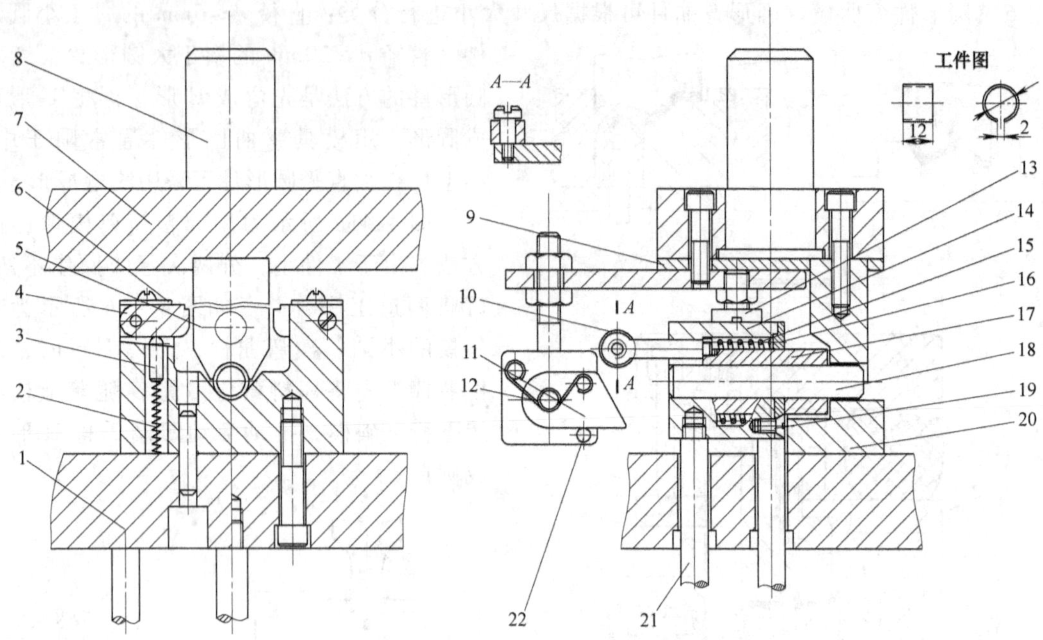

图 4-42　自动出件的小圆一次成形弯曲模

1—下模座　2、15—弹簧　3—活动顶柱　4—活动定位板　5—上凹模　6—压板　7—上模座　8—模柄　9—上凹模固定板　10—滑轮　11—推块　12—扭簧　13—调整螺钉　14—升降架　16—盖板　17—滑套　18—凸模芯棒　19—螺钉　20—下凹模　21—顶杆　22—限位销

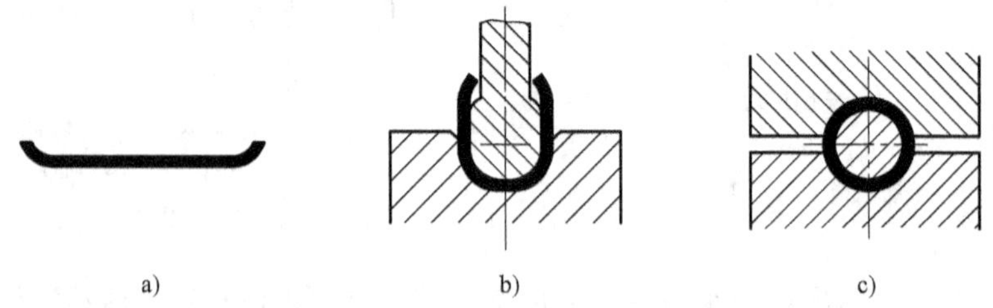

图 4-43　大圆三次弯曲模

a）首次弯曲　b）二次弯曲　c）三次弯曲

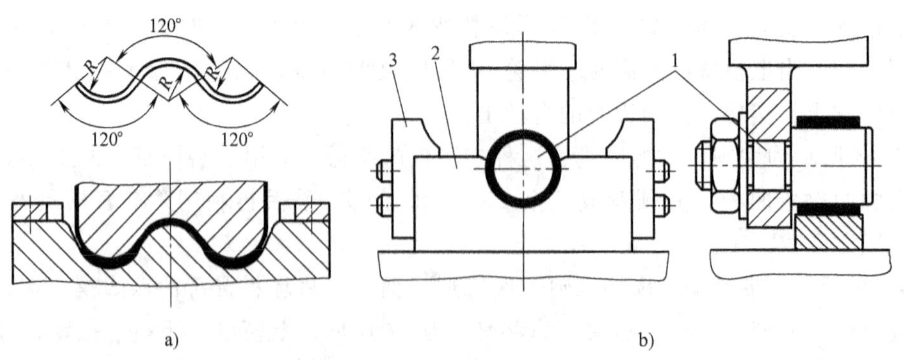

图 4-44　大圆两次弯曲模

a）首次弯曲　b）二次弯曲

1—凸模　2—凹模　3—定位板

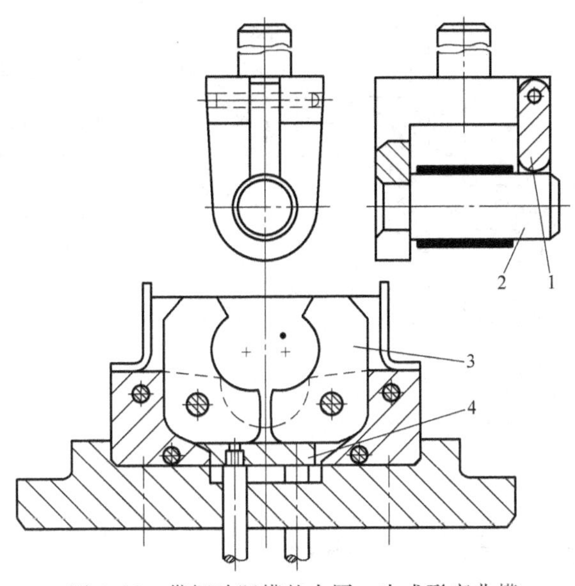

图 4-45　带摆动凹模的大圆一次成形弯曲模

1—支撑摆块　2—凸模　3—摆动凹模　4—顶板

7）铰链件弯曲模。标准的铰链或合页都是采用专用设备生产的，生产率很高，价格便宜，只有当选不到合适的标准铰链件时才用模具弯曲。图 4-46 所示为常见的铰链件弯曲工序的安排。图 4-47a 所示为第一道工序的预弯模。铰链卷圆时通常采用推圆法，图 4-47b 所示为立式卷圆模，其结构简单。图 4-47c 所示为卧式卷圆模，其有压料装置，操作方便，零件质量也较好。

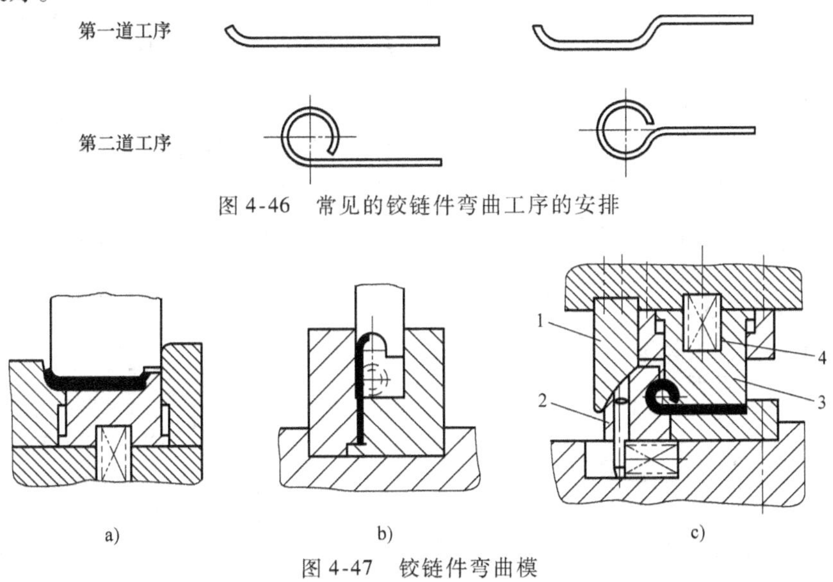

图 4-46　常见的铰链件弯曲工序的安排

图 4-47　铰链件弯曲模

1—斜楔　2—凹模　3—凸模　4—弹簧

图 4-48 所示为双头铰链件弯曲模，坯料为已弯曲成形的半成品，将坯料置于定位板 15 上定位。上模下行，压紧块 7 先将坯料压在定位板上，斜楔 5 推动两侧的活动凹模向中间运动，即将坯料卷成双头铰链。当上模回程时，取出冲压件，活动凹模 4 在拉簧 14 的作用下复位。

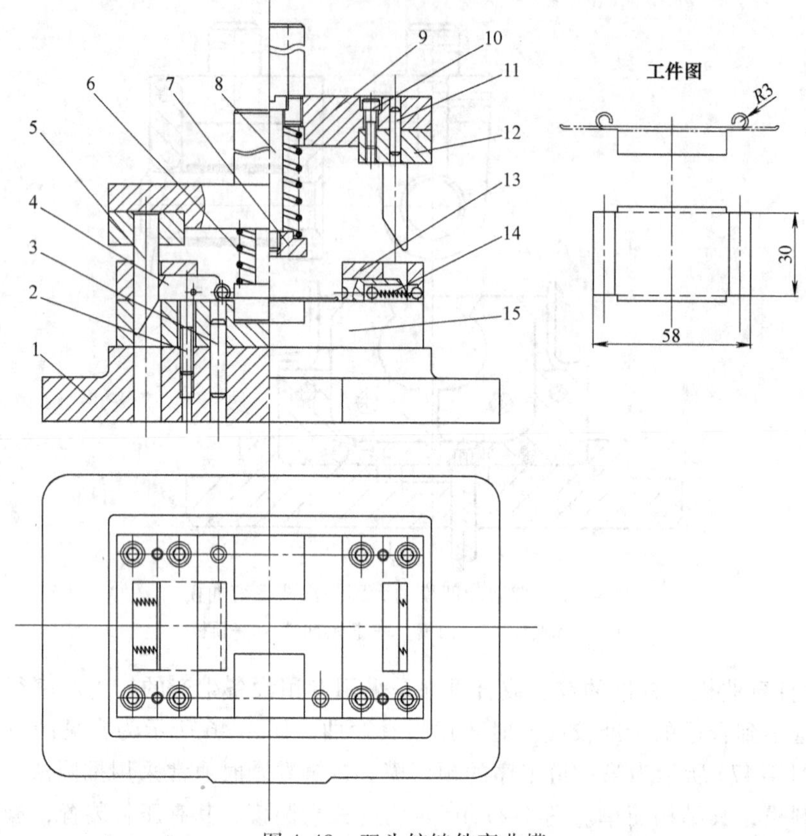

图 4-48　双头铰链件弯曲模

1—下模座　2、10—螺钉　3、11—销钉　4—活动凹模　5—斜楔　6—弹簧　7—压紧块　8—限位钉　9—上模座　12—斜楔固定板　13—导滑块　14—拉簧　15—定位板

8）其他形状件的弯曲模。其他形状的弯曲件，因其形状、尺寸、精度要求及材料等各不相同，难以有一个统一的弯曲方法，只能在实际生产中根据各自的工艺特点采取不同的弯曲方法。图 4-49 ~ 图 4-52 所示为各种复杂形状零件的弯曲模实例。

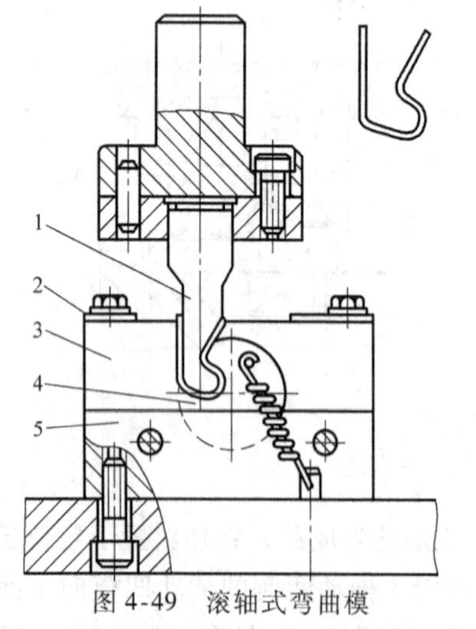

图 4-49　滚轴式弯曲模

1—凸模　2—定位板　3—凹模　4—转轴凸凹模　5—挡板

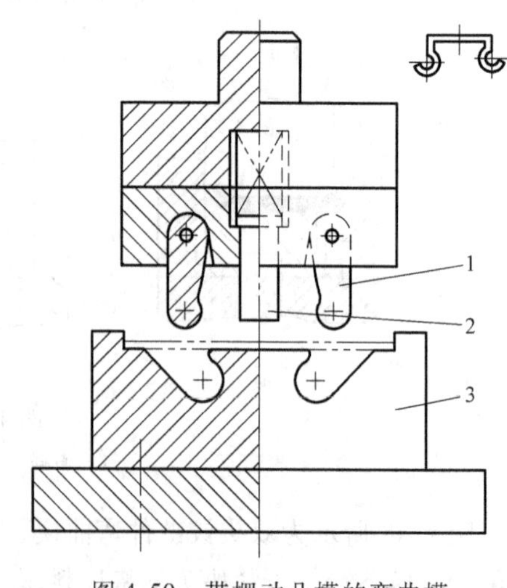

图 4-50　带摆动凸模的弯曲模

1—摆动凸模　2—压料装置　3—凹模

（2）复合弯曲模　尺寸不大的弯曲件可采用复合模弯曲，即在压力机一次行程内，在模具同一位置上完成落料、弯曲、冲孔等几种不同的工序。图 4-53a、b 所示为切断、弯曲复合模结构简图。图 4-53c 所示为落料、弯曲、冲孔复合模，模具结构紧凑，工件精度高，但凸凹模修磨困难。

（3）级进弯曲模　对于批量大、尺寸小的弯曲件，为了提高生产率和安全性，保证零件质量，可以采用级进弯曲模进行多工位的冲裁、弯曲、切断等工艺成形。图 4-54 所示为八工位冲裁、弯曲和切断级进冲压工艺图。具体冲压序内容为：工位Ⅰ冲工艺孔及双侧刃余料，工位Ⅱ冲双侧矩形槽，工位Ⅲ空工位，工位Ⅳ弯曲 90°外角并预弯曲中间角，工位Ⅴ空工位，工位Ⅵ弯曲 90°中间角，工位Ⅶ精密冲裁底孔，工位Ⅷ切断冲压件使之与条料分离。

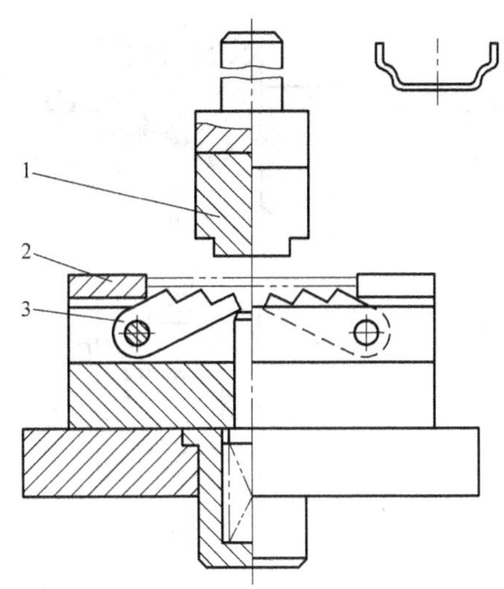

图 4-51　带摆动凹模的弯曲模

1—凸模　2—定位板　3—摆动凹模

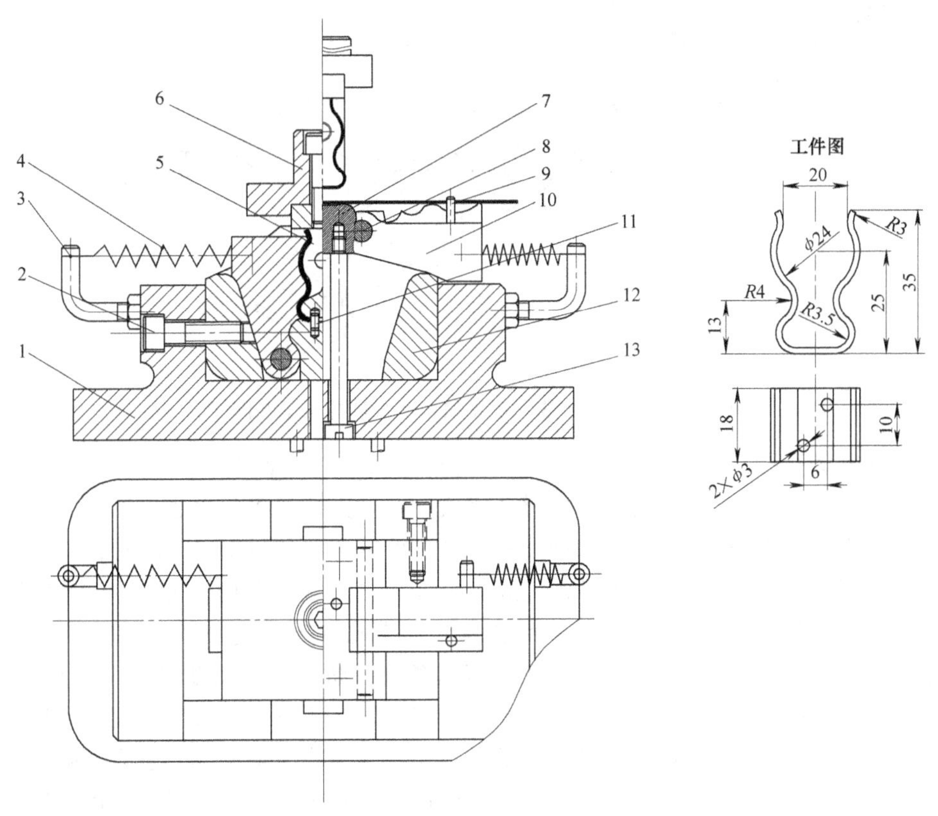

图 4-52　铰链式弯曲模

1—下模座　2—螺钉　3—弯柱　4—拉簧　5—凸模　6—模柄　7—顶件块　8—转销　9—挡料钉　10—活动凹模　11—定位销　12—楔紧块　13—顶杆

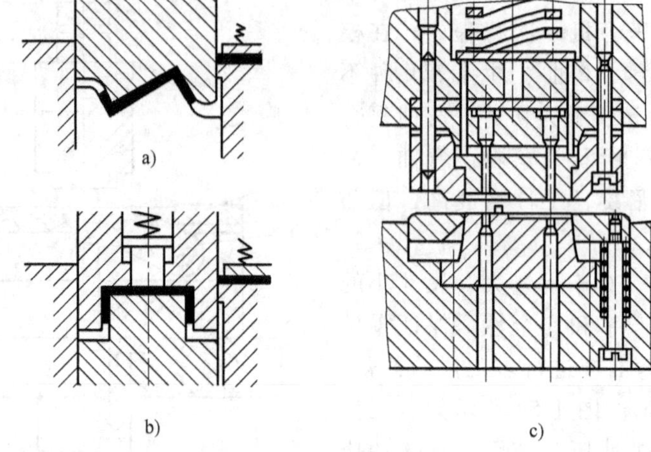

图 4-53　复合弯曲模

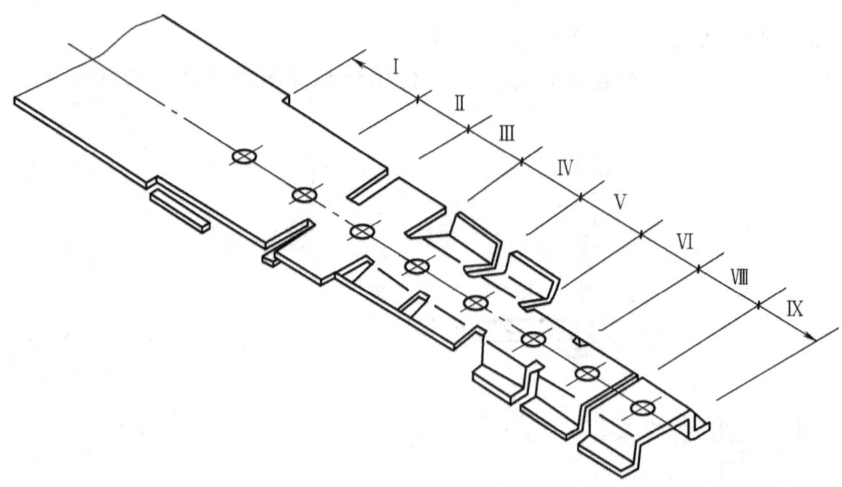

图 4-54　八工位冲裁、弯曲和切断级进冲压工艺图

图 4-55 所示为冲孔、切断和弯曲两工位复合级进模，以导料板导向将条料送至第一工位，上模下行时，由冲孔凸模 4 与冲孔凹模 8 完成冲孔。紧接着将条料送至第二工位，由反侧压块 5 的右侧定距，由兼作上剪刃的凸凹模 1 与下剪刃 7 将条料切断；同时，由弯曲凸模 6 与凸凹模 1 将所切断的坯料压弯成形，完成复合冲压。上模回程时，卸料板 3 卸下条料，推件块 2 则在弹簧的作用下推出工件，从而获得底部带孔的 U 形弯曲件。在该模具中，弹性卸料板 3 除了起卸料作用以外，冲压时还能压紧条料，防止单边切断时条料上翘。同样，弹性推件块 2 的作用除推件外，还在坯料切断后将其压紧，防止弯曲时坯料发生偏移，推件块上的导正销能在弯曲前导正坯料上已冲出的孔。反侧压块除了定位外，还能平衡凸凹模在单边切断时产生的水平错移力。另外，因该模具中用于冲裁工序，故采用了对角导柱模架。

4.2.8　弯曲模工作部分设计

弯曲模工作零件的设计，主要是确定凸、凹模工作部分的圆角半径，凹模深度，凸、凹

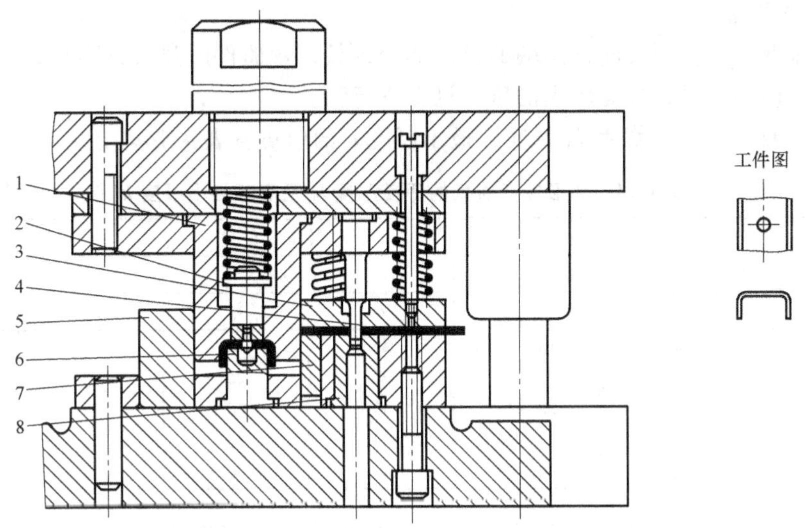

图 4-55　冲孔、切断和弯曲两工位复合级进模

1—凸凹模　2—推件块　3—卸料板　4—冲孔凸模　5—反侧压块　6—弯曲凸模　7—下剪刃　8—冲孔凹模

模间隙，横向尺寸及公差等。弯曲凸、凹模安装部分的结构设计与冲裁凸、凹模基本相同，弯曲凸、凹模工作部分的结构及尺寸如图 4-56 所示。

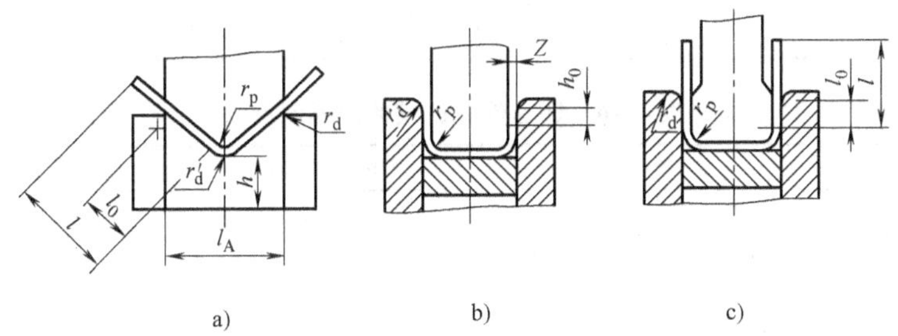

图 4-56　弯曲凸、凹模工作部分的结构及尺寸

1. 凸模圆角半径 r_p

当弯曲件的相对弯曲半径 $r/t=5\sim8$ 且不小于 r_{min}/t 时，凸模圆角半径取弯曲件的圆角半径。若 $r/t<r_{min}/t$，则可先弯成较大的圆角半径，然后再采用整形工序进行整形。

当弯曲件的相对弯曲半径 $r/t\geqslant10$ 时，还应考虑回弹，根据回弹值对凸模的圆角半径作相应的修正。

2. 凹模圆角半径 r_d

凹模圆角半径 r_d 不能过小，否则坯料沿凹模圆角滑进时阻力增大，从而增大弯曲力，并使毛坯表面擦伤或出现压痕。同时，对称压弯件两边的凹模圆角半径应一致，否则压弯过程中毛坯会产生偏移。

生产中，凹模圆角半径 r_d 通常根据材料厚度选取：$t<2$mm 时，$r_d=(3\sim6)t$；$t=2\sim4$mm 时，$r_d=(2\sim3)t$；$t>4$mm 时，$r_d=2t$。

V 形件凹模的底部可开槽，或取圆角半径 $r_d'=(0.6\sim0.8)(r_p+t)$。

3. 凹模深度 l_0

若凹模深度过小，则弯曲件两端的自由部分较长，弯曲件回弹大且不平直；若凹模深度过大，则浪费模具材料，且需较大的压力机工作行程。

弯曲 V 形件时，凹模深度 l_0 及底部最小厚度 h 的值可查表 4-14。

表 4-14 V 形件弯曲模的凹模深度 l_0 及底部最小厚度 h （单位：mm）

弯曲件边长 l	材料厚度 t					
	≤2		>2～4		>4	
	h	l_0	h	l_0	h	l_0
>10～25	20	10～15	22	15	—	—
>25～50	22	15～20	27	25	32	30
>50～75	27	20～25	32	30	37	35
>75～100	32	25～30	37	35	42	40
>100～150	37	30～35	42	40	47	50

弯曲 U 形件时，若弯边高度不大或要求两边平直，则凹模深度应大于弯曲件的高度，如图 4-56b 所示，其值见表 4-15。若弯边高度较大，而对平直度要求不高时，可采用如图 4-56c 所示的凹模形式，凹模深度 l_0 的值见表 4-16。

表 4-15 U 形件弯曲凹模的 h_0 （单位：mm）

材料厚度 t	≤1	>1～2	>2～3	>3～4	>4～5	>5～6	>6～7	>7～8	>8～10
h_0	3	4	5	6	8	10	15	20	25

表 4-16 U 形件弯曲模的凹模深度 l_0 （单位：mm）

弯曲件边长 l	材料厚度 t				
	≤1	>1～2	>2～4	>4～6	>6～10
≤50	15	20	25	30	35
>50～75	20	25	30	35	40
>75～100	25	30	35	40	40
>100～150	30	35	40	50	50
>150～200	40	45	55	65	65

4. 凸、凹模间隙

对于 V 形件，凸模和凹模之间的间隙是由调整压力机的装模高度来控制的。对于 U 形件，凸模和凹模之间的间隙对弯曲件的回弹、表面质量和弯曲力均有很大的影响。间隙越大，回弹越大，弯曲件的误差越大；间隙过小，则会使弯曲件直边的料厚减薄或出现划痕，降低模具寿命。

生产中，U 形件弯曲模的凸、凹模单边间隙一般可按如下公式确定：

弯曲非铁金属时 $$Z = t_{min} + ct \tag{4-16}$$

弯曲钢铁材料时 $$Z = t_{max} + ct \tag{4-17}$$

式中 Z——弯曲凸、凹模的单边间隙；

t——弯曲件的材料厚度（公称尺寸）；

t_{min}、t_{max}——弯曲件材料的最小厚度和最大厚度；

c——间隙系数，见表 4-17。

表 4-17　U 形件弯曲模凸、凹模的间隙系数 c

弯曲件高度 H/mm	材料厚度 t/mm								
	≤0.5	0.6~2	2.1~4	4.1~5	≤0.5	0.6~2	2.1~4	4.1~7.5	7.6~12
	弯曲件宽度 $B \leqslant 2H$				弯曲件宽度 $B > 2H$				
10	0.05	0.05	0.04	—	0.10	0.10	0.08	—	—
20	0.05	0.05	0.04	0.03	0.10	0.10	0.08	0.06	0.06
35	0.07	0.05	0.04	0.03	0.15	0.10	0.08	0.06	0.06
50	0.10	0.07	0.05	0.04	0.20	0.15	0.10	0.06	0.06
75	0.10	0.07	0.05	0.05	0.20	0.15	0.10	0.10	0.08
100	—	0.07	0.05	0.05	—	0.15	0.10	0.10	0.08
150	—	0.10	0.07	0.05	—	0.20	0.15	0.10	0.10
200	—	0.10	0.07	0.07	—	0.20	0.15	0.15	0.10

5. 弯曲凸、凹模横向尺寸及公差

弯曲凸模和凹模横向尺寸计算与工件尺寸的标注有关。一般原则是：标注弯曲件外形尺寸时（见图 4-57a），以凹模为基准件，间隙取在凸模上；标注弯曲件内形尺寸时（见图 4-57b），以凸模为基准件，间隙取在凹模上。如图 4-57c 所示的凸、凹模横向尺寸的计算如下。

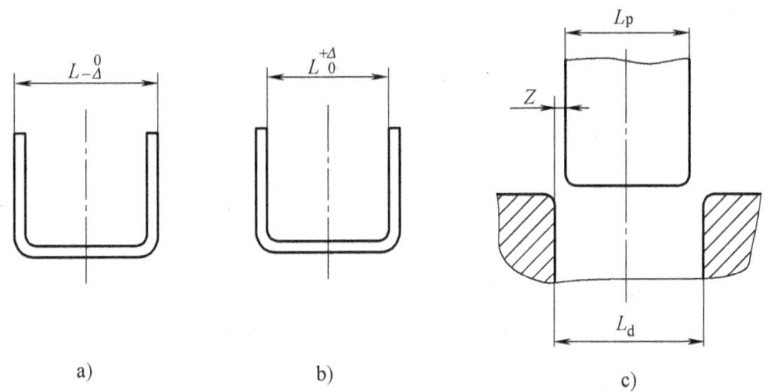

图 4-57　标注外形与内形的弯曲件及模具尺寸

标注弯曲件外形尺寸时有

$$L_d = (L_{max} - 0.75\Delta)_{\ 0}^{+\delta_d} \tag{4-18}$$

$$L_p = (L_d - 2Z)_{-\delta_p}^{\ 0} \tag{4-19}$$

标注弯曲件内形尺寸时有

$$L_p = (L_{min} + 0.75\Delta)_{-\delta_p}^{\ 0} \tag{4-20}$$

$$L_d = (L_p + 2Z)_{\ 0}^{+\delta_d} \tag{4-21}$$

式中　L_d、L_p——弯曲凸、凹模横向尺寸；

L_{max}、L_{min}——弯曲件的横向上极限尺寸、下极限尺寸；

Δ——弯曲件的横向尺寸公差；

δ_d、δ_p——弯曲凸、凹模的制造公差，可采用 IT7 ~ IT9 级精度，一般取凸模精度比凹模精度高一级，但要保证 $\delta_d/2+\delta_p/2+t_{max}$ 的值在最大允许间隙范围内；

Z——凸、凹模单边间隙。

当弯曲件的精度要求较高时，其凸、凹模可以采用配作法加工。

4.3　任务实施

4.3.1　基本训练——压板零件弯曲模设计

弯曲成形图 4-58 所示的压板零件，材料为 10 钢，厚度为 1mm，中批量生产，试设计弯曲模。

1. 零件的工艺性分析

根据零件的结构形状和批量要求，可采用落料、冲孔-弯曲两道工序冲压成形，这里只考虑弯曲工序。

该零件的结构、尺寸、精度和材料均符合弯曲工艺性要求，相对弯曲半径 $r/t=3.5<5$，回弹量不大。但零件形状不对称，弯曲时主要要解决好坯料的偏移问题。

零件的弯曲部位是 $R3.5$mm 的圆弧，按图 4-58 中标注的尺寸 8mm ± 0.2mm，可算出圆心角为 137° ~ 145°，故应按 141°设计模具。

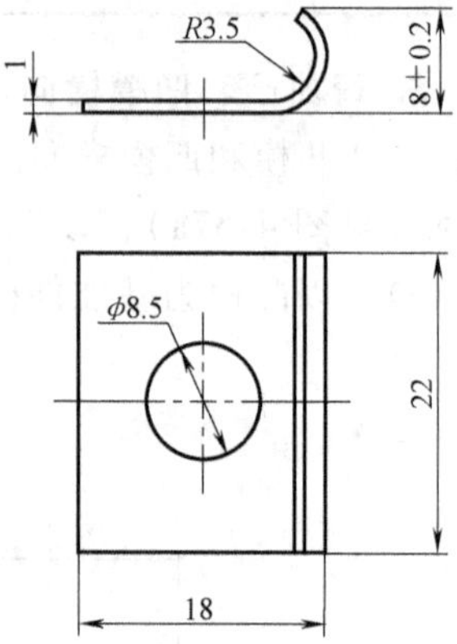

图 4-58　压板零件图

2. 模架结构方案的确定

弯曲该类零件常见的模具结构有图 4-59 所示的两种方案。其中图 4-59a 所示为最常用的弯曲模，但用于此零件定位困难，且左、右摩擦力不等，易导致弯曲时偏移，零件尺寸难以保证；图 4-59b 所示为滚轴式弯曲模，其凹模旋转角必须小于 90°，而此零件的头部接近半圆，因此也不宜采用这种方案。

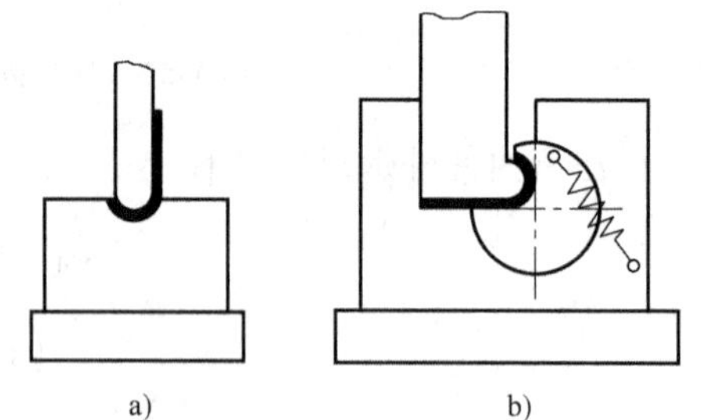

图 4-59　弯曲模结构方案示意图

根据以上分析，此零件应采用楔块式弯曲模，其结构如图 4-60 所示。弯曲前，顶件块 1 与滑块 16（兼作凹模）的上表面平齐，坯料以 ϕ8.5mm 的孔套在定位销上定位。上模下行时，凸模 5 与顶件块 1 将坯料压紧。上模继续下行，坯料在凸模与滑块的作用下开始弯曲，当凸模在凸模背压弹簧 6 的作用下到达下死点时，完成圆弧的预弯曲。此时，滑块在斜楔 15 的作用下向左运动，当上模继续下行到达下死点时，滑块使零件弯曲成形，并产生校正力。上模回程时，凸模受凸模背压弹簧 6 的作用先不动，滑块在弹簧 18 的作用下随斜楔 15 的上升向右移动复位，继而凸模上升，顶件块将零件顶出。在该模具中，坯料受定位销的限制和顶件块的压紧作用，避免了弯曲时的偏移。同时，将凸模加工成活动式的，实现了用同一滑块进行预弯和弯曲的先后动作，并避免了凸模回程时与滑块产生干涉。

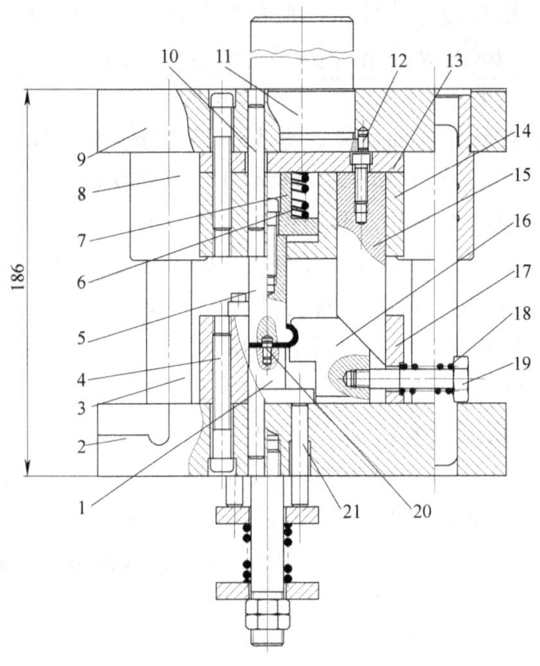

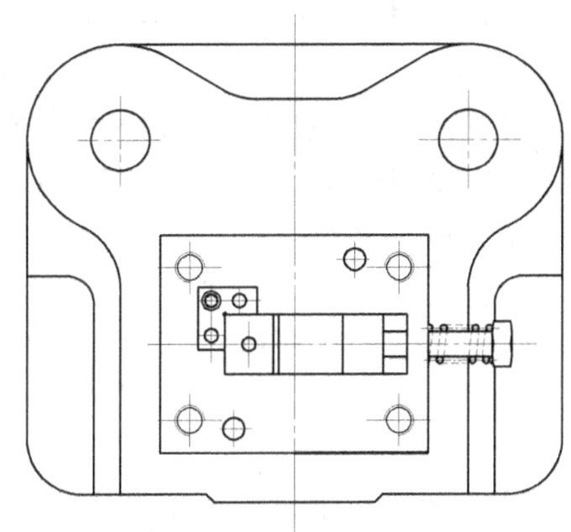

图 4-60　压板弯曲模

1—顶件块　2—下模座　3—导柱　4—螺钉　5—凸模　6—凸模背压弹簧　7—凸模固定圈　8—导套　9—上模座　10—销钉　11—模柄　12—防转销　13—垫板　14—凸模固定板　15—斜楔　16—滑块　17—凹模固定板　18—复位弹簧　19—螺栓　20—定位销　21—顶杆

3. 弯曲工艺与设计计算

（1）坯料的展开长度　弯曲件由直边和圆弧两部分组成，圆弧部分中性层位移系数由 $r/t=3.5$ 查表 4-8 取 $x=0.41$。经计算，圆弧中心角 $\alpha=141°$，直线部分长度 $l=18\text{mm}-4.5\text{mm}=13.5\text{mm}$，故坯料的展开长度为

$$L_z=l+\frac{\pi\alpha}{180}(r+xt)=13.5\text{mm}+\frac{3.14\times141}{180}\times(3.5+0.41\times1)\text{mm}\approx23.1\text{mm}$$

（2）弯曲力　弯曲过程有两步，第一步是凸模向下运动的弯曲，第二步是通过滑块向左压圆弧的弯曲，并施加校正力。

第一步弯曲的弯曲力按自由弯曲计算，查表 1-4 取 $R_m = 400\text{MPa}$，由式（4-11）得

$$F_1 = \frac{0.6KBt^2R_m}{r+t} = \frac{0.6 \times 1.3 \times 22 \times 1^2 \times 400}{3.5+1}\text{N} \approx 1\ 525\text{N}$$

第二步弯曲的弯曲力按校正弯曲计算，查表 4-13 取 $q = 40\text{MPa}$，由式（4-14）得

$$F_2 = Aq = 22 \times 8 \times 40\text{N} = 7\ 040\text{N}$$

校正力是通过斜楔传递给滑块的，取斜楔的角度为 45°，故总弯曲力为

$$F = F_1 + F_2 = 1\ 525\text{N} + 7\ 040\text{N} = 8\ 565\text{N}$$

（3）弹簧　本模具中采用的弹簧有凸模背压弹簧、弹顶器弹簧和滑块复位弹簧。

1）凸模背压弹簧。为实现坯料的预弯曲，弹簧的预压力必须大于初始弯曲力 1 525N；同时，凸模达到下死点时才开始与凸模固定板有相对运动，此时斜楔才开始推动滑块向左运动 2.5mm（由凸、凹模间隙及工作部位尺寸关系确定，见图 4-61），因斜楔的角度为 45°，故凸模在固定板中的行程也是 2.5mm，即弹簧进一步的压缩量为 2.5mm。

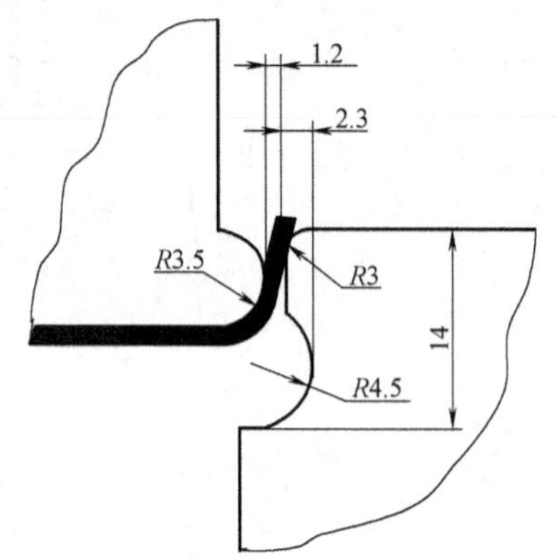

图 4-61　凸模与滑块工作部位尺寸关系

2）弹顶器弹簧。弹顶器弹簧的预压力同样要大于 1 525N。同时，根据弯曲件的尺寸要求并考虑凹模强度，凸模从接触坯料到弯曲成形需要下行 14mm，即弹顶器的工作行程为 14mm。

3）滑块复位弹簧。滑块复位弹簧只要求在上模回程时能使滑块可靠复位，可采用一般的圆柱螺旋压缩弹簧。查有关标准，选用弹簧 1.6 × 15 × 22 GB/T 2089—1994，弹簧的极限压缩量 $h_j = 15.2\text{mm}$，极限工作压力 $F_j = 79.6\text{N}$。

（4）回弹　因圆弧部分的相对弯曲半径 $r/t = 3.5 < 5$，故半径的回弹值可以忽略。凸模工作部分设计成半圆形，补偿角度的回弹量也足够，因此也不必计算。为了保证其形状，施加校正力以保证弯曲件的质量。

（5）凸模与滑块（凹模）工作部位尺寸的确定　滑块（凹模）在初始位置时要配合凸模完成第一次弯曲，然后滑块在斜楔的作用下向左移动，完成圆弧部位的弯曲成形。凸模与凹模的间隙用式（4-17）计算，由表 4-17 取系数 $c = 0.10$，则

$$Z = t_{max} + ct = 1.1\text{mm} + 0.1 \times 1\text{mm} = 1.2\text{mm}$$

因弯曲半径的回弹值可以忽略，故凸模圆角半径 $r_p = r = 3.5\text{mm}$。凹模的圆角半径取 $r_d = 3t = 3\text{mm}$。凸模与滑块（凹模）工作部位的尺寸关系如图 4-61 所示。由图可看出，当滑块的移动行程为 2.5mm 时，就可使滑块 R4.5mm 圆弧的圆心与凸模圆心重合，因此滑块的行程即为 2.5mm。

由前述可知，当凸模到达下止点后，上模还可能下降的距离为 8.4mm − 5.6mm = 2.8mm（其中 8.4mm 是弹簧的允许变形量）。而滑块的行程为 2.5mm，斜楔的角度为 45°，因此可以满足设计要求。

4. 主要模具零件的设计

（1）凸模　凸模与凸模固定圈用螺钉联接。凸模固定圈兼作弹簧的导向杆，上模至下

死点时，固定圈的上顶面与垫板接触，对工件施加压力。凸模固定圈的直径稍小于弹簧内径（ϕ25.4mm），取 ϕ24mm。圆柱的高度是弹簧压缩变形后的高度，为 22mm。凸模固定圈的台肩直径取 ϕ50mm。凸模结构与工作部分尺寸如图 4-62 所示。

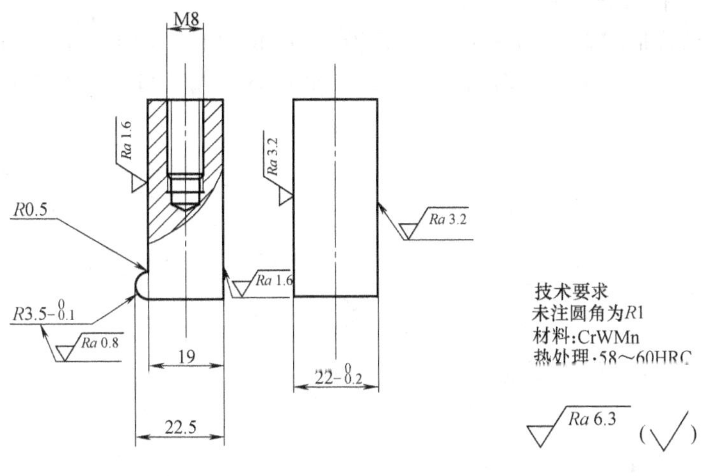

图 4-62　凸模

（2）滑块　滑块的斜面、底面和台阶面是滑动工作面，表面要求光滑。滑块的上面是坯料定位面，侧面圆弧部位是弯曲凹模的工作部位，具体结构和尺寸如图 4-63 所示。滑块的右侧装有螺栓和弹簧，用于滑块的复位。

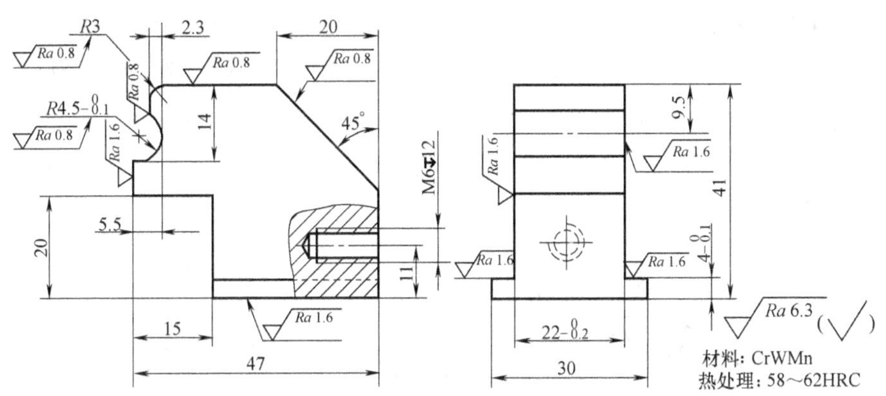

图 4-63　滑块

（3）斜楔　斜楔的横截面为矩形，其宽度可比滑块的宽度略小，取 21mm，长度取 24mm。斜楔的斜面及与斜面相对的侧面是滑动工作面，斜楔与凸模固定板采用 H7/k6 配合，并用 M8 的螺栓将斜楔固定在垫板上。为了便于调整圆弧部位的间隙，并控制校正力的大小，斜楔与固定板之间可设置调整垫片。

（4）顶件块　顶件块在弹顶器的作用下，与凸模形成足够的压紧力而完成第一次弯曲，并对坯料起定位作用。顶件块上部为矩形，其宽度与坯料宽度相等，上面设有定位销，弯曲前坯料的 ϕ8.5mm 孔套在定位销上定位。顶件块下部为圆柱形，上、下部分用螺钉紧固，底面通过 4 根顶杆与弹顶器相接触。当模具处于开启状态时，在弹顶器的作用下，顶件块的上表面与滑块等高，便于坯料的定位。

4.3.2　综合训练——保持架弯曲模设计

保持架零件如图 4-64 所示，材料为 20 钢，厚度为 0.5mm，中批量生产，试设计弯曲模。

1. 零件的工艺性分析

根据零件的结构形状和批量要求，需要设计三道工序，如图 4-65 所示，依次为落料、首次弯曲和最终弯曲。每道工序各需一套模具，此处介绍第二道工序首次弯曲模的设计。

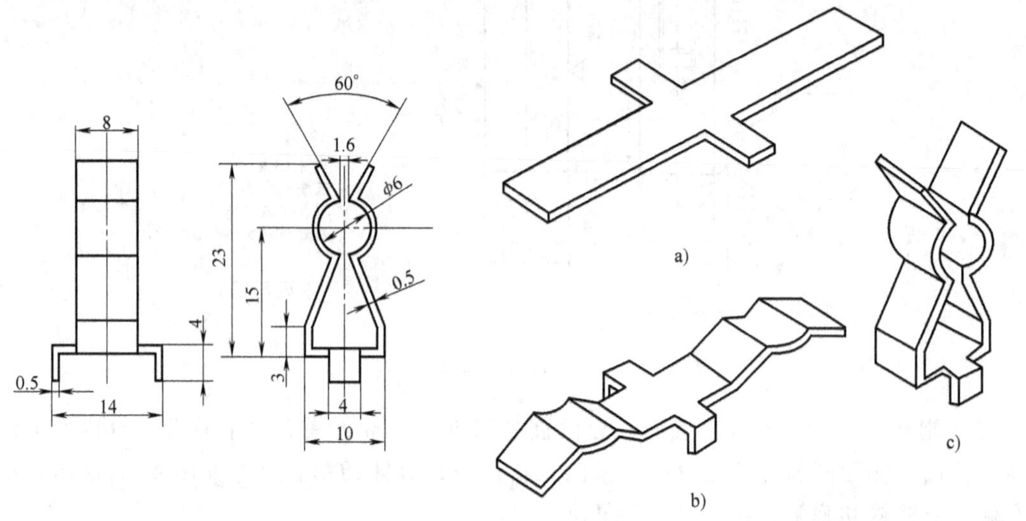

图 4-64　保持架零件图

图 4-65　保持架弯曲工序图
a）落料　b）首次弯曲　c）最终弯曲

首次弯曲工序件如图 4-66 所示。工序件左右对称，在 *b*、*c*、*d* 处各有弯曲两处。*bc* 弧段的半径为 3mm，其余各段是直线。中间 *e* 处为对称的向下弯曲。通过上述分析可知，首次弯曲工序件共有 8 条弯曲线。

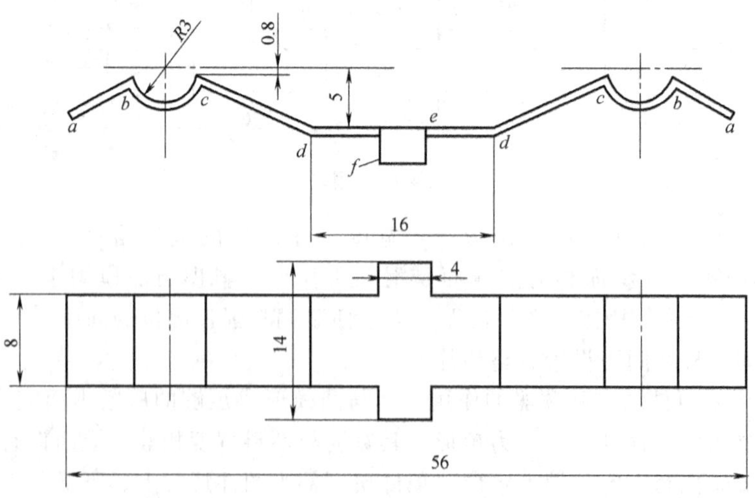

图 4-66　首次弯曲工序件

2. 模架结构方案的确定

为防止坯料在弯曲过程中产生滑动，必须采取定位措施。此零件中部有两个凸耳，因此可在凹模的对应部位设置沟槽，冲压时凸耳始终处于沟槽内，从而实现坯料的定位。

模具总体结构如图 4-67 所示，采用标准模架，上、下模由导柱、导套导向。凸模用凸模固定板固定。下模部分由凹模、凹模固定板、垫板和下模座组成。下模座下装有弹顶器，弹顶力通过两顶杆传递到顶件块上。

模具工作时，将落料后的坯料放在凹模上，并使中部的两个凸耳进入凹模固定板的槽中。当模具下行时，凸模中部和顶件块压住坯料的凸耳，使坯料在槽内准确定位。模具继续下行，使各部位逐渐弯曲成形。上模回程时，弹顶器通过顶件块将工件顶出。

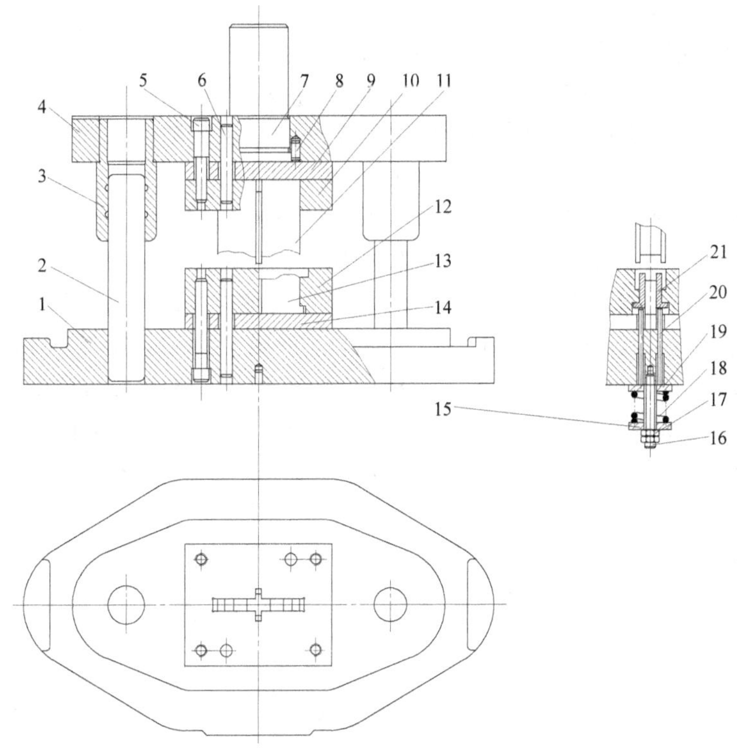

图 4-67　保持架首次弯曲模总体结构

1—下模座　2—导柱　3—导套　4—上模座　5—螺钉　6—销钉　7—模柄　8—防转销　9、14—垫板　10—凸模固定板　11—凸模　12—凹模固定板　13—凹模　15—托板　16—双头螺柱　17—螺母　18—弹簧　19—顶板　20—顶杆　21—顶件块

3. 弯曲工艺与设计计算

（1）坯料的展开长度　保持架料厚 $t=0.5\text{mm}$，零件图 4-64 中未注弯曲圆角半径，因此尽量选择较小的圆角半径以减少回弹。材料为正火状态，因首次弯曲为异向弯曲，由表 4-4 查出最小弯曲圆角半径分别为 $0.1t$ 和 $0.5t$。如图 4-66 所示，取 b、c、d 处的圆角半径为 0.05mm，e 处的圆角半径为 0.25mm。经计算，bc 段圆弧的中心角 $\alpha=150°$，$r<0.5t$ 的弯曲件坯料的展开长度为

$$L_z = 10\text{mm} + 2 \times 3\text{mm} + 2 \times \sqrt{4.2^2 + 9^2}\text{mm} + 2 \times \frac{150\pi}{180} \times 3\text{mm} + 2 \times \frac{5}{\cos 30°}\text{mm} + 0.5\text{mm} \approx 63.6\text{mm}$$

生产中先制造弯曲模，按上述初步计算的坯料长度，经反复试弯，不断修正，最后确定出落料的形状和尺寸，再制造落料模。

（2）弯曲力　工件中的 8 条弯曲线均按自由弯曲计算，弯曲内半径 r 取 $0.1t$，取 $R_m = 450\text{MPa}$，由式（4-11）得每处的弯曲力为

$$F_1 = \frac{0.6KBt^2 R_m}{r+t} = \frac{0.6 \times 1.3 \times 8 \times 0.5^2 \times 450}{0.1 \times 0.5 + 0.5}\text{N} \approx 1\,276.36\text{N}$$

则 b、c、d 部位共 6 处的弯曲力为 1 276.36N × 6 = 7 658.16N

工件 e 处的弯曲宽度为 4mm，由式（4-11）计算可得单侧弯曲力为 638.18N，则两侧弯曲力为：638.18N × 2 = 1 276.36N。

计算校正弯曲力，面积 A 按水平面的投影面积计算（图 4-66）

$$A = 56 \times 8\text{mm}^2 + 4 \times (14 - 8)\text{mm}^2 = 472\text{mm}^2$$

由式（4-14），查表 4-13 取 $q = 30\text{MPa}$，计算校正弯曲力得

$$F_2 = Aq = 472 \times 30\text{N} = 14\,160\text{N}$$

故总弯曲力为　$F = 7\,658.16\text{N} + 1\,276.36\text{N} + 14\,160\text{N} = 23\,094.52\text{N}$

（3）弹顶器的计算　由于所需的顶出力较小，在凸耳的弯曲过程中，弹顶器的力不宜太大，应当小于单边的弯曲力，否则弹顶器将压弯工件使工件的直边部位出现变形。

选用圆柱螺旋压缩弹簧，从冲压设计资料中选取弹簧，其中径 $D_2 = 14\text{mm}$，钢丝直径 $d = 1.2\text{mm}$，最大工作负荷 $P_n = 41.3\text{N}$，最大单圈变形量 $f = 5.575\text{mm}$，节距 $t = 7.44\text{mm}$。

如图 4-67 主视图所示，顶件块位于上死点时应和 b、c 处等高，上模压下时与 f 处等高，弹顶器的工作行程 $f_x = 4.2\text{mm} + 6\text{mm} = 10.2\text{mm}$，弹簧有效圈数 $n = 3$，最大变形量为

$$f_1 = n \times f = 3 \times 5.575\text{mm} \approx 16.73\text{mm}$$

弹簧预压缩量选为 $f_0 = 8\text{mm}$，弹簧的弹性系数 K 可按下式估算

$$K = \frac{P_n}{nf} = \frac{41.3\text{N}}{3 \times 5.575\text{mm}} \approx 2.47\text{N/mm}$$

则弹簧预紧力为

$$P_0 = Kf_0 = 2.47 \times 8\text{N} = 19.76\text{N}$$

顶件块位于下死点时弹簧的弹顶力为：$P_1 = Kf_x = 2.47 \times 10.2\text{N} \approx 25.2\text{N}$，此值远小于 e 处的弯曲力，符合要求。

4. 主要模具零件的设计

（1）凸模　凸模采用由两部分组成的镶拼结构，如图 4-68 所示。图中凸模 B 部位的尺寸按前述回弹补偿角度设计。A 部位在弯曲工件的两凸耳时起凹模作用。凸模用凸模固定板和螺钉固定。凹模与凸模的间隙由式（4-17）计算，c 值由表 4-17 查出，取 0.05，则单边间隙 Z 为

$$Z = 0.5\text{mm} + 0.05 \times 0.5\text{mm} = 0.525\text{mm}$$

（2）凹模　凹模采用镶拼结构，与凸模结构类似，如图 4-69 所示。在凹模下部设计凸台以固定凹模，凹模工作部位的几何形状对照凸模的几何形状并考虑工件厚度进行设计。凸模和凹模均采用 Cr12 钢制造，热处理硬度为 62 ~ 64HRC。

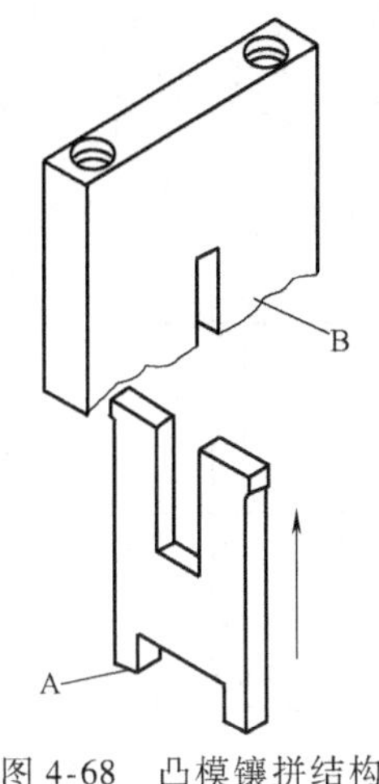

图 4-68　凸模镶拼结构

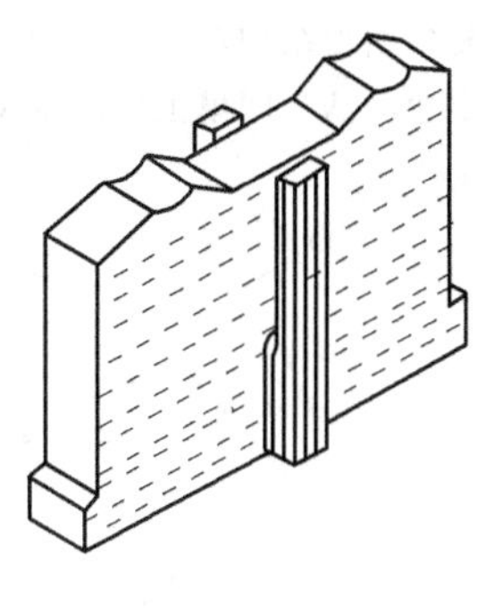
图 4-69　凹模镶拼结构

思考与练习题

4-1　弯曲变形有哪些特点？

4-2　弯曲的变形程度用什么来表示？弯曲时的极限变形程度受到哪些因素的影响？

4-3　弯曲过程中常出现哪些质量问题？如何避免？

4-4　试分析图 4-70 所示零件的弯曲工艺性，并对弯曲工艺性的不合理之处提出解决措施。零件材料为 20 钢，未注弯曲内表面圆角半径为 2mm。

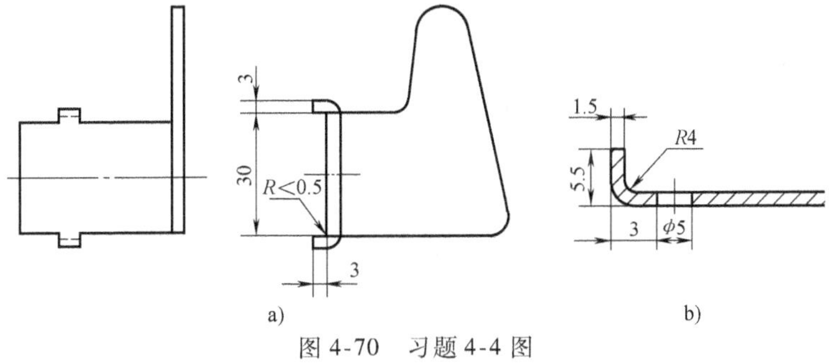

图 4-70　习题 4-4 图

4-5　计算图 4-71 所示零件的展开长度。该零件在模具内弯成什么形状和尺寸，出模后才能得到图示形状和尺寸？

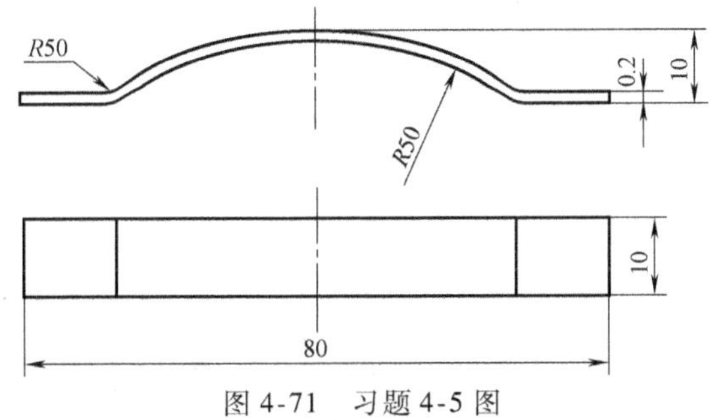

图 4-71　习题 4-5 图

4-6　弯曲图 4-72 所示零件，材料为 35 钢，已退火，厚度 $t=4$mm。完成以下工作内容：

1）分析弯曲件的工艺性。

2）计算弯曲件的展开长度和弯曲力（采用校正弯曲）。

3）绘制弯曲模结构草图。

4）确定弯曲凸、凹模工作部位尺寸，绘制凸、凹模零件图。

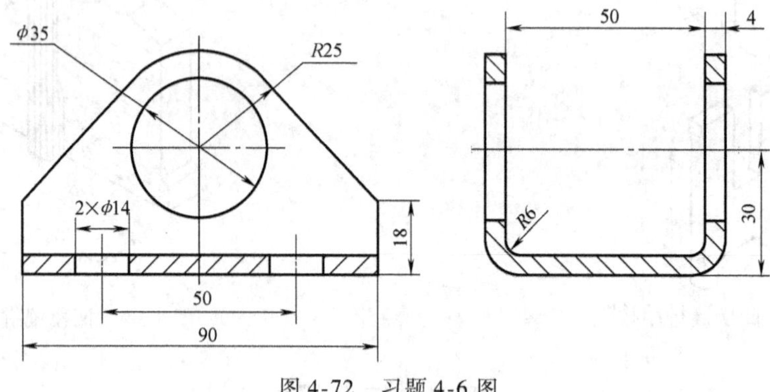

图 4-72　习题 4-6 图

教学单元五　拉深工艺与拉深模设计

拉深是指将一定形状的平板通过拉深模具冲压成各种开口空心件，或以开口空心件为毛坯，进一步拉深改变其形状和尺寸的一种冲压工艺方法。用拉深方法可以制成圆筒形、阶梯形、锥形、球形、盒形和其他不规则形状的薄壁空心零件。如果拉深工艺与其他冲压工艺配合，还可以加工制造形状极为复杂的零件。

5.1　任务引入

图 5-1 所示为带凸缘的圆筒形件与底部带锥的传动带盘半成品拉深件，是拉深工艺中较为典型的旋转体零件。在学习完本教学单元的拉深相关知识后，将进行这两个拉深件的成形工艺分析、工序尺寸计算和模具结构设计。

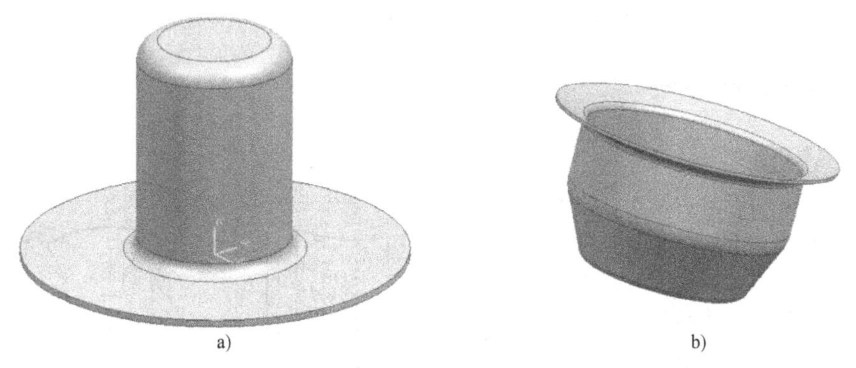

a)　　　　b)

图 5-1　典型拉深件

a) 带凸缘的圆筒形件　b) 底部带锥的传动带盘半成品拉深件

5.2　相关知识

5.2.1　拉深变形过程分析

1. 拉深变形过程及特点

圆筒形件的拉深如图 5-2 所示。拉深所用的模具主要由凸模、凹模和压边圈三部分组成。在凸模的压力下，直径为 D、厚度为 t 的圆形板料逐渐被拉入凹模洞口，得到外径为 d、高度为 H 的开口圆筒形工件。

为了分析材料在拉深时的变形情况，在圆形毛坯的表面画上许多间距都等于 a 的同心圆和等分度的辐射线，由这些同心圆和辐射线组成了图 5-3a 所示的网格。拉深后，圆筒形件底部的网格基本上保持原来的形状，而圆筒形件筒壁部分的网格则发生了很大的变化。原来的同心圆变为筒壁上直径相等的圆，而且其间距增大了，越靠近筒壁上部增大越多，即 $a_1 > a_2 > a_3 > \cdots > a$；原来分度相等的辐射线变成了筒壁上的垂直平行线，其间距缩小了，越靠近筒壁上部缩小越多，且 $b_1 = b_2 = b_3 = \cdots = b$。

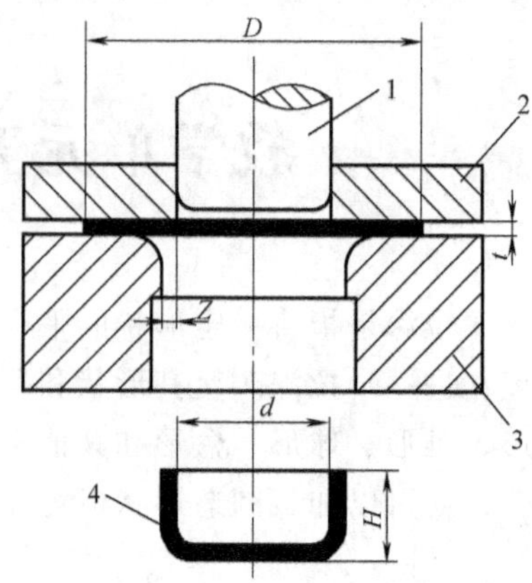

图 5-2　圆筒形件的拉深
1—凸模　2—压边圈　3—凹模
4—圆筒形工件

从网格中取一个小单元来看，其在拉深前是扇形，面积为 A_1，而在拉深后是矩形，其面积为 A_2。由于拉深后材料厚度变化很小，故可认为拉深前、后小单元的面积不变，即 $A_1 = A_2$。这与一块扇形毛坯被拉着通过一个楔形槽（图 5-3b）的变化过程类似，在直径方向被拉长的同时，切向被压缩。

网格的变化说明，在拉深过程中，坯料的外部环形部分是主要变形区，而与凸模底部接触的中心部分为非变形区。

圆筒形件拉深的变形程度，通常以筒形件直径 d 与坯料直径 D 的比值来表示，即

$$m = d/D \tag{5-1}$$

其中，m 称为拉深系数，m 越小，拉深变形程度越大；相反，m 越大，拉深变形程度就越小。

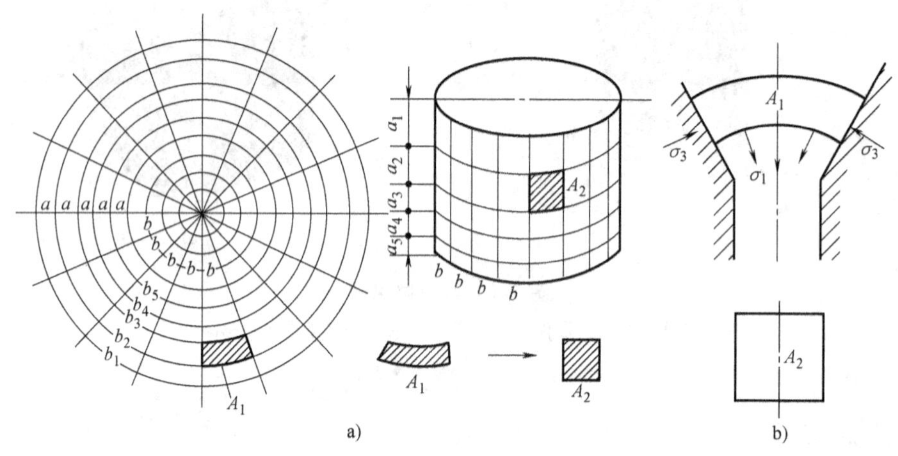

图 5-3　拉深件的网格变化

从拉深件的纵截面上看，厚度和硬度沿筒壁高度方向是变化的，如图 5-4 所示。底部略有变薄，但基本上等于原板料的厚度；筒壁上部增厚，越接近上边缘厚度越大；筒壁下部变薄，越靠近圆角处变薄越严重；筒壁与底部连接的转角的偏上处，出现明显变薄，严重时可产生破裂。硬度沿高度方向也是变化的，越接近上边缘硬度越高。

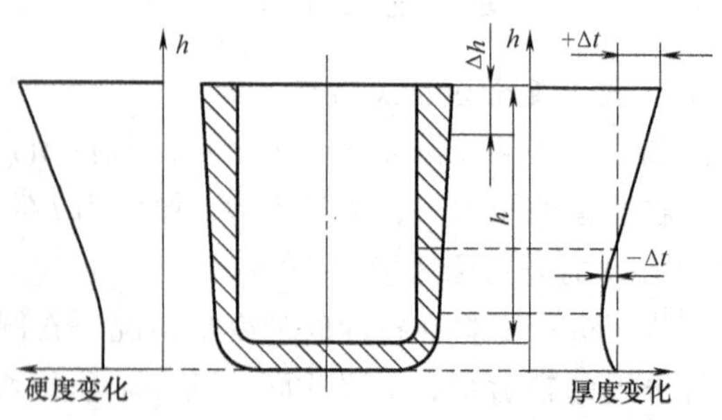

图 5-4　拉深件厚度和硬度沿筒壁高度方向的变化

2. 拉深变形过程的应力、应变状态

拉深过程是一个复杂的塑性变形过程，其变形区域较大。从图 5-4 可以看出，硬度沿筒壁高度方向是变化的，这说明在拉深过程中板料各部分的应力、应变状态是不一样的。为了更深刻地认识拉深变形的本质，了解拉深过程中所发生的各种现象，有必要分析拉深时的应力、应变状态。

图 5-5a 所示为在压边圈的作用下，毛坯拉深过程中某一时刻所处的状态；图 5-5b 所示为拉深时毛坯的受力情况；图 5-5c 所示为各变形区的应力、应变状态。根据拉深过程中毛坯各部分应力、应变状态的不同，可将拉深毛坯划分为五个区域。

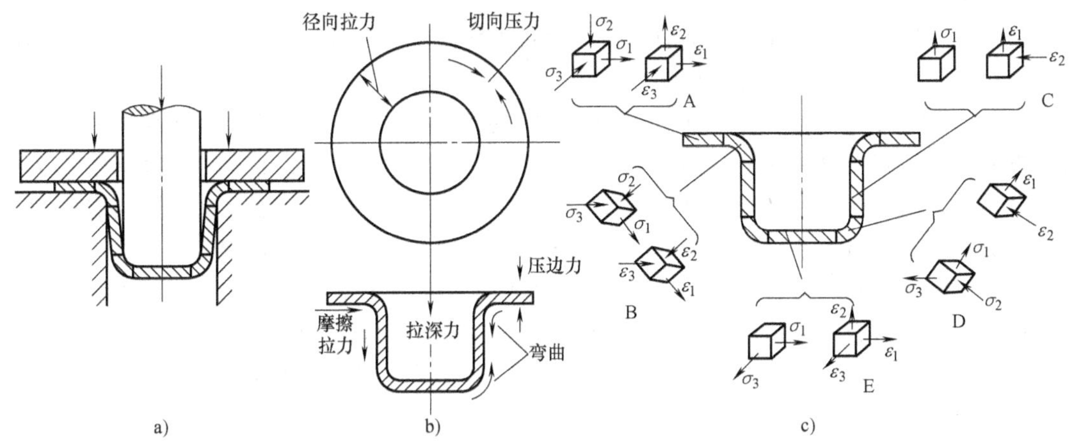

图 5-5　拉深过程的应力与应变状态

（1）凸缘平面部分（A 区）　这是拉深的主要变形区，材料在径向拉应力 σ_1 和切向压应力 σ_3 的共同作用下，产生切向压缩与径向伸长变形而逐渐被拉入凹模。在压边圈的作用下，板厚方向产生压应力 σ_2，通常 σ_1 和 σ_3 的绝对值比 σ_2 大得多。由于凸缘部分的最大主应变是切向压应变，ε_3 的绝对值最大，因此板料厚度略有变厚，越接近外缘增厚越多。若不采用压边圈或压料力较小时，板料增厚比较大。当拉深变形程度比较大，板料又较薄时，坯料的凸缘特别是外缘部分在切向压应力 σ_3 的作用下可能失稳而拱起，造成起皱。

（2）凸缘圆角部分（B 区）　该区板料变形比较复杂，在径向受拉应力 σ_1 而伸长，切向受压应力 σ_3 而压缩，厚度方向受凹模圆角压力和弯曲作用。在此区域径向拉应力 σ_1 最大，其相应的拉应变 ε_1 也最大，因此板厚方向产生压应变 ε_2，材料厚度减薄。且弯曲引起的拉应力随凹模圆角的减小而增大，当凹模圆角半径过小时，此处就会出现弯曲破裂。

（3）筒壁部分（C 区）　这是已变形区，材料已经形成筒形，基本不再发生变形。但它又是传力区，在拉深过程中凸模产生的拉深力要经过筒壁传到凸缘部分，因此这部分只承受单向拉应力 σ_1 的作用，产生微小的纵向伸长和变薄。

（4）底部圆角部分（D 区）　这是筒壁与圆筒底部的过渡变形区，它承受径向和切向拉应力 σ_1 和 σ_3 的作用，同时在厚度方向由于凸模的压力和弯曲作用而受到压应力 σ_2 的作用。所以，这部分材料变薄最严重，尤其是与侧壁相切的部位，最容易出现拉裂，是拉深的危险断面。

（5）筒底部分（E 区）　这部分在拉深开始时就已经形成，一直受到径向和切向拉应力的作用，厚度稍有变薄。由于凸模底部摩擦力的阻碍，其所受的拉应力很小，故变形量很小。

5.2.2　拉深件的质量问题及控制

在拉深过程中，影响冲压件质量的因素有很多，严重时甚至影响到拉深工艺能否顺利完成。常见的拉深工艺问题包括平面凸缘部分的起皱、筒壁危险断面的拉裂、口部或凸缘边缘不整齐、筒壁表面拉伤、拉深件存在较大的尺寸和形状误差等。其中，起皱和拉裂是拉深成形的两个主要质量问题。

1. 起皱

起皱是指拉深过程中，凸缘平面部分的材料沿切向产生波浪形的拱起。它是材料受切向压应力的作用而失去稳定性的结果。

（1）起皱产生的原因　凸缘平面部分是拉深过程中的主要变形区，该变形区受最大切向压应力作用，其主要变形是切向压缩变形。当切向压应力较大而坯料的相对厚度 t/D（t 为料厚，D 为坯料直径）又较小时，凸缘部分的料厚与切向压应力之间失去了应有的比例关系，从而在整个凸缘部分产生波浪形的连续弯曲，这就是拉深时的起皱现象。

起皱现象轻微时，材料在流入凸、凹模间隙时能被凸、凹模挤平。起皱现象严重时，起皱的材料无法被凸、凹模挤平，继续拉深时将因为拉深力的急剧增大而导致危险断面破裂，即使被强行拉入凸、凹模间隙，也会在拉深件的筒壁上留下折皱纹或沟痕，影响拉深件的外观质量，如图 5-6 所示。

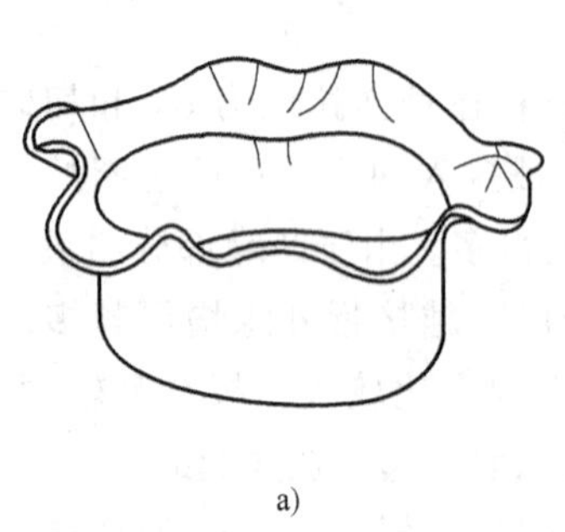
a)

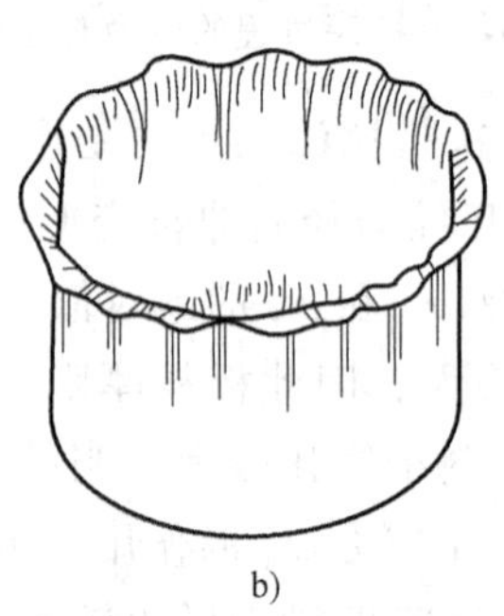
b)

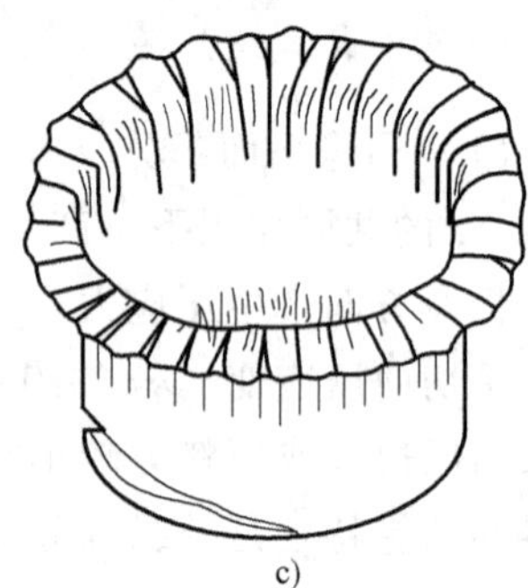
c)

图 5-6　拉深件的起皱破坏

a）起皱现象　b）轻微起皱影响拉深件质量　c）严重起皱导致破裂

（2）影响起皱的主要因素

1）坯料的相对厚度 t/D。相对厚度越小，坯料的抗失稳性能越差，越容易起皱；相反，坯料的相对厚度越大，越不容易起皱。

2）拉深系数 m。根据前述拉深系数的定义 $m=d/D$ 可知，拉深系数越小，拉深变形程度越大，凸缘部分材料的硬化程度越高，切向应力也越大。同时，拉深系数越小，凸缘部分的宽度越大，抗失稳起皱能力越差。所以拉深系数越小，越容易起皱。

3）模具工作部分的几何形状与参数。凸模和凹模圆角及凸、凹模之间的间隙过大时，坯料容易起皱。与普通的平端面凹模相比，锥形凹模可以使坯料预变形，且凹模对坯料造成的摩擦阻力和弯曲变形的阻力都降到了最低限度，所以起皱趋向小。

(3) 控制起皱的措施

1) 采用压料装置。在拉深模具上设置压料装置，使坯料凸缘区在凹模平面与压边圈之间通过，如图 5-7 所示。但并不是任何情况下都会发生起皱现象，在变形程度较小、坯料相对厚度较大时，一般不会起皱，此时就可不必采用压料装置。可按表 5-1 判断是否采用压料装置。

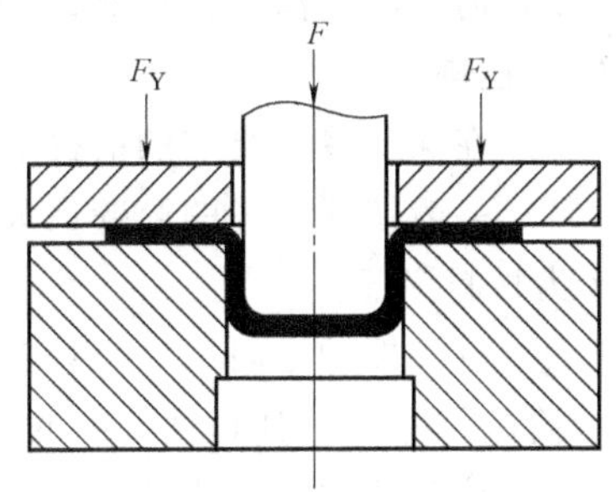

图 5-7　带压边圈的模具结构

2) 采用锥形凹模。如图 5-8 所示，采用锥面有助于板料的切向压缩变形，同时锥面拉深与平面拉深相比，具有更强的抗失稳能力，故不易起皱。采用锥形凹模时，凸缘板料流经凸模圆角时所产生的摩擦阻力和弯曲变形阻力明显减小，因此拉深力比平端面凹模小得多，相应的允许变形量也较大，即可采用较小的拉深系数成形。

表 5-1　采用或不采用压料装置的条件

拉深方法	首次拉深		以后各次拉深	
	$t/D(\%)$	m	$t/D(\%)$	m
采用压料装置	<1.5	<0.6	<1.0	<0.8
可用也可不用	1.5~2.0	0.6	1.0~1.5	0.8
不用压料装置	>2.0	>0.6	>1.5	>0.8

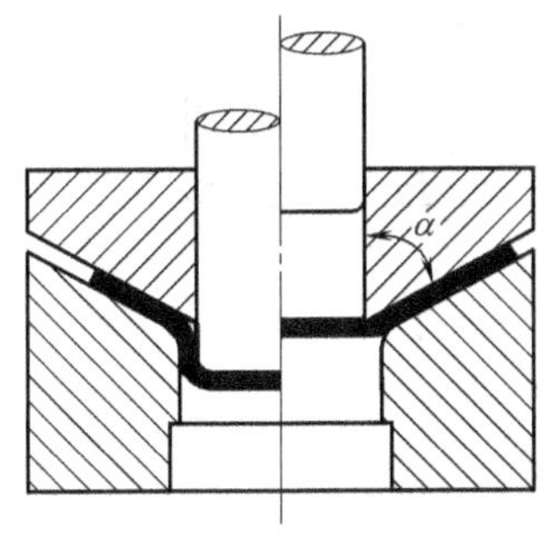

图 5-8　锥形凹模

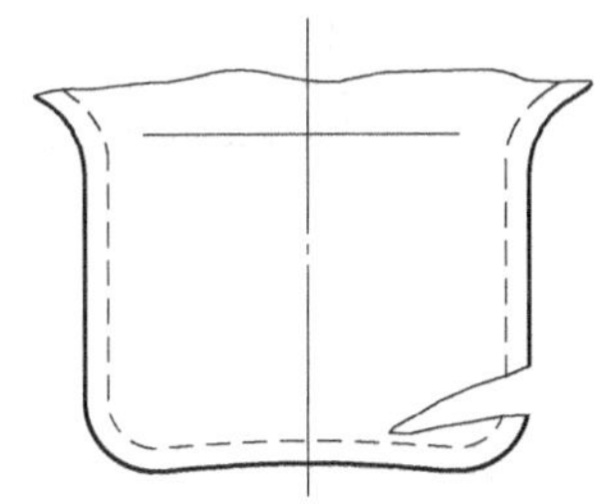

图 5-9　拉深件的拉裂破坏

2. 拉裂

(1) 拉裂产生的原因　根据前述拉深过程中坯料内的应力与应变状态分析，筒壁部分在拉深过程中起到传递拉深力的作用，承受单向拉应力。当拉深力过大、筒壁材料的应力达到抗拉强度时，筒壁将被拉裂。由图 5-4 可以看到，筒壁部分与底部圆角部分交界面附近材料的厚度最薄，硬度最低，此处是发生拉裂的危险断面。拉深件的拉裂破坏如图 5-9 所示。

(2) 控制拉裂的措施　筒壁危险断面是否被拉裂，取决于拉深力的大小和筒壁材料的强度。在实际生产中，常用适当加大凸、凹模圆角半径、降低拉深力、增加拉深次数、在压边圈底部和凹模上涂润滑剂等方法来避免拉裂的产生。

5.2.3　拉深件的工艺性

1. 拉深件的结构与尺寸

1) 拉深件的形状应尽量简单、对称，并能一次拉深成形。

2）需多次拉深时，在保证表面质量的前提下，应允许内、外表面存在拉深过程中可能产生的痕迹。

3）在保证装配要求的前提下，应允许拉深件侧壁有一定的斜度。

4）一般拉深工艺的筒壁最大增厚量为 $(0.2\sim0.3)t$，最大变薄量为 $(0.1\sim0.18)t$，其中 t 为板料厚度。

5）拉深件的径向尺寸应只标注外形尺寸或内形尺寸，而不能同时标注内、外形尺寸。带台阶的拉深件，其高度方向的尺寸标注一般应以拉深件底部为基准，如图 5-10a 所示。

6）拉深件的底部或凸缘上有孔时，孔边到侧壁的距离应满足 $a\geqslant R+0.5t$ 或 $a\geqslant r+0.5t$，如图 5-10b 所示。

7）拉深件的底与壁、凸缘与壁、矩形件的四角等处的圆角半径应满足：$r\geqslant t$，$R\geqslant 2t$，$r_g\geqslant 3t$，如图 5-10b、c 所示。如增加一次整形工序，则其圆角半径可取 $r\geqslant(0.1\sim0.3)t$，$R\geqslant(0.1\sim0.3)t$。

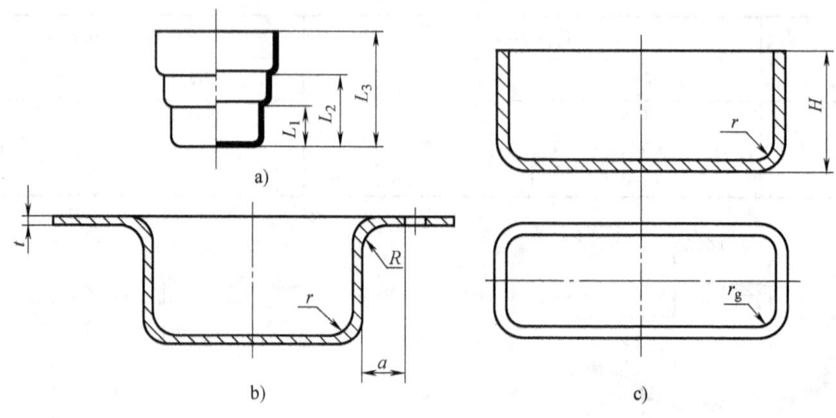

图 5-10　拉深件结构工艺性

2. 拉深件的精度

一般情况下，拉深件的尺寸公差等级应在 IT13 以下，不宜高于 IT11。对于精度要求高的拉深件，应在拉深后增加整形工序或用机械加工的方法提高精度。由于材料各向异性的影响，拉深件的口部或凸缘外缘一般不整齐，出现凸耳现象，需要增加切边工序。

圆筒形拉深件径向尺寸的极限偏差值和带凸缘圆筒形拉深件高度尺寸的极限偏差值分别见表 5-2 和表 5-3。

表 5-2　圆筒形拉深件径向尺寸的极限偏差值　　（单位：mm）

板料厚度 t	拉深件直径 d			板料厚度 t	拉深件直径 d		
	≤50	>50～100	>100～300		≤50	>50～100	>100～300
0.5	±0.12	—	—	2.0	±0.40	±0.50	±0.70
0.6	±0.15	±0.20	—	2.5	±0.45	±0.60	±0.80
0.8	±0.20	±0.25	±0.30	3.0	±0.50	±0.70	±0.90
1.0	±0.25	±0.30	±0.40	4.0	±0.60	±0.80	±1.00
1.2	±0.30	±0.35	±0.50	5.0	±0.70	±0.90	±1.10
1.5	±0.35	±0.40	±0.60	6.0	±0.80	±1.00	±1.20

表 5-3　带凸缘圆筒形拉深件高度尺寸的极限偏差值　（单位：mm）

板料厚度 t	拉深件高度 H					
	≤18	>18～30	>30～50	>50～80	>80～120	>120～180
≤1	±0.3	±0.4	±0.5	±0.6	±0.8	±1.0
>1～2	±0.4	±0.5	±0.6	±0.7	±0.9	±1.2
>2～4	±0.5	±0.6	±0.7	±0.8	±1.0	±1.4
>4～6	±0.6	±0.7	±0.8	±0.9	±1.1	±1.6

3. 拉深件的材料

用于拉深成形的材料应具有良好的拉深性能，要求塑性高、屈强比（σ_s/R_m）小、板厚方向性系数 r 大、板平面方向性系数 Δr 小。

屈强比越小，一次拉深允许的极限变形程度越大，拉深的性能越好。例如，低碳钢的屈强比约为 0.57，其一次拉深的最小拉深系数 $m=0.48\sim0.50$；65Mn 钢的屈强比约为 0.63，其一次拉深的最小拉深系数 $m=0.68\sim0.70$。所以有关的材料标准规定，拉深用钢板的屈强比不大于 0.66。

板厚方向性系数 r 反映了材料的各向异性性能。当 $r>1$ 时，材料宽度方向上的变形比厚度方向容易，拉深过程中材料不易变薄和拉裂。材料的板厚方向性系数值越大，其拉深性能越好。

5.2.4　旋转体拉深件坯料尺寸的确定

1. 拉深件坯料尺寸的计算原则

（1）表面积相等　由于在拉深变形过程中，材料是以一定的规律转移的，材料的平均厚度基本不变，所以在计算拉深件的坯料尺寸时，常采用等面积法，即用拉深件表面积与坯料表面积相等的原则进行计算。

（2）形状相似　坯料的形状应符合金属在塑性变形时的流动规律，其形状一般与拉深件周边的形状相似，且坯料的周边应该是光滑的曲线而无急剧的转折。因此，对于旋转体来说，坯料是一块圆板，只要求出它的直径即可；而当拉深件的截面轮廓是正方形或矩形时，相应坯料的形状也应近似为正方形或矩形。

（3）拉深件上应增加切边余量　由于金属材料具有板平面方向性，以及坯料在拉深过程中所受的摩擦力不均匀等因素的影响，拉深后零件的口部或凸缘周边一般都不平齐，必须将边缘的不平部分切除。因此，在计算坯料尺寸时，需在拉深件的高度方向或带凸缘零件的凸缘直径上添加切边余量，其值可参考表 5-4 和表 5-5。但是当零件的相对高度 H/d 很小且高度尺寸要求不高时，也可以不用切边工序。

2. 简单旋转体拉深件坯料尺寸的确定

由于旋转体拉深件的坯料是圆形的，因此对于简单旋转体拉深件，可以将它划分为若干个简单的几何形状，分别求出各部分的面积并相加，从而得到拉深件的总表面积，然后根据拉深前、后坯料与拉深件表面积相等的原则，计算出坯料直径，即

$$D=\sqrt{\frac{4A'}{\pi}}=\sqrt{\frac{4\sum A}{\pi}} \tag{5-2}$$

式中 D——坯料直径；

A'——拉深件总表面积；

A——分解成的简单几何形状的表面积。

表 5-4 无凸缘圆筒形拉深件的切边余量 ΔH （单位：mm）

工件高度 H	工件相对高度 H/d				附图
	>0.5~0.8	>0.8~1.6	>1.6~2.5	>2.5~4	
≤10	1.0	1.2	1.5	2	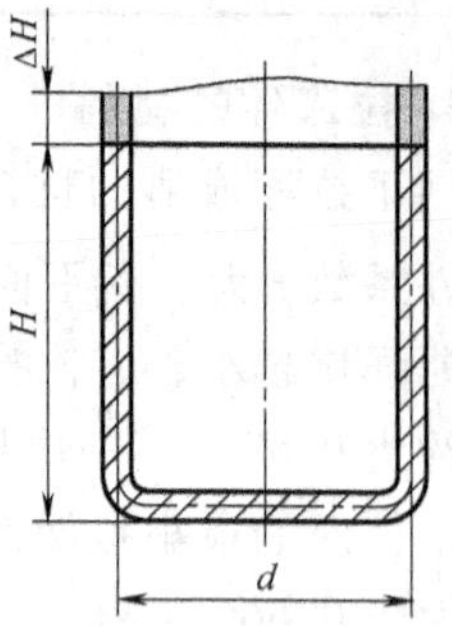
>10~20	1.2	1.6	2	2.5	
>20~50	2	2.5	3.3	4	
>50~100	3	3.8	5	6	
>100~150	4	5	6.5	8	
>150~200	5	6.3	8	10	
>200~250	6	7.5	9	11	
>250	7	8.5	10	12	

表 5-5 带凸缘圆筒形拉深件的切边余量 ΔR （单位：mm）

凸缘直径 d_t	凸缘相对直径 d_t/d				附图
	≤1.5	>1.5~2	>2~2.5	>2.5	
≤25	1.8	1.6	1.4	1.2	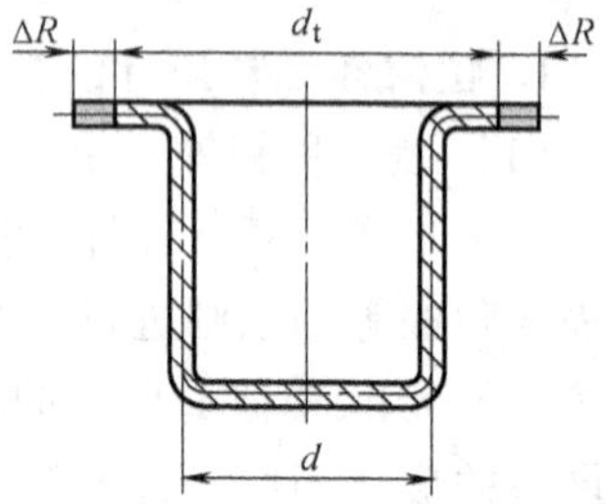
>25~50	2.5	2.0	1.8	1.6	
>50~100	3.5	3.0	2.5	2.2	
>100~150	4.3	3.6	3.0	2.5	
>150~200	5.0	4.2	3.5	2.7	
>200~250	5.5	4.6	3.8	2.8	
>250	6	5	4	3	

计算时，拉深件尺寸均按厚度中线尺寸计算，但当板料厚度小于1mm时，也可以按零件图标注的外形或内形尺寸计算。

常用旋转体拉深件坯料直径的计算公式见表5-6。

表 5-6 常见旋转体拉深件坯料直径的计算公式

序号	零件形状	坯料直径 D
1	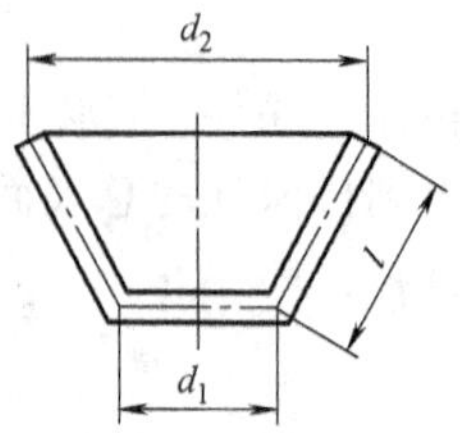	$D=\sqrt{d_1^2+2l(d_1+d_2)}$

（续）

序号	零件形状	坯料直径 D
2	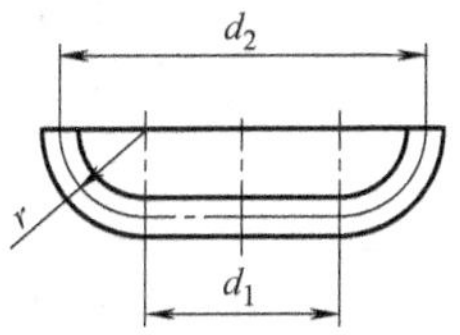	$D=\sqrt{d_1^2+2r(\pi d_1+4r)}$
3	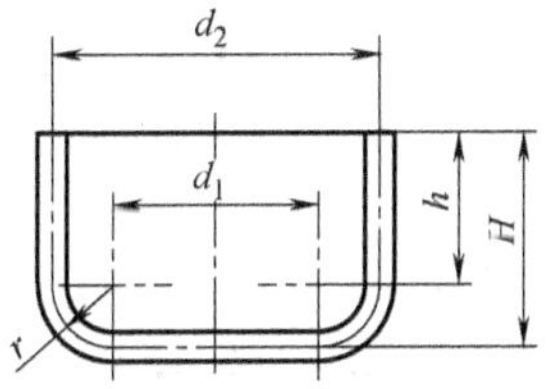	$D=\sqrt{d_1^2+4d_2h+6.28rd_1+8r^2}$ 或 $D=\sqrt{d_2^2+4d_2H-1.72rd_2-0.56r^2}$
4	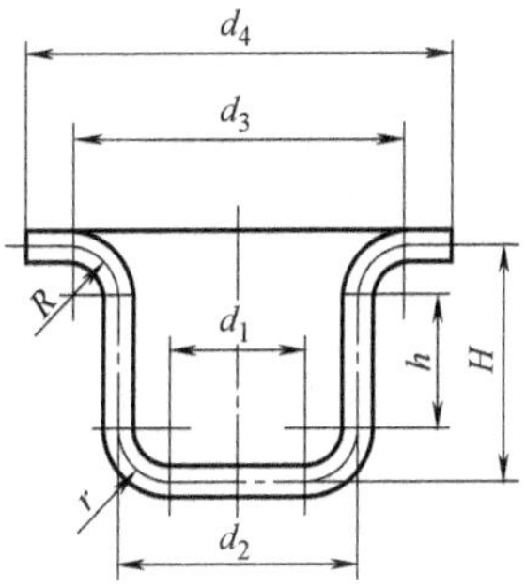	当 $r\neq R$ 时 $D=\sqrt{d_1^2+6.28rd_1+8r^2+4d_2h+6.28Rd_2+4.56R^2+d_4^2-d_3^2}$ 当 $r=R$ 时 $D=\sqrt{d_4^2+4d_2H-3.44rd_2}$
5	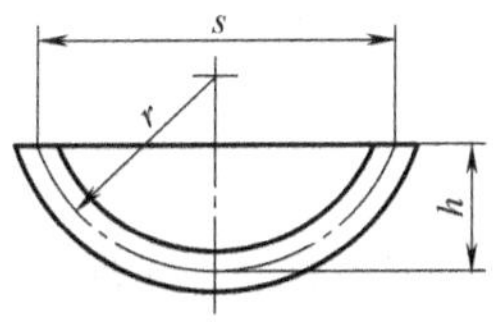	$D=\sqrt{8rh}$ 或 $D=\sqrt{s^2+4h^2}$
6	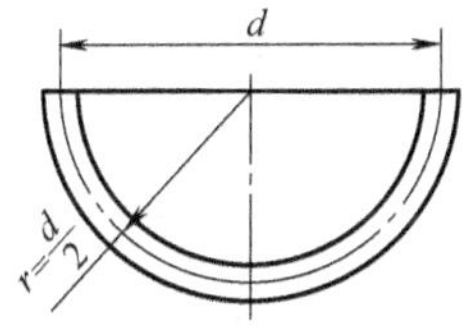	$D=\sqrt{2d^2}=1.414d$
7	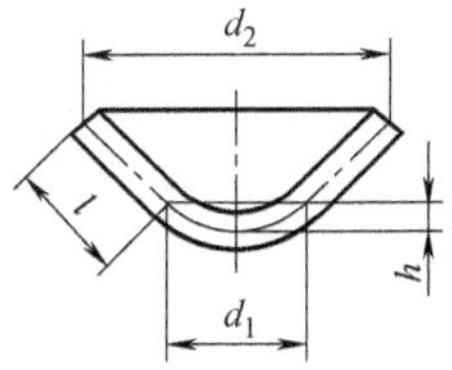	$D=\sqrt{d_1^2+4h^2+2l(d_1+d_2)}$

（续）

序号	零件形状	坯料直径 D
8		$D=\sqrt{8r_1\left[x-b\left(\arcsin\frac{x}{r_1}\right)\right]+4dh_2+8rh_1}$
9		$D=\sqrt{8r^2+4dH-4dr-1.72dR+0.56R^2+d_4^2-d^2}$
10		$D=1.414\sqrt{d^2+2dh}$ 或 $D=2\sqrt{dH}$

注：对于部分未考虑工件圆角半径的计算公式，在有圆角半径时坯料尺寸的计算结果会偏大，故在此情况下，可不考虑或少考虑修边余量。

3. 复杂旋转体拉深件坯料尺寸的确定

复杂旋转体拉深件是指母线较复杂的旋转体零件，其母线可能由一段曲线组成，也可能由若干直线与圆弧段相接组成。复杂旋转体拉深件的表面积可根据久里金法则求出，即任何形状的母线绕轴旋转一周所得到的旋转体表面积，等于该母线的长度与其形心绕该轴旋转所得周长的乘积。如图5-11所示，旋转体表面积为

$$A=2\pi R_x L$$

根据拉深前、后表面积相等的原则，坯料直径可按下式求出

$$\pi D^2/4=2\pi R_x L$$

$$D=\sqrt{8R_x L} \tag{5-3}$$

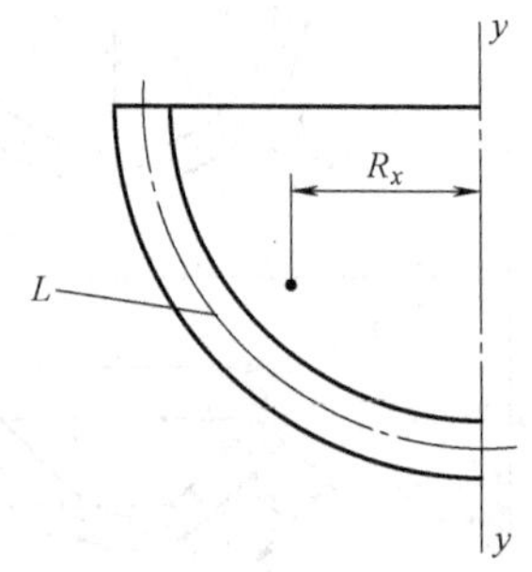

图5-11　旋转体表面积计算图

式中　A——旋转体表面积；

R_x——旋转体母线形心到旋转轴的距离，称为旋转半径；

L——旋转体母线长度；

D——坯料直径。

由式（5-3）可知，只要知道旋转体母线长度及其形心的旋转半径，就可以求出坯料的直径。当母线较复杂时，可先将其分成简单的直线和圆弧，分别求出直线和圆弧的长度 L_1，L_2，…，L_n 以及其形心到旋转轴的距离 R_{x1}，R_{x2}，…，R_{xn}（直线的形心在其中点，圆弧的长度和形心到旋转轴的距离可按表 5-7 计算），再根据下式进行计算

$$D=\sqrt{8\sum_{i=1}^{n}R_{xi}L_i} \tag{5-4}$$

表 5-7　圆弧长度和形心到旋转轴距离的计算公式

中心角 $\alpha<90°$ 时的弧长	中心角 $\alpha=90°$ 时的弧长
$L-\pi R\frac{\alpha}{180}$	$L=\frac{\pi R}{2}$
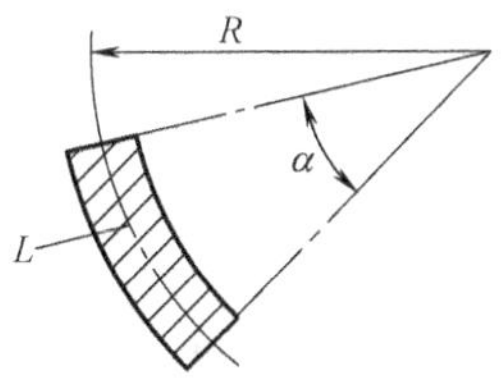	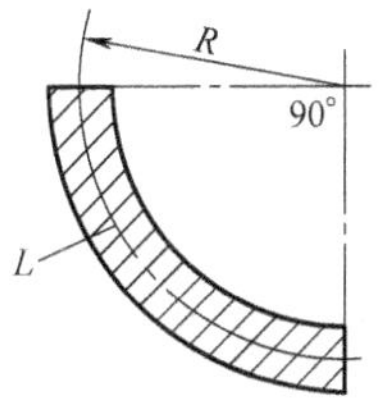
中心角 $\alpha<90°$ 时弧的形心到 yy 轴的距离	中心角 $\alpha=90°$ 时弧的形心到 yy 轴的距离
$R_x=R\frac{180\sin\alpha}{\pi\alpha}$　$R_x=R\frac{180(1-\cos\alpha)}{\pi\alpha}$	$R_x=\frac{2}{\pi}R$
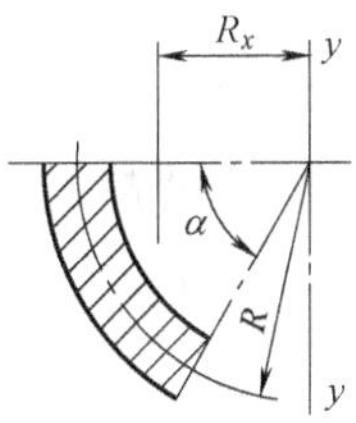 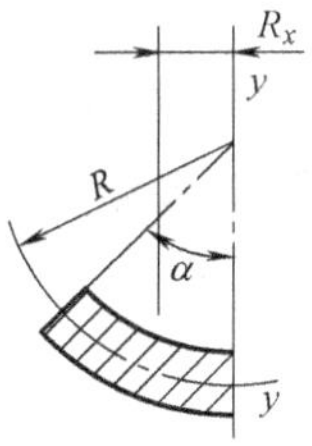	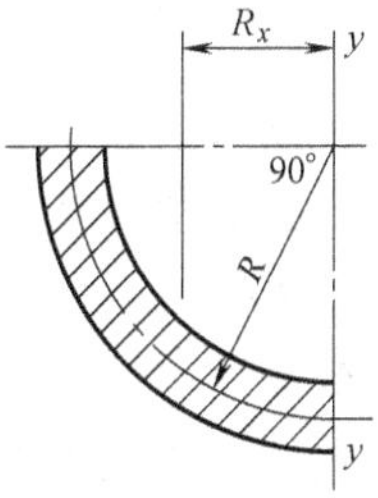

5.2.5　圆筒形件拉深工艺的计算

1. 拉深系数及其极限

（1）拉深系数　在拉深工艺中，由于拉深件的高度与其直径的比值不同，有些拉深件可以一次拉深成形，而有些高度大的拉深件，则需要采用多次拉深的方法成形。在制订拉深工艺和设计拉深模时，通常都将拉深系数作为计算的依据，以确定拉深次数。

拉深系数 m 是每次拉深后筒形件的直径与拉深前坯料（或工序件）直径的比值，如图 5-12 所示。

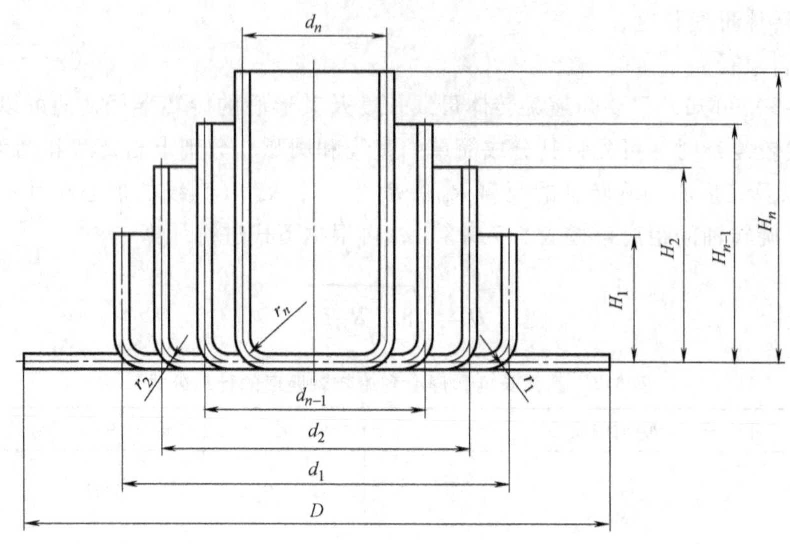

图 5-12　多次拉深变形情况

第一次拉深系数

$$m_1=\frac{d_1}{D}$$

第二次拉深系数

$$m_2=\frac{d_2}{d_1}$$

$$\vdots$$

第 n 次拉深系数

$$m_n=\frac{d_n}{d_{n-1}}$$

总拉深系数 $m_{总}$ 表示从坯料直径 D 拉深至 d_n 的总变形程度，即

$$m_{总}=\frac{d_n}{D}=\frac{d_1}{D}\frac{d_2}{d_1}\frac{d_3}{d_2}\cdots\frac{d_{n-1}}{d_{n-2}}\frac{d_n}{d_{n-1}}=m_1m_2m_3\cdots m_{n-1}m_n$$

由此可见，拉深系数 m 的值总是小于 1 的，而且其值越小，表示变形程度越大。在制订拉深工艺时，如果拉深系数取得过小，就会使拉深件起皱、拉裂或严重变薄超差。因此，为了保证拉深工艺的顺利进行，就必须使拉深系数大于一定的数值，这个数值即为一定条件下的极限拉深系数，用符号“［m］”表示。

（2）影响极限拉深系数的因素

1）材料的力学性能。一般来说，材料屈强比小、塑性好、板平面方向性系数 Δr 小、板厚方向性系数 r 大、硬化指数 n 大的板料，变形抗力小，筒壁传力区不容易产生局部严重变薄和拉裂，因而性能好，极限拉深系数小。

2）板料的相对厚度 t/D。板料相对厚度越大，抵抗起皱能力越强，可减小压料力或可不采用压料装置，从而减小了变形阻力，允许增加拉深变形量。

3）摩擦与润滑条件。一般凹模与压边圈的工作表面比较光滑，在凹模与坯料之间涂抹润滑剂减小摩擦阻力，拉深系数会相应减小。但为避免凸模与坯料或工序件之间产生相对滑移造成危险断面的过度变薄或拉裂，在不影响拉深件内表面质量和脱模的前提下，凸模工作表面可以比凹模粗糙一些，并避免涂润滑剂。

4）模具的几何参数。凹模圆角半径较大时，坯料流动经过凹模圆角时的弯曲变形阻力较小，有利于拉深，可以适当减小拉深系数；但凹模圆角半径也不宜过大，否则此处压边圈压不住的区域便过大，易造成起皱。凸模圆角半径较大时，坯料在该处的弯曲阻力较小，使危险断面的应力减小，拉深系数可以相应地减小；反之，如果凸模圆角半径过小，则易使底部拉裂。拉深过程中坯料厚度要增加，为了有利于坯料的塑性流动应取合适的间隙，过大会影响拉深件的准确度，过小则会增大拉深力，容易拉裂。

除此以外，影响极限拉深系数的因素还有拉深方法、拉深次数、拉深速度和拉深件形状等。由于影响因素很多，极限拉深系数的数值一般是在一定的拉深条件下用试验方法得出的，见表 5-8 和表 5-9。

表 5-8　圆筒形件的极限拉深系数（带压边圈）

拉深系数	坯料相对厚度 t/D(%)					
	>2.0~1.5	>1.5~1.0	>1.0~0.6	>0.6~0.3	>0.3~0.15	>0.15~0.08
[m_1]	0.48~0.50	0.50~0.53	0.53~0.55	0.55~0.58	0.58~0.60	0.60~0.63
[m_2]	0.73~0.75	0.75~0.76	0.76~0.78	0.78~0.79	0.79~0.80	0.80~0.82
[m_3]	0.76~0.78	0.78~0.79	0.79~0.80	0.80~0.81	0.81~0.82	0.82~0.84
[m_4]	0.78~0.80	0.80~0.81	0.81~0.82	0.82~0.83	0.83~0.85	0.85~0.86
[m_5]	0.80~0.82	0.82~0.84	0.84~0.85	0.85~0.86	0.86~0.87	0.87~0.88

注：1. 表中拉深系数适用于 08 钢、10 钢和 15Mn 钢等普通拉深碳素钢及黄铜 H62。对于拉深性能较差的材料，如 20 钢、25 钢、Q215 钢、硬铝等应比表中数值大 1.5%~2.0%；而对于塑性较好的材料，如 08 钢、10 钢及软铝等可比表中数值减小 1.5%~2.0%。

2. 表中数据适用于未经中间退火的拉深。若采用中间退火工序，则取值可比表中数值小 2%~3%。

3. 表中较小值适用于大的凹模圆角半径 [$r_d=(8\sim15)t$]，较大值适用于小的凹模圆角半径 [$r_d=(4\sim8)t$]。

表 5-9　圆筒形件的极限拉深系数（不带压边圈）

拉深系数	坯料相对厚度 t/D(%)				
	1.5	2.0	2.5	3.0	>3.0
[m_1]	0.65	0.60	0.55	0.53	0.50
[m_2]	0.80	0.75	0.75	0.75	0.70
[m_3]	0.84	0.80	0.80	0.80	0.75
[m_4]	0.87	0.84	0.84	0.84	0.78
[m_5]	0.90	0.87	0.87	0.87	0.82
[m_6]	—	0.90	0.90	0.90	0.85

注：表中拉深系数适用于 08 钢、10 钢及 15Mn 钢等材料。其余各项同表 5-8 注。

在实际生产中，并不是在所有情况下都采用极限拉深系数。因为过小、接近极限值的拉深系数，会导致拉深件底部圆角处过分变薄，严重影响拉深件质量，所以一般都采用大于极限值的拉深系数。

2. 拉深次数的确定

确定拉深次数是为了计算出各次半成品的直径和拉深高度，作为设计模具及选择设备行程的依据。当拉深件的拉深系数 $m=d/D$ 大于第一次极限拉深系数 [m_1] 时，该拉深件只需一次拉深即可，否则就要进行多次拉深。需要多次拉深时，可按如下方法确定拉深次数。

（1）推算法　先根据 t/D 和是否带压边圈的条件，从表 5-8 或表 5-9 中查出 $[m_1]$，$[m_2]$，…，然后从第一道工序开始依次算出各次拉深工序件的直径，即 $d_1=[m_1]D$，$d_2=[m_2]d_1$，…，$d_n=[m_n]d_{n-1}$，直到 $d_n \leqslant d$，即当计算所得直径 d_n 稍小于或等于拉深件所要求的直径 d 时，计算的次数即为拉深的次数。

（2）查表法　圆筒形件的拉深次数还可以从各种实用的表格中查取。例如，在表 5-10 中可根据坯料的相对厚度 t/D 与零件的相对高度 H/d 查取拉深次数，在表 5-11 中则可根据 t/D 与总拉深系数 m 查取拉深次数。

表 5-10　圆筒形件相对高度 H/d 与拉深次数的关系

拉深次数	坯料相对厚度 t/D(%)					
	>2～1.5	>1.5～1.0	>1.0～0.6	>0.6～0.3	>0.3～0.15	>0.15～0.08
1	0.94～0.77	0.84～0.65	0.71～0.57	0.62～0.50	0.52～0.45	0.46～0.38
2	1.88～1.54	1.60～1.32	1.36～1.10	1.13～0.94	0.96～0.83	0.90～0.70
3	3.50～2.70	2.80～2.20	2.30～1.80	1.90～1.50	1.60～1.30	1.30～1.10
4	5.60～4.30	4.30～3.50	3.60～2.90	2.90～2.40	2.40～2.00	2.00～1.50
5	8.90～6.60	6.60～5.10	5.20～4.10	4.10～3.30	3.30～2.70	2.70～2.00

注：1. 大的 H/d 值适用于第一道工序的大凹模圆角 $[r_d=(8\sim15)t]$。
2. 小的 H/d 值适用于第一道工序的小凹模圆角 $[r_d=(4\sim8)t]$。
3. 表中数据的适用材料为 08F 钢、10F 钢。

表 5-11　圆筒形件总拉深系数 m 与拉深次数的关系

拉深次数	坯料相对厚度 t/D(%)				
	>2～1.5	>1.5～1.0	>1.0～0.5	>0.5～0.2	>0.2～0.06
2	0.33～0.36	0.36～0.40	0.40～0.43	0.43～0.46	0.46～0.48
3	0.24～0.27	0.27～0.30	0.30～0.34	0.34～0.37	0.37～0.40
4	0.18～0.21	0.21～0.24	0.24～0.27	0.27～0.30	0.30～0.33
5	0.13～0.16	0.16～0.19	0.19～0.22	0.22～0.25	0.25～0.29

注：表中数值适用于 08 钢及 10 钢的圆筒形件（用压边圈）。

3. 圆筒形件各次拉深工序尺寸的计算

对于多次拉深的圆筒形件，需要进行各次工序尺寸的计算，以作为设计模具及选择压力机的依据。

（1）各次拉深工序件的直径　根据前述方法确定拉深次数后，从表中查出各次拉深的极限拉深系数，并加以调整确定各次拉深实际采用的拉深系数。调整时应注意满足如下条件：

1）$m_1 m_2 \cdots m_n = d/D$。

2）$m_1 \geqslant [m_1]$，$m_2 \geqslant [m_2]$，…，$m_n \geqslant [m_n]$，且 $m_1 < m_2 < \cdots < m_n$。

然后根据调整后的各次拉深系数，计算各次拉深工序件直径，即

$$d_1 = m_1 D$$
$$d_2 = m_2 d_1$$
$$\vdots$$
$$d_n = m_n d_{n-1}$$

（2）各次拉深工序件的圆角半径　工序件的圆角半径 r 等于相应拉深凸模的圆角半径 r_p，但当料厚 $t \geqslant 1$mm 时，应按中线尺寸计算，此时 $r = r_p + t/2$。

（3）各次拉深工序件的高度　确定各次拉深工序件的直径和圆角半径后，可根据圆筒形坯料尺寸计算公式推导出各次工序件高度的计算公式为

$$H_1 = 0.25\left(\frac{D^2}{d_1} - d_1\right) + 0.43\frac{r_1}{d_1}(d_1 + 0.32r_1)$$

$$H_2 = 0.25\left(\frac{D^2}{d_2} - d_2\right) + 0.43\frac{r_2}{d_2}(d_2 + 0.32r_2)$$

$$\vdots$$

$$H_n = 0.25\left(\frac{D^2}{d_n} - d_n\right) + 0.43\frac{r_n}{d_n}(d_n + 0.32r_n) \tag{5-5}$$

式中　H_1，H_2，…，H_n——各次拉深工序件的高度；

d_1，d_2，…，d_n——各次拉深工序件的直径；

r_1，r_2，…，r_n——各次拉深工序件的圆角半径；

D——坯料直径。

例 5-1　计算图 5-13 所示的圆筒形件的坯料尺寸、拉深系数及各次拉深工序件尺寸。材料为 10 钢，板料厚度 $t = 2$mm。

解：板料厚度 $t > 1$mm，故按板厚中线尺寸计算。

1）计算坯料直径。根据拉深件尺寸，其相对高度为 $H/d = (76-1)/(30-2) \approx 2.68$，查表 5-4 得切边余量 $\Delta H = 6$mm。从表 5-6 中查得坯料直径计算公式为

$$D = \sqrt{d_1{}^2 + 4d_2h + 6.28rd_1 + 8r^2}$$

如图 5-13 所示，$d_1 = 30\text{mm} - 2 \times (2+3)\text{mm} = 20\text{mm}$，$d_2 = 30\text{mm} - 2\text{mm} = 28\text{mm}$，$r = 3\text{mm} + 1\text{mm} = 4\text{mm}$，$h = 76\text{mm} - 5\text{mm} + 6\text{mm} = 77\text{mm}$，代入上式得

$$D = \sqrt{20^2 + 4 \times 28 \times 77 + 6.28 \times 4 \times 20 + 8 \times 4^2}\,\text{mm} \approx 98.2\text{mm}$$

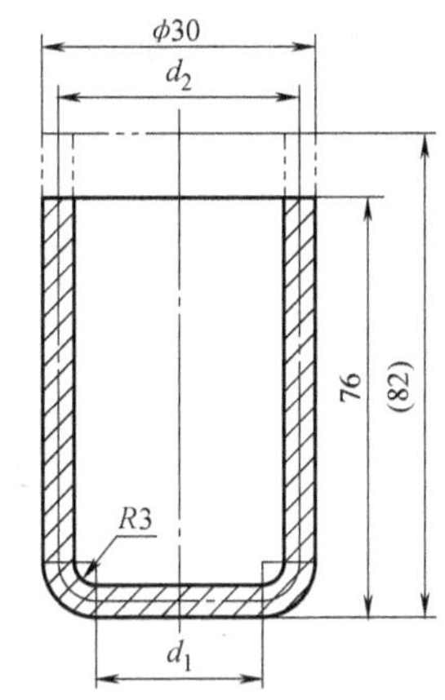

图 5-13　圆筒形件

2）确定拉深次数。根据坯料相对厚度 $t/D = (2/98.2) \times 100\% \approx 2.03\%$，根据表 5-1，可采用也可不采用压边圈，但为了保证质量及减少拉深次数，首次拉深时采用压边圈。

根据 $t/D = 2.03\%$，查表 5-8 取首次极限拉深系数为 $[m_1] = 0.50$，查表 5-9 得以后各次拉深的极限拉深系数为 $[m_2] = 0.75$，$[m_3] = 0.80$，$[m_4] = 0.84$，…，故

$$d_1 = [m_1]D = 0.50 \times 98.2\text{mm} = 49.1\text{mm}$$

$$d_2 = [m_2]\ d_1 = 0.75 \times 49.1\text{mm} \approx 36.8\text{mm}$$

$$d_3 = [m_3]\ d_2 = 0.80 \times 36.8\text{mm} \approx 29.4\text{mm}$$

$$d_4 = [m_4]\ d_3 = 0.84 \times 29.4\text{mm} \approx 24.7\text{mm}$$

因 $d_4=24.7\text{mm}<28\text{mm}$，所以需要采用 4 次拉深成形。

3）计算各拉深工序件尺寸。为了使第四次拉深的直径与零件要求一致等于 28mm，需对拉深系数进行调整。调整后各次拉深的实际拉深系数取为 $m_1=0.51$，$m_2=0.78$，$m_3=0.83$。

各次拉深工序件直径为

$$d_1=m_1D=0.51\times98.2\text{mm}\approx50\text{mm}$$

$$d_2=m_2\ d_1=0.78\times50\text{mm}\approx39\text{mm}$$

$$d_3=m_3\ d_2=0.83\times39\text{mm}\approx33\text{mm}$$

$$\text{校核}\ m_4=28\text{mm}/33\text{mm}=0.848\qquad\text{符合要求}$$

则各次拉深直径为：$d_1=50\text{mm}$，$d_2=39\text{mm}$，$d_3=33\text{mm}$，$d_4=28\text{mm}$。

各次工序件底部圆角半径按式（5-23）和式（5-26）计算，即

$$r_{d1}=0.8\sqrt{(D-d_1)\ t}=0.8\times\sqrt{(98.2-50)\ \times2}\text{mm}\approx7.85\text{mm}$$

$$r_{p1}=(0.7\sim1.0)r_{d1}=(0.7\sim1.0)\times7.85\text{mm}\approx5.5\sim7.85\text{mm}，\text{取 }7\text{mm}$$

$$r_1=r_{p1}+\frac{t}{2}=7\text{mm}+1\text{mm}=8\text{mm}$$

由式（5-24）可知以后各次 $r_{di}=(0.6\sim0.9)r_{d(i-1)}$。

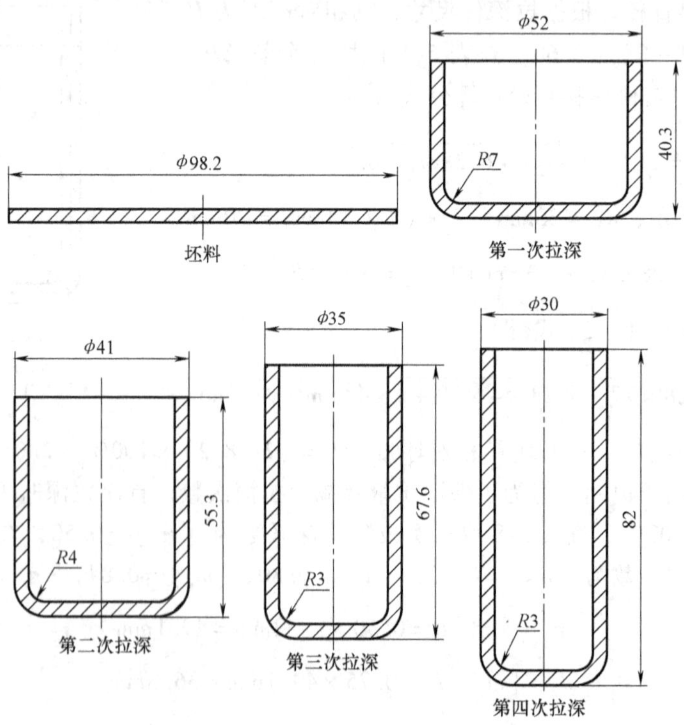

图 5-14　圆筒形件的各次拉深工序件尺寸

同理得以下数值：$r_2 = 5\text{mm}$，$r_3 = r_4 = 4\text{mm}$。

把各次工序件直径和底部圆角半径代入式（5-5），得各次工序件高度为

$$H_1 = 0.25 \times \left(\frac{98.2^2}{50} - 50\right)\text{mm} + 0.43 \times \frac{8}{50} \times (50 + 0.32 \times 8)\text{mm} \approx 39.3\text{mm}$$

$$H_2 = 0.25 \times \left(\frac{98.2^2}{39} - 39\right)\text{mm} + 0.43 \times \frac{5}{39} \times (39 + 0.32 \times 5)\text{mm} \approx 54.3\text{mm}$$

$$H_3 = 0.25 \times \left(\frac{98.2^2}{33} - 33\right)\text{mm} + 0.43 \times \frac{4}{33} \times (33 + 0.32 \times 4)\text{mm} \approx 66.6\text{mm}$$

$$H_4 = 81\text{mm}$$

以上所得工序件尺寸都是中线尺寸，换算成与零件图相同的标注形式后，所得各工序件的尺寸如图 5-14 所示。

5.2.6　其他形状零件的拉深

1. 带凸缘圆筒形件的拉深

图 5-15 所示为带凸缘圆筒形件及其坯料，通常按凸缘尺寸的大小分为窄凸缘（$d_t/d = 1.1 \sim 1.4$）和宽凸缘（$d_t/d > 1.4$）两种类型。

带凸缘圆筒形件的拉深变形过程与无凸缘圆筒形件相同，但是由于拉深时凸缘并没有完全转化成圆筒形件的侧壁，且保留凸缘的宽窄与板料整体变形程度有关，因而其相应的工艺计算方法与普通无凸缘圆筒形件又有一定的区别。

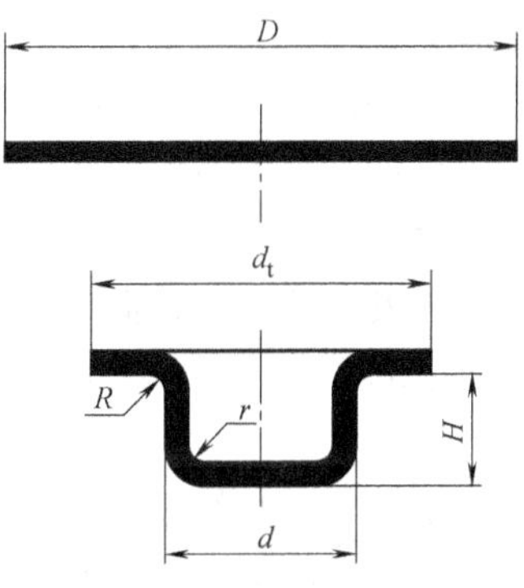

图 5-15　带凸缘圆筒形件及其坯料

（1）窄凸缘圆筒形件的拉深　对于窄凸缘圆筒形件的拉深，前几道工序按无凸缘圆筒形件进行拉深及尺寸计算，而在最后两道工序采用锥形凹模和锥形压边圈进行拉深，留出锥形凸缘，这样整形压平时可减小凸缘区切向的拉深变形，对防止外缘开裂有利。对于图 5-16 所示的窄凸缘圆筒形件，第一次拉深成无凸缘圆筒形件，在后两次拉深时留出锥形凸缘，最后整形达到要求。

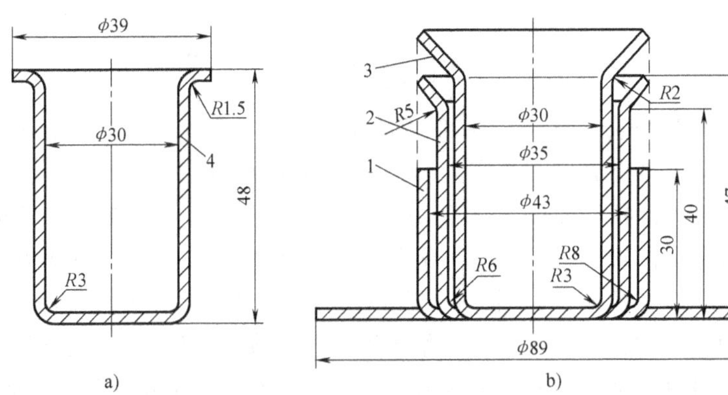

图 5-16　窄凸缘圆筒形件的拉深

（2）宽凸缘圆筒形件的拉深　宽凸缘圆筒形件拉深时，凸缘尺寸的微小变化（减少），都会引起筒壁部分过大的拉应力，导致危险断面处破裂。因此，第一次拉深时就应拉出所需的凸缘外径，在以后各次拉深时，凸缘直径保持不变，仅仅依靠筒壁部分材料的转移来达到拉深件所要求的尺寸。

实际生产中，宽凸缘圆筒形件需多次拉深时有两种方法（图 5-17）。

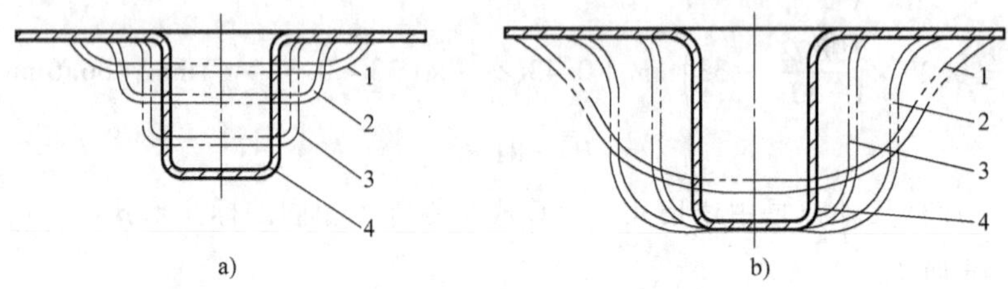

图 5-17　宽凸缘圆筒形件的拉深方法

1）减小圆筒形直径，增大圆筒高度。对于中小型凸缘圆筒形件（$d_t<200\text{mm}$），通常采用逐步减小筒形直径、增大圆筒高度的拉深工艺，而各次拉深的凸缘圆角半径和底部圆角半径基本保持不变。用这种方法拉深，容易在工件上留下各次拉深的痕迹，需要在最后增加一道整形工序。

2）保持圆筒高度，减小圆筒形直径。对于大型凸缘圆筒形件（$d_t>200\text{mm}$），在首次拉深时尽可能取较大的凸缘圆角半径和底部圆角半径，高度基本拉到零件要求的尺寸。以后各次拉深时，逐渐减小圆角半径和圆筒形直径，拉深高度基本保持不变。用这种方法拉深，拉成的零件表面较光滑，但只适用于坯料相对厚度较大、采用大圆角过渡不易起皱的情况。

（3）带凸缘圆筒形件的拉深系数　带凸缘圆筒形件的拉深系数为

$$m_t=d/D \tag{5-6}$$

式中　m_t——带凸缘圆筒形件的拉深系数；

d——拉深件圆筒形部分的直径；

D——坯料直径。

当拉深件底部圆角半径 r 与凸缘处圆角半径 R 相等，即 $r=R$ 时，坯料直径为

$$D=\sqrt{d_t^2+4dH-3.44dR}$$

则

$$m_t=d/D=\frac{1}{\sqrt{\left(\frac{d_t}{d}\right)^2+4\frac{H}{d}-3.44\frac{R}{d}}} \tag{5-7}$$

由式（5-7）可以看出，带凸缘圆筒形件的拉深系数与凸缘的相对直径 d_t/d、零件的相对高度 H/d、相对圆角半径 R/d 三个因素有关，其影响程度依次减小。

带凸缘圆筒形件首次拉深的极限拉深系数［m_1］见表 5-12。由表可以看出，$d_t/d<1.1$ 时，极限拉深系数与无凸缘圆筒形件基本相同；d_t/d 大时，其极限拉深系数比无凸缘圆筒形件的小。而且当坯料直径 D 一定时，凸缘相对直径 d_t/d 越大，极限拉深系数越小。这是因为在坯料直径 D 和圆筒形直径 d 一定的情况下，带凸缘圆筒形件的凸缘相对直径 d_t/d 大，就意味着只要将坯料直径稍加收缩即可达到零件凸缘外径，筒壁传力区的拉应力远没有达到许可值，因而可以减小其拉深系数。但这并不表示带凸缘圆筒形件的变形程度大。

表 5-12　带凸缘圆筒形件首次拉深的极限拉深系数 $[m_1]$

凸缘的相对直径 d_t/d	坯料相对厚度 t/D(%)				
	>2～1.5	>1.5～1.0	>1.0～0.6	>0.6～0.3	>0.3～0.1
<1.1	0.51	0.53	0.55	0.57	0.59
1.3	0.49	0.51	0.53	0.54	0.55
1.5	0.47	0.49	0.50	0.51	0.52
1.8	0.45	0.46	0.47	0.48	0.48
2.0	0.42	0.43	0.44	0.45	0.45
2.2	0.40	0.41	0.42	0.42	0.38
2.5	0.37	0.38	0.38	0.38	0.35
2.8	0.34	0.35	0.35	0.35	0.33
3.0	0.32	0.33	0.33	0.33	0.33

由上述分析可知，在影响 m_t 的因素中，因 R/d 影响较小，因此当 m_t 一定时，d_t/d 与 H/d 的关系也就基本确定了。这样，就可用拉深件的相对高度来表示带凸缘圆筒形件的变形程度。首次拉深的极限相对高度见表 5-13。

表 5-13　带凸缘圆筒形件首次拉深的极限相对高度 $[H_1/d_1]$

凸缘的相对直径 d_t/d	坯料相对厚度 t/D(%)				
	>2～1.5	>1.5～1.0	>1.0～0.6	>0.6～0.3	>0.3～0.1
<1.1	0.90～0.75	0.82～0.65	0.70～0.57	0.62～0.50	0.52～0.45
1.3	0.80～0.65	0.72～0.56	0.60～0.50	0.53～0.45	0.47～0.40
1.5	0.70～0.58	0.63～0.50	0.53～0.45	0.48～0.40	0.42～0.35
1.8	0.58～0.48	0.53～0.42	0.44～0.37	0.39～0.34	0.35～0.29
2.0	0.51～0.42	0.46～0.35	0.38～0.32	0.34～0.29	0.30～0.25
2.2	0.45～0.35	0.40～0.31	0.33～0.27	0.29～0.25	0.26～0.22
2.5	0.35～0.28	0.32～0.25	0.27～0.22	0.23～0.20	0.21～0.17
2.8	0.27～0.22	0.24～0.19	0.21～0.17	0.18～0.15	0.16～0.13
3.0	0.22～0.16	0.20～0.16	0.17～0.14	0.15～0.12	0.13～0.10

注：1. 表中大数值适用于大圆角半径，小数值适用于小圆角半径。随着凸缘直径的增大及相对高度的减小，其数值也跟着减小。
2. 表中数值适用于 10 钢，比 10 钢塑性好的材料取接近表中大数值的值，塑性差的取小数值。

当带凸缘圆筒形件的总拉深系数 $m_t=d/D$ 大于表 5-12 中的极限拉深系数，且零件的相对高度 H/d 小于表 5-13 中的极限值时，可以一次拉深成形，否则需要进行两次或多次拉深。

带凸缘圆筒形件以后各次的拉深系数为

$$m_i=d_i/d_{i-1} \tag{5-8}$$

其值与凸缘宽度及外形尺寸无关，可取与无凸缘圆筒形件的相应拉深系数相等或略小的数值，见表 5-14。

表 5-14　带凸缘圆筒形件以后各次的极限拉深系数

拉深系数	坯料相对厚度 t/D(%)				
	>2～1.5	>1.5～1.0	>1.0～0.6	>0.6～0.3	>0.3～0.1
$[m_2]$	0.73	0.75	0.76	0.78	0.80
$[m_3]$	0.75	0.78	0.79	0.80	0.82
$[m_4]$	0.78	0.80	0.82	0.83	0.84
$[m_5]$	0.80	0.82	0.84	0.85	0.86

（4）带凸缘圆筒形件的各次拉深高度　根据带凸缘圆筒形件坯料直径计算公式（见表5-6），可推导出各次拉深高度的计算公式为

$$H_i=\frac{0.25}{d_i}(D^2-d_t^2)+0.43(r_i+R_i)+\frac{0.14}{d_i}(r_i^2-R_i^2)$$

$$(i=1,\ 2,\ 3,\ \cdots,\ n) \tag{5-9}$$

式中　H_i——各次拉深工序件的高度；

d_i——各次拉深工序件的直径；

D——坯料直径；

r_i——各次拉深工序件的底部圆角半径；

R_i——各次拉深工序件的凸缘圆角半径。

例5-2　试对图5-18所示的带凸缘圆筒形件的拉深工序进行计算。零件材料为08钢，厚度 $t=1\text{mm}$。

解：板料厚度 $t=1\text{mm}$，故按中线尺寸计算。

1）计算坯料直径 D。根据零件尺寸 $d_t=55.4\text{mm}$，$d_t/d=55.4/21.1\approx2.6$，查表5-5取切边余量 $\Delta R=2.2\text{mm}$，故实际凸缘直径 $d_t=(55.4+2\times2.2)\text{mm}=59.8\text{mm}$。由表5-6查得带凸缘圆筒形件的坯料直径计算公式为

$$D=\sqrt{d_1^2+6.28rd_1+8r^2+4d_2h+6.28Rd_2+4.56R^2+d_4^2-d_3^2}$$

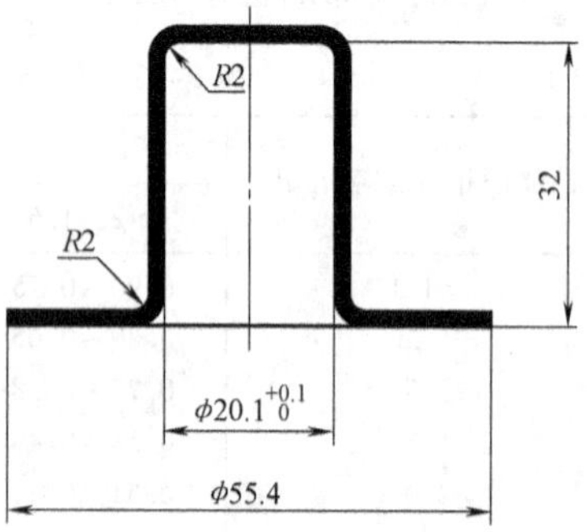

图5-18　带凸缘圆筒形件

如图5-18所示，$d_1=(20.1-2\times2)\text{mm}=16.1\text{mm}$，$R=r=2.5\text{mm}$，$d_2=21.1\text{mm}$，$h=27\text{mm}$，$d_3=26.1\text{mm}$，$d_4=59.8\text{mm}$，代入上式得

$$D=\sqrt{3\ 200+2\ 895}\text{mm}\approx78\text{mm}$$

其中 $3200\pi/4$ 为该拉深件除去凸缘平面部分的表面积。

2）判断可否一次拉深成形。根据

$$t/D=1/78=1.28\%$$

$$d_t/d=59.8/21.1=2.83$$

$$H/d=32/21.1=1.52$$

$$m_t=d/D=21.1/78=0.27$$

查表5-12和表5-13，$[m_1]=0.35$，$[H_1/d_1]=0.21$，则该零件需要多次拉深。

3）确定首次拉深工序件尺寸。初定 $d_t/d_1=1.3$，查表5-12得 $[m_1]=0.51$，取 $m_1=0.52$，则

$$d_1=m_1d=0.52\times78\text{mm}=40.5\text{mm}$$

取 $r_1=R_1=5.5\text{mm}$

为了使以后各次拉深时凸缘不再变形，取首次拉入凹模的材料面积比最后一次拉入凹模

的材料面积（即零件中除去凸缘平面以外的表面积 $3200\pi/4$）增加5%，故坯料直径修正为

$$D=\sqrt{3200\times105\%+2895}\text{mm}=40.5\text{mm}$$

按式（5-9），可得首次拉深高度为

$$H_1=\frac{0.25}{d_1}(D^2-d_t^2)+0.43(r_1+R_1)+\frac{0.14}{d_1}(r_1^2-R_1^2)$$

$$=\frac{0.25}{40.5}\times(79^2-59.8^2)\text{mm}+0.43\times(5.5+5.5)\text{mm}=21.2\text{mm}$$

验算所取 m_1 是否合理：根据 $t/D=1.28\%$，$d_t/d_1=59.8/40.5=1.48$，查表5-13可知 $[H_1/d_1]=0.58$。因 $H_1/d_1=21.2/40.5<[H_1/d_1]=0.58$，故所取 m_1 是合理的。

4）计算以后各次拉深的工序件尺寸　查表5-14得，$[m_2]=0.75$，$[m_3]=0.78$，$[m_4]=0.80$，则

$$d_2=[m_2]d_1=0.75\times40.5\text{mm}=30.4\text{mm}$$

$$d_3=[m_3]d_2=0.78\times30.4\text{mm}=23.7\text{mm}$$

$$d_4=[m_4]d_3=0.80\times23.7\text{mm}=19.0\text{mm}$$

因 $d_4=19.0\text{mm}<21.1\text{mm}$，故共需4次拉深。

调整以后各次拉深系数，取 $m_2=0.77$，$m_3=0.80$，$m_4=0.844$。故以后各次拉深工序件的直径为

$$d_2=m_2d_1=0.77\times40.5\text{mm}=31.2\text{mm}$$

$$d_3=m_3d_2=0.80\times31.2\text{mm}=25.0\text{mm}$$

$$d_4=m_4d_3=0.844\times25.0\text{mm}=21.1\text{mm}$$

以后各次拉深工序件的圆角半径取

$$r_2=R_2=4.5\text{mm},\quad r_3=R_3=3.5\text{mm},\quad r_4=R_4=2.5\text{mm}$$

设第二次拉深时多拉入3%的材料（其余2%的材料返回到凸缘上），第三次拉深时多拉入1.5%的材料（其余1.5%的材料返回到凸缘上），则第二次和第三次拉深的假想坯料直径分别为

$$D'=\sqrt{3200\times103\%+2895}\text{mm}=78.7\text{mm}$$

$$D''=\sqrt{3200\times101.5\%+2895}\text{mm}=78.4\text{mm}$$

以后各次拉深工序件的高度为

$$H_2=\frac{0.25}{d_2}(D'^2-d_t^2)+0.43(r_2+R_2)+\frac{0.14}{d_2}(r_2^2-R_2^2)$$

$$=\frac{0.25}{31.2}\times(78.7^2-59.8^2)\text{mm}+0.43\times(4.5+4.5)\text{mm}=24.8\text{mm}$$

$$H_3 = \frac{0.25}{d_3}(D''^2 - d_t^2) + 0.43(r_3 + R_3) + \frac{0.14}{d_3}(r_3^2 - R_3^2)$$

$$= \frac{0.25}{25} \times (78.4^2 - 59.8^2)\,\text{mm} + 0.43 \times (3.5 + 3.5)\,\text{mm} = 28.7\,\text{mm}$$

最后一次拉深后达到零件的高度 $H_4 = 32\text{mm}$，上道工序多拉入的 1.5% 的材料全部返回到凸缘，拉深工序至此结束。

将上述按中线尺寸计算的工序件尺寸换算成与零件图相同的标注形式后，所得各工序件的尺寸如图 5-19 所示。

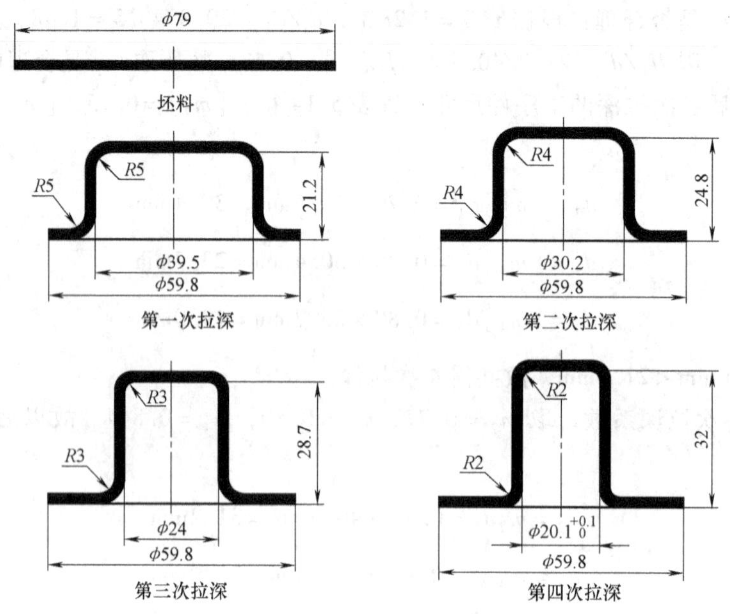

图 5-19　带凸缘圆筒形件的各次拉深工序尺寸

2. 阶梯圆筒形件的拉深

阶梯圆筒形件如图 5-20 所示，每一个阶梯相当于一个圆筒形件的拉深。但是阶梯圆筒形件的拉深次数及拉深方法与圆筒形件是有区别的。主要问题是确定拉深次数，所以应先计算零件的高度 H 与最小直径 d_n 的比值 H/d_n，然后根据坯料相对厚度 t/D 查表 5-10。如果拉深次数为 1，则可一次拉深成形，否则需要多次拉深成形。

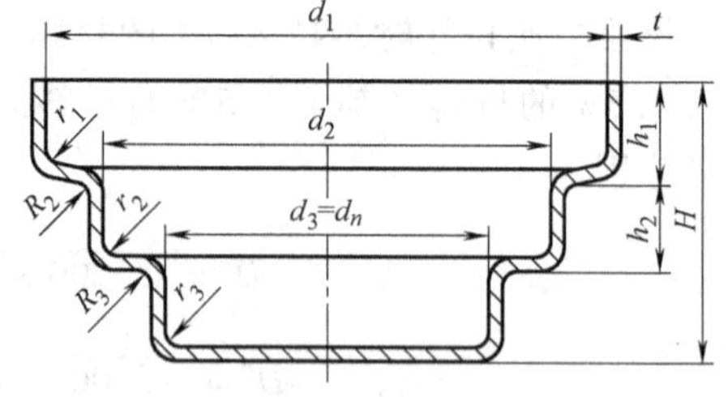

图 5-20　阶梯圆筒形件

阶梯圆筒形件需要多次拉深时，根据阶梯圆筒形件的各部分尺寸关系不同，其拉深方法也有所不同。

1）当任意两相邻阶梯直径的比值 d_i/d_{i-1} 都不小于相应的圆筒形件的极限拉深系数时，其由大阶梯到小阶梯依次拉出，如图 5-21a 所示，拉深次数等于阶梯直径数目与最大阶梯成形所需的拉深次数之和。

2）当某两相邻阶梯直径的比值 d_i/d_{i-1} 小于相应圆筒形件的极限拉深系数时，则可先按

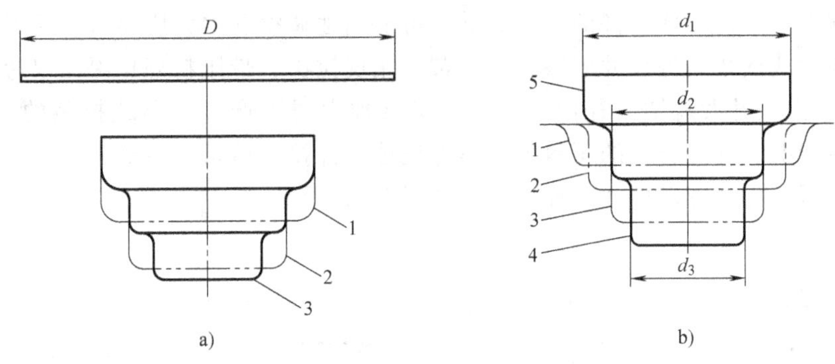

图 5-21　阶梯圆筒形件多次拉深方法

带凸缘圆筒形件的拉深方法拉出直径 d_i，再将凸缘拉成直径，其顺序是由小到大，如图5-21b所示。图中因 d_2/d_1 小于相应圆筒形件的极限拉深系数，故先用带凸缘圆筒形件的拉深方法拉出直径 d_2，d_3/d_2 不小于相应圆筒形件的极限拉深系数，可直接从 d_2 拉到 d_3，最后拉出 d_1。

3）当零件是浅阶梯圆筒形件，且坯料相对厚度（t/D）较大、相邻阶梯直径差不大时，可以先拉成带大圆角半径的圆筒形件，然后用校形方法得到零件的形状和尺寸。但需要注意材料的局部变薄，以免影响零件质量。

此外，当阶梯件的最小阶梯直径 d_n 很小、d_n/d_{n-1} 过小、其高度 h_n 又不大时，最小阶梯可以用胀形的方法得到。但材料容易变薄，影响零件质量。

3. 轴对称曲面形状件的拉深

轴对称曲面形状件包括球形件、抛物线形件和锥形件等。此类零件在拉深成形时，变形区的位置、受力情况和变形特点都与直壁拉深件不同，所以在拉深中出现的问题和解决问题的方法，也和直壁筒形件有所不同。对于此类零件，不能简单地用拉深系数去衡量和判断成形的难易程度，也不能用它作为工艺过程设计和模具设计的依据。

（1）球形件的拉深　球形件的拉深凸模是球面，在开始拉深时凸模与坯料平面只有一点接触，凸模的压力都集中在这一点上，使该处的材料严重变薄。另外在拉深过程中，材料的很大部分未被压边圈压住，故容易起皱，而且由于间隙过大，皱纹也不易消除。

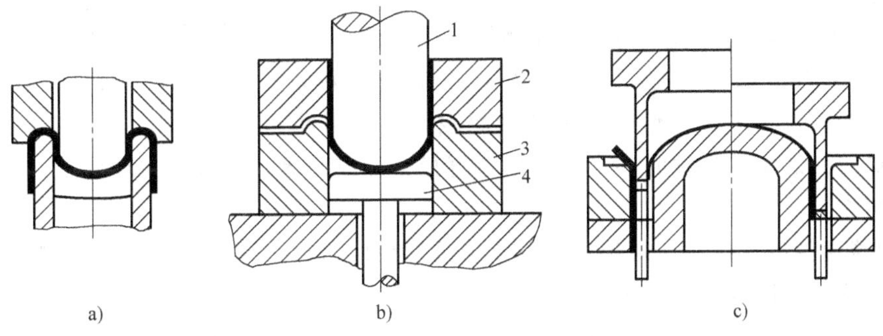

图 5-22　球形件拉深方法

a）反拉深　b）带压料筋拉深　c）双弯曲拉深

1—凸模　2—压边圈　3—凹模　4—顶件块

生产过程中，为避免球形件的拉深起皱，可适当地调整和增大压料力。而当压料力较大时，会受到弹簧或气垫结构尺寸的限制，故常采用反拉深、带压料筋拉深和双弯曲拉深，如图 5-22 所示。但是过大地增大径向拉应力，又会加大材料产生变薄或拉裂的倾向。因此，如何根据具体情况，确定合理的压料力，是保证球形件拉深质量的关键之一。

球形件又可分为半球形件和浅球形件，如图 5-23 所示。

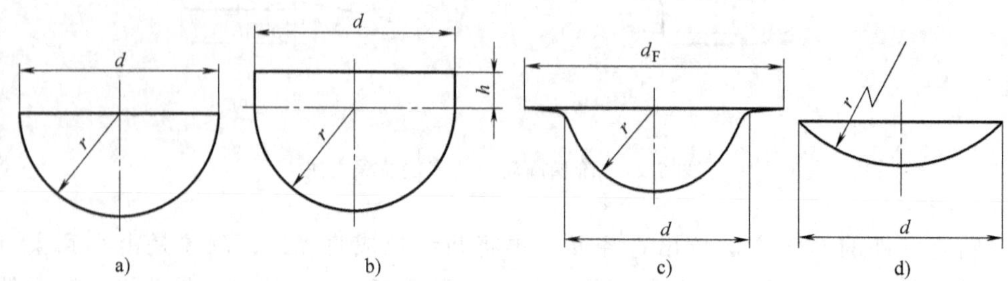

图 5-23 球形件的类型

1）半球形件的拉深。半球形件（图 5-23a）的拉深系数，在任何直径下均为常数，即

$$m=\frac{d}{D}=\frac{d}{\sqrt{2}d}\approx 0.71=\text{常数}$$

在这种情况下，不能用拉深系数作为设计工艺过程的依据。球形件拉深的主要质量问题是坯料中间起皱，故以坯料相对厚度 t/D 作为判断成形难易程度和选定拉深方法的依据。

根据不同的相对厚度，半球形件的拉深有以下三种方法。

① 当 $t/D>3\%$ 时，可用不带压料装置的简单拉深模一次拉深成形，但必须采用球面底的凹模，在行程终了时得到校正，如图 5-24 所示。

② 当 $t/D=0.5\%\sim3\%$ 时，需用带压边圈的拉深模或反拉深模进行拉深，以防止起皱。

③ 当 $t/D<0.5\%$ 时，则采用反拉深模（图 5-22a）或带有压料筋的凹模（图5-22b）进行拉深，以增大材料流动的阻力。

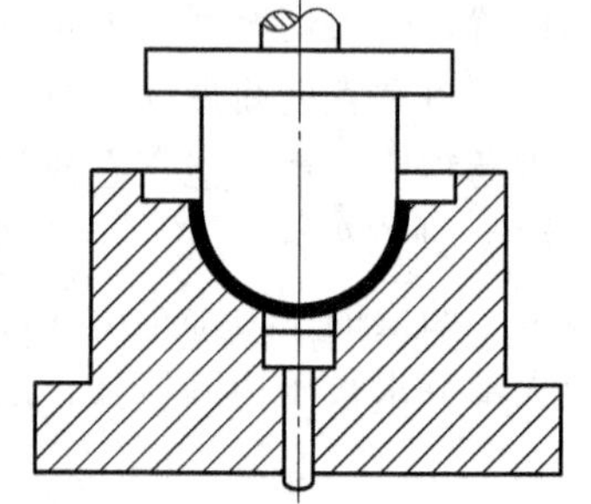

图 5-24 半球形件的校正拉深

当球形件带有高度为 $(0.1\sim0.2)d$ 的直壁（图 5-23b）或带有每边宽度为 $(0.1\sim0.5)d$ 的凸缘（图 5-23c）时，虽然变形程度有所增大，但对球面的拉深有相当大的好处。拉深不带直壁或不带凸缘而表面质量和尺寸精度要求较高的半球形件时，常加大坯料直径，形成凸缘，以确保拉深质量，其加工余量在拉深后切除。

2）浅球形件的拉深。浅球形件（图 5-23d）在拉深成形时，除了容易起皱外，坯料还容易产生偏移，且卸载后有一定的回弹。

① 当坯料直径 $D\leqslant 9\sqrt{rt}$ 时，可以不压料用球形底的凹模一次成形。但在成形时，坯料容易偏移，还可能产生一定的回弹。当球面半径 r 较大，而零件的深度和厚度较小时，必须按回弹量修正模具。

② 当坯料直径 $D>9\sqrt{rt}$时，由于起皱严重，这时应附加一定宽度的凸缘并采用强力压料装置或带有压料筋的模具，防止坯料在成形时产生偏移。

（2）抛物线形件的拉深　抛物线形件的拉深，按其相对高度 h/d（h 为零件高度，d 为零件直径）的不同，分为以下两种情况。

1）对于深度较小的抛物线形件（$h/d<0.5\sim0.6$），其变形特点与半球形件相似，因此可按半球形件的拉深方法进行拉深。

2）对于深度较大的抛物线形件（$h/d\geqslant0.5\sim0.6$），由于零件高度较大，顶部圆角较小，所以拉深难度较大，一般需进行反拉深或正拉深多工序逐步成形。为了保证零件的尺寸精度和表面质量，最后一道拉深工序应有一定的胀形变形，可使坯料面积小于零件的表面积。

图 5-25 所示为抛物线形灯罩及其拉深模，灯罩的材料为 08 钢，厚度为 0.8mm，经计算得坯料直径 $D=280$mm。根据 $h/d\approx0.58$，$t/D\approx0.28\%<0.5\%$，采用上述半球形件的第三种成形方法，用有压料筋的凹模进行拉深。

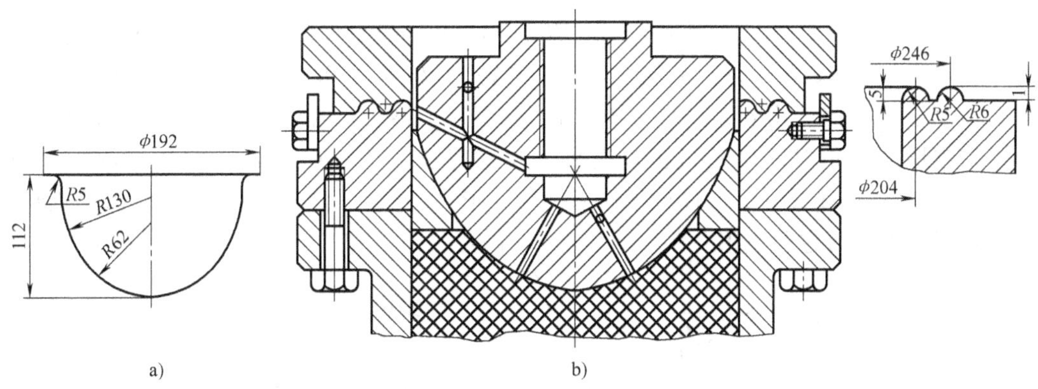

图 5-25　抛物线形灯罩及其拉深模

a）灯罩零件图　b）灯罩拉深模

（3）锥形件的拉深　锥形件在开始拉深时，凸模与坯料接触面积小，压力集中，坯料容易产生局部变薄；且由于自由面积大，压料面积小，工件容易起皱。另一方面，因为零件底部与口部尺寸差别较大，拉深后回弹现象严重。因此，拉深锥形件要比球形件困难。

锥形件各部分的尺寸参数（图 5-26）不同，拉深成形的难易程度、成形方法也不同。在确定其拉深方法时，主要考虑锥形件的相对高度 h/d_2、相对锥顶直径 d_1/d_2、相对厚度 t/d_2 这三个参数。显然，h/d_2 越大、d_1/d_2 越小、t/d_2 越小则拉深难度越大。

根据锥形件拉深成形的难易程度，其成形方法大体分为如下几种。

1）浅锥形件（$h/d_2<0.2$）。由于拉深深度较浅，通常可以一次拉深成形。此时相对锥顶直径 d_1/d_2 影响不大，可根据相对厚度 t/d_2 值确定拉深模的结构。

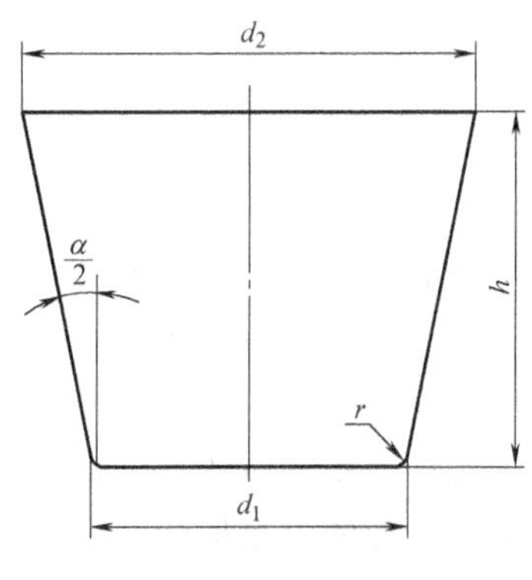

图 5-26　锥形件

当 $t/d_2>0.02$ 时，可不用压边圈，采用带底凹模的模具一次成形，如图 5-27a所示。这种成形方法回弹比较严重，通常需要试冲修正模具。当相对厚度 t/d_2 较小，或虽然相对厚度较大，但精度要求较高时，则采用带平面压边圈或带压料筋的模具一次成形，如图 5-27b 所示。如果零件是无凸缘的，为了成形的需要，可加大坯料直径，成形后再切边。

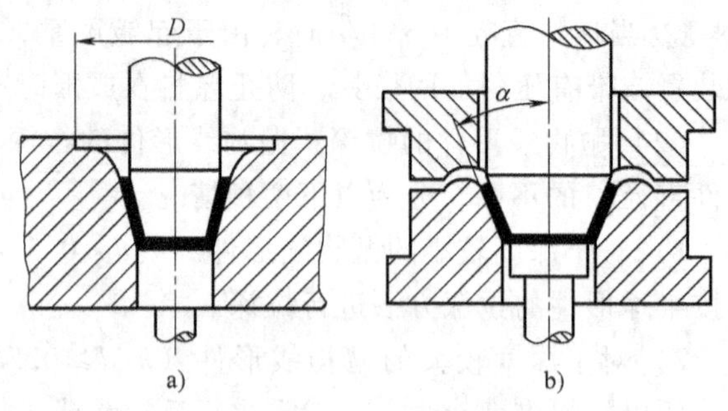

图 5-27　相对高度小的锥形件的拉深方法

2）中等深度锥形件（$0.2<h/d_2<0.43$）。此类零件大多数可以一次拉深成形，只有少数需要几次拉深。由于相对高度 h/d_2 的增大，凸、凹模间不受压边圈作用而悬空的材料相对增多，起皱便成为主要问题。因此，需要根据 t/d_2 和 d_1/d_2 值的不同，采取不同的防皱措施进行拉深。

当 $t/d_2>0.02$、$d_1/d_2>0.5$ 时，可以采用锥形带底凹模一次拉深成形，在工作行程终了时进行一定程度的整形。如果 d_1/d_2 值增大，一次拉深允许的高度也可以相应增大。当 $d_1/d_2=0.6\sim0.7$ 时，h/d_2 可能达到 0.5 左右；当 $d_1/d_2=0.8\sim0.9$ 时，h/d_2 可能达到 0.5～0.6 或更大。当 $t/d_2=0.015\sim0.02$ 时，采用带压料装置的拉深模一次拉深成形。

如果锥形件的相对高度超过上述范围，相对厚度较大，则可采用两道拉深工序成形（图 5-28）。首先拉深成圆筒形件或带凸缘的圆筒形件，然后用锥形凸、凹模拉深成锥形件，并在工作行程终了时进行整形。

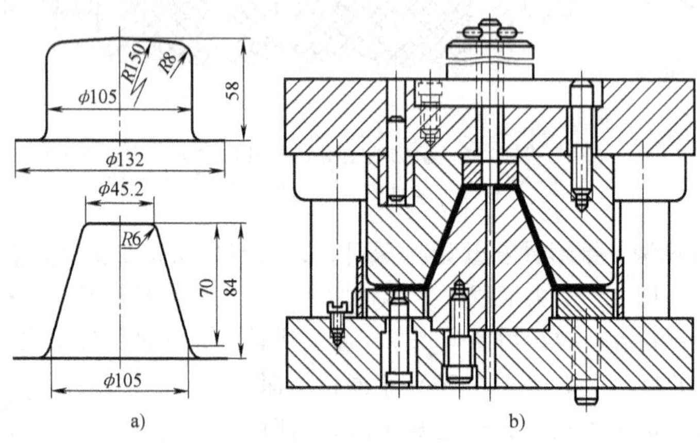

图 5-28　锥形件的拉深方法及拉深模

当 $t/d_2=(0.015\sim0.02)$、$d_1/d_2\geqslant0.5$、$h/d_2=0.3\sim0.5$ 时，通常用两道拉深工序成形。第一道工序拉深成具有较大圆角半径的圆筒形或接近球面形状的工序件，然后用带有一定胀形变形作用的整形工序压成需要的形状，如图 5-29a 所示。第一道拉深后的工序件尺寸，应保证整形时各部分直径的增大量不超过 8%。当 d_1/d_2 较小时，第一道拉深工序可采用近似锥形的过渡形状，如图 5-29b 所示。第二道拉深可以用正拉深，也可以用反拉深。反拉深能有效地防止起皱，所得零件表面质量也较好。

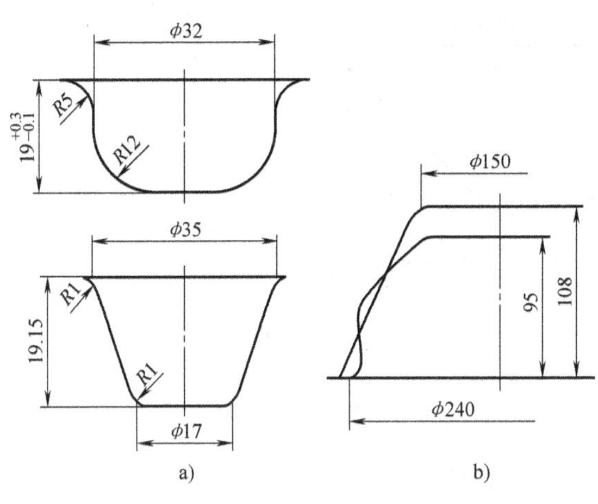

图 5-29　锥形件的两次成形方法

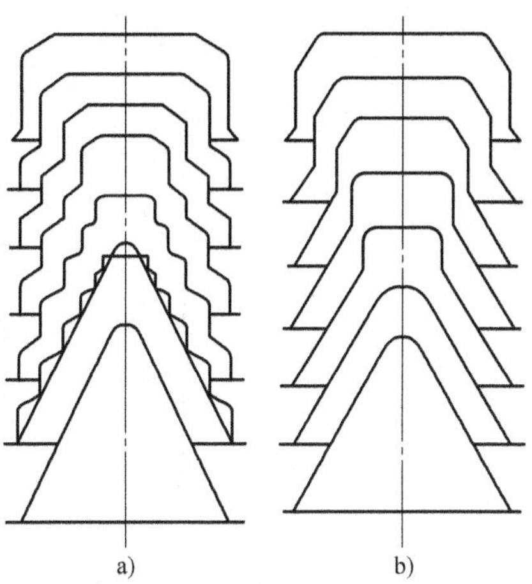

a)　b)

图 5-30　深锥形件的逐步成形方法

3）深锥形件（$h/d_2>0.5$）。此类零件必须采用多工序拉深成形。由于零件深度较大，需用强力压边装置来防止起皱，因此相应地引起了严重的局部变薄甚至拉裂。带凸缘件需先拉深出凸缘尺寸并使其保持不变，然后按面积相等的原则拉深锥形。常用的拉深方法有以下两种。

① 阶梯过渡法。坯料被逐道工序拉深成阶梯形，阶梯的外形与零件的内形相切，最后整形达到零件要求，如图 5-30a 所示。该法工序多，零件壁厚不均匀，印痕不易消除，表面质量差，故很少采用。

② 锥面逐步增大法。为了得到光滑平整的表面，首先将平板拉深成直径等于锥体大端直径的圆筒形，随后的各道工序拉深圆锥面，逐步增大高度，最终达到零件要求，如图 5-30b 所示。其拉深系数可选圆筒形件的拉深系数。由于此法所得零件表面质量较好，故应用较多。

4. 盒形件的拉深

（1）盒形件拉深的变形特点　从几何形状特点出发，盒形件可以划分为 2 个长度为（$A-2r_g$）和（$B-2r_g$）的直边部分，以及 4 个半径均为 r_g 的圆角部分。圆角部分是 1/4 的圆柱面，直边部分是直壁平面，如图 5-31 所示。

可以近似地认为圆角部分相当于圆筒形件的拉深变形，而直边部分相当于弯曲变形。但实际上材料是一块整体，在拉深过程中，直边部分和圆角部分必然相互牵连。为了便于分析盒形件拉深变形的特点，拉深前在坯料表面的圆角部分按圆筒形件拉深试验的方法画出网格，直边部分再画出由相互垂直的等距离平行线组成的网格（$l_1=l_2=l_3=b_1=b_2=b_3$），如图 5-32所示。

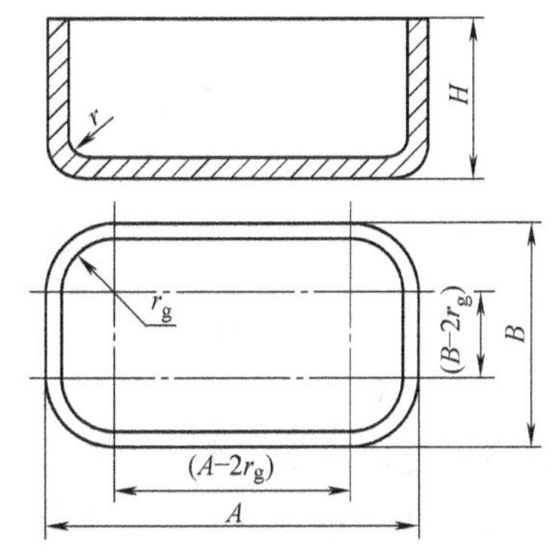

图 5-31　盒形件

拉深后，平板坯料上圆角部分的径向放射线并没有变成与底面垂直的平行线，而是成为口部间距大、底部间距小的斜线，这与圆筒形件拉深的情况有所不同，因此圆角部分的材料向直边部分发生了转移。直边部分变

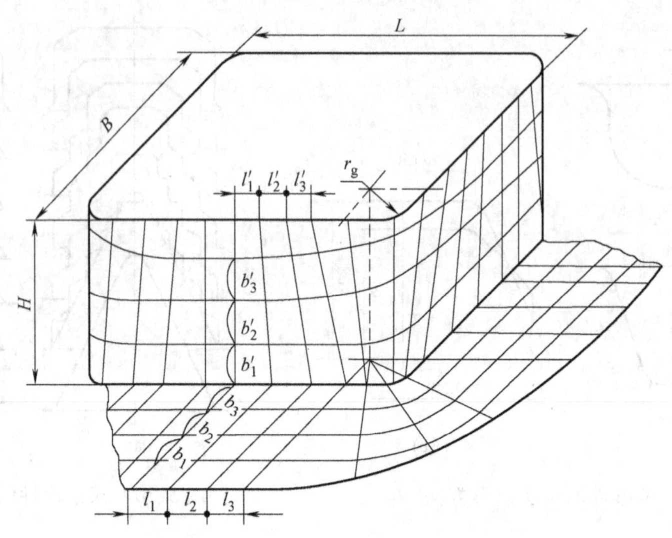

图 5-32　盒形件拉深的网格试验

形后，横向尺寸 $l_1 > l_1' > l_2' > l_3'$，纵向尺寸 $b_1 < b_1' < b_2' < b_3'$，这说明直边部分在变形过程中受到圆角部分材料的挤压，使其横向部分压缩不均匀，靠近圆角处压缩变形大，直边中间部分压缩变形小；且沿高度方向的伸长变形也不是均匀的，口部变形大，底部变形小。

根据上述试验和分析，盒形件拉深变形有以下特点：

1）盒形件拉深变形的性质与圆筒形件相同，坯料变形区（凸缘）也是一拉一压的应力状态，如图 5-33 所示。

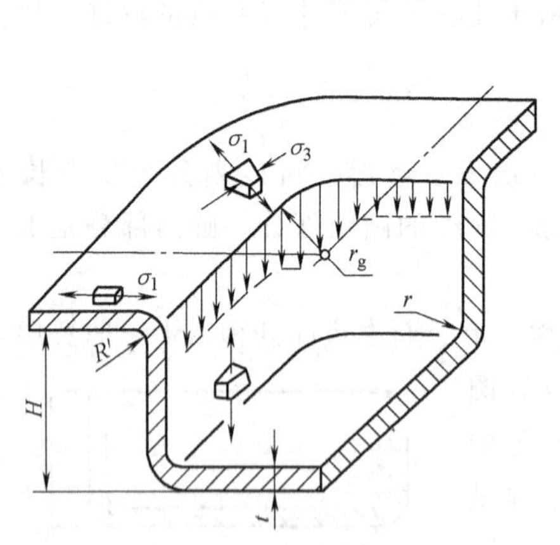

图 5-33　盒形件拉深时的应力分布

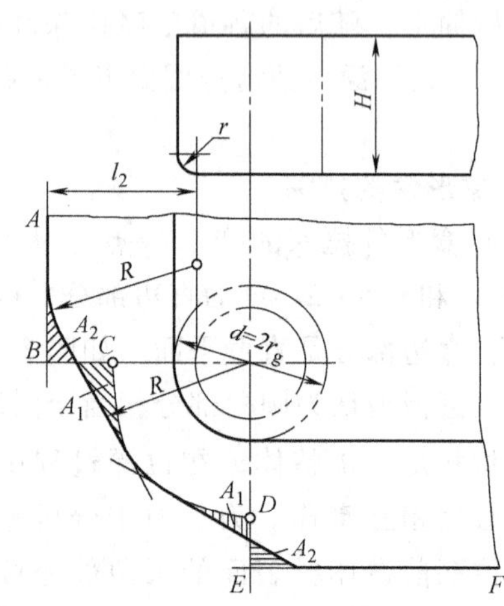

图 5-34　低盒形件坯料的初步确定

2）盒形件拉深时坯料周边上的应力和变形分布是不均匀的。由于拉深时圆角部分的材料向直边流动，减轻了圆角部分材料的变形程度。拉应力 σ_1 和压应力 σ_3 在圆角中间处最大，而向直边逐步减小。因此，减小了盒形件拉深时拉裂和起皱的可能性，且可取较小的拉深系数。直边部分除了承受弯曲力之外，还承受横向挤压作用，由于此处的 σ_1 和 σ_3 比圆角处小得多，因此破裂和起皱的可能性很小。

3）直边和圆角变形相互影响的程度取决于相对圆角半径 r_g/B 和相对高度 H/B。r_g/B 越小，直边部分对圆角部分的影响越显著（如果 $r_g/B=0.5$，则盒形件成为圆筒形件，不存在直边与圆角变形的相互影响）；H/B 越大，直边与圆角变形的相互影响也越明显。因此，r_g/B 和 H/B 两个尺寸参数不同的盒形件，在坯料展开尺寸和工艺计算上都有较大的不同。

（2）一次拉深成形低盒形件坯料形状和尺寸的确定　在确定盒形件坯料的形状和尺寸时，必须考虑圆角部分材料向直边的转移。盒形件的 r_g/B 和 H/B 两个尺寸参数，决定了材料转移的程度和直边增高量。

低盒形件在拉深时，有微量的材料由圆角处转移到直边，但直边高度没有显著增大。因此，可以认为圆角处是拉深，直边部分是弯曲，其坯料的形状和尺寸可按下述步骤来确定（图 5-34）。

1）将盒形件的直边按弯曲变形、圆角部分按 1/4 圆筒形拉深变形分别展开，得以 $ABCDEF$ 为轮廓的坯料。其中

$$l_z = H + 0.57r \tag{5-10}$$

$$R = \sqrt{2r_g H}\ \text{（当 } r_g = r \text{ 时）} \tag{5-11}$$

或

$$R = \sqrt{r_g^2 + 2r_g H - 0.86r(r_g + 0.16r)}\quad \text{（当 } r_g > r \text{ 时）} \tag{5-12}$$

2）修正展开的坯料形状，使圆角光滑过渡。方法是：过 BC 的中点作半径为 R 的圆弧的切线，再以 R 为半径作圆弧与直边和切线相切。此时面积 $A_1 \approx A_2$，拉深时圆角部分多出的面积 A_1 向直边转移以补充直边部分面积 A_2 的不足。

（3）盒形件的拉深变形程度　盒形件的拉深变形程度不仅与相对厚度 t/D（或 t/B）有关，而且还与相对圆角半径 r/B 密切相关。因此，盒形件的拉深变形程度可以用拉深系数和相对高度来表示。

由于盒形件拉深时圆角部分的受力和变形比直边大，因此起皱和拉裂易在圆角处发生。对于具有较小圆角半径的盒形件，其拉深变形程度可以用圆角部分的拉深系数表示，即

首次拉深
$$m_1 = \frac{r_{g1}}{R_y} \tag{5-13}$$

以后各次拉深
$$m_i = \frac{r_{gi}}{r_{g(i-1)}}\ (i=2,\ 3,\ 4,\ \cdots,\ n) \tag{5-14}$$

式中　R_y——坯料圆角的假想半径，$R_y = R_b - 0.7(B - 2r_g)$，其中 R_b 为坯料圆角的实际半径；

r_{g1}、r_{gi}——首次和以后各次拉深后工序件口部的圆角半径；

m_1、m_i——首次和以后各次的拉深系数，其极限值可查表 5-15 和表 5-16。

当 $r_g = r$ 时，首次拉深变形程度也可以用盒形件的相对高度来表示，即

$$m = \frac{d}{D} = \frac{2r_g}{2\sqrt{2r_g H}} = \frac{1}{\sqrt{2H/r_g}} \tag{5-15}$$

式中　H/r_g——盒形件的相对高度，盒形件首次拉深的最大许可相对高度见表 5-17。

表 5-15　盒形件圆角部分的首次极限拉深系数 $[m_1]$（材料：08 钢、10 钢）

r_g/B_1	坯料相对厚度 t/D（%）							
	>0.3～0.6		>0.6～1.0		>1.0～1.5		>1.5～2.0	
	矩形	方形	矩形	方形	矩形	方形	矩形	方形
0.025	0.31		0.30		0.29		0.28	
0.05	0.32		0.31		0.30		0.29	
0.10	0.33		0.32		0.31		0.30	
0.15	0.35		0.34		0.33		0.32	
0.20	0.36	0.38	0.35	0.36	0.34	0.35	0.33	0.34
0.30	0.40	0.42	0.38	0.40	0.37	0.39	0.36	0.38
0.40	0.44	0.48	0.42	0.45	0.41	0.43	0.40	0.42

注：对于正方形件 D 是指坯料直径，对于矩形件 D 是指坯料宽度。

表 5-16　盒形件以后各次的极限拉深系数 $[m_i]$（材料：08 钢、10 钢）

r_g/B	坯料相对厚度 t/D（%）			
	>0.3～0.6	>0.6～1.0	>1.0～1.5	>1.5～2.0
0.025	0.52	0.50	0.48	0.45
0.05	0.56	0.53	0.50	0.48
0.10	0.60	0.56	0.53	0.50
0.15	0.65	0.60	0.56	0.53
0.20	0.70	0.65	0.60	0.56
0.30	0.72	0.70	0.65	0.60
0.40	0.75	0.73	0.70	0.67

表 5-17　盒形件首次拉深的最大许可相对高度 $[H/r_{g1}]$（材料：10 钢）

r_g/B_1	正方形			矩形		
	坯料相对厚度 t/D(%)					
	>0.3～0.6	>0.6～1	>1～2	>0.3～0.6	>0.6～1	>1～2
0.4	2.2	2.5	2.8	2.5	2.8	3.1
0.3	2.8	3.2	3.5	3.2	3.5	3.8
0.2	3.5	3.8	4.2	3.8	4.2	4.6
0.1	4.5	5.0	5.5	4.5	5.0	5.5
0.05	5.0	5.5	6.0	5.0	5.5	6.0

如果根据零件尺寸求得的拉深系数 m 大于表 5-15 中的 $[m_1]$ 值，或盒形件的相对高度 H/r_g 小于表 5-17 中的 $[H/r_{g1}]$ 值，则可以一次拉深成形，否则就要多次拉深成形。多次拉深的工序尺寸计算参见有关设计手册。

5.2.7　拉深力、压料力与拉深压力机

1. 拉深力的确定

拉深过程中拉深力的变化，可以通过拉深力-行程曲线来观察，图 5-35 所示为试验测得的一般情况下拉深力随凸模行程变化的曲线。

在拉深开始时，凸缘变形区材料的变形不大，冷作硬化较小。因此，虽然此时变形区面

积较大，但材料的变形抗力与变形区面积相乘所得的拉深力并不大。从初期到中期，材料冷作硬化的增大速度超过了凸缘变形区面积的减小速度，拉深力逐渐增大，在中期达到最大值。拉深到中期以后，变形区面积的减小速度超过了冷作硬化的增大速度，于是拉深力逐渐下降。

零件拉深完成后，由于还要从凹模中推出，因此曲线出现延缓下降，这主要反映的是摩擦力，而不是拉深变形力。

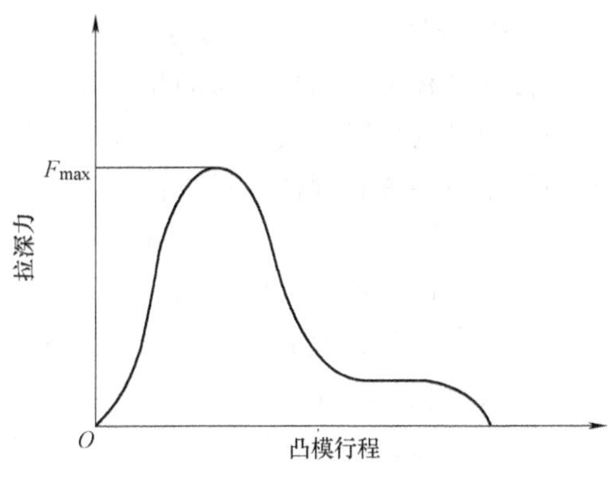

图 5-35　拉深力变化曲线

拉深力的确定，应根据材料塑性力学的理论进行计算，但影响拉深力的因素相当复杂，计算结果往往和实际情况出入较大。因此，在实际生产中多采用经验公式进行计算。对于圆筒形件：

首次拉深
$$F = K_1 \pi d_1 t R_m \tag{5-16}$$

以后各次拉深
$$F = K_2 \pi d_i t R_m \quad (i = 2, 3, \cdots, n) \tag{5-17}$$

式中　F——拉深力（N）；

d_i——各次拉深工序件直径（mm）；

t——板料厚度（mm）；

R_m——拉深件材料的抗拉强度（MPa）；

K_1、K_2——修正系数，与拉深系数有关，见表 5-18。

表 5-18　修正系数 K_1、K_2 的数值

m_1	0.55	0.57	0.60	0.62	0.65	0.67	0.70	0.72	0.75	0.77	0.80	—	—	—
K_1	1.0	0.93	0.86	0.79	0.72	0.66	0.60	0.55	0.50	0.45	0.40	—	—	—
$m_2, \cdots, m_n$	—	—	—	—	—	—	0.70	0.72	0.75	0.77	0.80	0.85	0.90	0.95
K_2	—	—	—	—	—	—	1.0	0.95	0.90	0.85	0.80	0.70	0.60	0.50

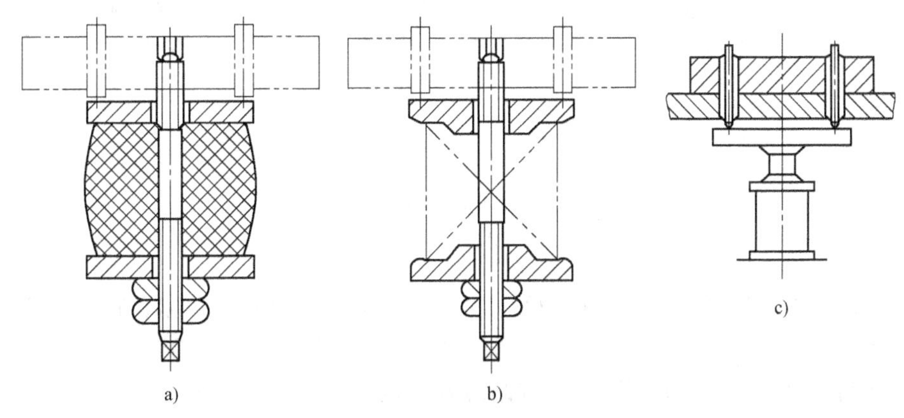

图 5-36　弹性压料装置

a）橡胶式压料装置　b）弹簧式压料装置　c）气垫式压料装置

2. 压料装置及压料力的确定

在拉深过程中，如果材料的相对厚度较小，变形程度较大，则在凸缘变形区容易失稳起皱。防止起皱的主要方法是采用在该区施加轴向力的压料装置。目前，生产中常用的压料装置有弹性压料装置和刚性压料装置。

（1）弹性压料装置　在单动压力机上进行拉深时，多采用弹性压料装置来产生压料力。常用的弹性元件有弹簧、橡胶和气垫，如图 5-36 所示。

上述三种压料装置的压料力曲线如图 5-37 所示。从图中可以看出，橡胶和弹簧的压料力随着凸模行程的增加而增大，恰好与拉深过程中需要的压料力相反，使拉深力增大，增大了拉裂的危险性。因此，在橡胶式压料装置中应选用软橡胶，并使其厚度不小于拉深工作行程的 5 倍，以保证相对压缩量不会过大；对于弹簧式压料装置，应选用总压缩量大、压力随压缩量的增大而缓慢增大的规格。这两种压料装置结构简单，常用于中小型压力机上的浅拉深。气垫式压料装置的压料力不随工作行程而变化，压料效果好，但其结构较为复杂。

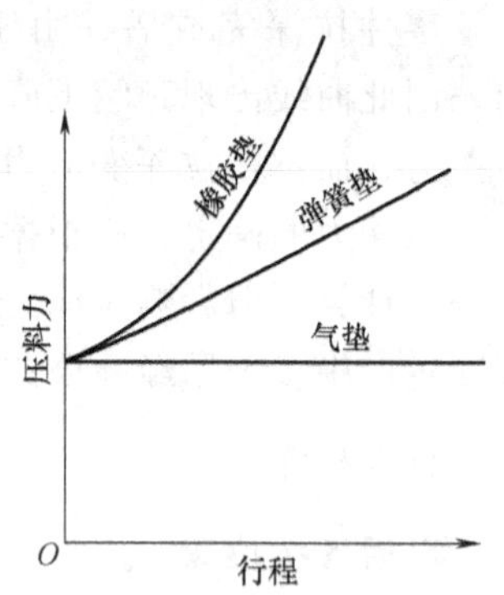

图 5-37　各种弹性压料装置的压料力曲线

压边圈是压料装置的关键零件，常见的结构形式有平面形、锥形和弧形，如图 5-38 所示。一般的拉深模采用平面形压边圈（图 5-38a）；锥形压边圈（图 5-38b）能降低极限拉深系数，其锥角与锥形凹模的锥角相对应，一般取 $\beta=30°\sim40°$，主要用于拉深系数较小的拉深件；当坯料相对厚度较小，拉深件凸缘小且圆角半径较大时，则采用带弧形的压边圈（图 5-38c）。

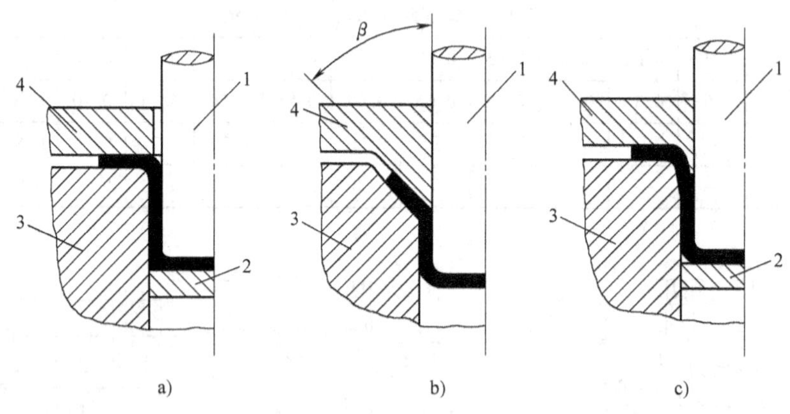

图 5-38　压边圈的结构形式

1—凸模　2—顶板　3—凹模　4—压边圈

在拉深过程中，压料力需要保持均衡，并且要防止坯料被过分压紧，特别是拉深材料较薄或带有宽凸缘的零件时，可采用带限位装置的压边圈，如图 5-39 所示。限位柱可使压边圈和凹模之间始终保持一定的距离 s。带凸缘零件的拉深，$s=t+(0.05\sim0.1)\text{mm}$；铝合金零件的拉深，$s=1.1t$；钢板零件的拉深，$s=1.2t$（$t$ 为板料厚度）。

（2）刚性压料装置　刚性压料装置一般设置在双动压力机上用的拉深模中。如图 5-40

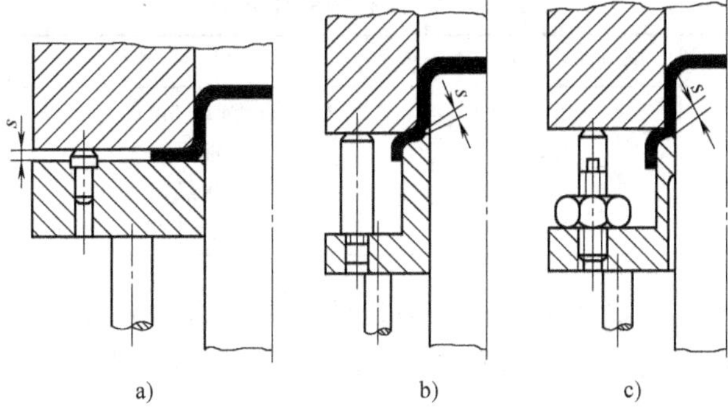

图 5-39　带限位装置的压边圈

所示，压边圈装在外滑块上，凸模装在内滑块上。拉深开始后外滑块首先进行压料，随后内滑块进行拉深。压料作用是通过调整压边圈与凹模平面之间的间隙获得的，考虑到拉深过程中坯料凸缘区的增厚现象，这一间隙应略大于板料厚度。

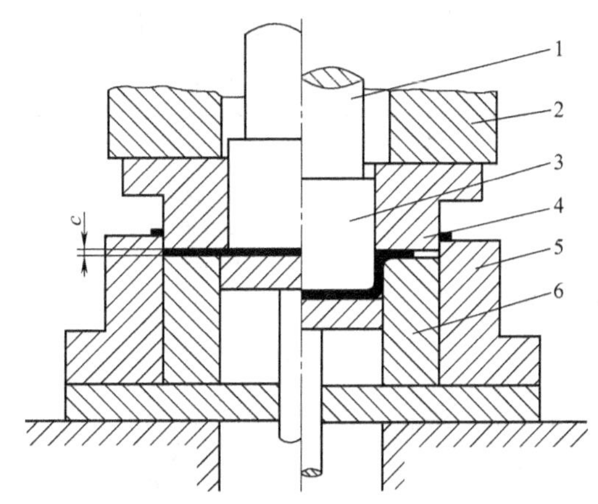

图 5-40　用于双动压力机上拉深模的刚性压料装置

1—凸模固定杆　2—外滑块　3—凸模　4—压边圈兼落料凸模　5—落料凹模　6—凹模

刚性压边圈与弹性压边圈的结构形式基本相同，但在整个拉深过程中其压料力保持不变，压料效果好，且模具结构简单。

(3) 压料力的确定　确定需要采用的压料装置后，必须合理设置压料力的大小。压料力过大，会增大坯料拉入凹模的拉力，导致危险断面破裂；压料力不足，则不能防止凸缘起皱。所以，要在保证坯料变形区不起皱的前提下，尽量选用较小的压料力。

在模具设计时，压料力可按下列经验公式计算。

任何形状的拉深件
$$F_Y = Ap \tag{5-18}$$

圆筒形件首次拉深
$$F_Y = \pi[D^2 - (d_1 + 2r_{d1})^2]p/4 \tag{5-19}$$

圆筒形件以后各次拉深
$$F_Y = \pi(d_{i-1}^2 - d_i^2)p/4 \quad (i=2, 3, \cdots) \tag{5-20}$$

式中　F_Y——压料力（N）；

A——压边圈下坯料的投影面积（mm^2）；

p——单位面积压料力（MPa），见表 5-19；

D——坯料直径（mm）；

d_n——各次拉深工序件的直径（mm）；

r_{dn}——各次拉深凹模的圆角半径（mm）。

3. 拉深压力机及选用

(1) 拉深压力机的主要技术参数　拉深压力机按驱动方式分为机械式拉深压力机和液

表 5-19　单位面积压料力

材　料	单位面积压料力 p/MPa	材　料	单位面积压料力 p/MPa
铝	0.8～1.2	软钢(t<0.5mm)	2.5～3.0
纯铜、硬铝(已退火)	1.2～1.8	镀锡钢	2.5～3.0
黄铜	1.5～2.0	耐热钢	2.8～3.5
软钢(t>0.5mm)	2.0～2.5	高合金钢、不锈钢、高锰钢	3.0～4.5

压式拉深压力机。机械式拉深压力机按压力机的主要用途分为通用压力机和专用拉深压力机。通用压力机即为曲柄压力机，其工作行程较短，滑块运动速度快，一般依靠模具压料装置或拉深垫产生压料力，故只适用于简单形状的浅拉深成形。专用拉深压力机按滑块动作分为单动、双动和三动拉深压力机。

部分双动拉深压力机的主要技术参数见表 5-20。

表 5-20　部分双动拉深压力机的主要技术参数

压力机型号				J44-55C	J44-80	JA44-100	JA44-200	J45-315	JB46-315
总标称压力			/kN			1 630	3 250	6 300	6 300
行程次数			/(次/min)	9	8	15	8	5.5～9	10
低速行程次数			/(次/min)						1
最大拉深高度			/mm	280	400		315	400	390
立柱间距			/mm	800	1120	950	1 620	1930	3 150
内滑块	标称压力		/kN	550	800	1 000	2 000	3 150	3 150
	标称压力行程		/mm				25	30	40
	行程		/mm	560	640	420	670	850	850
	最大装模高度		/mm			480	930	1120	1 550
	装模高度调节量		/mm			100	165	300	500
	底面尺寸	左右	/mm			560	960	1 000	2 500
		前后	/mm			560	900	1 000	1 300
外滑块	标称压力		/kN	550	800	630	1 250	3 150	3 150
	行程		/mm		450	250	425	530	530
	最大装模高度		/mm			430	825	1 070	1 250
	装模高度调节量		/mm			100		300	500
	底面尺寸	左右	/mm			850	1 420	1 550	3 150
		前后	/mm			850	1 350	1 600	1 900
垫板尺寸		左右	/mm	600	1 000	950	1 540	1 800	3 150
		前后	/mm	720	1 100	900	1 400	1 600	1 900
		厚	/mm			100	160	220	250
气垫压力(压紧力/顶出力)			/kN		/100	500/800	1 000/1 200		
气垫行程			/mm		210	315	400	440	
主电动机功率			/kW	15	22	22	40	75	100

(2) 压力机标称压力的确定　对于单动压力机，其标称压力 F_g 应大于拉深力 F 与压料力 F_Y 之和，即

$$F_g > F + F_Y$$

对于双动压力机，应使内滑块标称压力 $F_{g内}$ 和外滑块标称压力 $F_{g外}$ 分别大于拉深力 F 和

压料力 F_Y，即

$$F_{g内} > F \qquad F_{g外} > F_Y$$

确定机械式拉深压力机的标称压力时必须注意，当拉深工作行程较大，尤其是落料与拉深复合时，应使拉深力曲线位于压力机滑块的许用负荷曲线之下，而不能简单地按压力机标称压力大于拉深力或拉深力与压力之和的原则去确定规格。在实际生产中，也可以按下式来确定压力机的标称压力。

浅拉深　$$F_g \geqslant (1.6 \sim 1.8) F_\Sigma \qquad (5\text{-}21)$$

深拉深　$$F_g \geqslant (1.8 \sim 2.0) F_\Sigma \qquad (5\text{-}22)$$

式中　F_Σ——冲压工艺总力，与模具结构有关，包括拉深力、压料力和冲裁力等。

5.2.8　拉深模设计

1. 拉深模的典型结构

根据拉深工作情况及使用设备的不同，拉深模的结构也不同。常按其使用的压力机类型，分为单动压力机上使用的拉深模与双动压力机上使用的拉深模。

（1）单动压力机上使用的拉深模

1）首次拉深模。图 5-41 所示为无压料装置的首次拉深模。拉深件直接从凹模 4 底部落下，为便于卸件，在凸模 3 上钻有直径大于 3mm 的通气孔。拉深件板料较厚，深度又较小时，拉深后有一定的回弹量。回弹引起拉深件口部张大，当凸模回程时，由凹模中的止口面卸下拉深件。此类拉深模结构简单，适用于厚度较大（$t > 2$mm）而深度较小的拉深件。

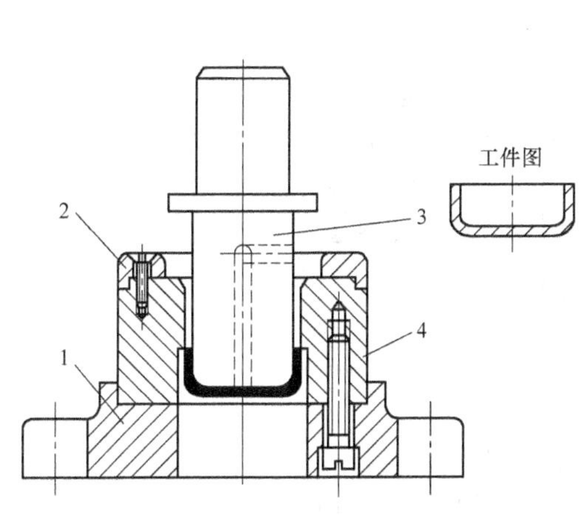

图 5-41　无压料装置的首次拉深模
1—下模座　2—定位板　3—凸模　4—凹模

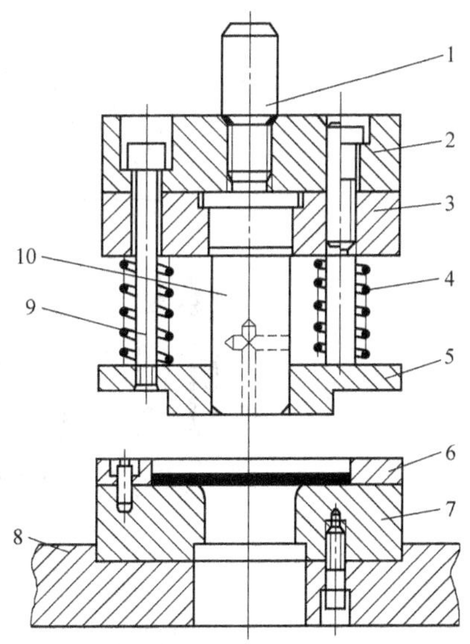

图 5-42　有压料装置的正装式首次拉深模
1—模柄　2—上模座　3—凸模固定板　4—弹簧
5—压料兼卸料板　6—定位板　7—凹模
8—下模座　9—卸料螺钉　10—凸模

图 5-42 所示为有压料装置的正装式首次拉深模。拉深模的压料装置在上模，由于弹性元件的高度受到模具结构的限制，因此此类结构形式的拉深模适用于拉深高度不大的零件。

图 5-43 所示为带锥形压边圈的倒装式首次拉深模，压料装置的弹性元件在下模底下，工作行程可以较大，用于拉深高度较大、料较薄的零件。采用锥形压边圈 6 压边可有效防止拉深件的凸缘处起皱，应用广泛。

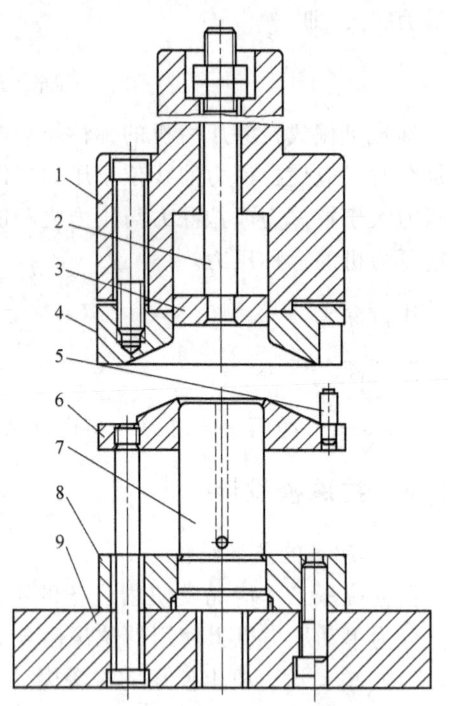

图 5-43　带锥形压边圈的倒装式首次拉深模
1—模柄兼上模座　2—打杆　3—推件块　4—凹模
5—限位柱　6—锥形压边圈　7—凸模
8—凸模固定板　9—下模座

2）以后各次拉深模。图 5-44 所示为无压料装置的以后各次拉深模，前次拉深后的工序件由定位板 4 定位，拉深后工件由凹模孔台阶卸下。为了减小工件与凹模间的摩擦，凹模直边高度 h 取 9～13mm。该模具适用于变形程度不大、拉深件直径和壁厚要求均匀的以后各次拉深模。

图 5-45 所示为有压料装置的倒装式以后各次拉深模，压边圈 9 兼起定位作用，坯料套在压边圈上定位，压边圈的高度应大于坯料的高度，其外径与坯料内径配作，凹模下降对坯件逐渐进行拉深，坯件直径减小。拉深完成后，凹模回程，压边圈顶出冲压件。但冲压件也可能留在凹模孔内，因此凹模孔内装有刚性推件装置，由推件块 8 推出。

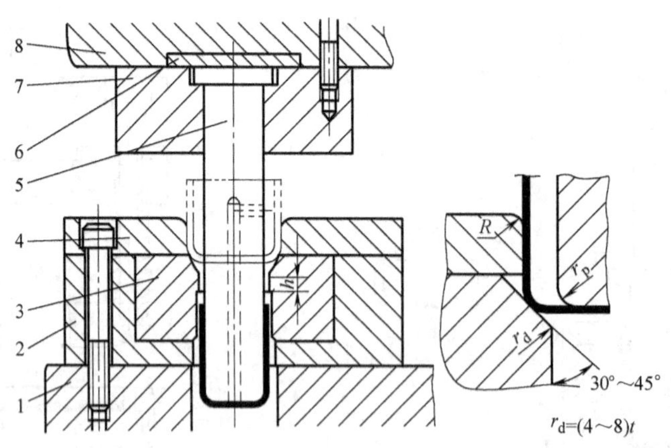

图 5-44　无压料装置的以后各次拉深模
1—下模座　2—凹模固定板　3—凹模　4—定位板　5—凸模
6—垫板　7—凸模固定板　8—上模座

3）落料拉深复合模。图 5-46 所示为落料拉深复合模，条料由卸料兼导料板 12 导向，由挡料销 20 定距。工作时，首先由落料凹模 4 和凸凹模 5 完成落料，紧接着由拉深凸模 3 和

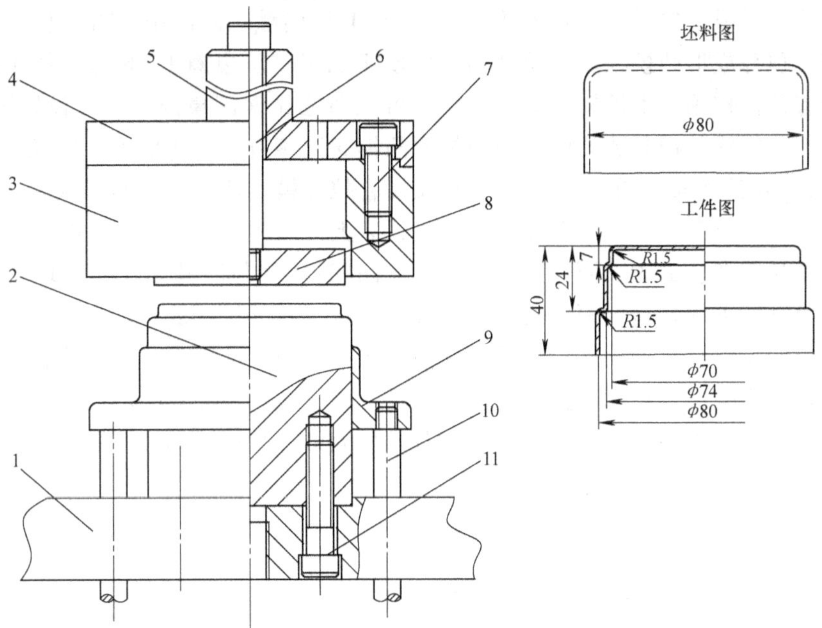

图 5-45　有压料装置的以后各次拉深模

1—下模座　2—凸模　3—凹模　4—上模座　5—模柄　6—打杆　7、11—螺钉　8—推件块　9—压边圈　10—顶杆

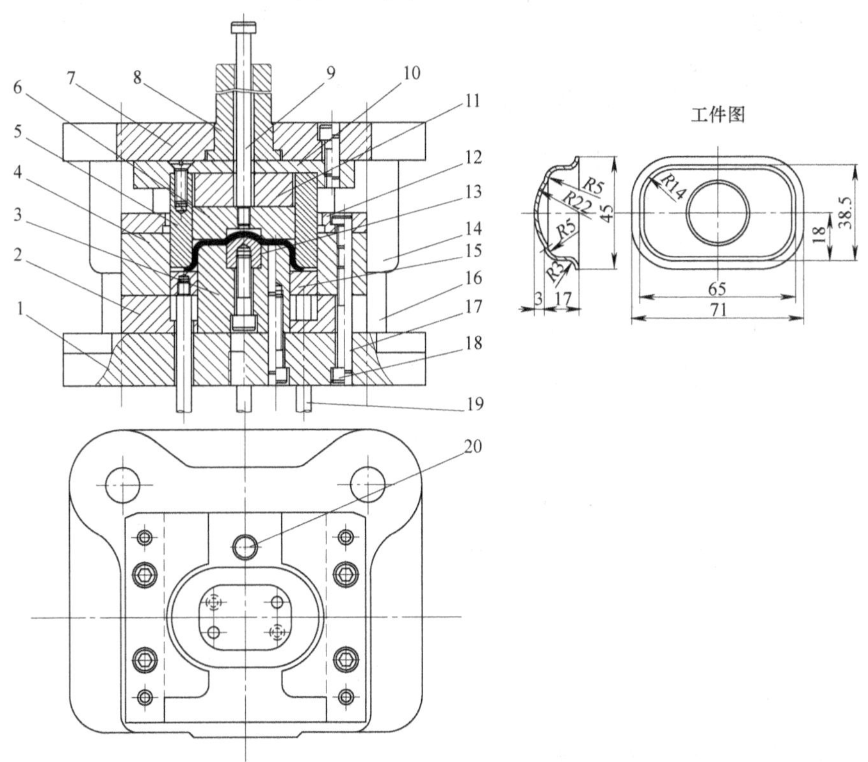

图 5-46　落料拉深复合模

1—下模座　2—凸模固定板　3—拉深凸模　4—落料凹模　5—凸凹模　6—推件块　7—上模座　8—模柄　9—打杆　10—固定板　11—垫板　12—卸料兼导料板　13—成形凸模　14—导套　15—压边圈　16—导柱　17—销钉　18—螺钉　19—顶杆　20—挡料销

凸凹模进行拉深，成形终了时，推件块6与垫板11相接触，使冲压件得到校正与整形，底部压出凸包。顶部成形凸模采用镶块结构，以便于加工。压边圈15既起压料作用又起顶件作用，由于有顶件作用，上模回程时，冲压件可能留在拉深凹模内，所以设置了推件装置。为保证先落料后拉深，模具装配时，应使拉深凸模3比落料凹模4低1～1.5倍料厚的距离。

4）正反复合拉深模。图5-47所示为正反复合拉深模，适用于曲面形状为球形或锥形等零件的拉深。首先将圆坯料置于凹模2上定位，装上手动固定压边圈5，操纵手柄4使之旋转一定的角度扣紧在螺钉3下面。上模下行时，凸凹模10与凹模2作用将坯料正拉深成圆筒形，凸凹模继续下降，与下模中的拉深凸模配合将坯料反拉深成半球形。采用正反拉深可使坯料在最佳的流动阻力下成形，能保证球面无皱纹，圆度准确。一些结构将正反拉深合并为一工位用复合模完成，提高了生产率。拉深过程中虽采用快卸式手动固定压边圈，但操作较不方便，主要用于单件生产或产品试制，若批量大则可采用双动拉深压力机。

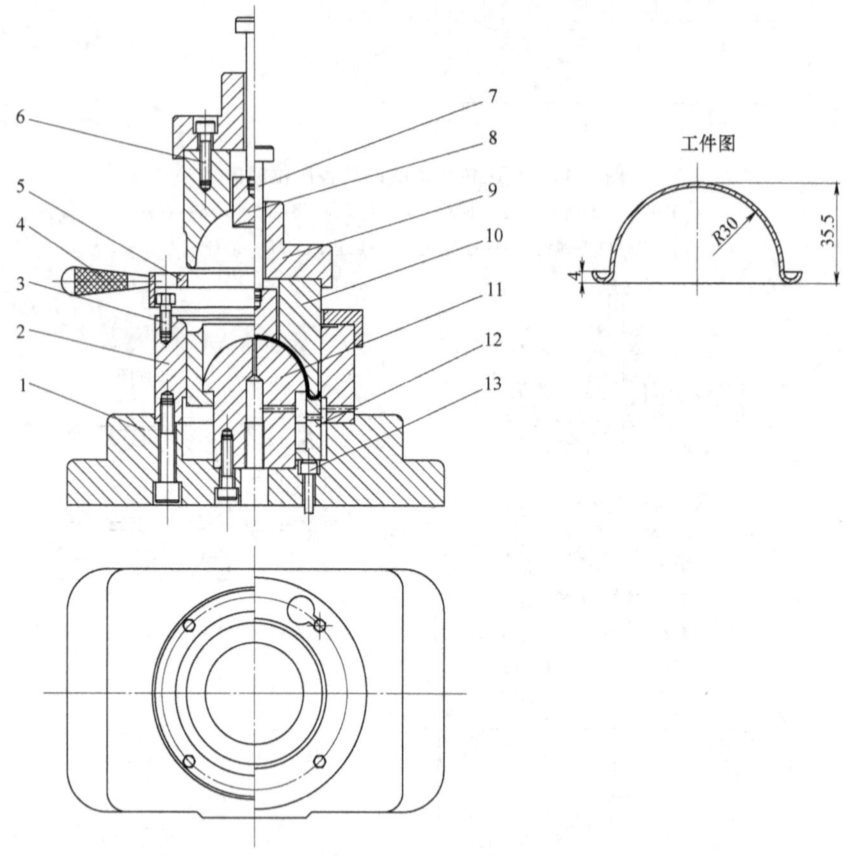

图5-47　正反复合拉深模

1—下模座　2—凹模　3—螺钉　4—手柄　5—手动固定压边圈　6—螺钉　7—打杆　8—推件块　9—上模座兼模柄　10—凸凹模　11—凸模　12—压料兼顶件块　13—顶杆

（2）双动压力机上使用的拉深模

1）首次拉深模。如图5-48所示，下模由凹模2、定位板3、凹模固定板8、顶件块9和下模座1组成，上模的压边圈5通过上模座4固定在压力机的外滑块上，凸模7通过凸模固定杆6固定在内滑块上。工作时，坯料由定位板定位，外滑块先行下降带动压边圈将坯料压

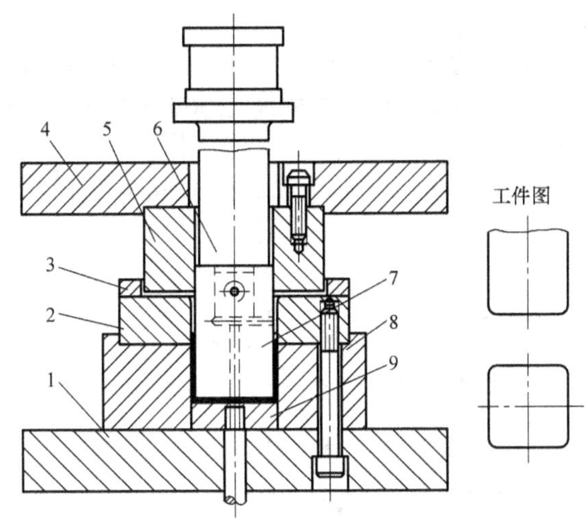

图 5-48　双动压力机用首次拉深模
1—下模座　2—凹模　3—定位板　4—上模座　5—压边圈　6—凸模固定杆　7—凸模　8—凹模固定板　9—顶件块

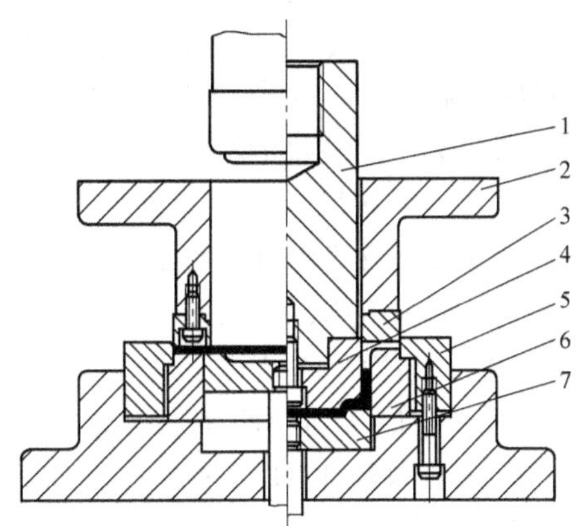

图 5-49　双动压力机用落料拉深复合模
1—凸模座　2—压边圈座　3—压边圈（兼落料凸模）　4—拉深凸模　5—落料凹模　6—拉深凹模　7—顶件块

紧，接着内滑块下降带动凸模完成对坯料的拉深。回程时，内滑块先带动凸模上升将工件卸下，接着外滑块带动压边圈上升，同时顶件块在弹顶器的作用下将工件从凹模内顶出。

2）落料拉深复合模。如图 5-49 所示，该模具可同时完成落料、拉深及底部的浅成形，主要工作零件采用组合式结构，压边圈 3 固定在压边圈座 2 上，并兼作落料凸模，拉深凸模 4 固定在凸模座 1 上。这种组合式结构特别适用于大型模具，不仅可以节省模具钢，而且也便于坯料的制备与处理。

工作时，外滑块首先带动压边圈下行，在到达下死点前与落料凹模 5 共同完成落料，接着进行压料（如图 5-49 中左半视图所示）。然后内滑块带动拉深凸模 4 下行，与拉深凹模 6 一起完成拉深。顶件块 7 兼作拉深凹模的底，在内滑块到达下死点时，可完成对工件的浅成形（如图 5-49 中右半视图所示）。回程时，内滑块先上升，然后外滑块上升，最后由顶件块 7 将工件顶出。

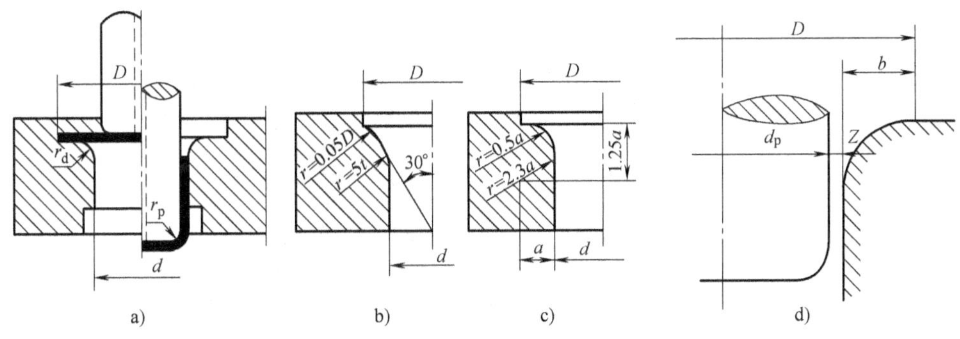

图 5-50　无压料装置的一次拉深凸、凹模的结构
a）圆弧形凹模　b）锥形凹模　c）渐开线形凹模　d）等切面形凹模

2. 拉深模工作零件的设计

（1）凸、凹模的结构　凸模与凹模的结构形式取决于工件的形状、尺寸以及拉深方法、拉深次数等工艺要求，不同的结构形式对拉深的变形情况、变形程度的大小及产品质量均有不同的影响。

（2）无压料装置的凸、凹模　无压料装置的一次拉深凸、凹模常有图 5-50 所示的四种结构形式，即圆弧形凹模、锥形凹模、渐开线形凹模及等切面形凹模。其中圆弧形凹模结构简单，加工方便，适用于大件拉深；后面三种结构形式的凹模对抗失稳起皱有利，但加工较复杂，主要用于拉深系数较小的拉深件。图 5-51 所示为无压料装置的多次拉深凸、凹模的结构。在上述凹模结构中，$a=5\sim10\text{mm}$，$b=2\sim5\text{mm}$，锥形凹模的锥角一般取 30°。

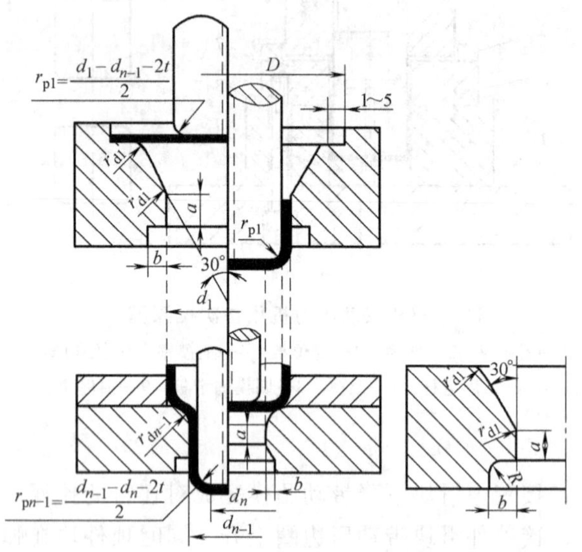

图 5-51　无压料装置的多次拉深凸、凹模的结构

（3）有压料装置的凸、凹模　常用的带压边圈的凸、凹模结构如图 5-52 所示，其中图 5-52a 所示的结构用于直径小于 100mm 的拉深件，图 5-52b 所示的结构用于直径大于 100mm 的拉深件。这种结构除了具有锥形凹模的特点外，还可减轻坯料的反复弯曲变形，从而提高工件侧壁质量。

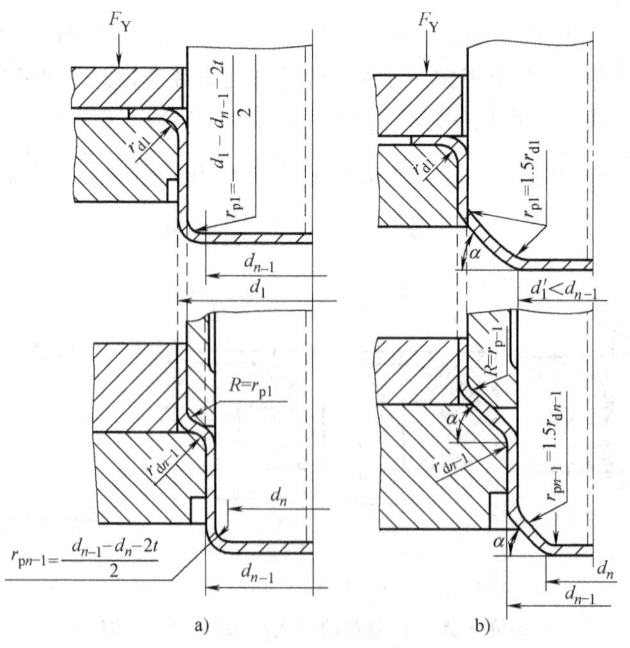

图 5-52　有压料装置的多次拉深凸、凹模的结构

(4) 凸、凹模的圆角半径　凸、凹模的圆角半径对拉深工件影响很大。毛坯经凹模圆角进入凹模时，受到弯曲和摩擦作用。凹模圆角半径 r_d 过小时，因径向拉力较大，易使拉深件表面划伤或产生断裂；r_d 过大时，由于悬空面积增大，使压边面积减小，易起内皱。因此，合理选择凹模圆角半径是极为重要的。一般情况下，只要拉深变形区不起皱，凹模圆角半径应尽量取大值，这不但有利于减小拉深力，而且还可以延长凹模寿命。

1) 凹模圆角半径。首次拉深凹模圆角半径可按下式计算

$$r_{d1}=0.8\sqrt{(D-d)t} \tag{5-23}$$

式中　r_{d1}——凹模圆角半径；

D——坯料直径；

d——凹模内径（当工件料厚 $t\geqslant1$ 时，也可取首次拉深时工件的中线尺寸）；

t——材料厚度。

以后各次拉深时，凹模圆角半径应逐渐减小时，一般可按以下关系确定

$$r_{di}=(0.6\sim0.9)r_{d(i-1)}\qquad(i=2,3,\cdots,n) \tag{5-24}$$

盒形件拉深凹模圆角半径按下式计算

$$r_d=(4\sim8)t \tag{5-25}$$

r_d 也可根据拉深件的材料种类与厚度参考表 5-21 确定。

表 5-21　拉深凹模圆角半径 r_d 的数值

拉深件材料	料厚 t/mm	r_d
钢	<3	$(10\sim6)t$
	3～6	$(6\sim4)t$
	>6	$(4\sim2)t$
铝、黄铜、纯铜	<3	$(8\sim5)t$
	3～6	$(5\sim3)t$
	>6	$(3\sim1.5)t$

注：对于第一次拉深和较薄的材料，应取表中的上限值；对于以后各次拉深和较厚的材料，应取表中的下限值。

以上计算所得的凹模圆角半径均应符合 $r_d\geqslant2t$ 的拉深工艺性要求。对于带凸缘的圆筒形件，最后一次拉深的凹模圆角半径还应与零件的凸缘圆角半径相等。

2) 凸模圆角半径。凸模圆角半径 r_p 的大小，对拉深也有影响。若 r_p 过大，则会使坯料悬空部分增大，易产生底部变薄和内起皱现象。

首次拉深凸模圆角半径按下式确定

$$r_{p1}=(0.7\sim1.0)r_{d1} \tag{5-26}$$

以后各次拉深的凸模圆角半径可按下式确定

$$r_{p(i-1)}=\frac{d_{i-1}-d_i-2t}{2}\qquad(i=3,4,\cdots,n) \tag{5-27}$$

式中　d_{i-1}、d_i——各次拉深工序件的直径。

最后一次拉深时，凸模圆角半径 r_{pn} 应与拉深件底部的圆角半径 r 相等。但当拉深件底部的圆角半径小于拉深工艺要求的值时，凸模圆角半径应按工艺要求（$r_p \geqslant t$）确定，然后通过增加整形工序得到拉深件所要求的圆角半径。

（5）凸、凹模间隙　拉深模的凸、凹模间隙对拉深件质量和模具寿命都有重要影响。间隙取值较小时，拉深件的回弹较小，尺寸精度较高，但拉深力较大，凸、凹模磨损较快，模具寿命降低。间隙值过小时，拉深件筒壁将严重变薄，危险断面容易破裂。间隙取值大时，拉深件筒壁的锥度大，尺寸精度降低。

1）对于无压料装置的拉深模，其凸、凹模单边间隙可按下式确定

$$Z = (1 \sim 1.1) t_{max} \tag{5-28}$$

式中　Z——凸、凹模单边间隙；

t_{max}——材料厚度的上极限尺寸。

对于末次拉深或精度要求高的拉深件，系数 1 ~ 1.1 取较小值，对于首次和中间各次拉深或精度要求不高的拉深件，系数取较大值。

2）对于有压料装置的拉深模，其凸、凹模单边间隙可按表 5-22 确定。

表 5-22　有压料装置的凸、凹模单边间隙值 Z

总拉深次数	拉深工序	单边间隙 Z	总拉深次数	拉深工序	单边间隙 Z
1	第一次拉深	$(1 \sim 1.1)t$	4	第一、二次拉深 第三次拉深 第四次拉深	$1.2t$ $1.1t$ $(1 \sim 1.05)t$
2	第一次拉深 第二次拉深	$1.1t$ $(1 \sim 1.05)t$			
3	第一次拉深 第二次拉深 第三次拉深	$1.2t$ $1.1t$ $(1 \sim 1.05)t$	5	第一、二、三次拉深 第四次拉深 第五次拉深	$1.2t$ $1.1t$ $(1 \sim 1.05)t$

注：1. t 为材料厚度，取材料允许偏差的中间值。

2. 对拉深精度要求较高的零件，最后一次拉深时间隙 $Z = t$。

3）对于盒形件拉深模，其凸、凹模单边间隙可根据盒形件精度确定，当精度要求较高时，$Z = (0.9 \sim 1.05)t$；当精度要求不高时，$Z = (1.1 \sim 1.3)t$。最后一次拉深取较小值。

另外，由于盒形件拉深时坯料在角部变厚较多，因此圆角部分的间隙应较直边部分的间隙大 $0.1t$。

（6）凸、凹模工作尺寸及公差　拉深件的尺寸和公差是由最后一次拉深模保证的，考虑拉深模的磨损和拉深件的弹性回复，最后一次拉深模的凸、凹模工作尺寸及公差按如下方法确定。

当拉深件标注外形尺寸时（图 5-53a），则

$$D_d = (D_{max} - 0.75\Delta)^{+\delta_d}_{0} \tag{5-29}$$

$$D_p = (D_{max} - 0.75\Delta - 2Z)^{0}_{-\delta_p} \tag{5-30}$$

当拉深件标注内形尺寸时（图 5-53b），则

$$d_p = (d_{min} + 0.4\Delta)^{0}_{-\delta_p} \tag{5-31}$$

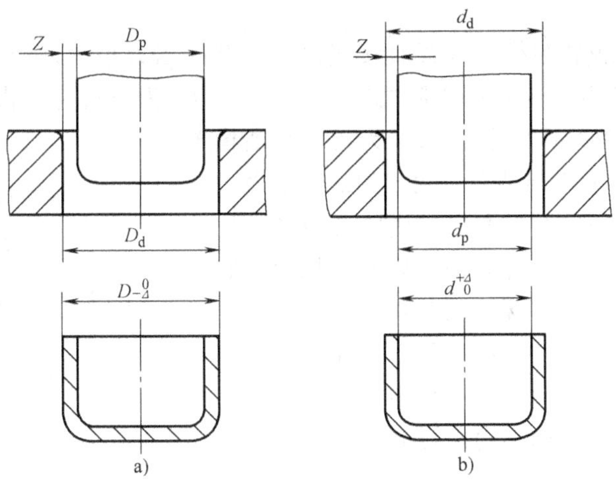

图 5-53　拉深件尺寸与凸、凹模工作尺寸

a) 拉深件标注外形尺寸　b) 拉深件标注内形尺寸

$$d_d = (d_{min} + 0.4\Delta + 2Z)_{0}^{+\delta_d} \tag{5-32}$$

式中　D_d、d_d——凹模工作尺寸；

D_p、d_p——凸模工作尺寸；

D_{max}、d_{min}——拉深件的最大外形尺寸和最小内形尺寸；

Z——凸、凹模单边间隙；

Δ——拉深件的公差；

δ_p、δ_d——凸、凹模的尺寸公差，可按 IT6 ~ IT9 确定，或查表 5-23。

表 5-23　拉深凸、凹模尺寸公差　（单位：mm）

材料厚度 t	拉深件直径					
	≤20		>20 ~ 100		>100	
	δ_d	δ_p	δ_d	δ_p	δ_d	δ_p
≤0.5	0.02	0.01	0.03	0.02	—	—
>0.5 ~ 1.5	0.04	0.02	0.05	0.03	0.08	0.05
>1.5	0.06	0.04	0.08	0.05	0.10	0.06

对于首次和中间各次拉深模，因工序件尺寸无严格要求，所以其凸、凹模工作尺寸取相应工序的工序件尺寸即可。若以凹模为基准，则

$$D_d = D_{0}^{+\delta_d} \tag{5-33}$$

$$D_p = (D - 2Z)_{-\delta_p}^{0} \tag{5-34}$$

式中　D——各次拉深工序件的公称尺寸。

5.2.9　拉深工艺的辅助工序

为了保证拉深过程顺利进行或提高拉深件质量和模具寿命，需要安排一些必要的辅助工序，如润滑、热处理和酸洗等。

1. 润滑

在拉深过程中，板料与模具表面直接接触，相互间压力很大，产生很大的摩擦。如图5-54所示，F_1 为板料与凹模及压边圈之间的摩擦力，F_2 为板料与凹模圆角之间的摩擦力，F_3 为板料与凹模壁之间的摩擦力，F_4 为板料与凸模壁之间的摩擦力，F_5 为板料与凸模圆角之间的摩擦力。

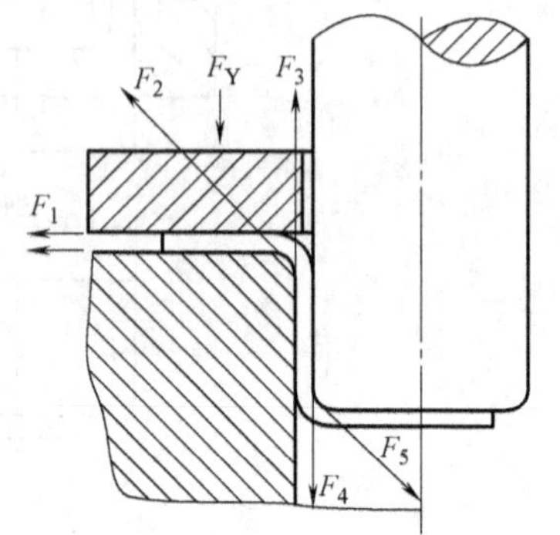

图 5-54　拉深中的摩擦力

其中，F_1、F_2 和 F_3 不但增大了侧壁传力区的拉应力，而且还会刮伤模具和工件表面，因而对拉深是有害的。在凹模工作表面和与其接触的工件表面上，涂以润滑剂，摩擦力便大大减小，从而降低了拉深力和拉深系数，并保护模具工作表面和制件表面不产生粘结、磨损和擦伤，以得到表面质量优异的制件和提高模具的工作寿命。

F_4、F_5 能够阻止材料的危险断面处变薄，对拉深成形是有利的。因此，在凸模表面和与其接触的坯料表面上不允许涂润滑剂，以保持它们之间的摩擦力。

常见的润滑剂见表5-24和表5-25。

表 5-24　拉深低碳钢用的润滑剂

简　称	润滑剂成分	质量分数(%)	备注	简　称	润滑剂成分	质量分数(%)	备注
L-AN5	锭子油 鱼肝油 石　墨 油　酸 硫　磺 钾肥皂 水	43 8 15 8 5 6 15	用这种润滑剂可收到最好的效果，硫磺应以粉末状加进去	L-AN10	锭子油 硫化蓖麻油 鱼肝油 白垩粉 油　酸 氢氧化钠 水	33 1.5 1.2 45 5.6 0.7 13	润滑剂很容易去掉，用于单位压料力大的拉深件
L-AN6	锭子油 黄　油 滑石粉 硫　磺 酒　精	40 40 11 8 1	硫磺应以粉末状加进去	L-AN2	锭子油 黄　油 鱼肝油 白垩粉 油酸 水	12 25 12 20.5 5.5 25	这种润滑剂比以上几种略差
L-AN9	锭子油 黄　油 石　墨 硫　磺 酒　精 水	20 40 20 7 1 12	将硫磺溶于温度约为160℃的锭子油内。其缺点是保存时间太久会分层	L-AN8	钾肥皂 水	20 80	将钾肥皂溶在温度为60～70℃的水里。用于球形及抛物线形工件的拉深
					乳化液 白垩粉 焙烧苏打 水	37 45 1.3 16.7	可溶解的润滑剂。加3%（质量分数）的硫化蓖麻油，可改善其效用

表 5-25　拉深非铁金属及不锈钢用的润滑剂

材料名称	润滑剂
铝	植物油(豆油)、工业凡士林
硬铝	植物油乳浊液
纯铜、黄铜、青铜	菜油或肥皂与油的乳浊液(将油与浓的肥皂水溶液混合)
镍及其合金	肥皂与油的乳浊液
20Cr13、1Cr18Ni9Ti、耐热钢	用氯化乙烯漆(G01-4)喷涂板料表面,拉深时另涂机油

2. 热处理

板料经拉深之后，绝大多数金属都会产生加工硬化现象，变形抗力增大，塑性降低，导致后续工序困难甚至无法进行。特别是高硬化金属，如不锈钢、耐热钢及其合金等，一般在一两次拉深工序后，就会表现出严重的硬化现象。为使后续拉深或其他成形工序能够顺利进行，或消除工件内应力，必要时应进行工序间的热处理或最后消除应力的处理。

不需要进行中间热处理而能完成的拉深次数见表 5-26。如果减小每次拉深的变形程度(及增大拉深系数)，增加拉深次数，则由于每次拉深后的危险断面是不断往上转移的，因此会减小拉裂的趋势，从而可以增大总的变形程度而不需要或可以减少中间热处理工序。

表 5-26　不需要进行中间热处理而能完成的拉深次数

材料	次数	材料	次数
08、10、15	3～4	不锈钢	1～2
铝	4～5	镁合金	1
黄铜	2～4	钛合金	1
纯铜	1～2		

常用的热处理方法是低温退火，如果低温退火不能得到良好的效果，也可以进行中间工序件的高温退火。而不论是工序件热处理，还是消除内应力的热处理，均应立即进行。否则，工件会产生变形或龟裂，特别是不锈钢、耐热钢及黄铜零件更是如此，拉深后不经热处理是不能存放的。

3. 酸洗

为了消除拉深件在退火时表面形成的氧化层及铁锈等污物，以及进行表面处理前的准备，需要进行酸洗。

酸洗时先用苏打水去油，然后将工件或坯料置于加热的稀酸中浸蚀，接着在冷水中漂洗，而后在弱碱溶液中将残留的酸液中和，最后在热水中洗涤并烘干即可。

5.3　任务实施

5.3.1　基本训练——带凸缘圆筒形件拉深工艺及模具设计

拉深图 5-18 所示的带凸缘圆筒形零件，材料为 08 钢，厚度 $t=1\text{mm}$，大批量生产。试确定拉深工艺，设计拉深模。

1. 零件的工艺性分析

该零件为带凸缘的圆筒形件，要求内形尺寸，料厚 $t=1\text{mm}$，没有厚度不变的要求。零件的形状简单、对称，底部圆角半径 $r=2\text{mm}>t$，凸缘处的圆角半径 $R=2\text{mm}=2t$，满足拉深工艺对形状和圆角半径的要求。尺寸 $\phi20.1_{\ 0}^{+0.1}\text{mm}$ 公差等级为 IT12，其余尺寸为自由公差，满足拉深工艺对精度等级的要求。零件所用材料 08 钢的拉深性能较好，易于拉深成形。

因此，该零件的拉深工艺性较好，可用拉深工序加工。

2. 确定工艺方案

为了确定零件的成形工艺方案，应先计算拉深次数及有关工序尺寸。

该零件的拉深次数与各次拉深工序件尺寸的计算见例 5-2，其计算结果列于表 5-27。

表 5-27　拉深次数与各次拉深工序件尺寸　（单位：mm）

拉深次数 n	凸缘直径 d_t	筒体直径 d（内形尺寸）	高度 H	圆角半径	
				R（外形尺寸）	r（内形尺寸）
1	$\phi59.8$	$\phi39.5$	21.2	5	5
2	$\phi59.8$	$\phi30.2$	24.8	4	4
3	$\phi59.8$	$\phi24$	28.7	3	3
4	$\phi59.8$	$\phi20.1$	32	2	2

根据上述计算结果，该零件需要落料（制成 $\phi79\text{mm}$ 的坯料）、四次拉深和切边（达到零件要求的凸缘直径 55.4mm）共六道冲压工序。考虑该零件的首次拉深高度较小，且坯料直径（$\phi79\text{mm}$）与首次拉深后的筒体直径（$\phi39.5\text{mm}$）的差值较大，为了提高生产效率，可将落料与首次拉深复合。因此，该零件的冲压工艺方案为：落料与首次拉深复合→第二次拉深→第三次拉深→第四次拉深→切边。

本例仅以第四次拉深为例介绍拉深模设计过程。

3. 拉深力与压料力计算

（1）拉深力　拉深力根据式（5-17）计算，查表 1-4 取 08 钢的抗拉强度 $R_m=400\text{MPa}$，由 $m_4=0.844$ 查表 5-18 得 $K_2=0.70$，则

$$F=K_2\pi d_i t R_m=0.70\times3.14\times20.1\times1\times400\text{N}\approx17672\text{N}$$

（2）压料力　压料力根据式（5-20）计算，查表 5-19 取 $p=2.5\text{MPa}$，则

$$F_Y=\pi(d_3^2-d_4^2)p/4=3.14\times(24^2-20.1^2)\times2.5\text{N}/4\approx338\text{N}$$

（3）压力机标称压力　根据式（5-22）和 $F_\Sigma=F+F_Y$，取 $F_g\geqslant1.8F_\Sigma$，则

$$F_g\geqslant1.8\times(17672+338)\text{N}=32418\text{N}\approx32.4\text{kN}$$

4. 模具工作部分尺寸

（1）凸、凹模间隙　由表 5-22 查得凸、凹模的单边间隙 $Z=(1\sim1.05)t$，取 $Z=1.05t=1.05\times1\text{mm}=1.05\text{mm}$。

（2）凸、凹模圆角半径　因是最后一次拉深，故凸、凹模圆角半径应与拉深件相应圆角半径一致，故凸模圆角半径 $r_p=2\text{mm}$，凹模圆角半径 $r_d=2\text{mm}$。

（3）凸、凹模工作尺寸及公差　由于工件要求内形尺寸，故凸、凹模工作尺寸及公差

分别按式（5-31）和式（5-32）计算。查表5-23，取 $\delta_p=0.02\text{mm}$，$\delta_d=0.04\text{mm}$，则

$$d_p=(d_{min}+0.4\Delta)_{-\delta_p}^{\ 0}=(20.1+0.4\times0.1)_{-0.02}^{\ 0}\text{mm}=20.14_{-0.02}^{\ 0}\text{mm}$$

$$d_d=(d_{min}+0.4\Delta+2Z)_{\ 0}^{+\delta_d}=(20.1+0.4\times0.1+2\times1.05)_{\ 0}^{+0.04}\text{mm}=22.24_{\ 0}^{+0.04}\text{mm}$$

（4）凸模通气孔　根据凸模直径大小，取通气孔直径为5mm。

5. 模具的总体设计

拉深模总装图如图5-55所示。因为压料力不大（$F_Y=338\text{N}$），故在单动压力机上拉深。该模具采用倒装式结构，凹模11固定在模柄7上，凸模13通过固定板15固定在下模座3上。由上道工序拉深的工序件套在压边圈14上定位，拉深结束后，由推件块12将卡在凹模内的工件推出。

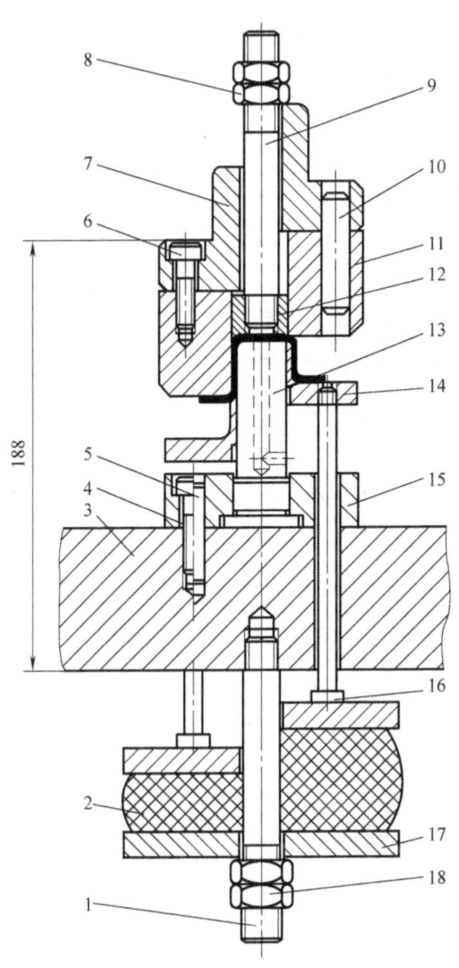

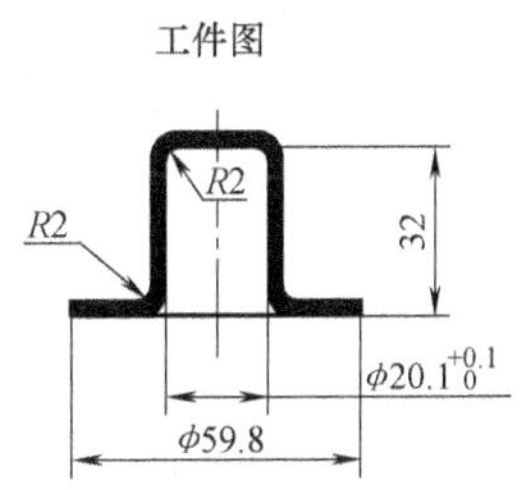

图5-55　拉深模总装图

1—螺杆　2—橡胶弹性体　3—下模座　4、6—螺钉　5、10—销钉　7—模柄　8、18—螺母　9—拉杆　11—凹模　12—推件块　13—凸模　14—压边圈　15—固定板　16—顶杆　17—托板

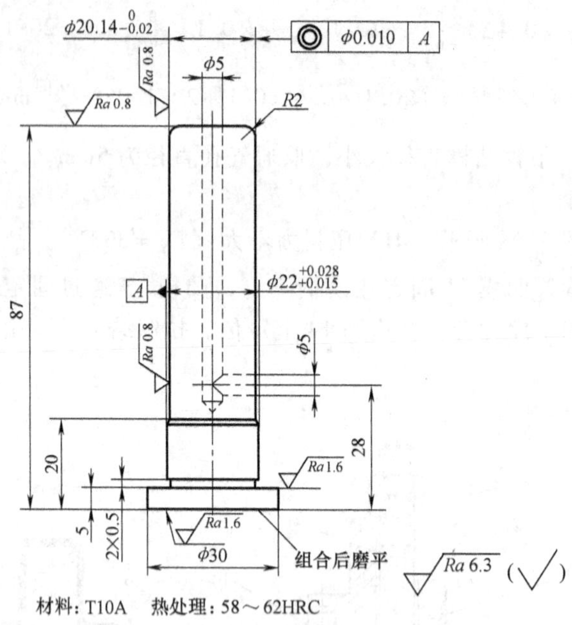

图 5-56　拉深凸模

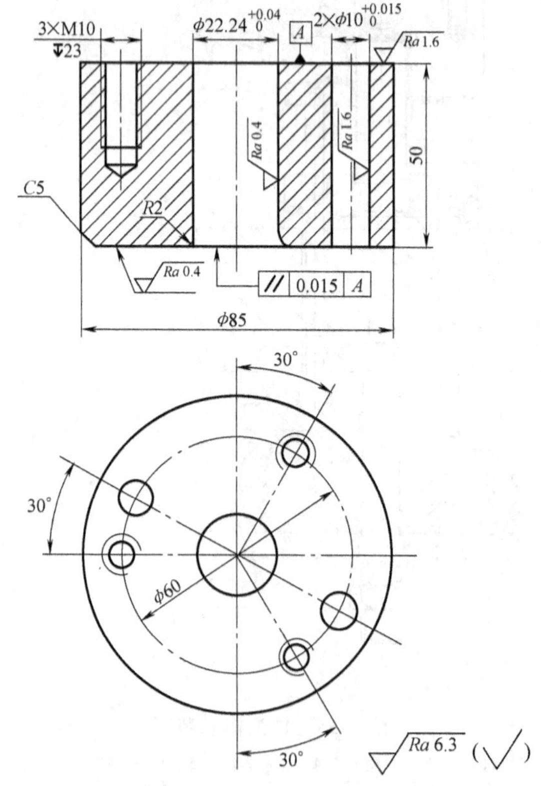

图 5-57　拉深凹模

6. 压力机选择

根据标称压力 $F_g \geqslant 32.4\text{kN}$，模具闭合高度 $H = 188\text{mm}$，以及滑块行程 $s \geqslant 2h_{\text{工件}} = 2 \times 32\text{mm} = 64\text{mm}$。查表 3-5，确定选择型号为 JC23-35 型开式双柱可倾压力机。

7. 模具主要零件设计

根据模具总装图、拉深工作要求及前述模具工作部分的计算，设计出的拉深凸模、拉深凹模及压边圈分别如图 5-56、图 5-57 和图 5-58 所示。

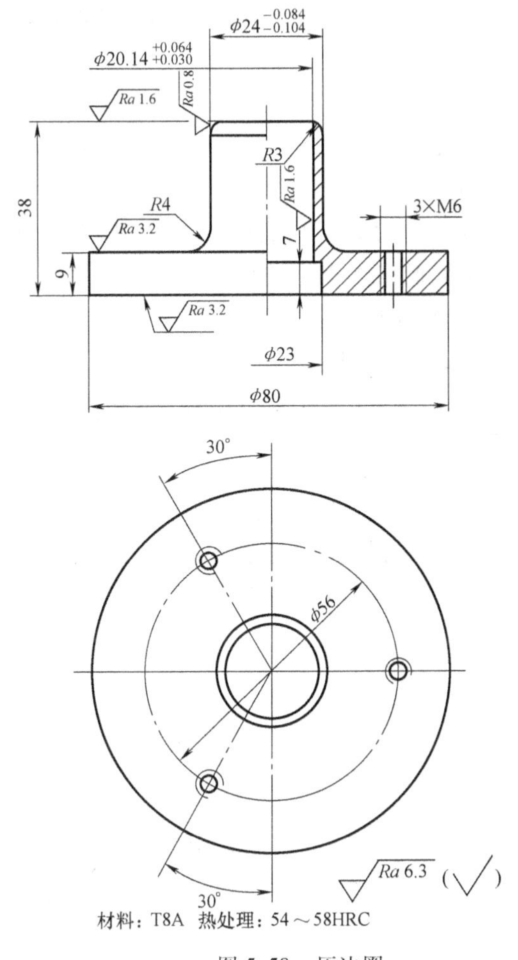

图 5-58　压边圈

5.3.2　综合训练——风扇传动带盘拉深工艺及模具设计

拉深图 5-59 所示的风扇传动带盘半成品拉深件，材料为 08F 钢，厚度 $t = 2\text{mm}$，中批量生产。试确定拉深成形工艺，设计拉深模。

1. 零件的工艺性分析

该零件为底部带锥的凸缘圆筒形件，要求外形尺寸，料厚 $t = 2\text{mm}$。零件为典型的复杂旋转体拉深件。底部圆角半径 $r = 6\text{mm} = 3t$，凸缘处的圆角半径 $R = 4\text{mm} = 2t$，满足拉深工艺对形状和圆角半径的要求。零件尺寸均为自由公差，满足拉深工艺对精度等级的要求。零件所用材料 08F 钢为优质冷轧薄钢板，具有良好的综合力学性能和成形性能，广泛用于形状复杂的拉深零件。

因此，该零件的拉深工艺性好，可用拉深工序加工。

2. 拉深工序尺寸计算

为了确定零件的成形工艺方案，应先计算拉深次数及有关工序尺寸。

板料厚度 $t=2\text{mm}>1\text{mm}$，故按板厚中线尺寸计算。

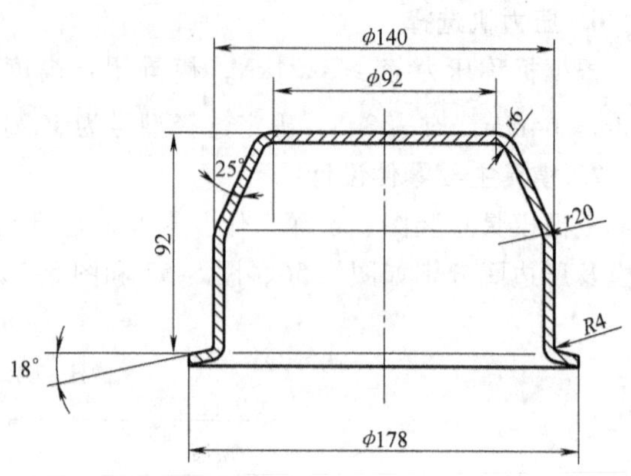

图 5-59　风扇传动带盘半成品拉深件

（1）计算坯料直径　根据拉深件尺寸，其相对凸缘直径为 $d_t/d=178\text{mm}/138\text{mm}\approx1.29$，查表 5-5 取切边余量 $\Delta R=5\text{mm}$。故实际凸缘直径 $d_t=(178+2\times5)\text{mm}=188\text{mm}$。

复杂旋转体拉深件的表面积可根据久里金法则求出，现将冲压件的旋转体母线分成七段，如图 5-60 所示，分别求出直线和圆弧的长度 L_1，L_2，…，L_7 以及其形心到旋转轴的距离 R_{x1}，R_{x2}，…，R_{x7}，计算结果见表 5-28。

表 5-28　各段长度和形心到旋转轴的距离

序号	1	2	3	4	5	6	7
L_i/mm	46	7.93	37.75	9.16	43.96	6.28	21.08
R_{xi}/mm	23	49.56	59.73	68.35	69	70.21	80.75

将表 5-28 中的数据代入式（5-4）计算得

$$D=\sqrt{8\sum_{i=1}^{n}R_{xi}L_i}=\sqrt{76066}\text{mm}\approx275.8\text{mm}$$

根据生产中的工艺验证，取拉深坯料直径为 275mm。

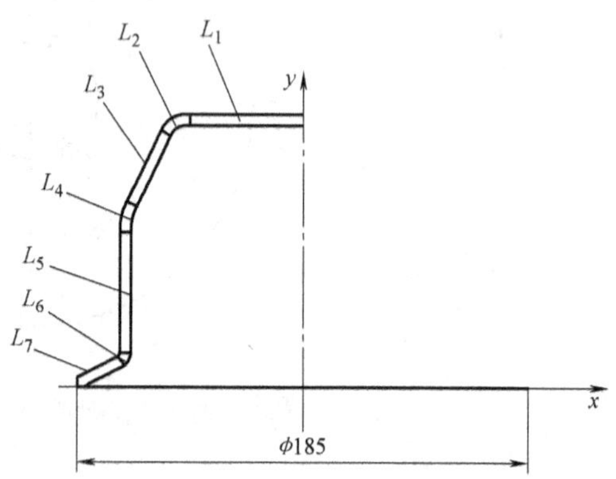

图 5-60　复杂旋转体表面积计算图

（2）判断可否一次拉深成形　根据

$$t/D=(2\text{mm}/275\text{mm})\times100\%\approx0.73\%$$

$$d_t/d=188\text{mm}/138\text{mm}\approx1.36$$

查表 5-12 和表 5-13，取 $[m_1]=0.53$，$[H_1/d_1]=0.55$，则

$$H/d=92\text{mm}/138\text{mm}\approx0.67>[H_1/d_1]$$

$$m_t=d/D=138\text{mm}/275\text{mm}\approx0.5<[m_1]$$

但拉深系数与相对高度数值均比较接近经验值，因此判断该零件需要两次拉深。

3. 确定工艺方案

根据上述计算 $d_t/d=188\text{mm}/138\text{mm}\approx1.36<1.4$，该零件属于窄凸缘，第一次可拉深成底

部带锥的无凸缘圆筒形件，在第二次拉深时留出锥形凸缘，并整形达到圆角与尺寸的要求。

该零件需要落料（制成 ϕ275mm 的坯料）、两次拉深和切边（达到零件要求的凸缘直径 ϕ178mm），则该零件的冲压基本工序有：落料 ϕ275mm 毛坯→首次拉深 ϕ180mm、高 90mm 圆筒形件→第二次拉出冲压件要求尺寸→将外形尺寸切边至 ϕ178mm。

考虑到该零件的结构尺寸较大，均适宜采用单工序冲压。

各工序件尺寸如图 5-61 所示。

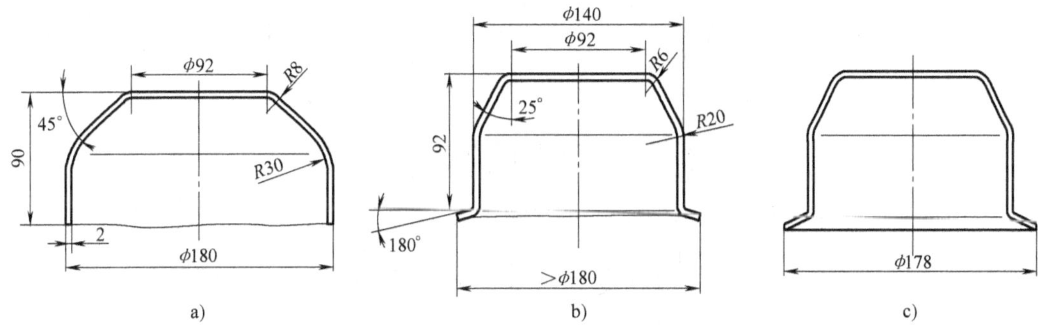

图 5-61 风扇传动带盘各工序件尺寸图

a）第一次拉深 b）第二次拉深 c）切边

4. 拉深力与压力机标称压力的计算

（1）首次拉深 拉深力根据式（5-16）计算，由表 1-4 查得 08F 钢的抗拉强度 R_m = 216～304MPa 取 300MPa，则

$$F = K_1 \pi d_1 t R_m = 0.72 \times 3.14 \times 178 \times 2 \times 300\text{N} \approx 241453\text{N}$$

压料力根据式（5-19）计算，查表 5-19 取 $p = 2.5$MPa，则

$$F_Y = \pi[D^2 - (d_1 + 2r_{d1})^2]p/4 = \pi[275^2 - (178 + 2 \times 9)^2] \times 2.5\text{N}/4 \approx 73022\text{N}$$

压力机标称压力根据式（5-22）和 $F_\Sigma = F + F_Y$ 计算，取 $F_g \geqslant 1.8F_\Sigma$，则

$$F_g \geqslant 1.8 \times (241453 + 73022)\text{N} = 566055\text{N} \approx 566.1\text{kN}$$

（2）第二次拉深 拉深力根据式（5-17）计算，由 m_2 = 138mm/178mm ≈ 0.78 查表 5-18得 $K_2 = 0.85$，则

$$F = K_2 \pi d_i t R_m = 0.85 \times 3.14 \times 138 \times 2 \times 300\text{N} \approx 220993\text{N}$$

压料力根据式（5-20）计算，查表 5-19 取 $p = 2.5$MPa，则

$$F_Y = \pi(d_1^2 - d_2^2)p/4 = 3.14 \times (178^2 - 138^2) \times 2.5\text{N}/4 \approx 24806\text{N}$$

压力机标称压力根据式（5-22）和 $F_\Sigma = F + F_Y$ 计算，取 $F_g \geqslant 1.8F_\Sigma$，则

$$F_g \geqslant 1.8 \times (220993 + 24806)\text{N} \approx 442438\text{N} \approx 442.4\text{kN}$$

5. 拉深模的结构设计

（1）第一次拉深 风扇传动带盘第一次拉深模总装图如图 5-62 所示。该模具采用倒装

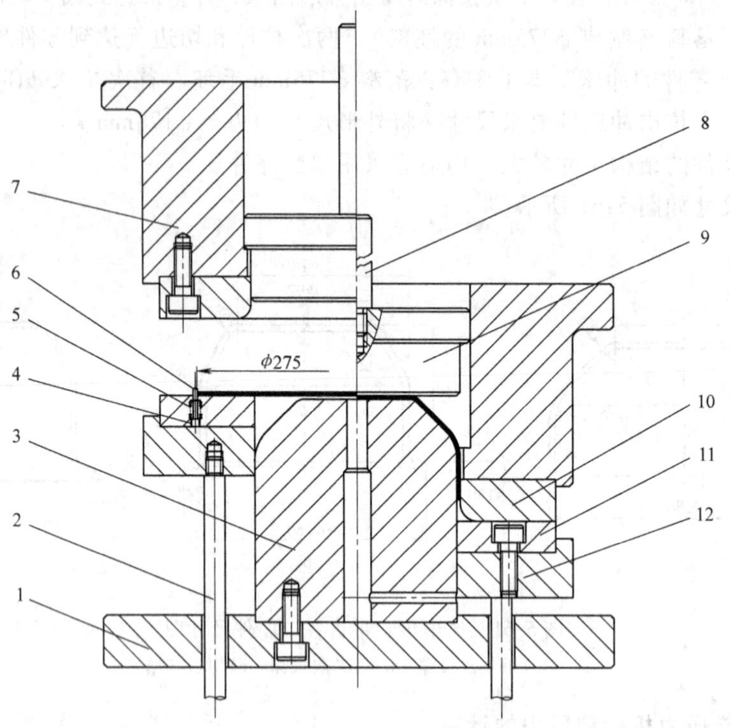

图 5-62　风扇传动带盘第一次拉深模总装图

1—下模座　2—顶杆　3—凸模　4—堵头　5—弹簧　6—活动挡料销　7—上模座
8—打杆　9—推件块　10—凹模　11—定位板兼压边圈　12—顶板

式结构，压料力较大（$F_Y = 73022\text{N}$），由压力机工作台下设的气垫或液压缸提供，并由定位板兼压边圈 11 实现压料与顶料。凹模 10 固定在上模座 7 上，凸模 3 直接固定在下模座 1 上。坯料由活动挡料销 6 定位，拉深结束后，若工件卡在凹模中则由推件块 9 将工件推出。

（2）第二次拉深　风扇传动带盘第二次拉深模总装图如图 5-63 所示。该模具也采用倒装式结构，凹模 5 固定在上模座 6 上，凸模是组合结构，由活动凸模 9、顶件块 4 和凸模 13 组成，直接固定在下模座 1 上。工序件套在活动凸模 9 上定位，上模下行时，上模弹簧先压缩，将顶部锥形拉深成形，接着将活动凸模一起向下压，完成直筒部分和凸缘部分的拉深。结束后，顶杆 2 和成形顶板 3 在气垫的作用下将冲压件顶出。

6. 压力机选择

（1）首次拉深　根据标称压力 $F_g \geqslant 566.1\text{kN}$，模具闭合高度 $H = 235\text{mm}$，要求滑块行程 $s \geqslant 2h_{工件} = 2 \times 90\text{mm} = 180\text{mm}$。查表手册等资料，确定选择液压机，型号为 YB32-80。

（2）第二次拉深　根据标称压力 $F_g \geqslant 442.4\text{kN}$，模具闭合高度 $H = 265\text{mm}$，以及滑块行程 $s \geqslant 2h_{工件} = 2 \times 92\text{mm} = 184\text{mm}$。查相关手册等资料，确定选择液压机，型号为 YB32-80。

生产中也可将第一次拉深、第二次拉深和切边三道工序在 250t 宽台面压力机上进行联合冲压生产，以提高生产效率。

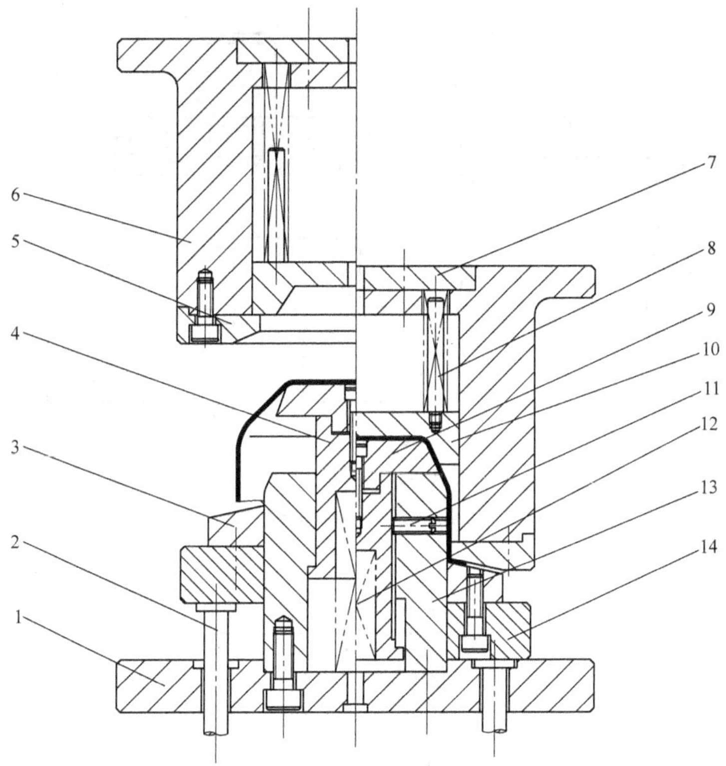

图 5-63　风扇传动带盘第二次拉深模总装图

1—下模座　2—顶杆　3—成形顶板　4—顶件块　5—凹模　6—上模座　7—盖板　8—限位柱　9—活动凸模　10—成形推件板　11—防转钉　12—弹簧　13—凸模　14—顶板

思考与练习题

5-1　拉深变形有哪些特点？常用于制作哪些类型的零件？

5-2　拉深过程中主要存在哪些质量问题？如何加以控制？

5-3　分析各种形状拉深件的坯料尺寸计算方法。

5-4　如何计算各拉深工艺力？

5-5　拉深时常有哪些辅助工序？采取辅助工序的目的是什么？

5-6　图 5-64 所示为一拉深件及其首次拉深所用模具的不完整结构图，拉深件的材料为 08F 钢，厚度 $t=1\text{mm}$。试完成以下内容：

1）计算拉深件的坯料尺寸、拉深次数及各次拉深工序件的工序尺寸。

2）指出模具结构图中缺少的零部件，并在原图中补画出来。

3）说明模具的工作原理。

5-7　拉深图 5-65 所示的零件，其材料为 10 钢，厚度 $t=2\text{mm}$，大批量生产。试完成以下工作内容：

1）分析零件的工艺性。

2）计算零件的拉深次数及各次拉深工序件尺寸。

3）计算各次拉深时的拉深力与压料力。

4）绘制最后一次拉深时的拉深模结构草图。

5）确定最后一次拉深模的凸、凹模工作部分尺寸，绘制凸、凹模零件图。

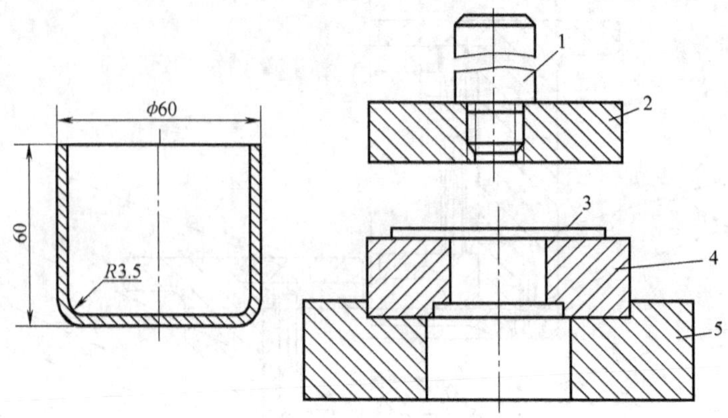

图 5-64　习题 5-6 图

1—模柄　2—上模座　3—坯料　4—凹模　5—下模座

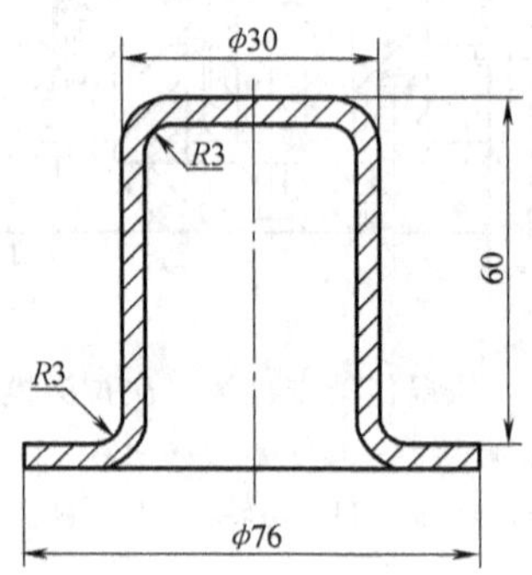

图 5-65　习题 5-7 图

教学单元六　其他成形工艺与模具设计

除冲裁、弯曲、拉深之外，通过坯料或制件的局部变形来改变其形状的冲压工艺，统称为成形工艺。成形工艺应用广泛，既可与冲裁、弯曲、拉深等配合或组合，制造强度高、刚性好、形状复杂的零件，又可以成形工艺为主，制造形状特异的零件。

成形工艺主要包括胀形、翻边、缩口、校平与整形等工序。其中，胀形和翻圆孔属于伸长类变形，常因变形区拉应力过大而出现拉裂破坏；缩口和外缘翻凸边属于压缩类变形，常因变形区压应力过大而产生失稳起皱；校平和整形由于变形量不大，一般不会产生拉裂或起皱，主要解决的问题是回弹。

6.1　任务引入

在冲压生产中，应根据各种成形的变形机理和工艺特点，结合实际条件仔细分析研究，合理地应用这些成形工艺。

图 6-1 所示为管坯缩口件和接触板的三维零件图，图 6-1a 所示的管坯缩口件为中批生产，材料为 20 钢，料厚为 1mm；图 6-1b 所示为接触板零件，在完成冲孔后，需进行内孔翻边和落料工序的加工。在学习完本教学单元的各类成形工艺与模具结构的相关知识后，通过本任务，完成冲压成形件的工艺分析、工艺计算及模具结构设计。

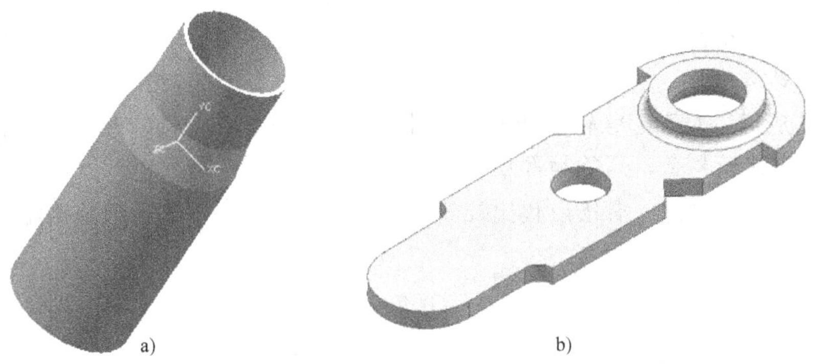

图 6-1　管坯缩口件和接触板的三维零件图
a）管坯缩口件　b）接触板

6.2　相关知识

6.2.1　胀形

在坯料的平面或曲面上使之凸起或凹进的成形工艺称为胀形。胀形能制出筋、棱、鼓包及它们所构成的图案，对制件进行装饰和提高其刚性；还能使圆形空心坯料局部凸起，制成形状复杂的零件。图 6-2 所示为各种胀形制件。

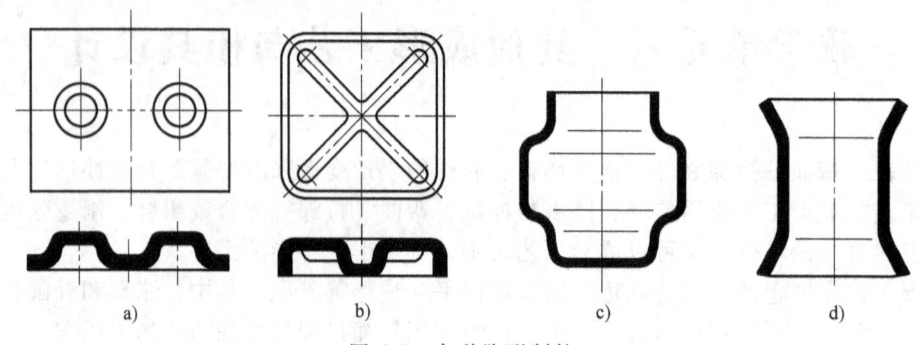

图 6-2 各种胀形制件

1. 胀形变形的特点

图 6-3 所示为胀形变形情况，图中涂黑部分是坯料的变形区。在凸模的作用下，变形区大部分材料受双向拉应力的作用而变形，其厚度变薄，表面积增大，形成一个凸起。由于胀形变形区内的金属处于双向受拉的应力状态，因而其成形极限受到拉裂的限制。材料的塑性越好，硬化指数 n 越大，可能达到的极限变形程度就越大。一般情况下，变形区内的材料不会失稳起皱，胀形的表面质量较好，厚度上的切向拉应力分布较均匀，卸载后的回弹很小，容易得到尺寸精度较高的零件。

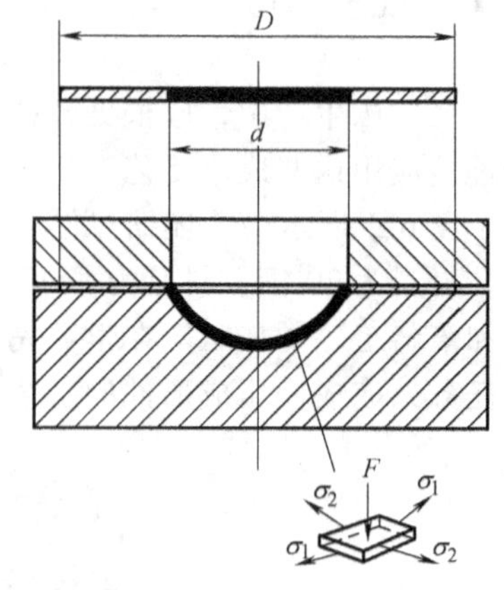

图 6-3 胀形变形情况

2. 平板坯料的胀形

平板坯料的胀形又称为起伏成形，经起伏的制件，由于惯性矩的改变和材料的加工硬化作用，强度和刚度显著提高，而且外形美观。

（1）压筋成形　对于形状较复杂的压筋件，成形时应力、应变的分布比较复杂，其危险部位和极限变形程度一般要通过试验的方法确定。对于形状比较简单的压筋件，可按下式近似地确定其极限变形程度（图 6-4）。

$$\frac{l-l_0}{l}<(0.7\sim0.75)A \tag{6-1}$$

式中　l、l_0——材料变形前后的长度；

A——材料的断后伸长率。

系数 0.7～0.75 视筋的形状而定，球形筋取最大值，梯形筋取小值。

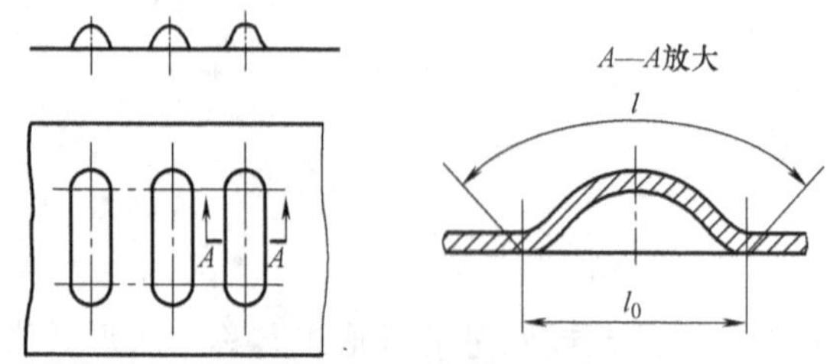

图 6-4 平板坯料胀形前后的长度

如果满足式（6-1），则可以一次成形。若不能一次成形，则可以先压制成半球形过渡形状，然后再压出工件所需形状，如图 6-5 所示。

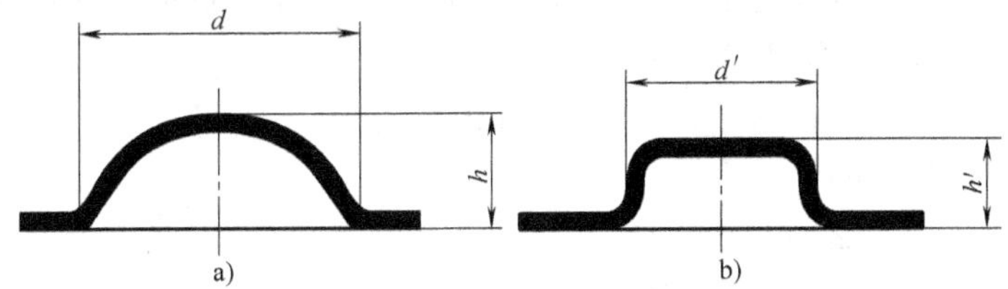

图 6-5　深度较大的胀形方法

常用胀形加强筋的形式和尺寸见表 6-1。

表 6-1　常用胀形加强筋的形式和尺寸

名　称	简　图	R	h	D 或 B	r	α
压筋	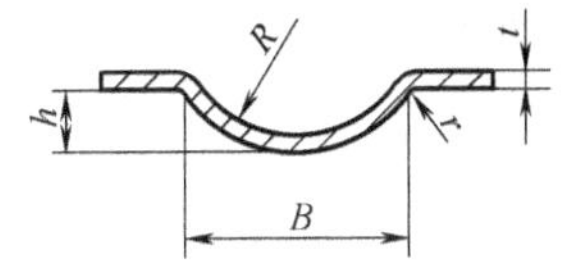	$(3\sim4)t$	$(2\sim3)t$	$(7\sim10)t$	$(1\sim2)t$	—
压凸	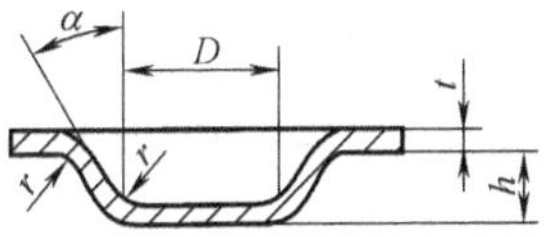	—	$(1.5\sim2)t$	$\geqslant 3h$	$(0.5\sim1.5)t$	$15°\sim30°$

简　图	D/mm	L/mm	l/mm
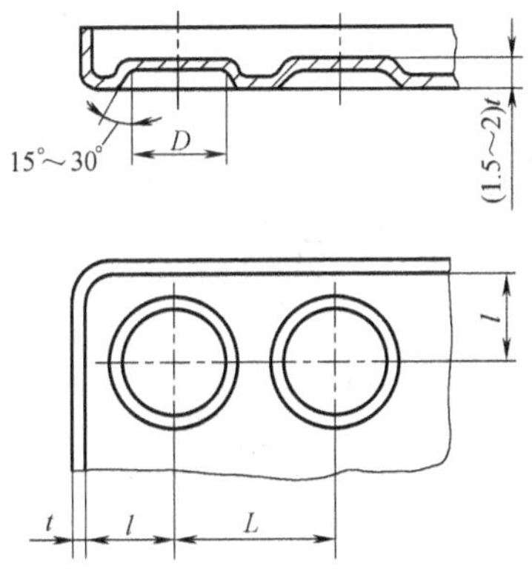	6.5	10	6
	8.5	13	7.5
	10.5	15	9
	13	18	11
	15	22	13
	18	26	16
	24	34	20
	31	44	26
	36	51	30
	43	60	35
	48	68	40
	55	78	45

压制加强筋时，所需冲压力（N）可按下式估算

$$F = KLtR_m \tag{6-2}$$

式中　L——加强筋的周长（mm）；

t——材料厚度（mm）；

R_m——材料的抗拉强度（MPa）；

K——系数，一般 $K=0.7\sim1.0$（加强筋形状窄而深时取大值，宽而浅时取小值）。

如果加强筋与边缘的距离小于（3～3.5）t，则成形过程中边缘处的材料受牵连而收缩。因此应根据实际的收缩留出适当的切边余量，成形后增加一道切边工序。

若在曲轴压力机上压制厚度小于1.5mm、成形面积小于2000mm^{2}的薄料小件，则进行压筋成形时，所需冲压力可按下式估算

$$F = KAt^2 \tag{6-3}$$

式中　A——胀形面积（mm^2）；

t——材料厚度（mm）；

K——系数，对于钢 $K=200\sim300$，对于黄铜 $K=150\sim200$。

（2）压凸包　平板局部压凸包成形时，受材料性能、模具几何形状尺寸以及润滑条件的影响，凸包高度不能太大。表6-2列出了平板坯料压凸包时的许用成形高度。

表6-2　平板坯料压凸包时的许用成形高度

简　图	材　料	许用凸包成形高度 h/mm
h, d	软钢 铝 黄铜	$\leqslant(0.15\sim0.2)d$ $\leqslant(0.1\sim0.15)d$ $\leqslant(0.15\sim0.22)d$

通常有效坯料直径与凸包直径的比值 D/d 应大于4，以保证凸缘部分的材料不会流入凹模口内，否则将成为拉深成形。

3. 空心坯料的胀形

空心坯料的胀形俗称凸肚，它是使材料沿径向拉伸，胀出所需的凸起曲面。采用这种工艺方法可以获得形状复杂的空心曲面零件，常用来加工壶嘴、带轮、波纹管以及火箭发动机上的一些异形空心件。

（1）胀形方法　根据所用模具不同，可将空心坯料胀形工艺分成两类，一类是刚性凸模胀形，另一类是软体凸模胀形。

1）刚性凸模胀形。刚性凸模胀形必须考虑成形后凸模从制件内腔退出的方式，因此，通常需要成形结束后使凸模让行。图6-6所示为刚性凸模胀形，凸模做成分瓣式结构形式，上模下行时，由于锥形芯块2的作用，分瓣凸模1向四周顶开，从而将坯料胀出所需的形状。上模回程时，分瓣凸模在顶杆4和拉簧5的作用下复位，便可取出工件。凸模的分瓣数越多，胀出工件的形状和精度越好。这种胀形方法的缺点是模具结构复杂、成本高，且难以得到精度高的复杂形状件。

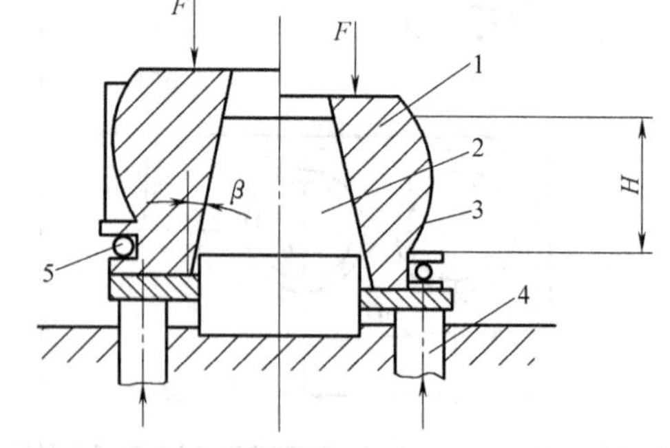

图6-6　刚性凸模胀形
1—分瓣凸模　2—锥形芯块
3—工件　4—顶杆　5—拉簧

2）软体凸模胀形。其原理是利用橡胶、液体、气体和钢丸等代替刚性凸模，而凹模仍采用钢模。

图 6-7a 所示为橡胶胀形。橡胶 3 作为胀形凸模，胀形时，橡胶在柱塞 1 的压力作用下发生变形，从而使坯料沿凹模 2 的内壁胀出所需的形状。橡胶胀形的模具结构简单，坯料变形均匀，能成形形状复杂的零件，所以在生产中广泛应用。

图 6-7b 所示为液压胀形。液体 5 作为胀形凸模，上模下行时斜楔 4 先使分块凹模 2 合拢，然后柱塞 1 的压力传给液体，凹模内的坯料在高压液体的作用下直径胀大，最终紧贴凹模内壁成形。液压胀形可加工大型零件，零件表面质量较好。

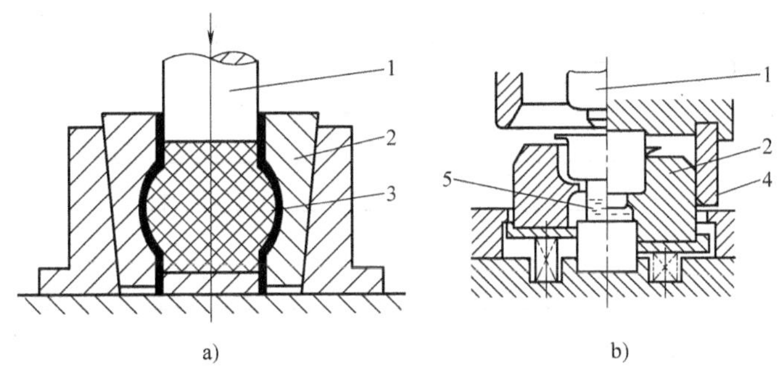

图 6-7 软体凸模胀形

1—柱塞 2—分块凹模 3—橡胶 4—斜楔 5—液体

图 6-8 所示为加轴向压缩的液体胀形，是轴向压缩和高压液体联合作用的胀形方法。首先将管坯 4 置于凹模 3 之内，将其压紧，两端轴头 2 也压紧管坯端部，继而由轴头内孔引进高压液体，在轴向和径向压力的共同作用下，管坯向凹模处胀形，得到所需的制件。用这种方法可以加工高精度的零件，如高压管接头、自行车中接头等。

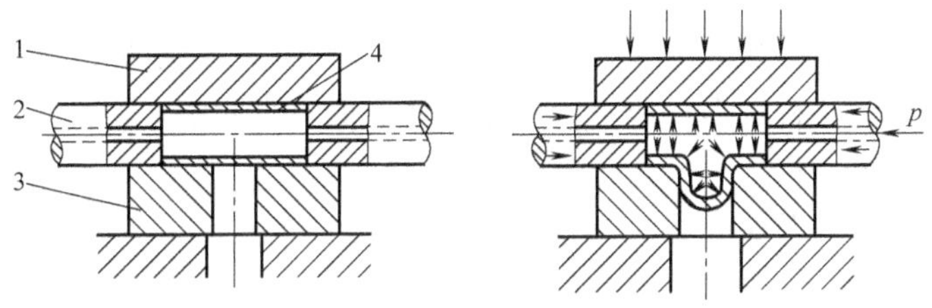

图 6-8 加轴向压缩的液体胀形

1—上模 2—轴头 3—凹模 4—管坯

(2) 胀形系数 空心坯料胀形时，材料切向受拉应力作用产生拉伸变形，其极限变形程度用胀形系数 K 表示（图 6-9），即

$$K = \frac{d_{\max}}{D} \tag{6-4}$$

式中 $d_{\max}$——胀形后零件的最大直径（mm）；

D——空心坯料的原始直径（mm）。

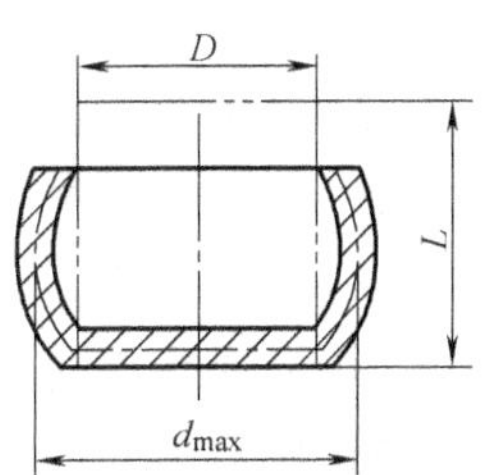

图 6-9 空心坯料胀形尺寸

胀形系数 K 和坯料切向拉伸伸长率 A 的关系为

$$A = \frac{d_{\max} - D}{D} = K - 1$$

或

$$K = 1 + A \tag{6-5}$$

由于坯料的变形程度受到材料伸长率的限制，所以根据材料的断后伸长率便可按上式求出相应的极限胀形系数。表 6-3 和表 6-4 所列是一些材料极限胀形系数的近似值，可供参考。

表 6-3 常用材料的极限胀形系数 [K]

材　料	厚度 t/mm	极限胀形系数[K]
铝合金 3A21-O	0.5	1.25
纯铝 1070A、1060、1050A、1035、1200、8A06	1.0	1.28
	1.5	1.32
	2.0	1.32
黄铜 H62、H68	0.5～1.0	1.35
	1.5～2.0	1.40
低碳钢 08F、10、20	0.5	1.20
	1.0	1.24
不锈钢 1Cr18Ni9Ti	0.5	1.26
	1.0	1.28

表 6-4 铝管坯料的试验极限胀形系数

胀形方法	极限胀形系数[K]	胀形方法	极限胀形系数[K]
用橡胶的简单胀形	1.2～1.25	局部加热至 200～250℃	2.0～2.1
用橡胶并对坯料轴向加压胀形	1.6～1.7	加热至 380℃ 锥形凸模端部胀形	≤3.0

（3）胀形坯料的计算　空心坯料一般采用管坯或拉深件。为便于材料的流动，减小变形区的变薄量，胀形时坯料端部一般不予固定，使其能自由收缩，因此坯料长度要考虑增加一个收缩量并留出切边余量。

由图 6-9 可知，坯料直径 D 为

$$D=\frac{d_{\max}}{K} \tag{6-6}$$

坯料长度 L 为

$$L=l[1+(0.3\sim0.4)A]+b \tag{6-7}$$

式中　l——变形区的母线长度（mm）；

A——坯料切向拉伸的伸长率；

b——切边余量，一般取 $b=5\sim15$mm。

0.3～0.4 为切向伸长引起的高度减小对应的系数。

（4）胀形力的计算　空心坯料胀形时，所需的胀形力 F 可按下式计算

$$F=pA \tag{6-8}$$

式中　p——胀形时所需的单位面积压力（MPa）；

A——胀形面积（mm^2）。

胀形时所需的单位面积压力 p 可用下式近似计算

$$p = 1.15 R_m \frac{2t}{d_{max}} \tag{6-9}$$

式中　R_m——材料的抗拉强度（MPa）；

d_{max}——胀形最大直径（mm）；

t——材料原始厚度（mm）。

4. 胀形模的设计要点

胀形模的凹模一般采用钢、铸铁、锌基合金、环氧树脂等材料制造，其结构有整体式和分块式两类。

整体式凹模在工作时要承受较大的压力，必须要有足够的强度。提高凹模强度的方法是采用加强筋，也可以在凹模外面套上模套，凹模和模套间采用过盈配合，构成预应力组合凹模，这比单纯增加凹模壁厚更加有效。

分块式胀形凹模必须根据胀形零件的形状合理选择分模面，分块数应尽量少。在模具闭合状态下，分模面应紧密贴合，形成完整的凹模型腔，在拼缝处不应有间隙和不平。分模块用整体模套固紧并采用圆锥面配合，其锥角应小于自锁角，一般取 $\alpha = 5° \sim 10°$为宜。模块之间通过定位销联接，以防止模块之间错位。

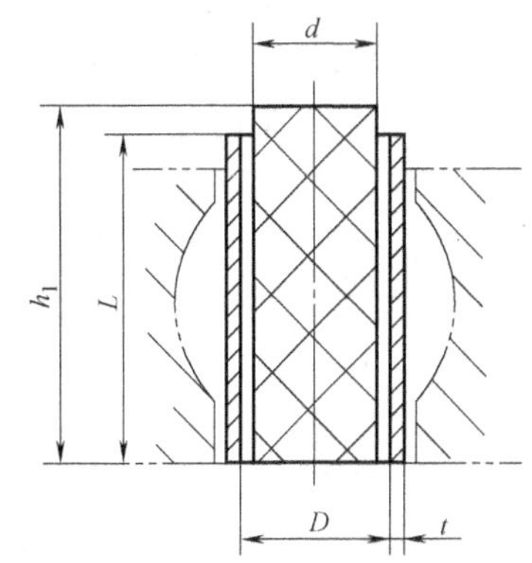

图 6-10　圆柱形橡胶凸模的尺寸确定

橡胶胀形凸模的结构尺寸需设计合理。由于橡胶凸模一般在封闭状态下工作，其形状和尺寸不仅要保证能顺利进入空心坯料，还要有利于压力的合理分布，使胀形零件的各部位都能紧贴凹模型腔。橡胶凸模一般简化成圆柱形、锥形和环形等简单的几何形状，其直径应略小于坯料内径，如图 6-10 所示。圆柱形橡胶凸模的直径和高度可按下式计算

$$d = 0.895D \tag{6-10}$$

$$h_1 = K\frac{LD^2}{d^2} \tag{6-11}$$

式中　d——橡胶凸模的直径；

D——空心坯料内径；

h_1——橡胶凸模高度；

L——空心坯料高度；

K——考虑橡胶凸模压缩后体积缩小和提高变形力的系数，一般取 $K = 1.1 \sim 1.2$。

6.2.2　翻边

在坯料的平面或曲面上沿封闭或不封闭的曲线边缘进行折弯，使之形成有一定角度的直壁或凸缘的成形工艺称为翻边。利用翻边能制出与其他零部件装配用的结合部位和具有复杂特异形状、合理空间的立体零件，同时提高零件的刚度。在大型钣金成形时，还可作为控制材料破坏的手段使用。

根据工件边缘的形状和应力、应变状态的不同，翻边可分为内孔翻边和外缘翻边。若能保证模具间隙对材料的厚度无强制性的挤压，则为不变薄翻边，否则为变薄翻边。材料厚度的变薄主要是补偿拉伸变形的结果。图 6-11 所示为几种翻边零件实例。

1. 内孔翻边

把预先在平面上加工的孔周边翻起扩大，成为具有一定高度的直壁孔部的成形工艺，称为内孔翻边。内孔翻边也称为翻孔，是一种拉伸类成形。内孔翻边按制件形状，又可分为圆孔翻边和非圆孔翻边。

（1）圆孔翻边

1）变形机理。如图 6-12 所示，设翻孔前坯料孔径为 d，翻孔后的孔径为 D。翻孔时，在凸、凹模的作用下孔径不断扩大，凸模下面的材料向侧面转移，最后使平面环形变成竖立的直边。变形区是内径 d 和外径 D 之间的环形部分。

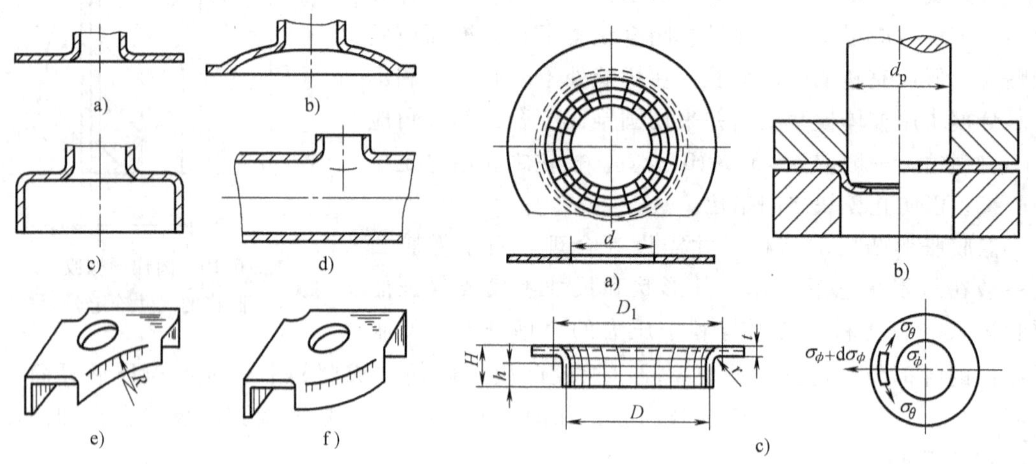

图 6-11　翻边零件实例

图 6-12　圆孔翻边时的应力与变形情况

为分析圆孔翻边的变形情况，同样采用网格试验法。从图 6-12 所示的网格变化可以看出：变形区坐标网格由扇形变为矩形，即网格在周向伸长了，越靠近孔口伸长越大；而同心圆之间的距离变化不明显，说明其径向变形量很小。此外，竖边的壁厚有所减薄，尤其在孔口处减薄更为严重。由此表明，圆孔翻边的变形区主要受切向拉应力作用并产生切向伸长变形，在孔口处拉应力和拉应变达到最大值，材料的转移主要靠厚度的变薄来补偿。圆孔翻边的主要危险在于孔口边缘被拉裂，拉裂的条件取决于变形程度的大小。

圆孔翻边的变形程度是用翻边系数 K 来表示的，即翻边前孔径 d 和翻边后孔径 D 的比值：

$$K=\frac{d}{D} \tag{6-12}$$

K 值越小，变形程度越大，反之变形程度就越小。圆孔翻边时边缘不破裂所能达到的最小 K 值，称为极限翻边系数，用［K］表示。表 6-5 是低碳钢圆孔翻边时的极限翻边系数。其他材料可参考表中数值适当增减。

表 6-5　低碳钢圆孔翻边时的极限翻边系数[*K*]

凸模形式	孔加工方法	比值 d/t										
		100	50	35	20	15	10	8	6.5	5	3	1
球形	钻孔去毛刺	0.70	0.60	0.52	0.45	0.40	0.36	0.33	0.31	0.30	0.25	0.20
	冲孔	0.75	0.65	0.57	0.52	0.48	0.45	0.44	0.43	0.42	0.42	—
圆柱形平底	钻孔去毛刺	0.80	0.70	0.60	0.60	0.45	0.42	0.40	0.37	0.35	0.30	0.25
	冲孔	0.85	0.75	0.65	0.65	0.55	0.52	0.50	0.50	0.48	0.47	—

圆孔翻边后竖立直边的厚度有所变薄，变薄后的厚度可按下式估算

$$t' = t\sqrt{d/D} = t\sqrt{K} \tag{6-13}$$

式中　t'——翻边后竖立直边的厚度；

t——翻边前坯料的原始厚度；

K——翻边系数。

2）圆孔翻边的工艺计算

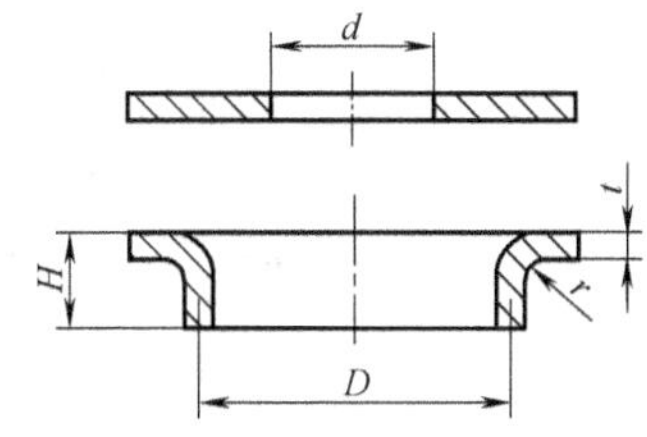

图 6-13　平板坯料内孔翻边尺寸计算

① 平板坯料翻孔的工艺计算。在平板坯料上进行圆孔翻边前，必须在坯料上加工出待翻边的孔，如图 6-13 所示。根据变形机理，翻孔时径向尺寸近似不变，故预孔孔径 d 可按弯曲展开的原则求出，即

$$d = D - 2(H - 0.43r - 0.72t) \tag{6-14}$$

直边高度则为

$$H = \frac{D-d}{2} + 0.43r + 0.72t = \frac{D}{2}(1-K) + 0.43r + 0.72t \tag{6-15}$$

将极限翻边系数［K］代入，便可求出一次翻孔可达到的极限高度 H_{max} 为

$$H_{max} = \frac{D}{2}(1-[K]) + 0.43r + 0.72t \tag{6-16}$$

当零件要求的翻边高度 $H > H_{max}$ 时，说明不能一次翻边成形。此时可采用加热翻孔、多次翻孔或先拉深后冲预孔再翻孔的方法。

采用多次翻孔的方法时，应在每两次工序间进行退火，第一次翻孔以后的极限翻边系数［K'］可取为

$$[K'] = (1.15 \sim 1.20)[K] \tag{6-17}$$

② 先拉深后冲预孔再翻孔的工艺计算。多次翻边所得的零件壁部变薄较严重，若对壁部变薄有限制，则可采用先拉深，在底部冲预孔后再翻孔的方法。此时应先确定拉深后翻孔所能达到的最大高度 h，然后再根据翻孔高度 h 及零件高度 H 确定拉深高度 h' 及预孔直径 d。

由图 6-14 可知，先拉深后翻孔的翻孔高度 h 可由下式计算（按板厚的中线尺寸计算）

$$h = \frac{D-d}{2} + 0.57r = \frac{D}{2}(1-K) + 0.57r \tag{6-18}$$

若将极限翻边系数［K］代入，则可求得翻孔的极限高度 h_{max} 为

$$h_{\max}=\frac{D}{2}(1-[K])+0.57r \quad (6\text{-}19)$$

此时，预孔直径 d 为

$$d=[K]D \quad (6\text{-}20)$$

或

$$d=D+1.14r-2h_{\max} \quad (6\text{-}21)$$

拉深高度 h' 为

$$h'=H-h_{\max}+r \quad (6\text{-}22)$$

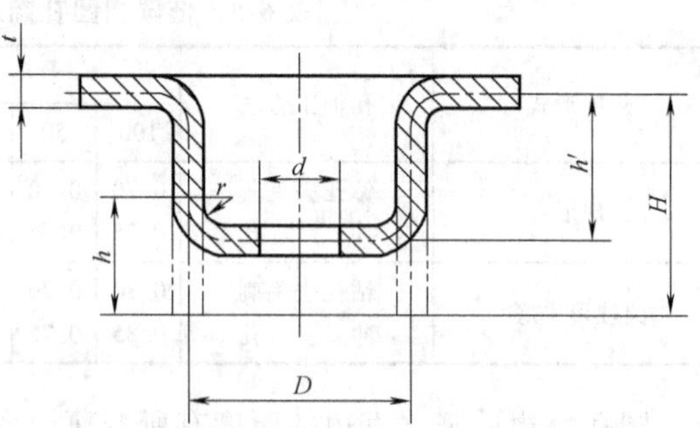

图 6-14　先拉深再翻孔的尺寸计算

3）翻孔力的计算。圆孔翻边力 F 一般不大，用圆柱形平底凸模翻孔时，可按下式计算

$$F=1.1\pi(D-d)t\sigma_s \quad (6\text{-}23)$$

式中　D——翻孔后的直径（按中线尺寸计算，mm）；

d——翻孔前的预孔直径（mm）；

t——材料厚度（mm）；

σ_s——材料的屈服点（MPa）。

（2）非圆孔翻边　图 6-15 所示为非圆孔翻边，内孔翻边时的变形可以沿孔边分成Ⅰ、Ⅱ、Ⅲ三种性质不同的变形区。其中只有Ⅰ区的变形属于圆孔翻边变形，Ⅱ区为直边，此处的变形属于弯曲变形，而Ⅲ区的变形则与拉深变形性质相似。由于Ⅱ、Ⅲ区两部分的变形可以减轻Ⅰ区的变形程度，因此非圆孔翻边系数 K_f（一般是指最小圆弧部分的翻边系数）可以小于圆孔翻边系数 K，两者的关系可表示为

$$K_f=(0.85\sim0.95)K \quad (6\text{-}24)$$

非圆孔翻边的极限翻边系数，可根据各圆弧段圆心角 α 的大小查表 6-6。其坯料的预孔形状和尺寸，可以通过先按圆孔翻边、弯曲和拉深各区分别展开，然后用作图法把各展开线的交接处光滑连接起来的方法得到。

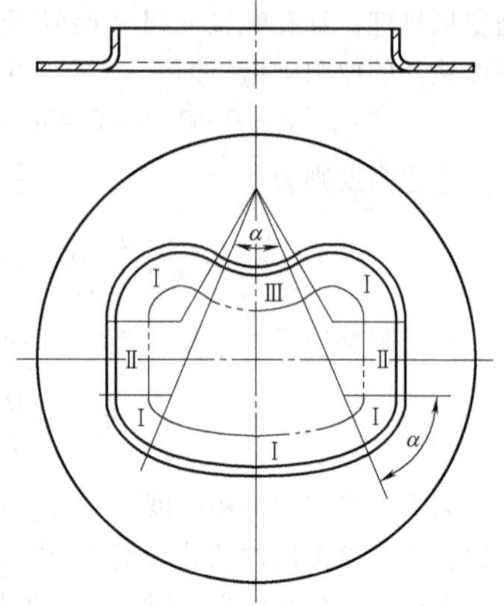

图 6-15　非圆孔翻边

表 6-6　低碳钢非圆孔翻边的极限翻边系数 [K_f]

α/(°)	比值 d/t						
	50	33	20	12.5～8.3	6.6	5	3.3
180～360	0.80	0.60	0.52	0.50	0.48	0.46	0.45
165	0.73	0.55	0.48	0.46	0.44	0.42	0.41
150	0.67	0.50	0.43	0.42	0.40	0.38	0.375
135	0.60	0.45	0.39	0.38	0.36	0.35	0.34
120	0.53	0.40	0.35	0.33	0.32	0.31	0.30
105	0.47	0.35	0.30	0.29	0.28	0.27	0.26

（续）

α/(°)	比值 d/t						
	50	33	20	12.5~8.3	6.6	5	3.3
90	0.40	0.30	0.26	0.25	0.24	0.23	0.225
75	0.33	0.25	0.22	0.21	0.20	0.19	0.185
60	0.27	0.20	0.17	0.17	0.16	0.15	0.145
45	0.20	0.15	0.13	0.13	0.12	0.12	0.11
30	0.14	0.10	0.09	0.08	0.08	0.08	0.08
15	0.07	0.05	0.04	0.04	0.04	0.04	0.04
0	弯曲变形						

2. 外缘翻边

根据变形性质的不同，外缘翻边可分为伸长类翻边和压缩类翻边，如图 6-16 所示。伸长类翻边是在坯料外缘沿不封闭的内凹曲线进行的翻边，而压缩类翻边是在坯料外缘沿不封闭的外凸曲线进行的翻边。

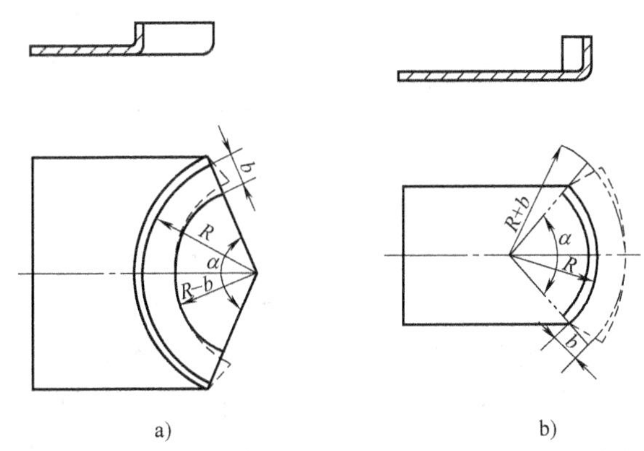

图 6-16 外缘翻边
a）伸长类翻边 b）压缩类翻边

（1）变形程度 伸长类翻边的变形情况类似于圆孔翻边，变形区主要为切向受拉，变形过程中孔口边缘容易拉裂；压缩类翻边的变形情况类似于浅拉深，变形区主要为切向受压，变形过程中材料容易起皱。翻边过程中是否会发生起皱或拉裂，主要取决于变形程度的大小。

对于伸长类翻边，其变形程度为

$$\varepsilon_b = \frac{b}{R-b} \tag{6-25}$$

对于压缩类翻边，其变形程度为

$$\varepsilon_p = \frac{b}{R+b} \tag{6-26}$$

外缘翻边的极限变形程度见表 6-7。

表 6-7 外缘翻边的极限变形程度

材料名称及牌号		$[\varepsilon_d]$(%)		$[\varepsilon_p]$(%)	
		橡皮成形	模具成形	橡皮成形	模具成形
铝合金	1034-O	25	30	6	40
	1034-HX8	5	8	3	12
	3A21-O	23	30	6	40
	3A21-HX8	5	8	3	12
	5A02-O	20	25	6	35

（续）

材料名称及牌号		$[\varepsilon_d]$(%)		$[\varepsilon_p]$(%)	
		橡皮成形	模具成形	橡皮成形	模具成形
铝合金	3A21-HX8	5	8	3	12
	5A12-O	14	20	6	30
	5A12-HX8	6	8	0.5	9
	2A11-O	14	20	4	30
	2A11-HX8	5	6	0	0
黄　铜	H62-M	30	40	8	45
	H62-Y_2	10	14	4	16
	H68-M	35	45	5	55
	H68-Y_2	10	14	4	16
钢	10	—	38	—	10
	20	—	22	—	10
	12Cr18Ni9-M	—	15	—	10
	12Cr18Ni9-Y	—	40	—	10
	17Cr18Ni9	—	40	—	10

（2）坯料形状与尺寸　对于伸长类翻边，坯料形状与尺寸按一般圆孔翻边的方法确定。对于压缩类翻边，坯料形状与尺寸按浅拉深的方法确定。但由于是沿不封闭的曲线翻边，坯料变形区内的应力、应变分布是不均匀的，中间变形大，两端变形小，若采用与宽度 b 一致的坯料尺寸，则翻边后零件的高度就不平齐，竖边的端线也不垂直。为了得到平齐的翻边高度，应对坯料的轮廓线进行必要的修正，采用图 6-16 中虚线所示的形状，其修正值根据变形程度和 α 的大小不同而不同，一般通过试模确定。当翻边的高度不大，且翻边沿线的曲率半径很大时，可不进行修正。

3. 翻边模的结构与设计要点

（1）翻边模的结构　图 6-17 所示为内孔外缘翻边复合模，在同一模具上进行内孔翻边与外缘翻边。坯料装在压料板 5 上，并套在内孔翻边凹模 7 上定位。为了保证内孔翻边凹模的位置准确，压料板需与外缘翻边凹模 3 按间隙配合 H7/h6 装配。压料板既起压料作用，又起整形作用，故压至下死点时，应与下模座刚性接触，最后还起顶件作用。内孔翻边后，在弹簧的作用下，顶件块 6 将工件从内孔翻边凹模 7 中顶起。推件板 8 由于弹簧的作用，冲压时始终保持与坯料接触，到下死点时，与凸模固定板 2 刚性接触，因此推件板 8 也起整形作用，冲出的工件比较平整。为了防止弹簧弹力不足，上模出件时，使用刚性推件装置将工件推出。

（2）翻边模的设计要点　翻边模的凹模圆角半径对翻边成形的影响不大，可直接按工件圆角半径确定。凸模圆角半径一般取得较大，平底凸模可取 $r_p \geqslant 4t$，以利于翻孔或翻边成形。为改善金属塑性流动条件，翻孔时还可采用抛物线形凸模或球形凸模。

图 6-18 所示为几种常用翻孔凸模的形状和主要尺寸关系，其中图 6-18a 所示为平底翻孔凸模，图 6-18b 所示为球形翻孔凸模，图 6-18c 所示为抛物线形翻孔凸模。从利于翻孔变

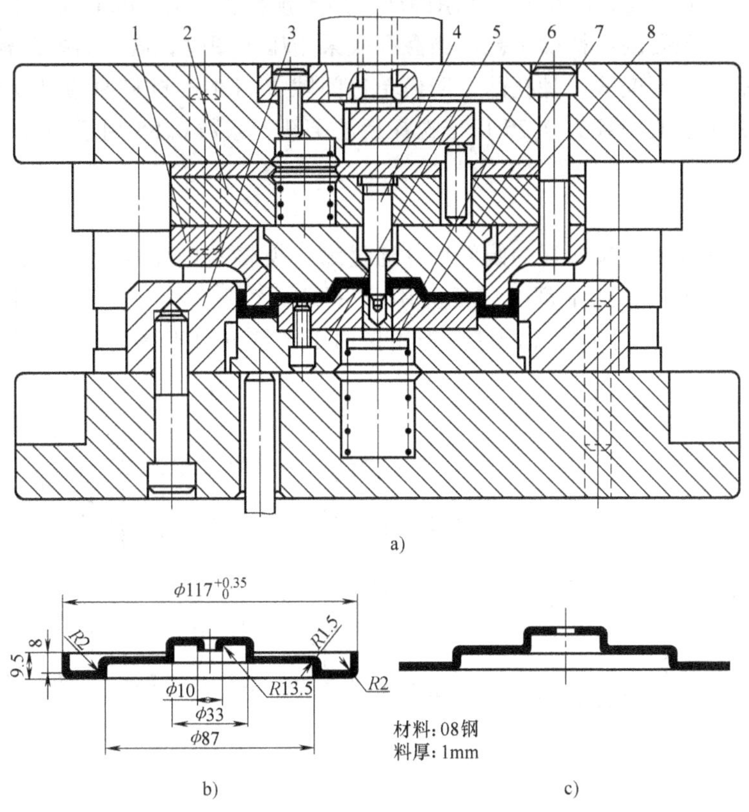

图 6-17　内孔外缘翻边复合模

a）模具结构　b）工件图　c）毛坯图

1—外缘翻边凸模　2—凸模固定板　3—外缘翻边凹模　4—内孔翻边凸模

5—压料板　6—顶件块　7—内孔翻边凹模　8—推件板

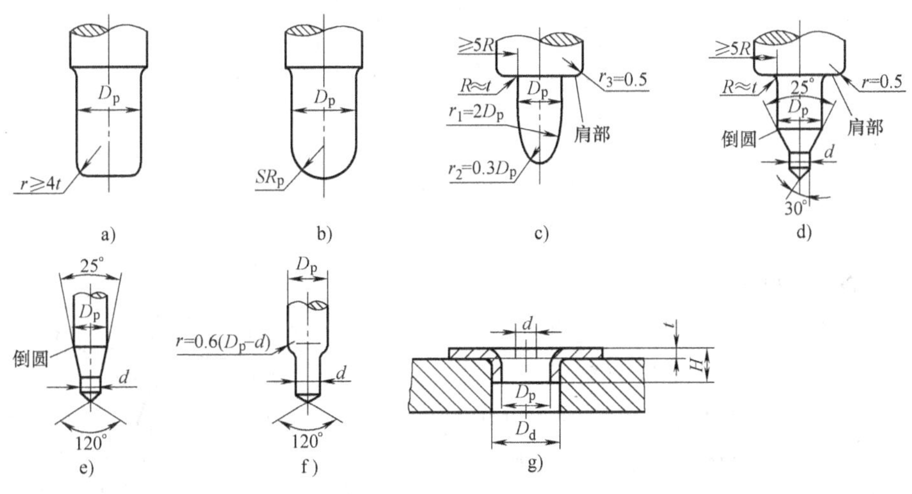

图 6-18　翻孔凸模的形状和主要尺寸关系

形看，以抛物线形凸模最好，球形凸模次之，平底凸模最差，而凸模加工的难易程度则相反。图 6-18d ~ 图 6-18f 所示为带定位部分的翻孔凸模，其中图 6-18d 所示的凸模用于预孔直径为10mm以上的翻孔，图6-18e所示的凸模用于预孔直径为10mm以下的翻孔，图6-18f所示的凸模用于无预孔的不精确翻孔。当翻孔模采用压边圈时，则不需要凸模肩部。

由于翻孔后材料要变薄，翻孔凸、凹模单边间隙 Z 可小于材料原始厚度 t，一般可以取 $Z=(0.75\sim0.85)t$。其中系数0.75用于拉深后的翻孔，系数0.85用于平板坯料的翻孔。

6.2.3 缩口

缩口是将管坯或预先拉深好的圆筒形件通过缩口模将其口部直径缩小的一种成形工艺。缩口工艺在国防和民用工业中都有广泛应用。用缩口代替拉深加工某些零件，可以减少工序、提高效率。图6-19所示的冲压件，采用拉深工艺需五道工序，改用管坯缩口工艺后只需三道工序。

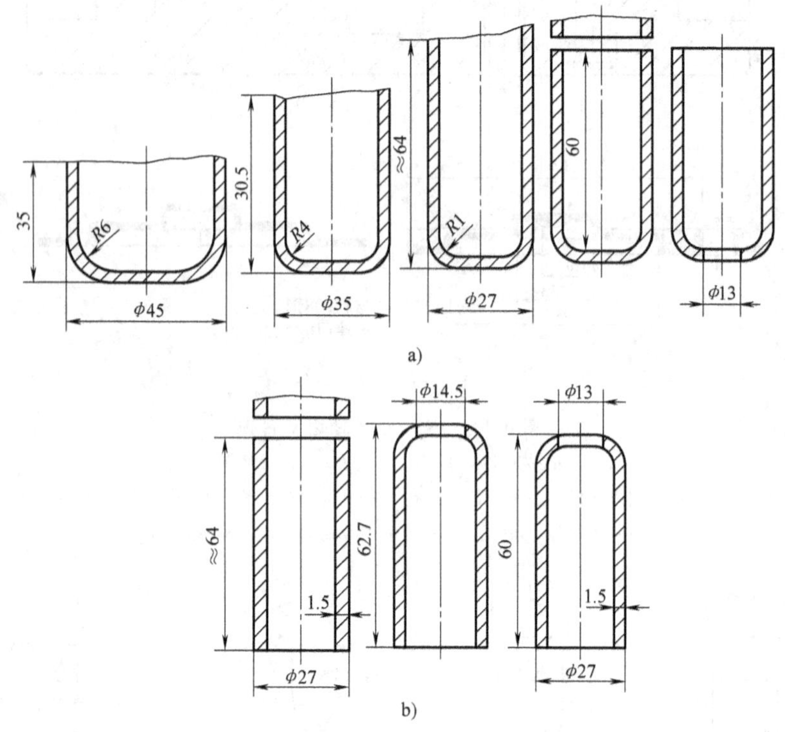

图6-19 缩口与拉深工艺的比较

a）拉深工艺 b）缩口工艺

1. 缩口变形的特点

缩口的应力、应变特点如图6-20所示。缩口时，在压力 F 的作用下，缩口凹模压迫坯料口部，使变形区的材料处于两向受压的平面应力状态和一向压缩、两向伸长的立体应变状态。在切向压缩主应力 σ_3 的作用下，产生切向压缩主应变 ε_3。此过程中的材料转移引起了高度和厚度方向的拉伸应变 ε_1 和 ε_2，同时阻止 ε_1 的压应力 σ_1 产生。由于厚度相

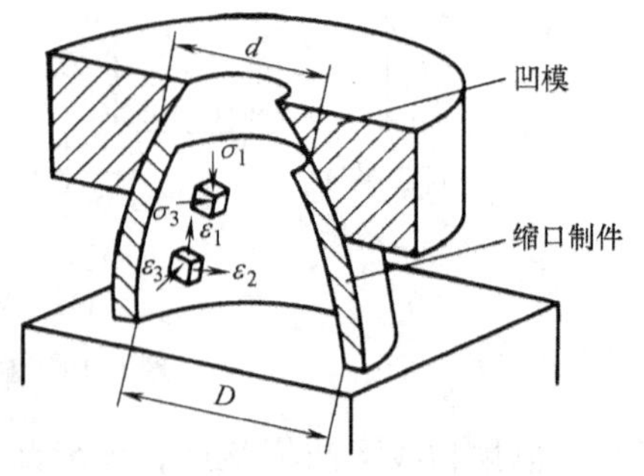

图6-20 缩口的应力、应变特点

对很小，阻止 ε_2 的阻压应力近乎于零，故变形主要是直径因切向受压而缩小，同时高度和厚度有相应的增大。

缩口的变形程度用缩口系数 m 表示，即

$$m=\frac{d}{D} \tag{6-27}$$

式中　d——缩口后的直径；

D——缩口前的直径。

缩口系数 m 越小，变形程度越大。一般来说，材料的塑性好、厚度大，模具对筒壁的支承刚性好，极限缩口系数就小。此外，极限缩口系数还与模具工作部分的表面形状和表面粗糙度、坯料的表面质量、润滑有关。图 6-21 所示的模具对筒壁的三种不同支承方式中，图 6-21a 所示为无支承方式，缩口过程中坯料稳定性差，因而允许的缩口系数较大；图 6-21b所示为外支承方式，缩口时坯料的稳定性较前者好，允许的缩口系数可小些；图 6-21c所示为内外支承方式，缩口时坯料的稳定性最好，允许的缩口系数为三者中最小。

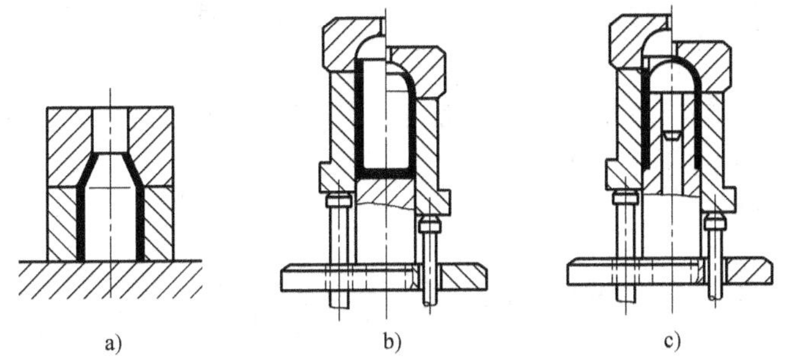

图 6-21　不同支承方式的缩口

不同材料和厚度的平均缩口系数见表 6-8，不同支承方式所允许的极限缩口系数［m］见表 6-9。

表 6-8　平均缩口系数 m_0

材　料	材料厚度 t/mm		
	≤0.5	>0.5~1	>1
黄铜	0.85	0.80~0.70	0.70~0.65
钢	0.80	0.75	0.70~0.65

表 6-9　极限缩口系数［m］

材　料	支承方式		
	无支承	外支承	内外支承
软钢	0.70~0.75	0.55~0.60	0.30~0.35
黄铜 H62、H68	0.65~0.70	0.50~0.55	0.27~0.32
铝	0.68~0.72	0.53~0.57	0.27~0.32
硬铝(退火)	0.73~0.80	0.60~0.63	0.35~0.40
硬铝(淬火)	0.75~0.80	0.68~0.72	0.40~0.43

2. 缩口工艺计算

（1）缩口次数　当工件的缩口系数 m 大于允许的极限缩口系数［m］时，可以一次缩

口成形。否则，需进行多次缩口，每次缩口工序后进行中间退火。

多次缩口时，一般取首次缩口系数 $m_1=0.9m_0$，以后各次取 $m_n=(1.05\sim1.1)m_0$。缩口次数 n 可按下式估算

$$n=\frac{\ln m}{\ln m_0}=\frac{\ln d-\ln D}{\ln m_0} \tag{6-28}$$

式中　m_0——平均缩口系数，见表 6-8。

（2）各次缩口直径

$$\begin{aligned}d_1&=m_1D\\d_2&=m_nd_1=m_1m_nD\\d_3&=m_nd_2=m_1m_n^2D\\&\vdots\\d_n&=m_nd_{n-1}=m_1m_n^{n-1}D\end{aligned} \tag{6-29}$$

其中，d_n 应等于工件的缩口直径。缩口后，由于回弹，工件要比模具尺寸增大 0.5% ~0.8%。

（3）坯料高度　缩口前坯料的高度一般根据变形前后体积不变的原则计算。不同形状工件缩口前坯料高度 H 的计算公式如下。

图 6-22a 所示工件

$$H=1.05\left[h_1+\frac{D^2-d^2}{8D\sin\alpha}\left(1+\sqrt{\frac{D}{d}}\right)\right] \tag{6-30}$$

图 6-22b 所示工件

$$H=1.05\left[h_1+h_2\sqrt{\frac{d}{D}}+\frac{D^2-d^2}{8D\sin\alpha}\left(1+\sqrt{\frac{D}{d}}\right)\right] \tag{6-31}$$

图 6-22c 所示工件

$$H=h_1+\frac{1}{4}\left(1+\sqrt{\frac{D}{d}}\right)\sqrt{D^2-d^2} \tag{6-32}$$

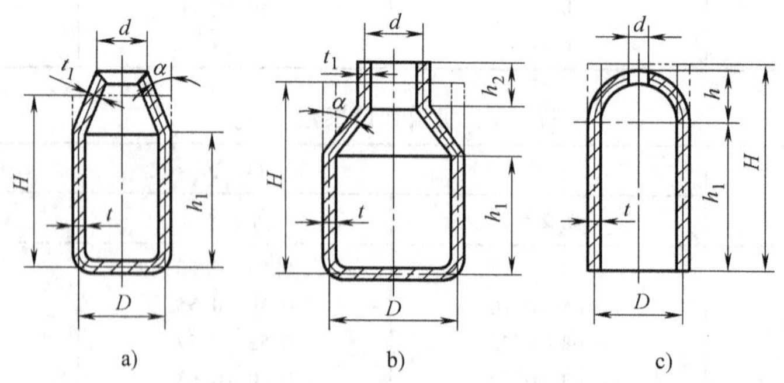

图 6-22　缩口坯料高度计算

（4）缩口力　图 6-22a 所示工件在无芯柱支承的缩口模上，按图 6-21a 所示方式进行缩口时，其缩口力 F 可按下式计算

$$F = K\left[1.1\pi D t R_m\left(1-\frac{d}{D}\right)(1+\mu\cot\alpha)\frac{1}{\cos\alpha}\right] \tag{6-33}$$

式中　μ——坯料与凹模接触面间的摩擦因数；

R_m——材料的抗拉强度；

K——速度系数，在曲柄压力机工作时 $K=1.15$。

其余符号如图 6-22a 所示。

（5）坯料尺寸　缩口后零件口部略有增厚，其厚度可按下式计算

$$t' = t\sqrt{D/d} = t\sqrt{1/m} \tag{6-34}$$

式中　t'——缩口后口部厚度；

t——缩口前坯料的原始厚度；

m——缩口系数。

3. 缩口模的结构与设计要点

（1）缩口模的结构　图 6-23 所示为无支承方式的缩口模，带底圆筒形坯料在定位座 3 上定位，上模下行时，凹模 2 对坯料进行缩口。上模回程时，推件块 1 在橡胶弹力的作用下将工件推出凹模。该模具对坯料无支承作用，适用于高度不大的带底圆筒形零件的锥形缩口。

图 6-24 所示为倒装式通用缩口模，导正圈 5 主要起导向和定位作用，同时对坯料起一定的外支承作用。凸模 3 设计成台阶式结构，其小端恰好伸入坯料内孔起定位导向及内支承作用。缩口时，将管状坯料放在导正圈内定位，上模下行，凸模先导入坯料内孔，继而依靠台肩对坯料施加压力，使坯料在凹模 6 的作用下缩口。上模回程时，利用顶杆将工件从凹模内顶出。该模具适用于较大高度零件的缩口，而且模具的通用性好，更换不同尺寸的凹模、导正圈和凸模，可进行不同孔径的缩口。

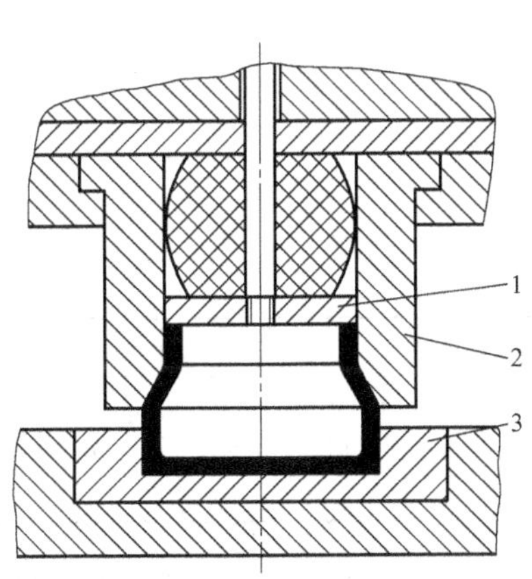

图 6-23　无支承方式的缩口模

1—推件块　2—凹模　3—定位座

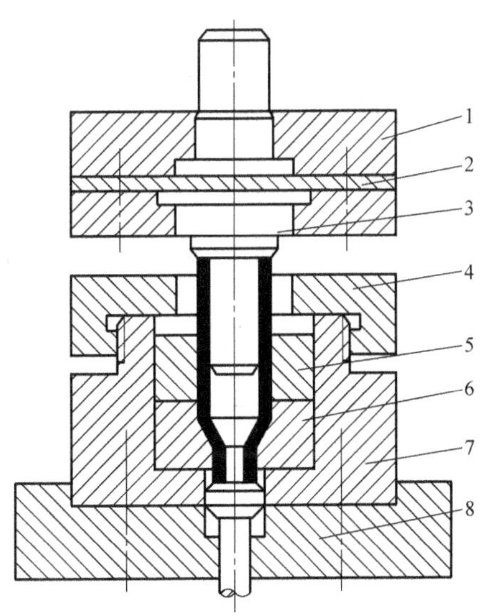

图 6-24　倒装式通用缩口模

1—上模座　2—垫板　3—凸模　4—螺母固定圈　5—导正圈　6—凹模　7—凹模固定板　8—下模座

（2）缩口模的设计要点　缩口模工作部分的尺寸根据缩口部分的尺寸来确定，并考虑缩口制件产生的比缩口模实际尺寸大0.5%～0.8%的弹性回复量，以减少试冲后模具的修正量。缩口凹模的半锥角α对缩口成形很重要，α小些对缩口变形有利，一般$\alpha<45°$，$\alpha<30°$最好。当α值合理时，极限缩口系数可比平均缩口系数小10%～15%。

当缩口件的刚性较差时，应在缩口模上设置支承坯料的结构，具体支承方式视坯料的结构和尺寸而定。反之，可不采用支承方式，以简化模具结构。

6.2.4 校形

在制件的形状和尺寸已经接近成品要求的情况下，使之产生不大且稳定的塑性变形，以提高制件的形状和尺寸精度的成形方法称为校形。

校形包括校平和整形，属于整修性的成形工艺，大都是在冲裁、弯曲、拉深等冲压工艺之后，作为进一步提高制件质量的弥补措施，实际生产中应用较为广泛。

由于各种制件校形部位的形状、要求等不同，校形也有多种形式。无论采用何种形式，其共同特点是：都使材料处于三向塑性静水压应力状态，消除弹性拉应力或压应力，以减小制件的回弹，从而使校形的状态得以长久地保持。

1. 校平

把不平整的工件放入模具内施加压力，并使之平整的成形工艺称为校平。冲裁件受模具冲压作用后一般会出现拱弯，斜刃冲裁和无弹性压料装置的连续冲裁尤其如此，无压料装置的弯曲件底部也常常出现拱弯。对于平面度要求较高的零件，就需要进行校平。

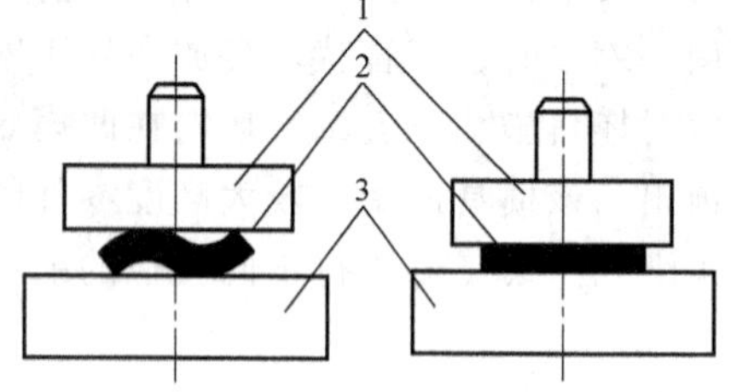

图6-25　校平变形情况
1—上模板　2—工件　3—下模板

（1）校平变形的特点与校平力　校平变形情况如图6-25所示，在上、下模的作用下，材料处于很大的塑性三向应力状态，使不平整的制件受压平整。

校平的工作行程不大，但压力很大。校平力F可用下式估算

$$F = pA \tag{6-35}$$

式中　p——单位面积上的校平力（MPa），可查表6-10；

A——校平面积（mm^2）。

表6-10　校平与整形时单位面积压力

校形方法	p/MPa	校形方法	p/MPa
光面校平模校平	50～80	敞开形工件整形	50～100
细齿校平模校平	80～120	拉深件减小圆角及对底面、侧面整形	150～200
粗齿校平模校平	102～150		

校平力的大小与制件的材料性能、厚度和校平模的齿形等因素有关，因此，在确定校平力时，应根据实际情况对表6-10中的值作相应的调整。如材料相同、厚度不同时，校平厚板制件比薄板制件所需的校平力更大。

（2）校平方式及设备　校平方式有多种，如模具校平、手工校平和在专门设备上校平

等。模具校平多在摩擦压力机上进行，厚料校平多在精压机或摩擦压力机上进行。大批量生产中，厚板件还可成叠地在液压机上校平，此时压力稳定并可长时间保持。当校平与拉深、弯曲等工序复合时，可采用曲轴或双动压力机，这时需在模具或设备上安装保险装置，以防材料厚度波动而损坏设备。不大的平板件或带料校正还可采用滚轮碾平的方式。

当零件的两个面都不允许有压痕或校平面积较大，而对其平直度有较高要求时，可采用加热校平。将成叠的制件用夹具压平，然后整体入炉加热，坯料温度升高使其屈服强度下降，压平时反向弯曲变形引起的内应力也随之下降，从而回弹大为减小，保证了较高的校平精度。

平板零件校平模分为光面校平模和齿面校平模两种。

图 6-26 所示为光面校平模，模板压平面是光滑的，因而作用于板料的有效单位压力较小，对改变材料内部应力状态的效果偏弱，卸载后制件有一定的回弹，对于高强度材料制件效果较差。为使校平不受板厚偏差或压力机滑块运动精度的影响，平面校平模可采用浮动式结构。图 6-26a 所示为上模浮动式结构，图 6-26b 所示为下模浮动式结构。

光面校平模主要用于平直度要求不高、表面不允许有压痕的落料件或软金属（如铝、软黄铜等）制成的小型零件的校平。

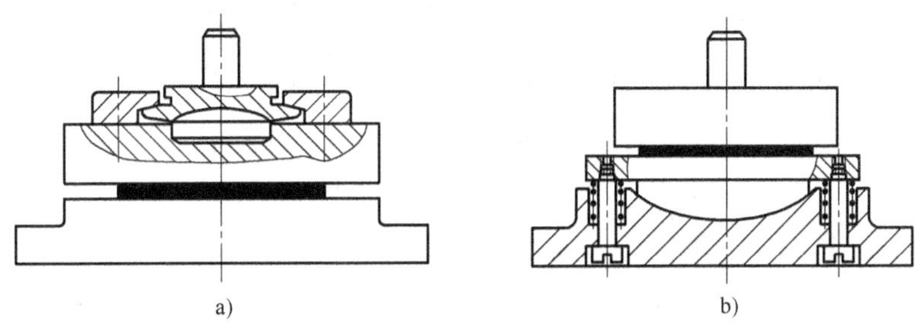

图 6-26　光面校平模

a）上模浮动式　b）下模浮动式

图 6-27 所示为齿面校平模。由于齿压入坯料形成许多塑性变形的小坑，有助于彻底地改变材料原有的和由于反向弯曲所引起的应力、应变状态，形成较强的三向压应力状态，因而校平效果好。根据齿形不同，齿面校平模又有尖齿和平齿之分，如图 6-28 所示。尖齿齿

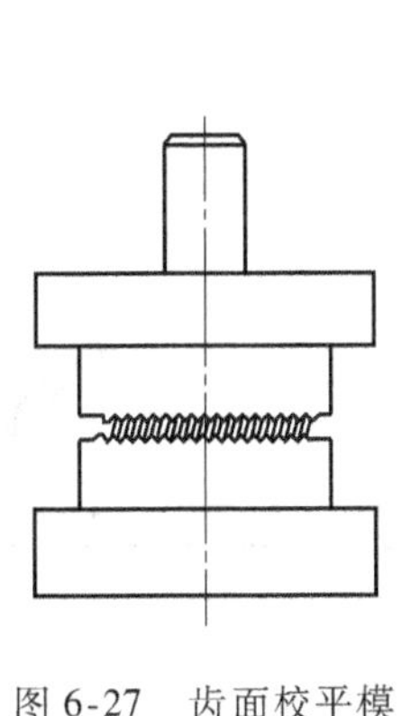

图 6-27　齿面校平模

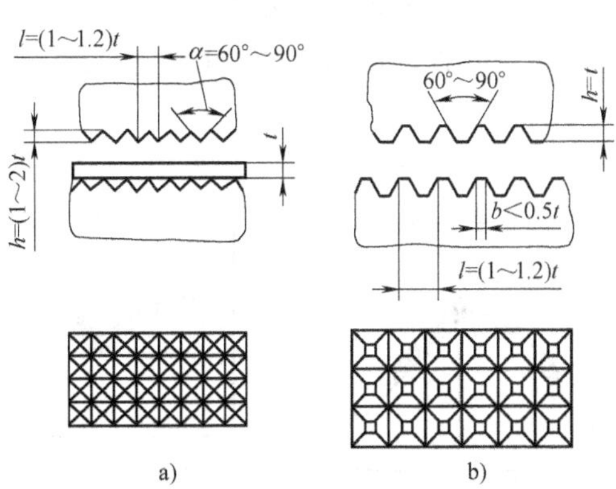

图 6-28　齿面校平模的齿形

形有方形和菱形两种。工作时上模齿与下模齿应错开，否则校平作用较差，且易使齿尖过早磨平。尖齿压入制件表面的压痕深，制件易粘在模具上，这种模具主要用于平直度要求高、材料强度大而硬、表面允许有压痕或板料厚（$t=3\sim15$mm）的制件的校平。

平齿齿形的齿尖被削成具有一定面积的平齿面，因而压入坯料表面的压痕浅，生产中常用此类校平模，尤其是薄材料和软金属制件的校平。当零件表面单面不允许有压痕时，可采用一面光面、一面齿面的校平模。

校平模结构比较简单，多采用通用结构。图 6-29 所示为带有自动弹出器的平板件校平模。它可更换不同的压板，校平不同要求、材料、尺寸的平板件。在上模上升时，自动弹出器将平板件从下模板上弹出，沿滑道离开模具。

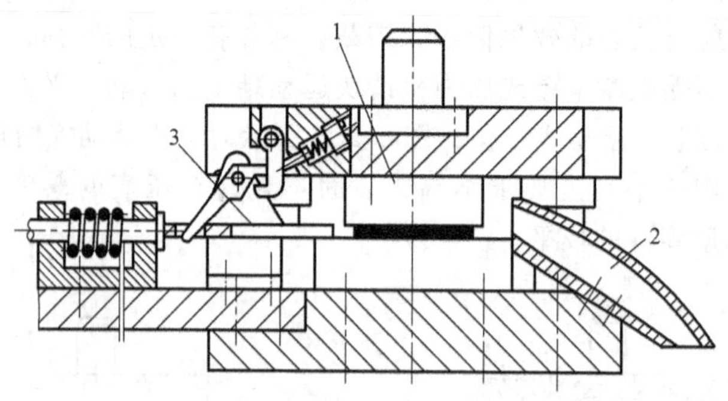

图 6-29　带有自动弹出器的平板件校平模

1—上模板　2—工作滑道　3—自动弹出器

2. 整形

整形一般安排在拉深、弯曲或其他成形工序之后，用整形的方法可以提高拉深件或弯曲件的尺寸和形状精度，减小圆角半径。整形模与相应工序件的成形模相似，只是工作部分的精度要求更高，表面粗糙度值要求更小，圆角半径和凸、凹模间隙取得更小，模具的强度和刚度要求也高。

由于各种制件的几何形状、精度以及整形内容不同，所采用的整形方法也有所不同。

（1）弯曲件的整形　弯曲件的整形方法有压校和镦校两种。

1）压校。图 6-30 所示为弯曲件的压校。因在压校中坯料沿长度方向无约束，整形区的变形特点与该区弯曲时相似，坯料内部应力状态的性质变化不大，因而整形效果一般。

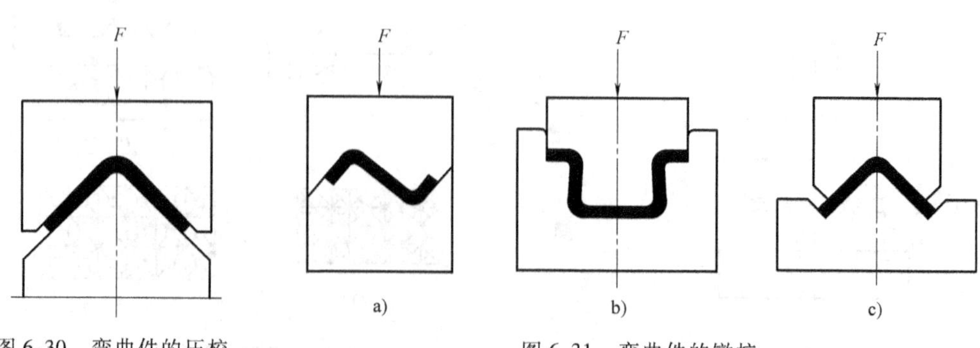

图 6-30　弯曲件的压校　　图 6-31　弯曲件的镦校

2）镦校。图 6-31 所示为弯曲件的镦校。采用这种方法整形时，弯曲件除了在与表面垂直的方向上承受压应力外，在其长度方向上也承受压应力，使整个弯曲件处于三向受压的应力状态，因而整形效果好。但这种方法不宜用于带孔及宽度不等的弯曲件的整形。

（2）拉深件的整形　根据拉深件的形状及整形部位的不同，拉深件的整形一般有以下两种方法。

1）无凸缘拉深件的整形。无凸缘拉深件一般采用小间隙拉深整形法，如图 6-32 所示。整形凸、凹模间隙 Z 可取（0.9～0.95）t，整形时筒壁稍有变薄。这种整形也可与最后一道拉深工序合并，但应取稍大一些的拉深系数。

2）带凸缘拉深件的整形。带凸缘拉深件的整形如图 6-33 所示，整形部位可以是凸缘平面、底部平面、筒壁及圆角。其中凸缘平面和底部平面的整形主要是利用模具的校平作用，模具闭合时推件块与上模座、顶件块（压边圈）与固定板均应相互贴合，以传递并承受校平力。筒壁的整形与无凸缘拉深件的整形方法相同，主要采用负间隙拉深整形法。而圆角整形时由于圆角半径变小，要求从邻近区域补充材料，如果邻近材料不能流动过来（如凸缘直径大于筒壁直径的 2.5 倍时，凸缘的外径已不可能产生收缩变形），则只有靠变形区本身的材料变薄来实现，这时，变形部位的材料伸长变形以不超过 2%～5% 为宜，否则变形过大会产生拉裂。采用这种整形方法时，一般要经过反复试验才能决定整形模各工作部分零件的形状和尺寸。

整形力 F 可用下式估算

$$F = pA \tag{6-36}$$

式中　p——单位面积上的整形力（MPa），可查表 6-10；

　　A——整形面的投影面积（mm^2）。

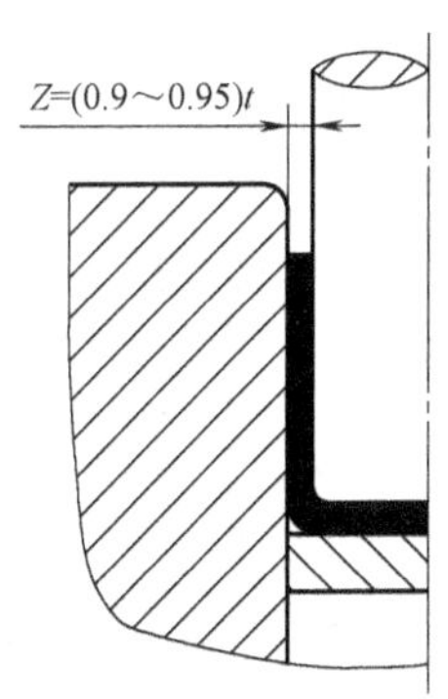

图 6-32　无凸缘拉深件的整形

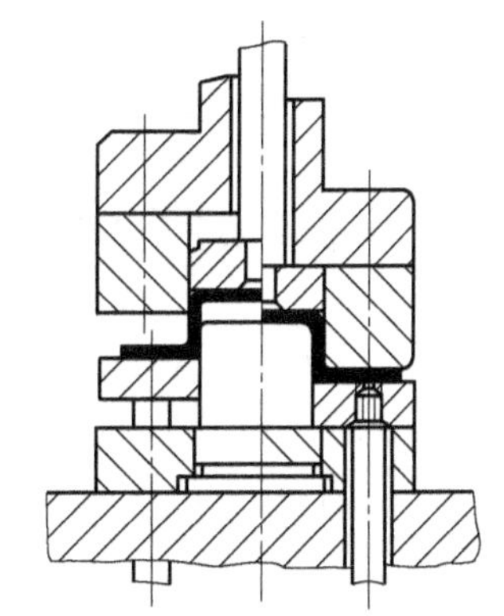
图 6-33　带凸缘拉深件的整形

6.3　任务实施

6.3.1　基础训练——管坯缩口模设计

管坯缩口件如图 6-34 所示，中批生产，材料为 20 钢，料厚 1mm。

1. 工艺分析

管坯缩口件原内径为 25mm，缩口后外径为 22mm，圆角半径分别为 3mm 和 4mm，大于料厚。缩口件形状简单，结构尺寸均为自由公差，符合缩口成形工艺要求。材料为 20 钢，具有良好的冲压成形性能，因此，该冲压件适合采用缩口工艺成形。

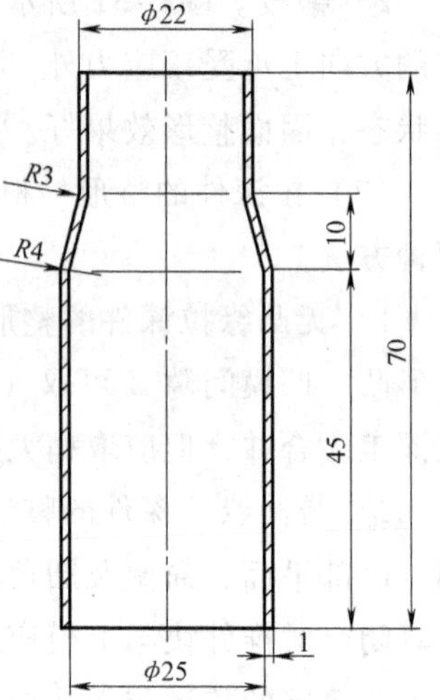

图 6-34　管坯缩口件

2. 工艺计算

（1）计算缩口系数　由图 6-34 可知，$d=21\text{mm}$、$D=26\text{mm}$，则缩口系数

$$m=\frac{d}{D}=\frac{21\text{mm}}{26\text{mm}}\approx 0.81$$

查表 6-9，采用无支承方式，$[m]=0.70\sim0.75$，则该工件可以一次缩口成形。

（2）计算缩口前坯料高度 H　由图 6-34 可知 $h=70\text{mm}$。缩口件形状与图 6-22b 所示工件相似，则按式（6-31）计算，坯料高度

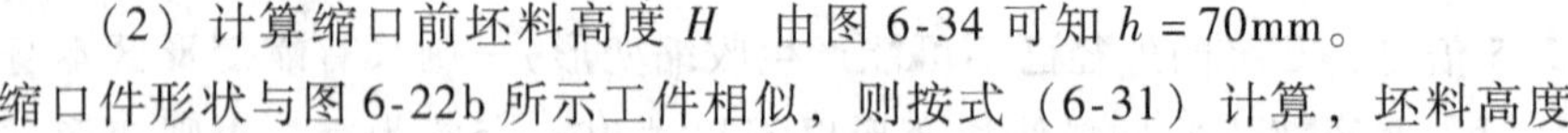

$$H=1.05\left[h_1+h_2\sqrt{\frac{d}{D}}+\frac{D^2-d^2}{8D\sin\alpha}\left(1+\sqrt{\frac{D}{d}}\right)\right]$$

$$=1.05\times\left[45+15\times\sqrt{\frac{21}{26}}+\frac{26^2-21^2}{8\times26\sin14°}\times\left(1+\sqrt{\frac{26}{21}}\right)\right]\text{mm}=71.8\text{mm}$$

取 $H=72\text{mm}$，缩口前钢管坯件如图 6-35 所示。

（3）计算缩口力　工件在无芯柱支承的缩口模上，按图 6-21a所示的方式进行缩口时，缩口力 F 按式（6-33）计算，查表 1-4 取 $R_m=430\text{MPa}$，已知凹模与工件的摩擦因数 $\mu=0.1$，则

$$F=K\left[1.1\pi DtR_m\left(1-\frac{d}{D}\right)(1+\mu\cot\alpha)\frac{1}{\cos\alpha}\right]$$

$$=1.15\times\left[1.1\times\pi\times26\times1\times430\times\left(1-\frac{21}{26}\right)\times(1+0.1\times\cot14°)\times\frac{1}{\cos14°}\right]\text{N}$$

$$=10723\text{N}=11\text{kN}$$

选用 63kN 开式可倾压力机。

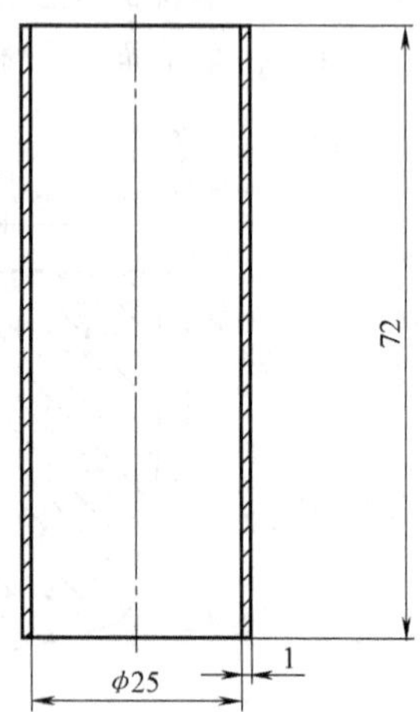

图 6-35　缩口前钢管坯件

3. 缩口模结构设计

管坯缩口模如图 6-36 所示，采用无支承结构形式。首先将管状坯料 12 卡牢在弹簧夹头 13 及支座 14 间，上模向下冲压时，由凹模 11 将冲压件一次缩口成形。上模回程时，若冲压件卡在凹模中则由推件块 9 将冲压件推出。模具结构简单，能正确定心，防止失稳。缩口凹模工作表面的表面粗糙度 Ra 值为 0.4μm，采用后侧导柱模架。

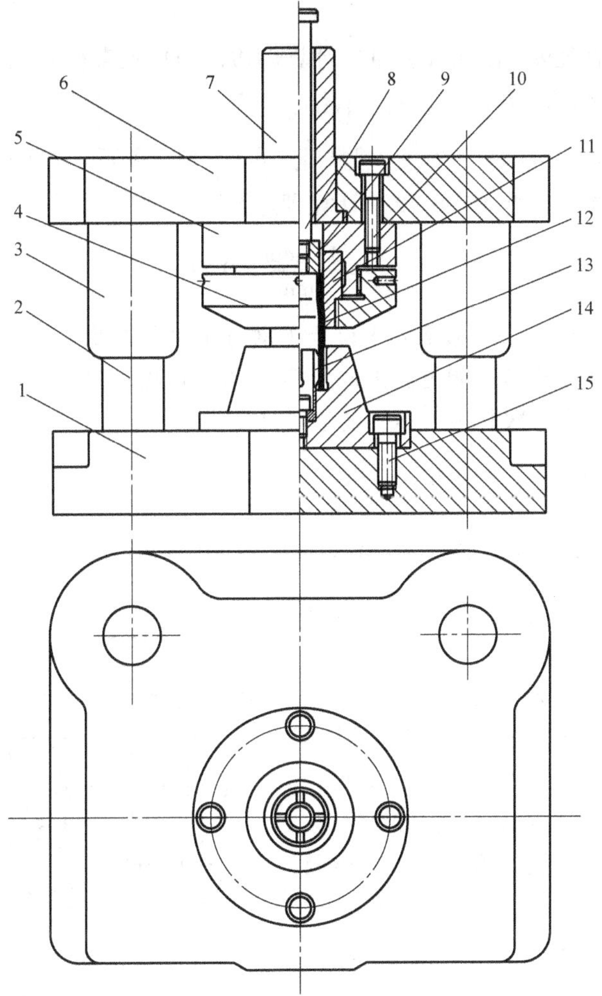

图 6-36　管坯缩口模

1—下模座　2—导柱　3—导套　4—螺套压圈　5—凹模固定板　6—上模座　7—模柄　8—打杆　9—推件块　10、15—螺钉　11—凹模　12—管状坯料　13—弹簧夹头　14—支座

6.3.2　综合训练——接触板冲孔、翻孔、落料级进模设计

接触板零件如图 6-37 所示，使用量较大，材料为 H62 黄铜，料厚 1mm。试确定冲压工艺方案并进行模具设计。

1. 工艺分析

接触板冲压件外形结构较复杂，两个 ϕ4mm 孔，一个直接冲孔获得，另一个由内孔翻边成形，翻边前应先冲预孔，尺寸均为自由公差，符合冲裁与成形要求。材料为黄铜，又因零件尺寸小，生产批量较大，因此适合采用级进模冲压。

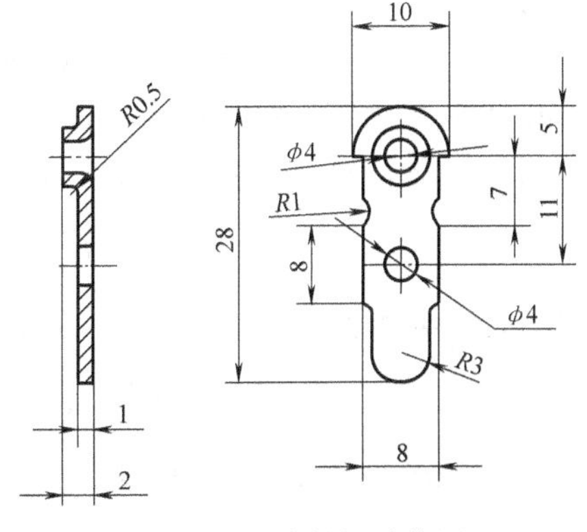

图 6-37　接触板零件图

2. 翻边工艺计算

（1）计算预冲孔直径 d　由式（6-14）计算翻边前预冲孔直径 d。由图 6-37 可知 $D=4\text{mm}+1\text{mm}=5\text{mm}$，$H=2\text{mm}$，$r=1\text{mm}$，则

$$d=D-2(H-0.43r-0.72t)=5\text{mm}-2\times(2-0.43\times1-0.72\times1)\text{mm}=3.3\text{mm}$$

（2）计算翻边系数 K　由式（6-12）计算翻边系数

$$K=\frac{d}{D}=\frac{3.3\text{mm}}{5\text{mm}}=0.66$$

由 $d/t=3.3\text{mm}/1\text{mm}=3.3$，查表 6-5 得低碳钢内孔翻边的极限翻边系数为 $[K]=0.47$，小于 K 值。而黄铜的冲压成形性能更优于低碳钢，$[K]$ 可更小些。

由式（6-16）可求出一次翻边可达到的极限高度为

$$H_{max}=\frac{D}{2}(1-[K])+0.43r+0.72t$$

$$=\frac{5}{2}\times(1-0.47)\text{mm}+0.43\times1\text{mm}+0.72\times1\text{mm}=2.475\text{mm}$$

翻边高度 $H=2\text{mm}<H_{max}$，所以该零件能一次翻边成形，预冲孔直径 $d=3.3\text{mm}$。

3. 冲压工艺与排样设计

零件冲压的基本工序安排为：冲孔、冲预孔、翻孔和落料。考虑到零件尺寸小，材料为 H62 黄铜，为了提高材料利用率和生产效率，采用直对排、三工位级进模，第三工位为落料与翻边复合，冲压工艺方案为：冲 $\phi4\text{mm}$ 孔及 $\phi3.3\text{mm}$ 预孔→空工位→翻孔及落料（复合）。排样图如图 6-38 所示。

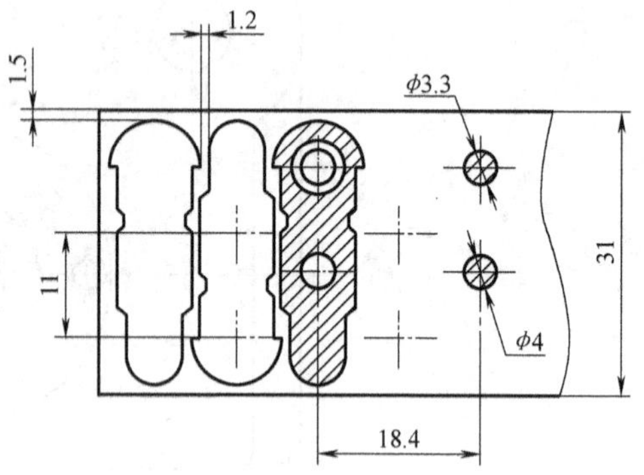

图 6-38　接触板级进排样图

查表 2-17 和表 2-18，取 $a=1.5\text{mm}$，$a_1=1.2\text{mm}$，$\Delta=0.10\text{mm}$，则

料宽为

$$B_{-\Delta}^{\ 0}=(D_{max}+2a)_{-\Delta}^{\ 0}=(28+2\times1.5)_{-0.1}^{\ 0}\text{mm}=31_{-0.1}^{\ 0}\text{mm}$$

步距为

$$s=(8+1.2)\times2\text{mm}=18.4\text{mm}$$

4. 冲压工艺力计算与压力机选择

（1）计算冲裁力　查表 1-4 取材料 H62 黄铜 $\tau_b=294\text{MPa}$，又冲裁周长 $L=91\text{mm}$，则

$$F_1=KLt\tau_b=1.3\times91\times1\times294\text{N}\approx34780\text{N}$$

卸料力：查表 2-21 取 $K_X=0.06$，则落料时卸料力为

$$F_X=K_XF_1=0.06\times34780\text{N}\approx2087\text{N}$$

顶件力：查表 2-21 取 $K_D=0.09$，则

$$F_D=nK_DF_1=0.09\times34780\text{N}\approx3130\text{N}$$

（2）计算翻边力　材料 H62 黄铜的屈服强度 $\sigma_s=194\text{MPa}$，由式（6-23）计算内孔翻边力，即

$$F_2=1.1\pi(D-d)t\sigma_s=1.1\pi(5-3.3)\times1\times194\text{N}=1139\text{N}$$

总冲压力：$F_\Sigma=F_1+F_2+F_X+F_D=(34780+1139+2087+3130)\text{N}=41136\text{N}\approx41.1\text{kN}$

应选取的压力机标称压力：$p_0\geqslant(1.1\sim1.3)F_\Sigma=(1.1\sim1.3)\times41.1\text{kN}\approx45\sim54\text{kN}$，考虑到模具结构尺寸和闭合高度的要求，可选压力机型号为 J23-16。

5. 模具的结构设计

接触板级进模如图 6-39 所示，该模具结构包括冲孔、翻边和落料三种工序。凸凹模 7 既是翻边凹模又是落料凸模，条料由导料板 21 定位导向。上模下行时，在第一工位冲两小孔，接着送至第三工位，由翻边凸模 4 定位，在凸凹模 7、翻边凸模 4 和凹模 16 的作用下完成翻边和落料，冲完一排再调头冲另一排。模具生产率高，冲压件由弹压顶板顶出，较平整。

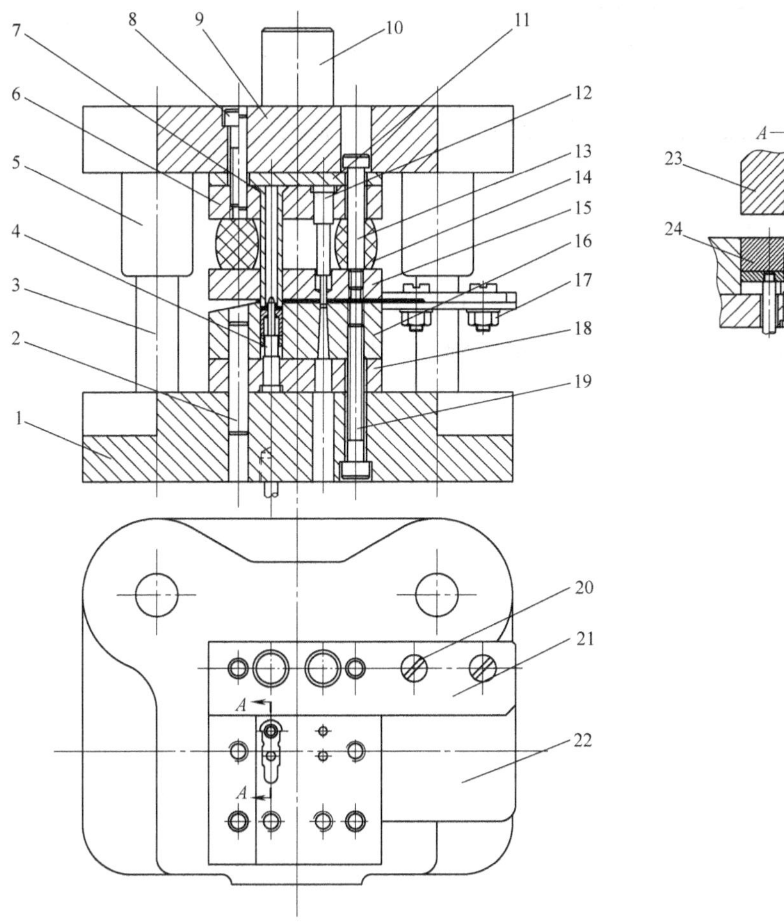

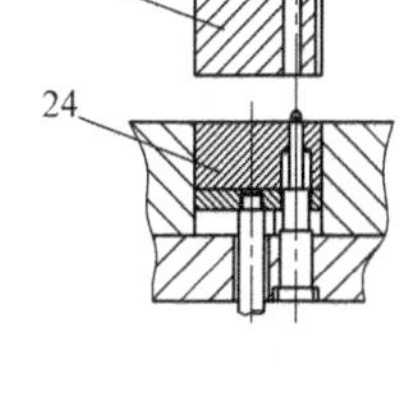

图 6-39　接触板级进模

1—下模座　2—销钉　3—导柱　4—翻边凸模　5—导套　6—凸模固定板　7、23—凸凹模　8、19—螺钉　9—上模座　10—模柄　11—垫板　12—冲孔凸模　13—卸料螺钉　14—橡胶弹性体　15—卸料板　16—凹模　17—螺母　18—凸模固定板　20—一字槽螺钉　21—导料板　22—承料板　24—弹压顶板

思考与练习题

6-1　胀形、翻边、缩口、校正与整形等成形工艺在变形过程中有什么异同?

6-2　要压制图6-40所示的凸包，判断能否一次胀形成形，并计算用刚性模具成形的冲压力。工件材料为08钢，料厚为1mm，伸长率 $A=32\%$，抗拉强度 $R_m=430\text{MPa}$。

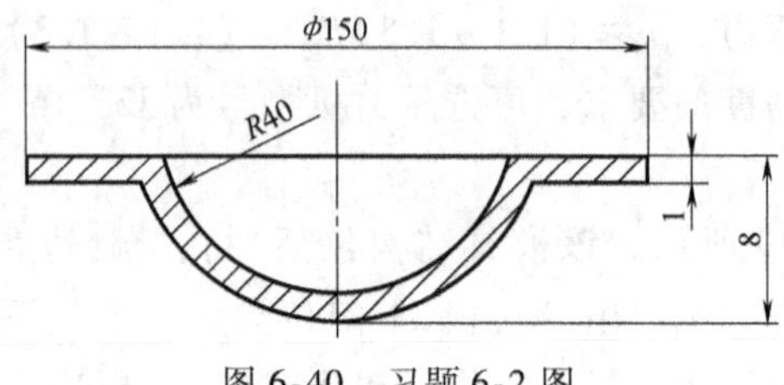

图6-40　习题6-2图

6-3　试分析确定图6-41所示两零件的冲压工艺方案，并进行工艺计算。

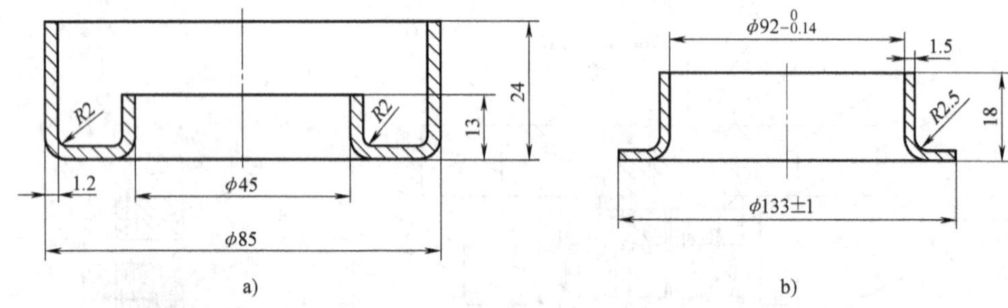

图6-41　习题6-3图

6-4　设计图6-41a所示零件的 $\phi45\text{mm}$ 圆孔的翻边模结构。

教学单元七　多工位级进模的设计

多工位级进模是在普通级进模的基础上发展起来的一种高精度、高效率、高寿命的模具，是技术密集型模具的重要代表，是冲模的发展方向之一。多工位级进模具有生产率高，质量可靠，操作安全，节省模具、机床和劳动力，经济效益好等特点，主要用于批量大、材料厚度较薄、精度要求较高的中小型冲压件的生产。

7.1　任务引入

多工位级进模是在一副模具内按制件的冲压工艺，分成若干个等距离工位，在每个工位上设置一定的冲压工序，完成零件半成品或成品的冲制工作。多工位级进模能连续完成冲裁、弯曲、拉深等工序内容。所以，结构尺寸小、形状复杂、工序较多、材料较薄的冲压件，均可以用一副多工位级进模来完成冲制。生产批量大时，为保证安全生产与提高生产效率，常采用与多工位级进模相配套的高速冲压设备及自动送料、出件、检测等装置，以实现冲压生产自动化。

图 7-1a、b 所示为微型电动机定、转子片，材料为冷轧电工硅钢片，料厚 0.35mm，零件形状复杂，生产批量大，为提高材料利用率，保证产品质量，定、转子片宜采用多工位级进模进行冲压。图 7-1c 所示为卡片冲压件，该冲压件结构尺寸小，料厚 $t=0.8\text{mm}$，材料为 H62 黄铜带，大批量生产，内孔和外形壁间距小，因此宜采用带料多工位级进模冲压成形。根据上述零件的结构及工艺特点，在设计级进模时需要充分考虑各种因素，从而设计出合理的冲压工艺方案与模具结构。

下面先介绍多工位级进模与冲压生产自动化技术的基础知识，而后根据任务完成微型电动机定、转子片和卡片的多工位级进模的排样与结构设计。

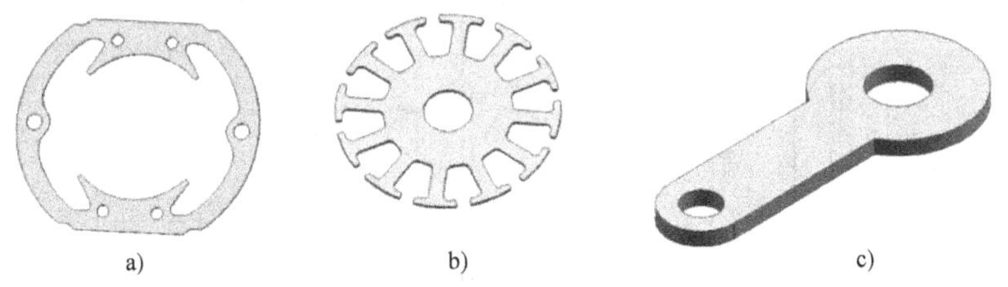

图 7-1　微型电动机定、转子片和卡片三维图

a）定子片　b）转子片　c）卡片

7.2　相关知识

7.2.1　多工位级进模的特点与分类

1. 多工位级进模的特点

（1）冲压生产效率高　在一副模具内可以完成复杂零件的冲裁、成形等多道工序的冲

压及装配等工艺，减少了中间转运和重复定位等工作，显著提高了生产效率。

（2）操作安全简单　大批量生产时，常采用自动送料机构，模具内装有安全检测装置，冲压加工发生误送进或意外时，压力机自动停机，充分体现出操作安全的优势。

（3）产品质量高　在一副模具内完成产品的全部成形工序，避免了用简单模具冲压时多次定位带来的操作不便和累积误差。配合高精度的导向、定距系统，产品的加工精度高。

（4）模具寿命长　多工位级进模在冲压时，可以将复杂冲压件的内形或外形加以分解，并在不同的工位逐段冲切、成形，简化了凸、凹模工作端的形状，易于制造，且强度和刚度高。另外，在工序集中的区域可增设空工位，保证了凹模的强度，延长了模具寿命。

（5）生产成本低　使用级进模冲压生产效率高、压力机占有数少、需要的操作工人数和车间面积少，减少了半成品的储存和运输，因而产品的综合生产成本并不高。

（6）设计制造难度大　级进模结构复杂，技术含量高，设计制造难度大，而且设计和制造周期长，费用高，适用于批量生产。

2. 多工位级进模的分类

（1）按级进模所包含的工序性质分类　多工位级进模按所包含的工序性质不同，可分为冲裁多工位级进模、冲裁拉深多工位级进模、冲裁弯曲多工位级进模以及冲裁成形（胀形、翻边、缩口和整形等）多工位级进模。

（2）按冲压件的成形方法分类

1）封闭型孔级进模。模具的各工作型孔（除侧刃外）与冲压件的各型孔及其展开外形的形状完全一致，并分别设置在一定的工位上，材料经各工位连续冲压后获得所需的冲压件，如图 7-2 所示。

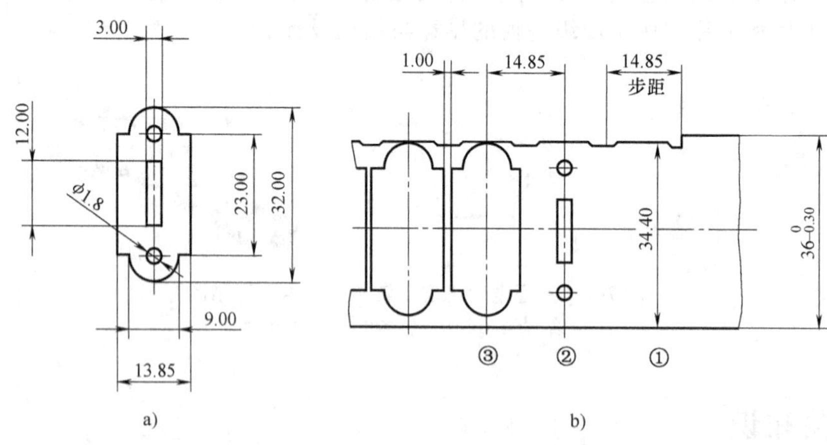

图 7-2　封闭型孔多工位级进冲压

2）切除余料级进模。将冲压件的外形分解成若干个简单型孔，与冲压件中其他的型孔一起分设在不同的工位上，逐步切除多余废料，材料经各工位的连续冲切，最后获得所需的冲压件，如图 7-3 所示。

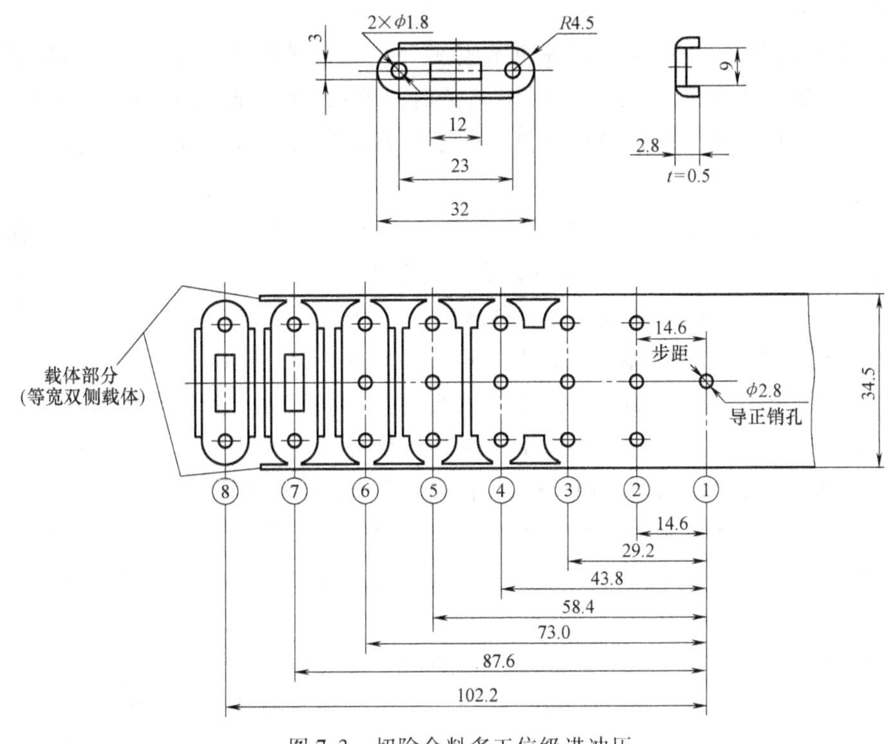

图 7-3 切除余料多工位级进冲压

7.2.2 多工位级进模的排样设计

排样设计的正确性、合理性确定了多工位级进模加工的正确性和合理性，是设计模具的关键要素。排样设计时须考虑下列要素：

1）多工位级进模的设计尺寸基准与冲压件的尺寸基准重合。

2）冲压件每一部分在级进冲模中的冲压加工内容和顺序。

3）模具的总工位数（含空工位）及每一工位的加工要求。

4）模具各工位间的步距尺寸和定距方式。

5）排样中冲压件的排列方式（单排、双排和多排），方位形式（直排、斜排和直对排等），冲压加工的总压力中心。

6）带料（或条料）宽度、碾压纤维方向与冲压时送料方向的关系及材料的利用率。

7）带料（或条料）的载体设计及选用形式。

8）多工位级进模的基本结构形式。

在设计多工位级进模排样图时，一般应有多种排样方案进行比较、分析、综合和论证。经反复计算、验证后从中选择一个最佳方案。

1. 排样设计的原则

（1）基准选择

1）当冲压件有指定基准时，排样图的设计标注尺寸基准应与指定基准统一。

2）冲压件未指定基准时，应按零件对称中心线、使用功能基准以及装配基准等来考虑选用排样的尺寸标注基准，以防止尺寸计算及确定步距时产生累积误差。

（2）总工位和空工位的设置

1）总工位的设置。在不影响凹模强度的原则下，工位数越少越好，这样可以减少累积误差，使冲出的制件精度高。当冲压件形状复杂时，可用分段切除的方法，将复杂的内孔或外形分步冲出，使凸、凹模形状简单规则，便于模具制造并提高寿命，但应注意控制总工位数。

2）空工位的设置。当凹模型孔间距过小影响强度时，或因冲压工艺要求需在模具结构中设置倒冲、侧向冲压等特殊装置时，必须设置相应的空工位（在空工位上不对条料进行冲压加工），以保证模具寿命和便于制造。但一般步距在15mm以上时不宜多设空工位，步距在25mm以上时更不能轻易设置，而步距在8mm以下时可酌情设置空工位。

（3）冲压件的排列方式和冲压力的平衡　当生产批量较大，而生产能力（压力机数量及吨位、自动化程度和工人技术水平）不足时，可设计多排冲压，以提高效率。而当生产批量与生产能力相适应时，则宜采用单排排样，使模具结构简单，便于制造，并延长模具寿命。排样设计时，应尽量使压力中心与模具中心重合，其最大偏移量应不超过模具长度的1/6。对于侧向冲压过程中产生的侧向力，必须分析侧向力的产生部位、大小和方向，采取一定的措施，力求抵消侧向力。

（4）冲压件的毛刺方向　若制件有毛刺方向要求，则在排样时不论是双排还是多排，均应保证各排冲出的制件毛刺方向一致，不允许在一副模具里冲出制件的毛刺方向有正有反，如图7-4所示。对于弯曲件，在排样时应尽可能使毛刺面处于弯曲件的内侧，以避免弯曲部位出现裂纹，这对保证弯曲质量有利。

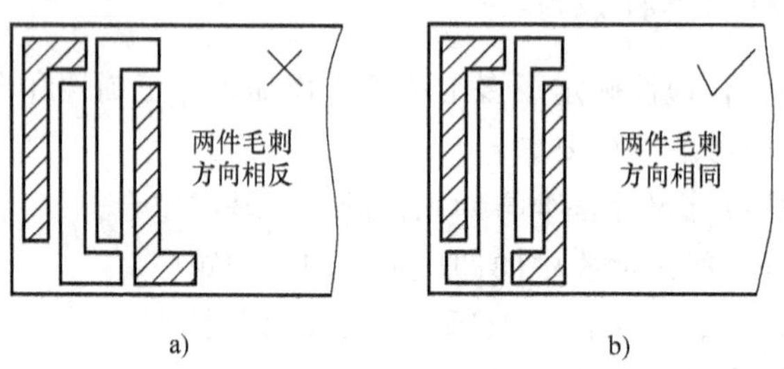

图7-4　排样图中冲压件的毛刺方向

（5）各冲压工序的排序原则

1）首先冲制导正销孔和间距精度要求较高的孔，在不影响凹模强度的前提下，位置精度要求高的孔，应尽量在同一工位中冲出，以便保证冲压件质量。

2）当冲压件复杂、工序较多时，一般将冲孔、切口、切槽等分离工序安排在前；接着安排弯曲、拉深等成形工序，有弯曲、拉深工序时，应先拉深后冲切周边的废料再进行弯曲；对于精度要求较高的拉深件和弯曲件，应在成形工序后再安排整形工序；最后是载体与冲压件连接部分的局部外形冲切与分离。

3）拉深切槽与切口的设计。多工位级进模拉深可分为整体条料拉深和条料切槽或切口拉深两种。

多工位级进模整体条料拉深如图7-5所示，在第一道拉深时，进入凹模的材料应比制件所需的材料多5%～10%，以保证此后各道拉深不致因材料不足而产生拉裂，多余材料可在此后的拉深过程中逐渐转移到凸缘上。此种方法适宜于冲制材料塑性好的小型拉深件。

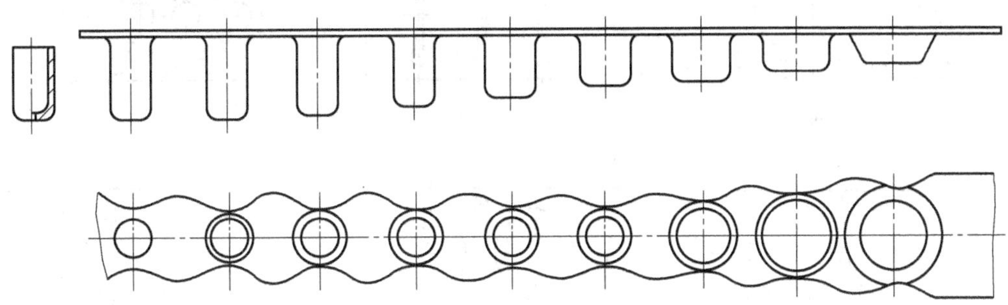

图 7-5　多工位级进模整体条料拉深

多工位级进模切口拉深工序安排示例如图 7-6 所示，切槽拉深排样示例如图 7-7 所示。

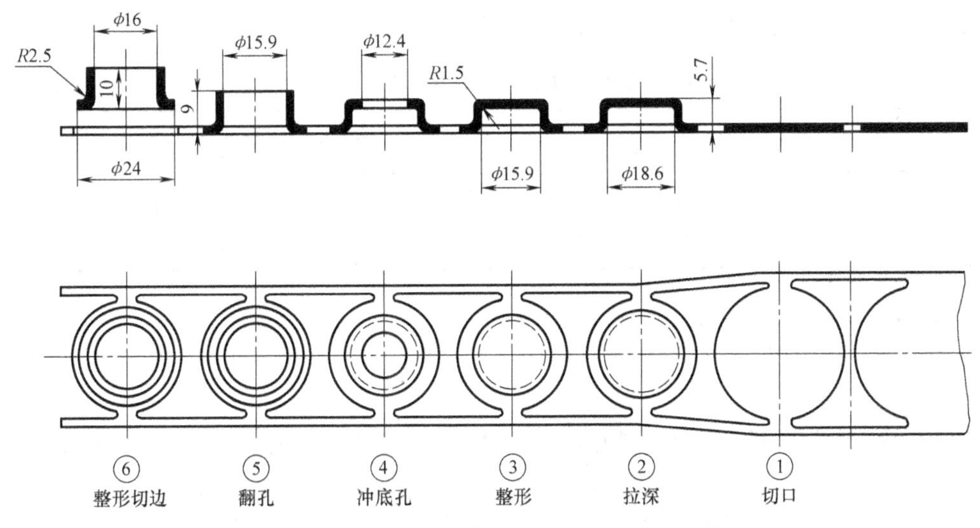

图 7-6　多工位级进模切口拉深工序安排示例

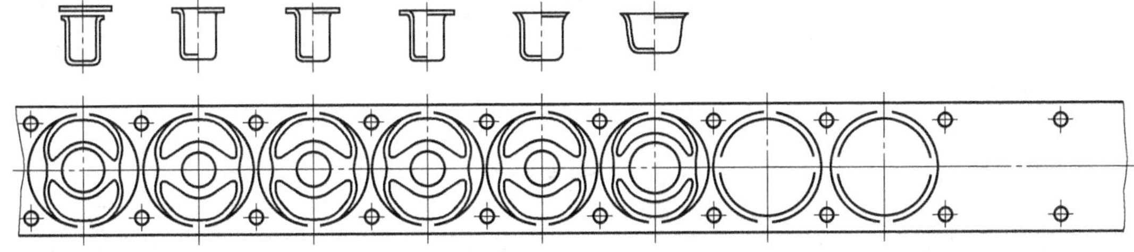

图 7-7　多工位级进模切槽拉深排样示例

条料切口或切槽的目的是使带料的拉深过程接近单个毛坯的拉深，有利于拉深成形，可减少拉深次数，保证冲压件质量。另外，可防止条料边缘产生折皱，使冲压工艺过程顺利进行。多工位级进模拉深常用的切槽与切口形式如图 7-8 所示。

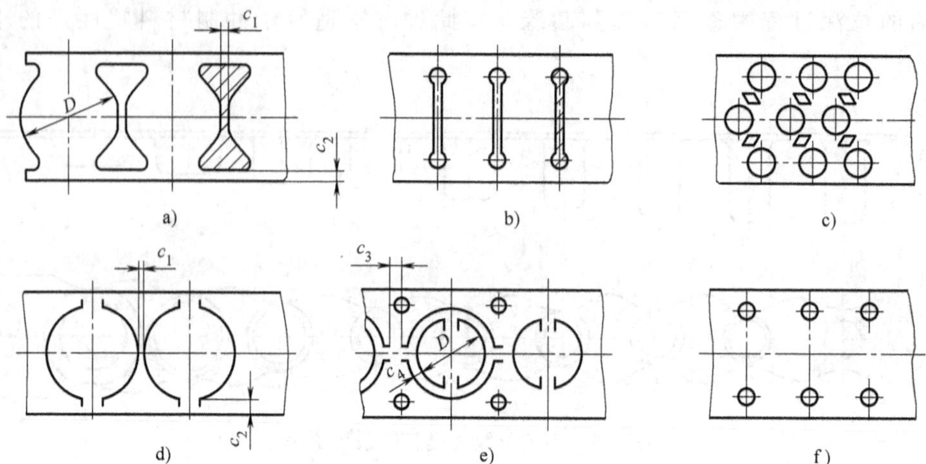

图 7-8 多工位级进模拉深常用的切槽与切口形式
a)～c) 切口形式 d)～f) 切槽形式

多工位级进模拉深切槽与切口的有关尺寸见表 7-1。

表 7-1 多工位级进模拉深切槽与切口的有关尺寸 （单位：mm）

毛坯直径 D	c_1	c_2	c_3	c_4
≤10	0.8～2.0	1.0～1.7	1.5～2.0	1.0～1.5
>10～30	1.3～2.5	1.5～2.3	1.8～2.5	1.2～2.0
>30～60	1.8～3.2	2.0～2.8	2.3～3.0	1.5～2.5
>60	2.2～3.5	2.5～3.8	2.7～3.7	2.0～3.0

2. 载体设计

载体是在排样中用来运载冲压零件向前送进的那一部分余料。因此，它必须具有足够的强度和刚度。

载体与普通冲模排样中的搭边既相似又不同。搭边是为了满足把工件从条料上冲切下来的工艺要求而设置的，而载体在多工位级进模中是必不可少的，没有载体便不能进行多工位级进模的自动化冲压。一般情况下，都是利用条料的载体使连在其上的冲压件浮离凹模平面一定高度，平稳地送进到每一个工位，完成冲压动作。载体与工序件之间的连接段称为搭接头。

（1）单侧载体 单侧载体是在条料送进过程中，一侧外形被切掉，另一侧外形保持完整原形，并且与制件相连的那部分，冲压条料仅靠这一侧载体送进，如图 7-9 所示。单侧载体的尺寸见表 7-2。

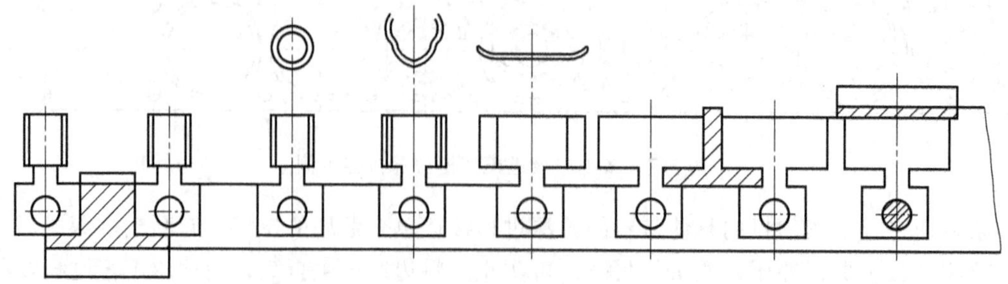

图 7-9 单侧载体应用示例

表 7-2　单侧载体与双侧载体的最小宽度　（单位：mm）

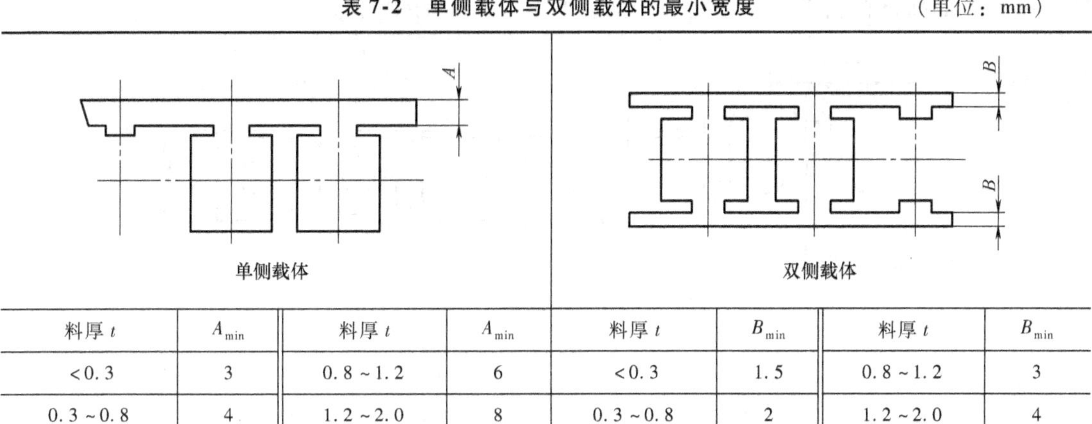

料厚 t	A_{min}	料厚 t	A_{min}	料厚 t	B_{min}	料厚 t	B_{min}
<0.3	3	0.8～1.2	6	<0.3	1.5	0.8～1.2	3
0.3～0.8	4	1.2～2.0	8	0.3～0.8	2	1.2～2.0	4

（2）双侧载体　双侧载体又称为标准载体，是指条料在送进过程中，在最后工位前，冲压件与条料的两侧相连的那部分。图 7-10a 所示为等宽双侧载体，在双侧均可设置导正销孔，且对称分布。载体的外形保持完整，其强度和稳定性比单侧载体好，适用于材料较薄、冲压件精度要求较高的场合，应用广泛。图 7-10b 所示为不等宽双侧载体，在较宽一侧的载体上设置导正销孔，较宽的一侧称为主载体，较窄的一侧称为副载体。副载体也可在冲压过程中切去，以便于进行侧向冲压。双侧载体的不足之处是材料利用率低，其尺寸见表 7-2。

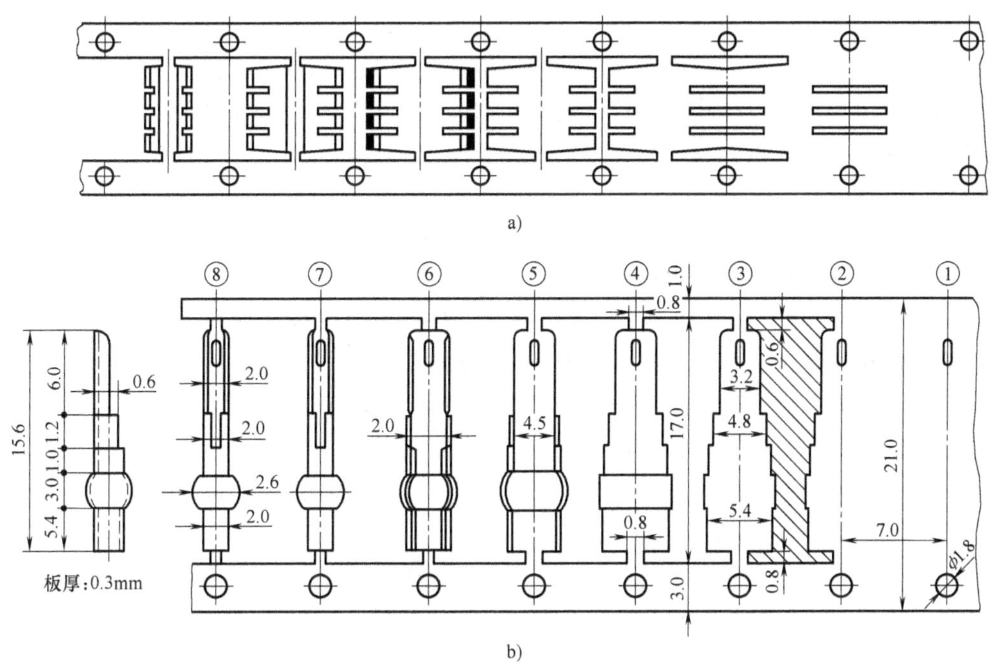

图 7-10　双侧载体应用示例

a）等宽双侧载体　b）不等宽双侧载体

（3）中间载体　中间载体位于条料中部，它比单侧载体和双侧载体节省材料，在弯曲件的工序排样中应用较多，如图 7-11 所示。中间载体适用于两头有弯曲成形和对称的制件。对于某些不对称的单向弯曲件，利用中间载体将冲压件排在两侧，变不对称排样为对称排样，有利于提高材料利用率，也有利于抵消弯曲时产生的侧向力。

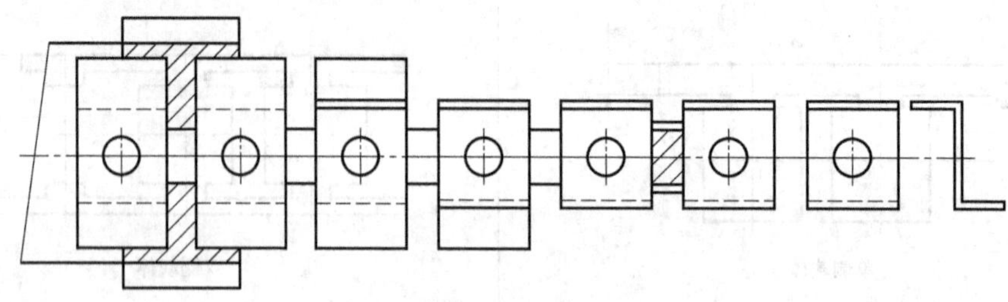

图 7-11　中间载体应用示例

（4）边料载体　边料载体是利用条料搭边冲出导正销孔而形成的一种载体，如图 7-12 所示。这种载体实际上是利用条料排样上的边废料形成的，省料且简单实用，应用较普遍。

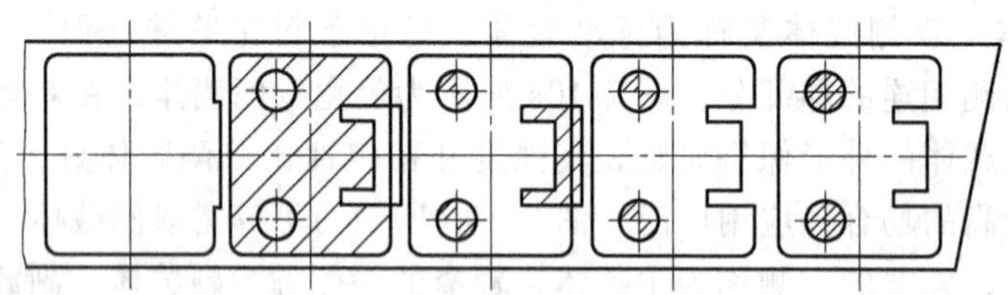

图 7-12　边料载体应用示例

3. 冲切刃口设计

在级进模设计中，为了实现复杂零件的冲压或简化模具结构，一般总是将复杂外形和内形孔分几次冲切。冲切刃口外形设计就是把复杂的内形轮廓或外形轮廓分解为若干个简单的几何单元，各单元通过组合、补缺等方式构成新的冲切轮廓的工艺设计过程，目的是获得合理的凸模和凹模刃口外形。

（1）冲切刃口外形设计的原则　冲切刃口外形设计实际上就是刃口的分解与重组，应在坯料排样后进行，设计时应遵循以下原则：

1）刃口分解与重组应有利于简化模具结构，分解段数应尽量少，重组后形成的凸模和凹模外形要简单、规则，具有足够的强度及便于加工。

2）刃口分解应保证产品零件的形状、尺寸、精度和使用要求。

3）内外形轮廓分解后，各段间的连接应平直或圆滑。

4）分段搭接点应尽量少，搭接点位置要避开产品零件的薄弱部位和外形的重要部位。

5）外形轮廓各段毛刺方向有不同要求时应分解。

刃口外形的分解与重组不具有唯一性，设计过程较灵活，经验性强，难度大。设计时应多考虑几种方案，经综合比较选出最优方案。图 7-13 所示为冲切外形时两种较好的刃口分解和组合形式。

（2）轮廓分解时分段搭接头的基本形式　内外形轮廓分解后，各段之间必然会形成搭接头，不恰当的分解会导致搭接头处产生毛刺、错牙、尖角、塌角、不平直和不圆滑等质量问题。常见的搭接头形式有三种。

1）搭接。搭接是指冲压件轮廓经冲切刃口分解与重组后，新的冲切刃口之间相互交错，有少量的重叠部分，如图 7-14 所示。按搭接方式进行刃口分解，对保证搭接头的连接

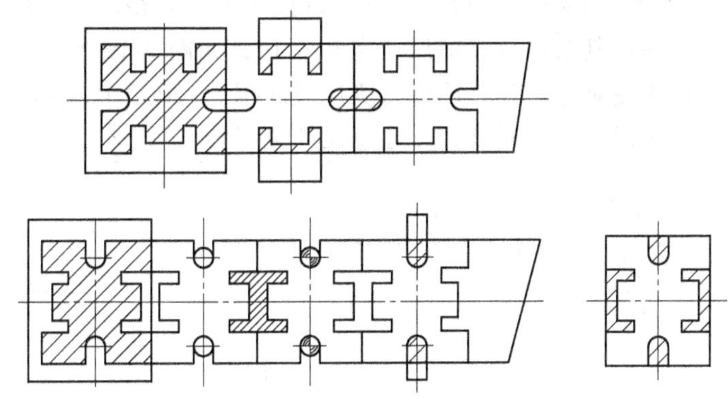

图 7-13　刃口分解和组合示例

质量比较有利，因而使用最普遍。搭接量一般大于 0.5t，若不受搭接型孔的限制，搭接量可达（1～2.5）t。

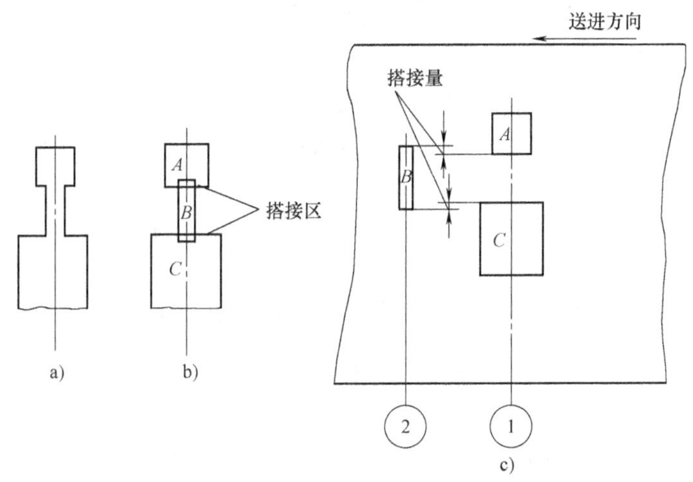

图 7-14　搭接连接方式

2）平接。平接就是把零件的直边段分两次冲切，两次冲切刃口平行、共线，但不重叠，如图 7-15 所示。这种方式可提高材料利用率，但在搭接头处容易产生毛刺、错牙、不平直等质量问题，应尽量避免采用。为了保证平接的各段搭接质量，应在各段的冲切工位上设置导正销。

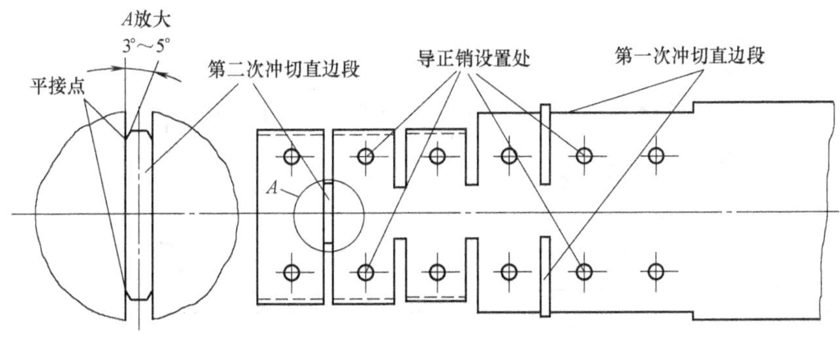

图 7-15　平接连接方式

3）切接。切接是坯料圆弧部分分段冲切时的搭接形式，即在前一工位先冲切一部分圆弧段，在后续工位上再冲切其余部分，前后两段应相切，如图 7-16 所示。与平接相似，切接也容易在搭接头处产生毛刺、错牙、不圆滑等质量问题。为改善切接质量，可在圆弧段设计凸台。在圆弧段与直边形成的尖角处，要注意尺寸关系。

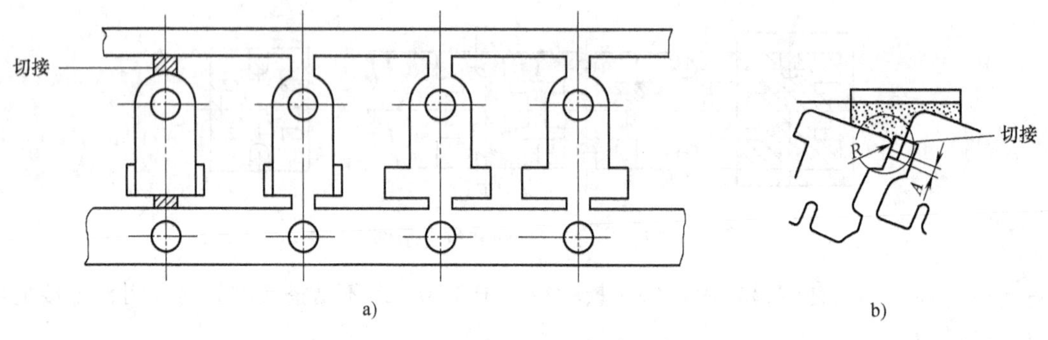

图 7-16　切接连接方式

4. 定距精度与定距方式设计

由于在多工位级进模中冲压件的冲压工序分布在多个工位上完成，要求前后工位上工序件的冲切部位能准确衔接、匹配，保证相互位置精度。因此必须合理控制定距精度和采用定距元件或定距装置，使工序件在每一工位都能准确定位。

（1）步距和步距精度　步距是指条料在模具中逐次送进时每次向前移动的距离。步距准确与否直接影响冲压件的外形精度、内形相对位置精度和冲切过程能否顺利完成。

1）步距的公称尺寸。常见排样的步距公称尺寸可按表 7-3 确定。

表 7-3　步距的公称尺寸

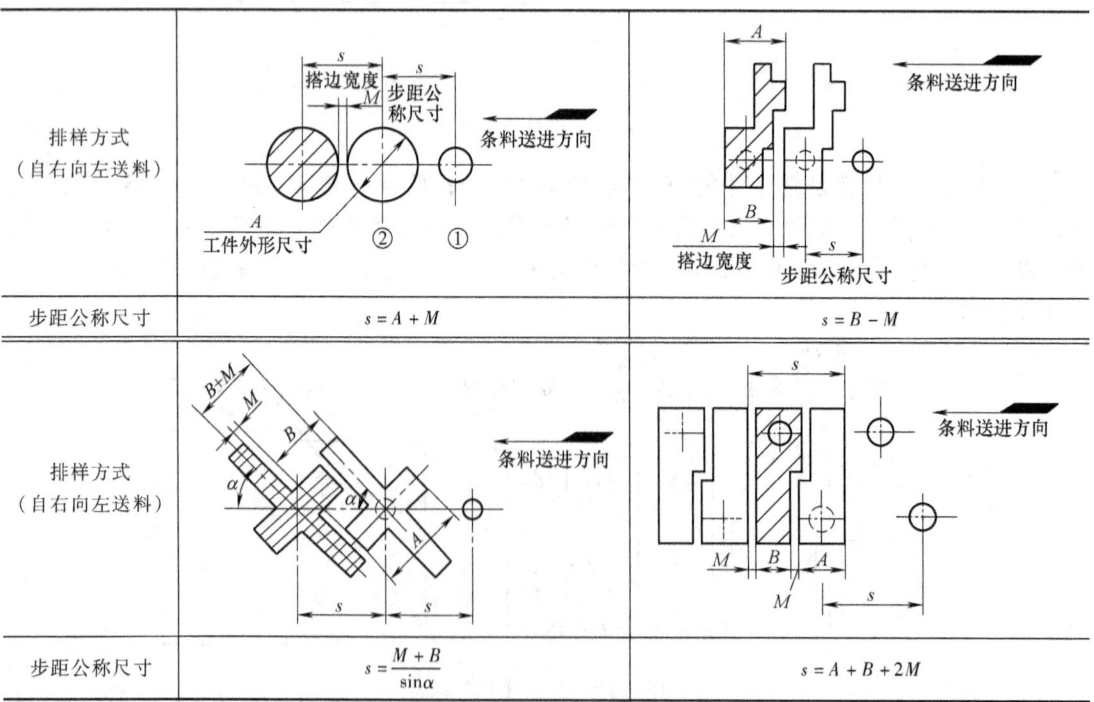

排样方式（自右向左送料）	（图）	（图）
步距公称尺寸	$s=A+M$	$s=B-M$
排样方式（自右向左送料）	（图）	（图）
步距公称尺寸	$s=\dfrac{M+B}{\sin\alpha}$	$s=A+B+2M$

2）步距精度　步距精度越高，冲压件的精度也越高，将给模具加工带来困难。影响步距的主要因素有冲压件的公差等级、复杂程度、材质、料厚、模具的工位数以及冲压时条料的送进方式和定距方式等。

采用导正销定距的多工位级进模，其步距精度一般可按如下经验公式估算

$$\delta = \pm \frac{\beta}{2\sqrt[3]{n}}k \tag{7-1}$$

式中　δ——多工位级进模步距极限偏差值；

β——将冲压件沿送料方向最大轮廓尺寸的公差等级提高四级后的实际公差值；

n——模具设计的工位数；

k——修正系数，见表 7-4。

表 7-4　修正系数 k 值

冲裁间隙 Z（双面）/mm	k	冲裁间隙 Z（双面）/mm	k
0.01～0.03	0.85	>0.12～0.15	1.03
>0.03～0.05	0.90	>0.15～0.18	1.06
>0.05～0.08	0.95	>0.18～0.22	1.10
>0.08～0.12	1.00		

为了减小多工位级进模各工位之间步距的累积误差，在标注凹模、凸模固定板、卸料板等零件中与步距有关的孔位尺寸时，均以第一工位为尺寸基准向后标注，不论距离多大，公差均为 δ，如图 7-17 所示。实际上，步距公差是用来控制级进模加工时的制造精度的。

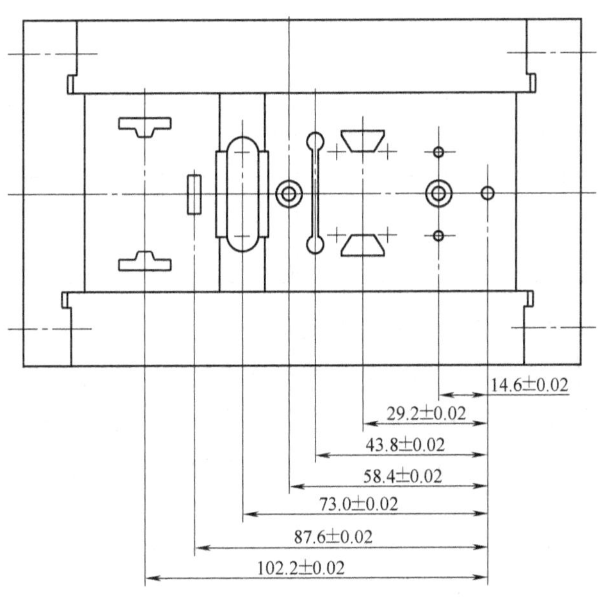

图 7-17　凹模步距尺寸及公差标注

（2）定距方式设计　在多工位级进模中，常采用侧刃与导正销以及自动送料装置与导正销进行联合定距。

1）侧刃与导正销联合定距。侧刃定距是级进模中普遍采用的一种定位方法，具有定位可靠、结构比较简单和生产率高等特点。

侧刃定距原理如图 7-18 所示，用装在上模的侧刃在条料侧边冲出缺口，缺口长度等于送进步距，条料向前送进时侧刃挡块 A 挡住条料上的台阶 B，从而起到定距作用，即通过控制步距达到使工序件定位的目的。

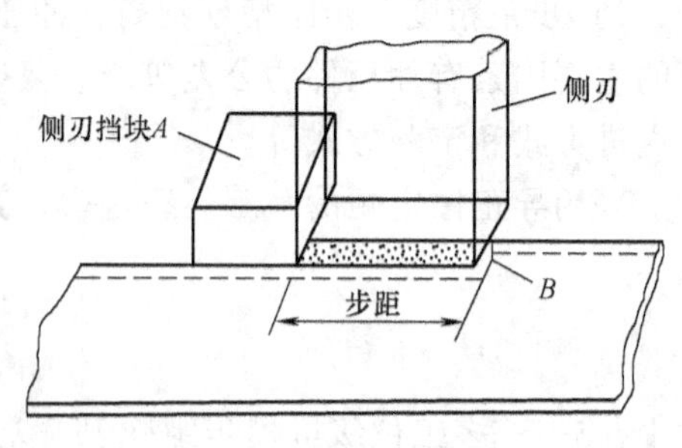

图 7-18　侧刃定距原理

侧刃冲切缺口的宽度尺寸可查图 7-19 或表 7-5。排样时，根据 A 值的大小，确定条料的宽度进行。经侧刃冲切后的条料与导料板之间的间隙不宜过大，一般在 0.05～0.15mm，薄料取下限，厚料取上限。

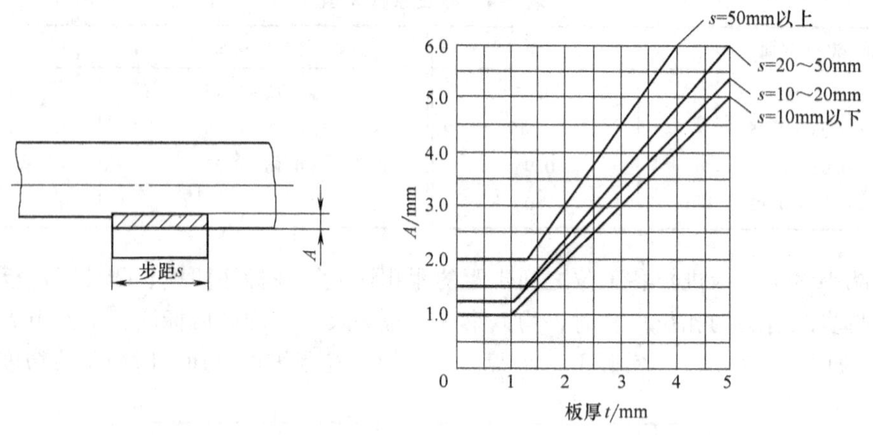

图 7-19　侧刃冲切缺口的宽度尺寸图

表 7-5　侧刃冲切缺口的宽度 A　　（单位：mm）

料厚 t	A_{min}	料厚 t	A_{min}
≤0.3	1.0	>1.2～2.0	3.0
>0.3～0.8	1.5	>2.0～2.6	4.0
>0.8～1.2	2.0	—	—

当级进模工位数较多时，单独侧刃定距累积误差大，影响定距精度，此时一般由侧刃进行粗定位，导正销进行精定位。此时，侧刃冲切缺口长度应略大于步距公称尺寸，以使导正销插入条料导正销孔后有 0.03～0.15mm 的回退余量，从而达到精确定位的目的。否则，导正销无法插入导正销孔。若强行插入，则会引起小直径导正销弯曲或导正销孔变形，难以实现对条料的精确定位。

在高速冲压时，常用自动送料装置实现带料的自动送进，此时也可用送料装置进行粗定位，用导正销进行精定位。

2）导正销。在多工位级进模中，常将导正销插入条料上的导正销孔以校正条料的位置，保持凸模、凹模和冲压件三者之间具有正确的相对位置。导正销起精定位作用时，其与侧刃结合使用的定位原理如图 7-20 所示。

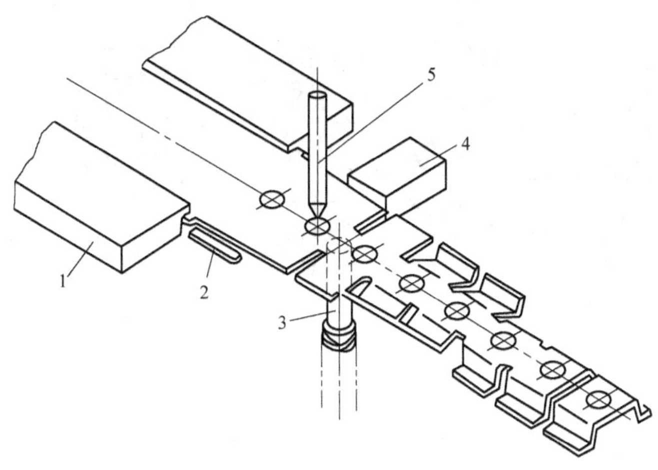

图 7-20　导正销与侧刃结合使用的定位原理示意图

1—台肩式导料板　2—侧刃余料　3—浮顶销　4—侧刃挡块　5—导正销

① 导正销的设置。导正销孔应在第一工位冲出，第二工位开始导正，以后根据冲压件的精度要求，每隔适当工位设置导正销，至少要设置两个导正销。导正销孔可以是冲压件上的孔，也可以在条料上冲工艺孔。对于带料级进拉深，也可借助拉深凸模进行导正，但常规方法是冲工艺孔进行导正。单侧载体的末工位也要有导正销，以校正载体的横向弯曲。

② 导正销与导正销孔的直径。导正销工作直径 d 与导正销孔直径 D 应保持严格的配合关系，这样才能保证对步距精度的控制。导正销孔是由冲孔凸模冲出的，所以导正销与导正销孔间的尺寸关系实际上反映的是导正销直径与冲导正销孔凸模的直径 d_p 之间的关系。根据冲压件精度和材料厚度的不同，对于一般小型冲压件，导正销工作直径 d 和导正销孔直径 D 的大小可按材料厚度选取，见表 7-6。

表 7-6　导正销工作直径 d 和导正销孔直径 D

t/mm	d	t/mm	D/mm	备　注
0.06～0.2	d_p -(0.008～0.02)mm	<0.5	1.6～2.0	d_p——冲导正销孔凸模的直径
>0.2～0.5	d_p -(0.02～0.04)mm	0.5～1.5	2.0～2.5	t——条料或带料厚度
>0.5～1.0	d_p -(0.04～0.08)mm	>1.5	2.5～4.0	

导正销工作直径 d 和冲导正销孔凸模的直径 d_p 按 IT6 制造。导正销与冲导正销孔的凸模材料相同，用合金工具钢制造，淬火硬度为 58～62HRC。

③ 导正销的结构。多工位级进模中，间接导正销（指没有安装在凸模上的导正销）通常都安装在固定板或卸料板上。图 7-21 所示为间接导正销的装配结构，其中图 7-21a、b、c 所示为固定式导正销结构，对条料起准确的导向定位作用，但若条料初定位不准确，则会使导正孔翻边或折断导正销。图 7-21d、e、f 所示为浮动式导正销的结构，弹簧起压紧和缓冲作用，这种导正销不易折断，但也不易定准位置，结构也复杂些，一般用于自动送料时的导正及检测。

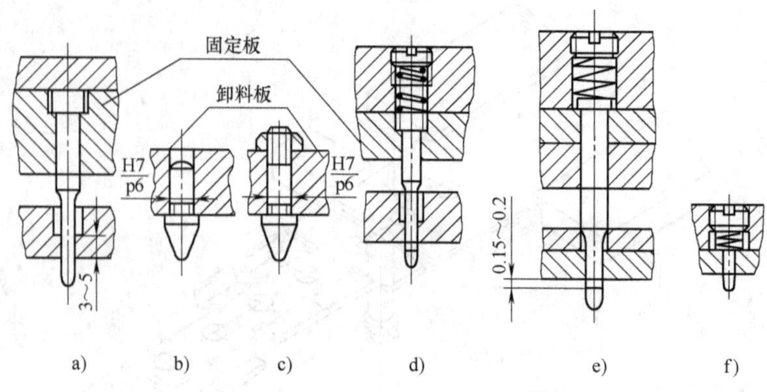

图 7-21　间接导正销的装配结构

7.2.3　多工位级进模的主要零部件设计

1. 级进模总体结构设计

总体设计是指以排样设计为基础，根据冲压件的成形要求，确定级进模的基本结构形式。

（1）模具的基本结构形式

1）导向方式。级进模常包括外导向和内导向两部分。外导向主要是指模架中上、下模座的导向；内导向是指利用小导柱和小导套对卸料板进行的导向，同时卸料板又对凸模起导向和保护作用。

内导向在级进模中是常用的结构，尤其适用于薄料、凸模直径小、冲压件精度要求高的场合。图 7-22 所示为小导柱和小导套的内导向典型结构形式。

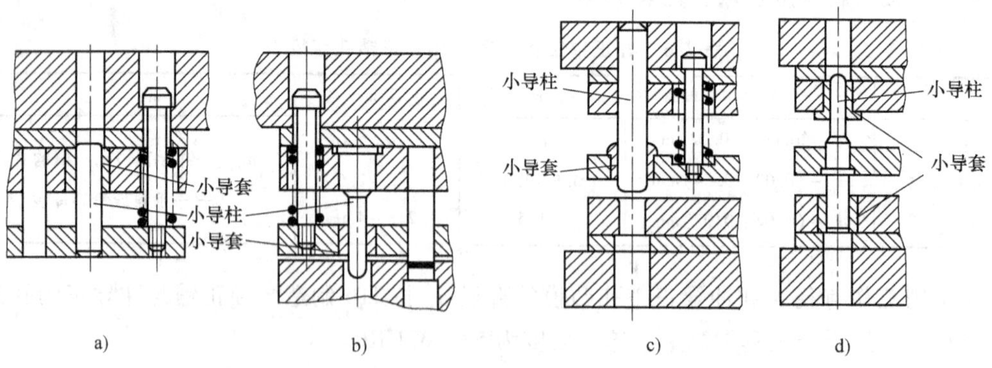

图 7-22　内导向典型结构形式

2）卸料方式。在多工位级进模中，多采用弹性卸料装置。当工位数较少、料厚大于 1.5mm 时，也可采用固定卸料方式。

（2）模板厚度　级进模模板一般包括凹模板、凸模固定板、垫板、卸料板和导料板等。这些模板的厚度决定了模具的总体高度。各模板的厚度值可参考表 7-7 确定。

表 7-7　级进模模板的厚度值　（单位：mm）

<table>
<tr><th rowspan="2">名　称</th><th colspan="13">模　板　厚　度</th><th>备　注</th></tr>
<tr><td>A / t</td><td colspan="4">≤125</td><td colspan="4">>125～160</td><td colspan="4">>160～300</td><td rowspan="10">A——模板长度
t——条料或带料厚度</td></tr>
<tr><td rowspan="3">凹模板</td><td>≤0.6</td><td colspan="4">13～16</td><td colspan="4">16～20</td><td colspan="4">20～25</td></tr>
<tr><td>>0.6～1.2</td><td colspan="4">16～20</td><td colspan="4">20～25</td><td colspan="4">25～30</td></tr>
<tr><td>>1.2～2.0</td><td colspan="4">20～25</td><td colspan="4">25～30</td><td colspan="4">30～40</td></tr>
<tr><td rowspan="2">刚性卸料板</td><td>≤1.2</td><td colspan="4">13～16</td><td colspan="4">16～20</td><td colspan="4">16～20</td></tr>
<tr><td>>1.2～2.0</td><td colspan="4">16～20</td><td colspan="4">20～25</td><td colspan="4">20～25</td></tr>
<tr><td rowspan="3">弹性卸料板</td><td>≤0.6</td><td colspan="4">13～16</td><td colspan="4">16～20</td><td colspan="4">20～25</td></tr>
<tr><td>>0.6～1.2</td><td colspan="4">16～20</td><td colspan="4">20～25</td><td colspan="4" rowspan="2">25～30</td></tr>
<tr><td>>1.2～2.0</td><td colspan="4">20～25</td><td colspan="4">25～30</td></tr>
<tr><td>垫板</td><td></td><td colspan="4">5～13</td><td colspan="8">8～16</td></tr>
<tr><td rowspan="2">凸模固定板</td><td>L</td><td colspan="3">40</td><td colspan="3">50</td><td colspan="3">60</td><td colspan="3">70</td><td rowspan="2">L——凸模长度</td></tr>
<tr><td></td><td colspan="3">13～16</td><td colspan="3">16～20</td><td colspan="3">20～25</td><td colspan="3">22～28</td></tr>
<tr><td rowspan="3">导料板</td><td>t / X</td><td colspan="6"><1</td><td colspan="6">1～6</td><td rowspan="3">X——卸料方式
t——料厚</td></tr>
<tr><td>固定卸料</td><td colspan="6">4～6</td><td colspan="6">6～14</td></tr>
<tr><td>弹压卸料</td><td colspan="6">3～4</td><td colspan="6">4～10</td></tr>
</table>

（3）凸模固定板　级进模的凸模固定板上除安装固定各种凸模外，还要在相应位置安装导正销、斜楔、弹压卸料装置等零部件。因此，凸模固定板应有足够的厚度和耐磨性。固定板的厚度可按凸模设计长度的 40% 左右选用，或按表 7-7 确定。为保证多次拆装后安装孔的位置精度不变，多工位级进模的凸模固定板需具有良好的耐磨性。对于一般级进模，凸模固定板可选用 45 钢，淬火硬度为 42～45HRC；精度要求较高的级进模，凸模固定板应选用 T10A 钢、CrWMn 钢等，淬火硬度为 52～56HRC，常拆卸安装孔的表面粗糙度 *Ra* 值应达到 0.8μm。

（4）模架。多工位级进模要求模架刚性好、精度高，因而除小型模具采用双导柱模架外，大多采用四导柱模架。精密级进模一般采用滚珠导向模架或弹压导板模架。上、下模座的材料除小型模具采用灰铸铁 HT200 外，多数采用铸钢或钢板。高速级进模也可采用硬铝合金等轻型材料制造，这样可减轻模具的重量，有利于提高冲压速度。

2. 级进模凸、凹模设计

多工位自动级进模工位数目多，凸模和凹模种类和数量多、尺寸小，且要适应高速连续冲压，这就使得凸、凹模的装配、调整比常规冲模要复杂和困难。

（1）凹模设计　多工位级进模的结构复杂，模具的平面尺寸大。在生产中，除工位数不多、型孔比较规则的级进模采用整体凹模外，多数采用镶拼式结构。镶拼式凹模中又以分段拼合凹模最为常用。

图 7-23a 所示的凹模是由三段凹模拼块拼合而成的，用模套框紧，并分别用螺钉和销钉

紧固在垫板上；图 7-23b 所示的凹模是由五段拼合而成的，并分别用螺钉和销钉直接固定在模座上。

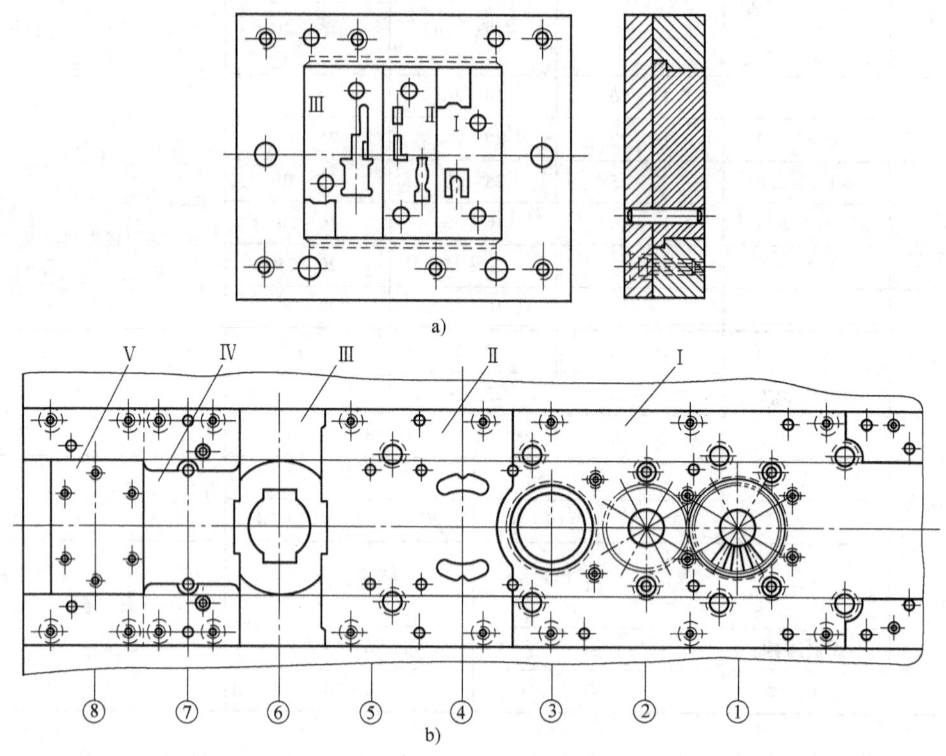

图 7-23　分段拼合凹模结构

凹模进行拼合组配时应遵循下列要求：

1）拼合面尽量以直线分割，以便于加工，必要时也可以折线或圆弧进行分割。

2）同一工位的型孔常做在同一拼块上，一个拼块上包含的工位不宜太多；薄弱、易损坏的型孔宜单独分块，以便于损坏后更换。

3）不同冲压工艺的工位，应与冲裁部分分开，以便于刃磨。

4）凹模拼合面与型孔间应有一定的距离，型孔原则上应为封闭的。

5）拼块组配时，应用模套框紧，并在模套底部加整体垫板。

（2）凸模设计　在多工位级进模中，凸模种类较多，按截面形状分有圆形凸模和异形凸模，按功用分有冲裁凸模和成形凸模，其大小、长短、刚性各异，凸模的基本结构和固定方法也不同。

图 7-24 所示为一些常用的凸模结构及固定方法。在同一副级进模中固定方法应基本一致，小凸模和易损凸模应尽量采用快换固定方法，所采用的固定方法应便于装配和调整凸模。

冲裁凸模在固定板上安装时与凹模一起逐个调整好冲裁间隙后定位紧固，经试冲符合要求后，再安装成形凸模。有冲裁和成形工序的级进模，冲裁凸、凹模可采用图 7-25 所示的结构，保持刃磨后闭合高度不变。

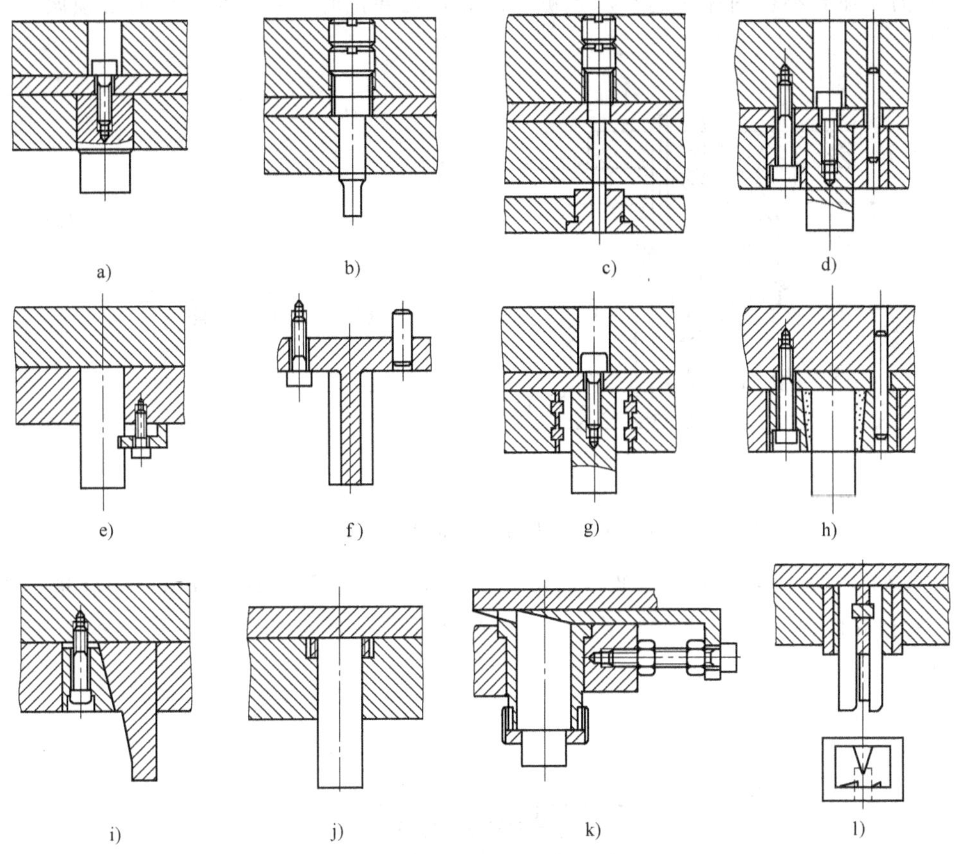

图 7-24 常用的凸模结构及固定方法

a)、b) 圆凸模快换固定 c) 带护套快换凸模 d) 异形凸模大小固定板套装结构 e) 异形直通式凸模压板固定 f) 异形凸模直接固定 g)、h) 异形凸模粘接固定 i) 楔块固定 j) 异形直通式焊接凸模台阶固定 k) 可调凸模高度的安装结构 l) 组合式凸模固定

3. 导料装置设计

多工位级进模完成的工序内容较多，在条料沿导料装置送进的过程中不能受到任何的阻滞。因此在完成一次冲压行程之后，必须使条料浮离下模平面，同时还不能影响侧冲与倒冲机构的工作。

多工位级进模与普通冲裁模一样，也用导料板对条料沿送进方向进行导向，导料板安装在凹模上平面的两侧，并平行于模具中心线。通过设置浮顶器将条料顶出一定的高度，使条料在自动连续成形冲压时不受任何阻滞。多工位级进模中常用的导料装置有下列几种。

(1) 台肩式导料板与浮顶装置配合使用的导料装置 如图 7-26a 所示，通常在凹模面上靠近导料板处设置两排浮顶销，在浮顶销顶起条料后，导料板的台

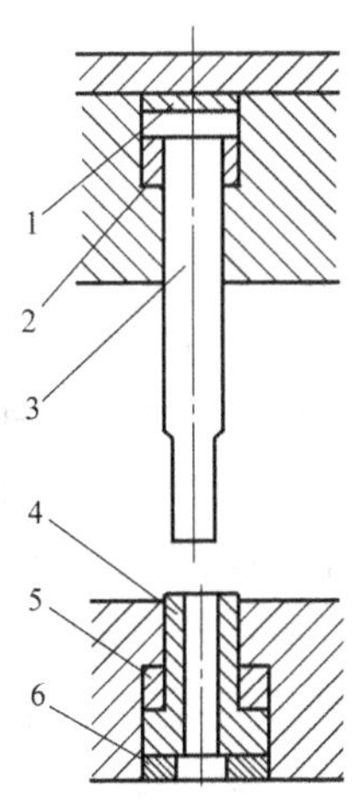

图 7-25 刃磨后不改变闭合高度的凸、凹模固定方法

1、6—更换的垫片 2、5—磨削的垫圈 3—凸模 4—凹模镶套

肩使条料仍能在导料板内保持运动。当侧面有导正销导正时，导料板的台肩必须做出让位口（图 7-26b）。

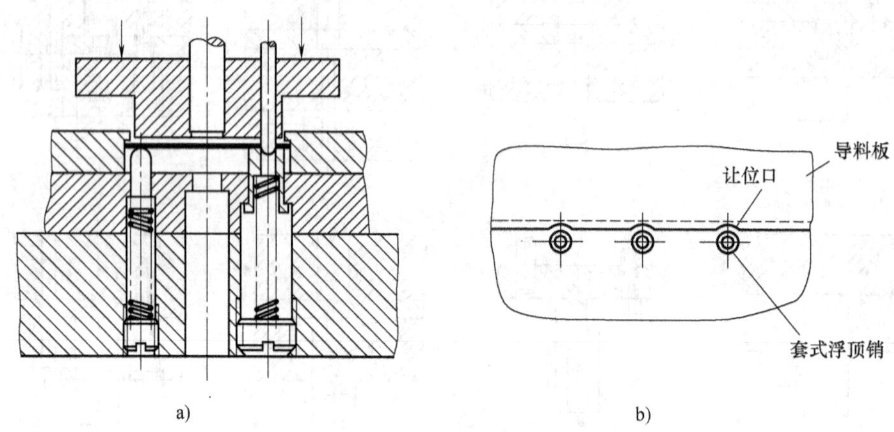

图 7-26　台肩式导料板与浮顶装置配合使用的导料装置

图 7-27 所示为局部向下弯曲的条料由凹模面顶到一定高度的示意图，条料被顶起的高度 H_0' 应大于条料向下的最大成形高度 h_0，成形后的最低点与下模表面间的距离一般可取1～5mm。

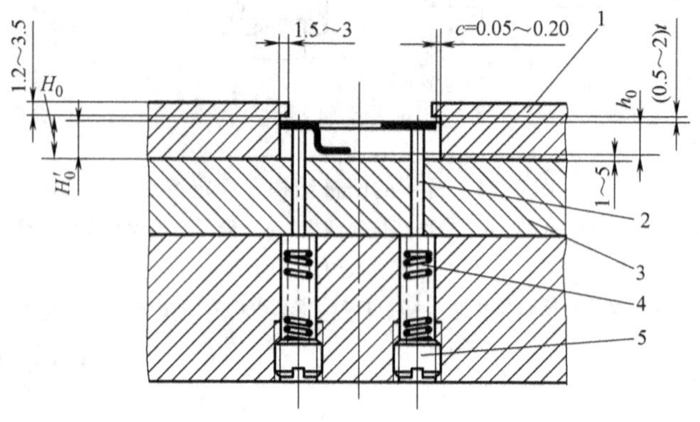

图 7-27　条料顶起高度
1—台肩式导料板　2—浮顶销　3—凹模　4—弹簧　5—螺塞

浮顶销的结构如图 7-28 所示，其中图 7-28a～c 所示为普通型圆柱浮顶销，图 7-28a 所示为顶部半球面型结构；图 7-28b 所示为局部球面型结构；图 7-28c 所示为平端面型结构，用于较大直径的浮顶销；图 7-28d 所示为套式浮顶销，其位置应与导正销一致，对导正销有容纳、导向和保护作用；图 7-28e、f 所示为有导向槽的浮顶销。

（2）带槽式浮顶销的导料装置　如图 7-28e、f 所示，浮顶销与凹模孔的配合为 H7/f6。其导向槽的作用是导引带料的送进，并在弹簧的作用下顶托带料浮离在凹模面之上。图 7-28e所示为浮顶距离较大需增加弹簧压缩量的结构形式。

采用槽式浮顶销对条料进行导向时，需要在弹压卸料板的对应位置开出让位孔，工作时由让位孔的底面压住槽式浮顶销的顶面，将条料由送料位置压回到冲压加工位置。因此，弹压卸料板上的让位孔深度和浮顶销导向槽的结构尺寸必须协调，如图 7-29a 所示，其结构尺

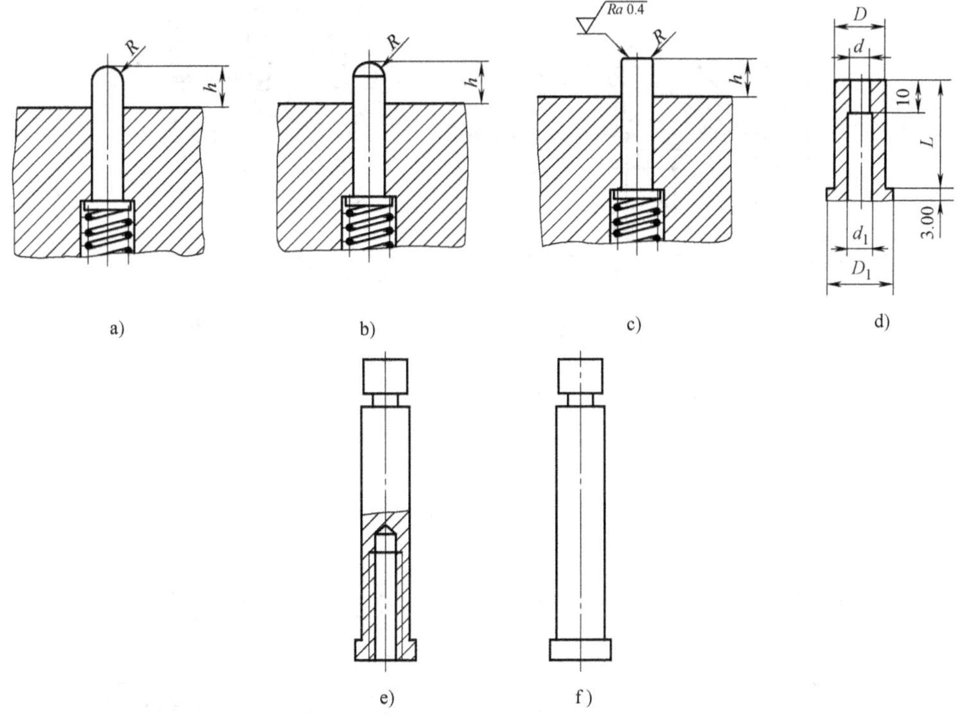

图 7-28　浮顶销的结构

寸按下列公式计算

$$h = t + (0.6 \sim 1.0)\text{mm}(h\text{ 不小于}1.5\text{mm})$$

$$c = 1.5 \sim 3.0\text{mm}$$

$$A = c + (0.3 \sim 0.5)\text{mm}$$

$$H = h_0 + (1.3 \sim 1.5)\text{mm}$$

$$h_1 = (3 \sim 5)t\text{ 或 }d = D - (6 \sim 10)t$$

式中　h——导向槽高度；

c——槽式浮顶销头部的高度；

A——卸料板让位孔深度；

H——浮顶销活动量；

h_1——导向槽深度；

t——条料厚度；

h_0——冲压件的最大高度。

如果结构尺寸不正确，则在卸料板压料时将产生图 7-29b 所示的问题，即条料的侧边发生变形，影响条料导向，甚至妨碍送料以致不能工作。

当条料太薄或条料边缘有缺口时，带槽式浮顶销的导料装置不适用，这时可采用浮动导轨式导料装置，如图 7-30 所示。

实际生产中，根据多工位级进冲压过程中边料及工序件的变化情况，往往将两种导料装置联合使用，即条料一侧用台肩式导料板导向，另一侧用槽式浮顶销导料等。

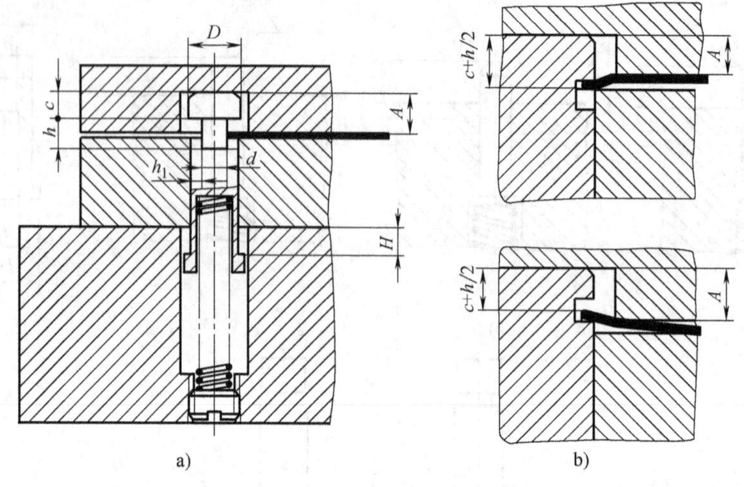

图 7-29　带槽式浮顶销的导料装置

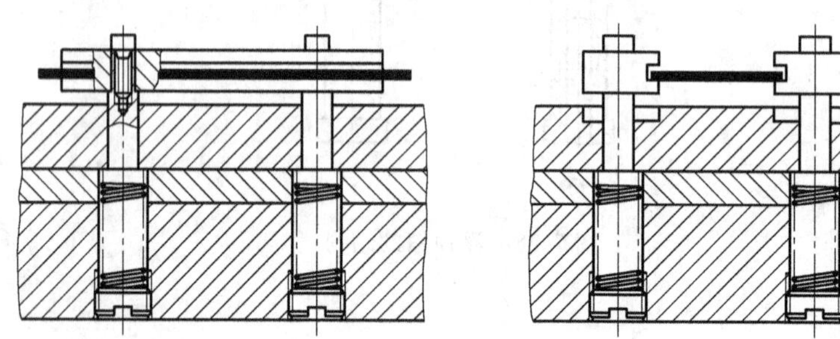

图 7-30　浮动导轨式导料装置

（3）浮顶销设置要点

1）浮顶销应沿条料送进方向在两侧均匀布置。条料较宽时，应在中间增设浮顶销，防止变形；浮顶销的设置距离应小于或等于工位间距，以免薄料送进时呈波浪状。

2）在立体成形的加工部位不应设置浮顶销，否则会阻碍条料的送进。

3）在条料的不连续边料上尽量不设置浮顶销，避免挡住条料影响送进。

4）所有浮顶销的工作段高度应相同。

5）浮顶销应有足够及均衡的弹顶力，以便托起条料及工序件。

4. 卸料装置设计

在多工位级进模中，由弹压式卸料装置压住条料，防止条料在冲压过程中产生位移和塑性变形，这是卸料装置的主要作用。同时，卸料装置对凸模起导向和保护作用。

卸料装置分为固定式卸料装置和弹压式卸料装置两种。在多工位级进模中，大多采用弹压式卸料装置，通常在冲制料厚 $t>1.5$mm 的冲压件时才采用固定式卸料装置。

（1）固定式卸料装置　固定式卸料装置又称为刚性卸料装置，它的卸料板与导料板一起固定在凹模上。其特点是卸料力大，卸料可靠。固定卸料板的型孔与凸模间的间隙较大，为 0.2～0.5mm，不能对凸模起导向和保护作用。固定式卸料板分为整体式和悬臂式两种，其具体结构与普通冲裁模相同。

（2）弹压式卸料装置　多工位级进模一般采用弹压式卸料装置，工作时要求其运动平稳可靠，导向精确，有足够大的卸料力。弹压式卸料装置一般由卸料板、弹性元件、卸料螺钉和辅助导向装置等部分组成，图 7-31 所示为多工位级进模常用的一种弹压式卸料装置。

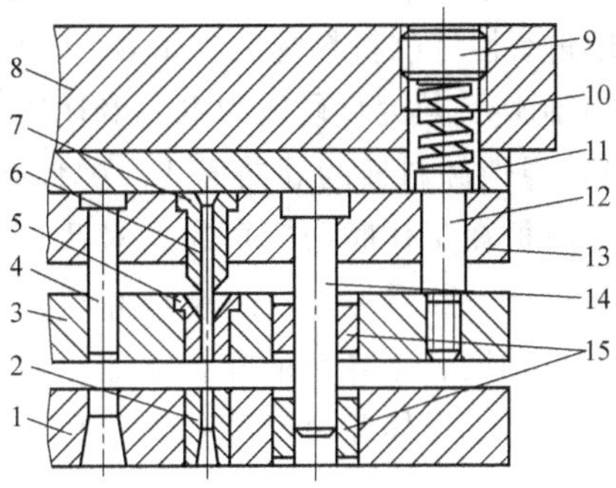

图 7-31　多工位级进模的弹压式卸料装置

1—凹模　2—凹模镶块　3—弹性卸料板　4—凸模　5—凸模导向护套　6—小凸模　7—凸模导向护套　8—上模座　9—螺塞　10—强力弹簧　11—垫板　12—卸料螺钉　13—凸模固定板　14—小导柱　15—小导套

在多工位级进模中，大多采用镶拼结构的弹压卸料板，如图 7-32 和图 7-33 所示。因为镶拼结构可保证型孔精度、孔距精度、配合间隙和型孔表面粗糙度，且便于热处理。

（3）卸料装置的结构设计要点

1）卸料板的压力。弹压卸料板的压力要求较大，常用碟形弹簧或聚氨酯橡胶作为弹性元件。

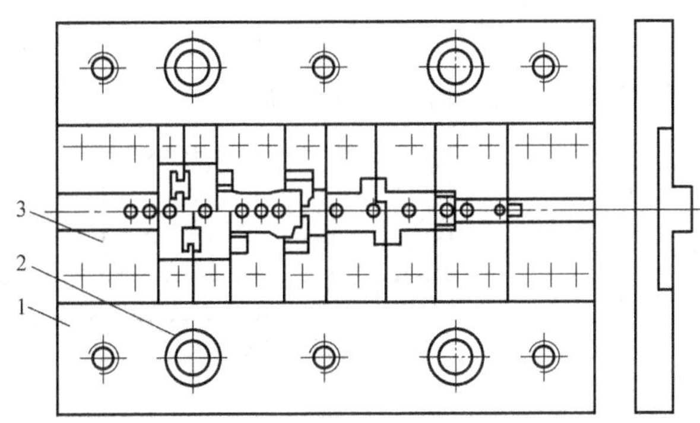

图 7-32　拼块式弹压卸料板

1—卸料板　2—导套　3—拼块

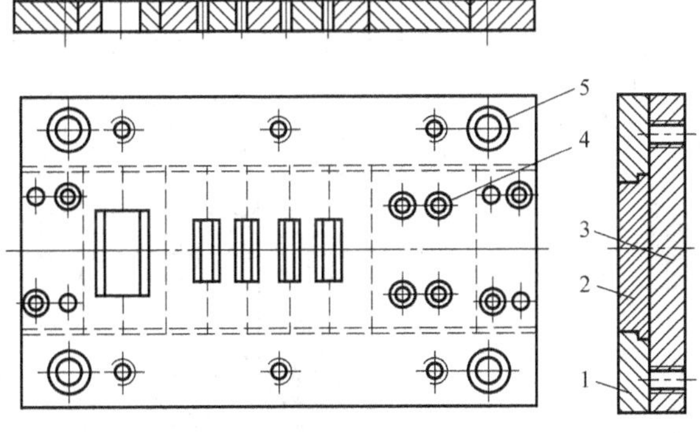

图 7-33　拼块和嵌块式弹压卸料板

1—固定块　2—拼块　3—卸料板　4—嵌块　5—导套

2）卸料板的材料。卸料板的镶块应具有足够的硬度和良好的耐磨性。高速冲压的卸料板应选用耐磨性好的材料制造，如 GCr15 钢或 W18Cr4V 钢，淬火硬度达 56 ~ 58HRC。一般可选用45 钢制造，热处理硬度为40 ~ 45HRC。卸料板基体可采用灰铸铁 HT200 或碳素结构钢制造。

3）弹性卸料板的导向形式。弹性卸料板具备导向精度高、刚性好的导向装置，从而使弹性卸料板在工作时稳定可靠，对凸、凹模起到导向和保护作用。主要是为保证凸、凹模的配合间隙 $Z_{双}$ 四周均匀。凸模与卸料板采用 H7/h6 配合或配合间隙取（1/4 ~ 1/3）$Z_{双}$；卸料板上小导柱、小导套的配合间隙，通常取卸料板与凸模配合间隙的 1/2，也可采用滚珠导柱导套导向，具体配合间隙见表 7-8。

表 7-8　凸模与卸料板、小导柱与小导套的间隙

序号	模具冲裁间隙 Z/mm	凸模与卸料板的间隙 Z_1/mm	辅助小导柱与小导套的间隙 Z_2/mm
1	>0.015 ~ 0.025	>0.005 ~ 0.007	约为 0.003
2	>0.025 ~ 0.05	>0.007 ~ 0.015	约为 0.006
3	>0.05 ~ 0.10	>0.015 ~ 0.025	约为 0.01
4	>0.10 ~ 0.15	>0.025 ~ 0.035	约为 0.02

4）安装卸料板的卸料螺钉。在一副模具中使用的卸料螺钉，应对称分布，也可用滚珠导柱导套。卸料螺钉的结构与调整如图 7-34 所示。工作段的长度 L 必须严格控制，凸模每次刃磨时，卸料螺钉的工作长度应同时磨去同样的高度。

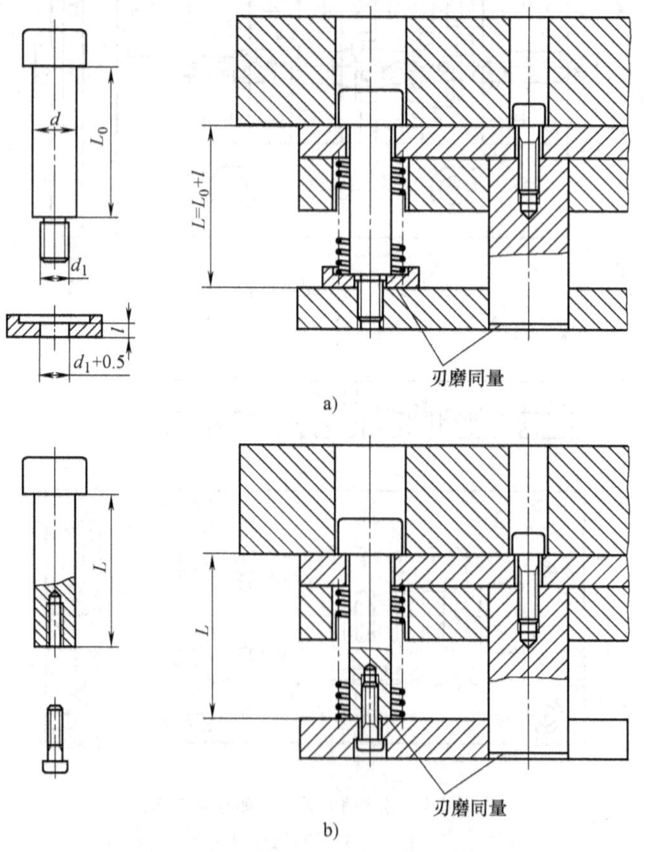

图 7-34　卸料螺钉结构与调整

5）导正销的工作位置。导正销的有效工作段露出卸料板底面（0.5～0.8）t，而冲裁凸模应凹进0.8～2.5mm。卸料板中应有足够的空让部分，使阶梯凸模有活动量和刃磨量。

7.2.4 多工位级进模的自动送料与安全检测装置

多工位级进模在高速压力机上工作，不但有自动送料装置，而且还在整个冲压生产过程中有防止失误的安全检测装置。

1. 自动送料装置

通过自动送料装置，将卷料、条料或板料等原材料直接送入模具进行冲压，可以大大提高生产效率，并保证送料精度。下面介绍生产实际中常用的几种自动送料装置。

（1）钩式自动送料装置　钩式自动送料装置是一次加工送料装置中结构最简单的一种，送料钩可由压力机滑块驱动，也可由冲模的上模驱动。

钩式自动送料装置如图7-35所示。斜楔2紧固在上模座1上，其下端的斜面推动滑块3在T形导轨板10内滑动，滑块的右端用圆柱销12连接送料钩6，送料钩在簧片11的作用下始终与卷料接触。滑块3下面通过螺钉4联接复位弹簧5，滑块向左移动时弹簧被拉长，斜楔回程后，滑块在弹簧的作用下右移复位。送料钩用T10A钢制造，淬火硬度要求达到54～58HRC；滑块用Cr12钢制造，淬火硬度为56～60HRC。

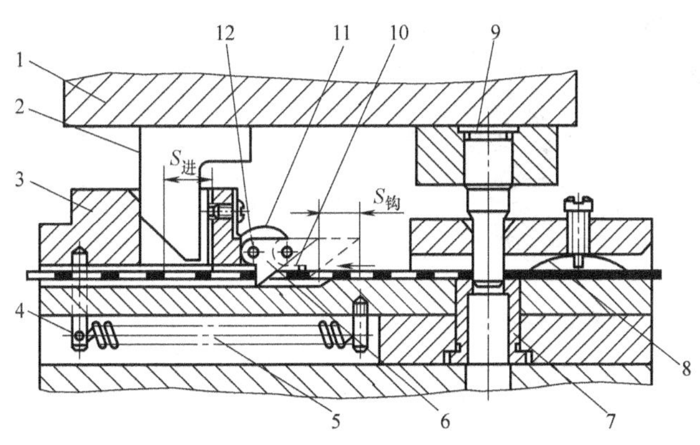

图7-35 钩式自动送料装置

1—上模座 2—斜楔 3—滑块 4—螺钉 5—复位弹簧 6—送料钩 7—凹模 8—压料弹片 9—凸模 10—T形导轨板 11—簧片 12—圆柱销

送料工作原理：当上模带动斜楔向下移动时，斜楔2推动滑块3向左移动，卷料在送料钩6的带动下向左送料，当斜楔的斜面完全进入送料滑块3时，卷料送料完毕，此后冲模进行冲孔落料。上模回程时，送料滑块及送料钩在复位弹簧5的作用下向右复位，送料钩滑起进入下一个料孔，卷料被压料弹片8压紧而不能退回。此送料过程是在滑块下降时进行的，因此卷料的送进必须在冲压前结束。

钩式自动送料装置是用钩子拉着卷料的搭边进行送料的，因此只适用于料厚大于0.5mm、宽度在100mm以下、搭边值大于1.5mm的卷料或条料。开始几件需手工送进，至送料钩可以进入废料孔时才能开始自动送料。送料步距由压力机滑块行程与斜楔压力角而定，一般不超过75mm。

（2）辊式自动送料装置　辊式自动送料装置是各种送料装置中使用最广泛的一种，主要用于卷料和条料。按辊子的安装形式，辊式送料装置有立辊和卧辊之分，卧辊又有单边和双边两种。单边卧辊一般是推式的，少数也用拉式；双边卧辊是一推一拉送料，其通用性更强，能应用于很薄的条料、卷料，保证材料全长被利用。

图 7-36 所示为双边卧辊送料装置。条料从右边送入，曲轴端部的可调偏心盘 1，通过拉杆 2 带动超越离合器 3 的外壳作正反转动，超越离合器 3 的内圈和齿轮 4 用键相联，因此离合器外壳的正反转动便使辊轴 6 产生间歇送料。件 8 也是一个超越离合器，左右辊轴由推杆 7 实行联动。

目前应用最多的超越离合器如图 7-37 所示。外轮 1 沿逆时针方向转动时，带动滚柱 2 楔入外轮与星轮 4 的槽内，即可推动星轮及用键与它相联的轴。当外轮顺时针转动时，滚柱脱离楔紧状态，星轮保持不动。弹簧 3 顶着滚柱，使滚柱容易楔入外轮与星轮槽内。

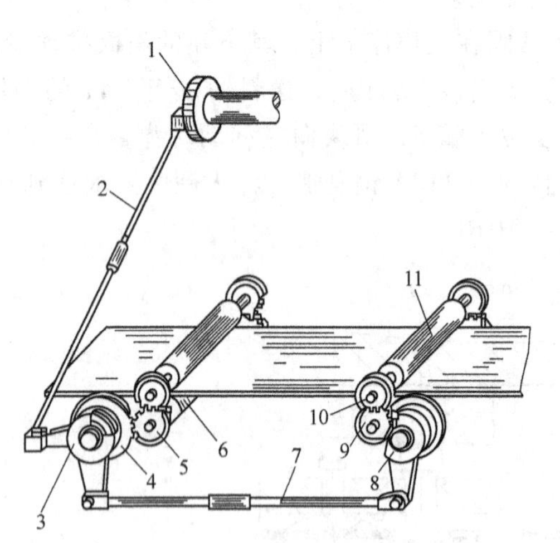

图 7-36 双边卧辊送料装置

1—可调偏心盘 2—拉杆 3、8—超越离合器 4、5、9、10—齿轮 6、11—辊轴 7—推杆

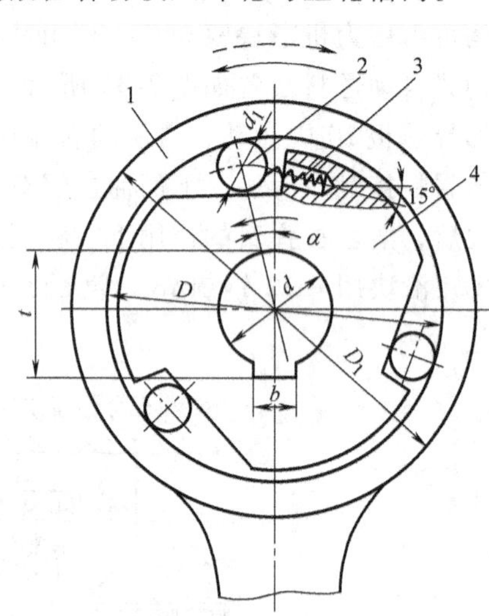

图 7-37 普通超越离合器

1—外轮 2—滚柱 3—弹簧 4—星轮

辊式送料装置通用性强，适用范围广。长度为 10 ~ 1 300mm、宽度为 0.1 ~ 8mm、送料步距为 10 ~ 2 500mm 的条料、带料、卷料一般都能适用；送料步距误差小，一般的驱动方法可达 ±0.05mm，当采用凸轮驱动辊轴送料时，即使是高速送料，误差也可以很小；允许的压力机每分钟行程次数和送进速度视驱动辊轴间歇运动的机构而定，对于棘轮机构传动，压力机转速不宜太高，而对于凸轮传动，压力机转速则可以很高。

（3）夹持式自动送料装置 夹持式自动送料装置有夹刃式、夹滚式和夹板式三种。这类送料装置是依靠其工作零件——夹刃、夹滚和夹板夹持材料而送进的，一般由活动送料部分和固定止退部分组成，多以装在上模的斜楔驱动，也可以压力机直接驱动或单独驱动（送进步距较大的）。

1）夹刃式自动送料装置。夹刃式自动送料装置分为表面夹刃式、侧面夹刃式和组合夹刃式三种。一般材料较硬、表面要求不高的工件可用表面夹刃式；材料较厚、表面要求较高或方、扁、圆等形状的型材，可采用侧面夹刃式；采用组合夹刃式时，一般送料用侧面夹刃，固定止退用表面夹刃。

图 7-38 所示为表面夹刃式自动送料装置的工作过程。当上模下降时，固定在送料滑块 8 上的送料夹座 2 带动送料夹刃 1 向右滑动，而止退夹座 5 固定不动，夹刃 7 在拉簧 6 的作用下始终将材料压紧在承料板 9 上，以阻止其向右移动，如图 7-38a 所示。当上模回升时，送料夹刃 1 在拉簧 3 的作用下将材料压紧，同时送料滑块 8 与送料夹座 2 一同带动送料夹刃 1 和材料向左移动，而夹刃 7 则在材料上滑动，如图 7-38b 所示。以此循环进行自动送料。

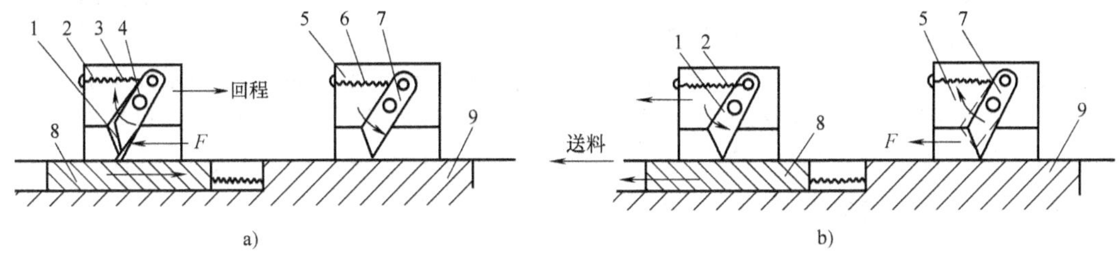

图 7-38　表面夹刃式自动送料装置的工作过程

1—送料夹刃　2—送料夹座　3、6—拉簧　4—铰接轴　5—止退夹座　7—夹刃　8—送料滑块　9—承料板

2）夹滚式自动送料装置。夹滚式自动送料装置利用滚柱或滚珠在斜面上的移动来对材料实行夹紧和放松，大多数也是通过斜楔推动活动夹持器而实现间歇送料的。

图 7-39 所示为滚柱夹滚式自动送料装置。其工作过程如下：首先逆时针拨动拔杆 9，将滚柱保持架 7 右移，使材料从左向右穿入固定和活动夹持器的两滚柱 8 之间。上模下行时，斜楔 3 通过滚轮 2 推动活动夹持器及其座板 1 沿导轨向左移动。此时活动夹持器内的滚柱连同保持架由于摩擦力作用，在支座 5 内的斜楔上右移，两滚柱间的间隙增大，滚柱在材料上滚动，实现活动夹持器顺利左移。而固定夹持器不动，夹持器内的滚柱由于弹簧压力和摩擦力的作用向左推紧，夹紧材料以阻止其左移。当上模回程时，活动夹持器在弹簧 6 的作用下开始右移（复位），此时活动夹持器内的滚柱由于弹簧压力的作用，在支座斜面上左移而夹紧材料，使材料向右移进一个步距。而固定夹持器内的滚柱则放松材料，让其向右送进。以此循环实现间歇送料。

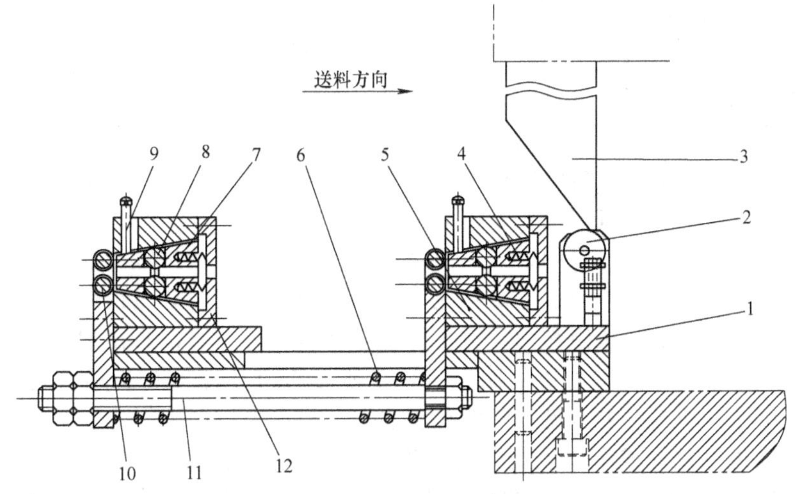

图 7-39　滚柱夹滚式自动送料装置

1—活动夹持器座板　2—滚轮　3—斜楔　4、6—弹簧　5—活动夹持器支座

7—滚柱保持架　8—滚柱　9—拔杆　10—导轮　11—螺栓　12—盖板

3）夹板式自动送料装置。图 7-40 所示为偏心滚柱夹板式自动送料装置示意图。这是一种用两块淬硬的夹板来进行夹料送进的装置，由送料器和定料器两部分组成。

当斜楔 3 随冲头上升时，滚柱 1 被斜楔推向右面，使送料器从图 7-40a 所示的位置变为图 7-40b 所示的位置，由于前一次冲压时，冲头上的两只螺钉分别压下送料器和定料器的齿开关，使送料器的送料压板 5 和送料托板 7 将条料 6 压紧，同时定料器的定料压板 11 和定料托板 10 将条料松开，如图 7-40a 所示，这样送料器将条料夹紧由斜楔推动向右送进，条料通过定料器而进入冲压区，完成送进。

当冲模下冲时，斜楔也下降，由于送料器和定料器之间弹簧 9 的作用，使处于放松状态的送料器退回到起始位置，冲模向下冲压工件时，冲模上的螺钉又分别压下定料器和送料器的齿开关，使定料器松开材料，而送料器压紧材料，开始下一次送料。如此循环，完成送料、定料回退、冲压等动作。

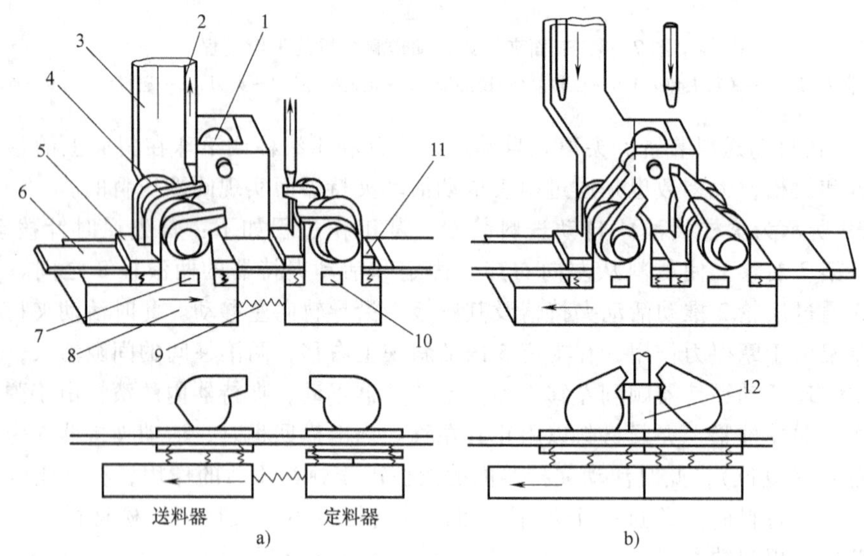

图 7-40　偏心滚柱夹板式自动送料示意图
1—滚柱　2—螺钉　3—斜楔　4—齿开关　5—送料压板　6—条料　7—送料托板
8—滑块　9—弹簧　10—定料托板　11—定料压板　12—下套管

2. 安全检测装置

多工位级进模一般都采用自动送料，冲速很高，在冲压过程中难免发生如材料误送、送进不到位、叠片、材料拱起、材料的厚度或宽度有误差、制件未顶出或落下等故障，从而导致模具不能正常工作，甚至造成模具或压力机损坏。

安全检测装置常常通过传感的方式发出信号。传感方式有接触式和非接触式两种，前者以机械方式转变电信号，后者通过电磁感应、光电效应等方式传导电信号。

安全检测装置通常设置在模具内，也可以设置在模具外。当模具出现异常情况时，检测装置及时发出信号，反馈给压力机的制动机构，使压力机立即停止运动，起到安全保护作用。下面介绍几种自动送料中常见故障的检测装置。

（1）条料送进不到位或小凸模折断的检测　最常见的故障就是送进不到位，导正销孔的检测装置如图 7-41 所示。工作正常时，浮动检测销 1 的头部伸出卸料板下平面约 2mm，若导正销孔正常冲出并送料到位，则浮动检测销的头部能正确插入条料的指定孔（导正销孔）。如果前方凸模折断未冲出孔，或条料发生送进误差，则浮动检测销的头部不能进入导正销孔内，使浮动检测销 1 后退，并迫使接触杆 2 往外移，使固定在固定板外侧的微动开关 3 发出信号，压力机停止进给。

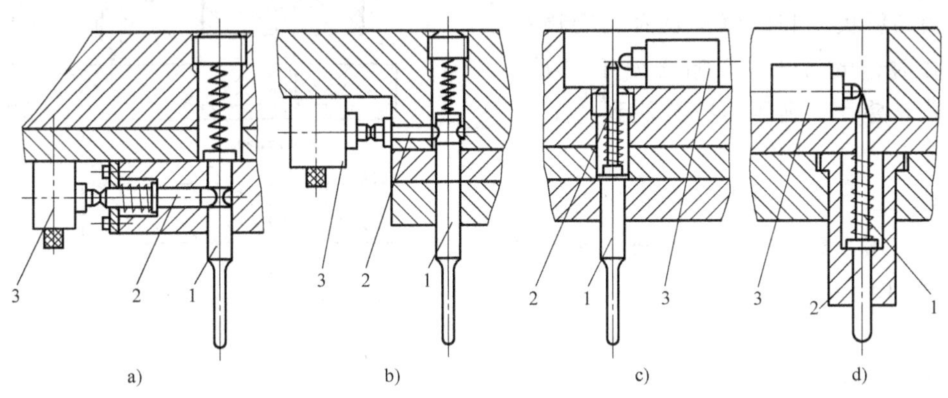

图 7-41　导正销孔的检测装置

1—浮动检测销　2—接触杆　3—微动开关

（2）送料末端检测器　图 7-42 所示为送料末端检测器，是用于控制卷料冲制完毕而停机的装置。微动开关安装在自动送料辊轴的后端，当卷料通过时，将触头（即滚轮）抬起，这时微动开关电源接通，压力机便可连续冲制，如图 7-42a 所示。当卷料冲制完毕时，微动开关的触头自动下降，将电源关闭，此时压力机便停止生产，如图 7-42b 所示。

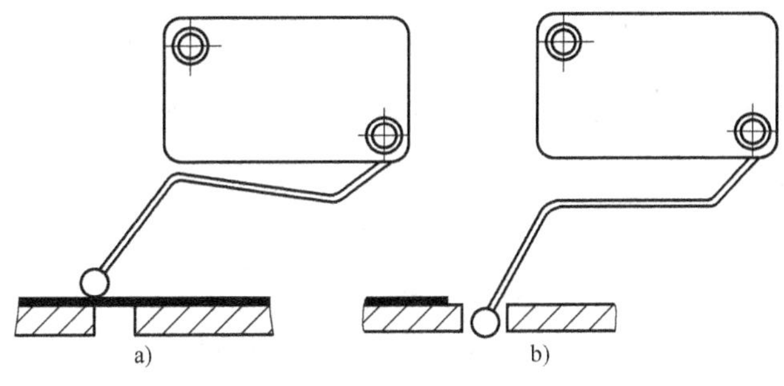

图 7-42　送料末端检测器

（3）防止废料回升的装置　如图 7-43 所示，可以利用凸模有效地防止废料回升。图 7-43a 所示为在凸模内装推杆，直径 $d=1\sim3\text{mm}$，伸出高度 $h=(3\sim5)t$；图 7-43b 所示为利用压缩空气防止废料回升，主要用于凸模截面小、无法装推杆的情况，凸模中气孔为 $\phi3\sim\phi0.8\text{mm}$。

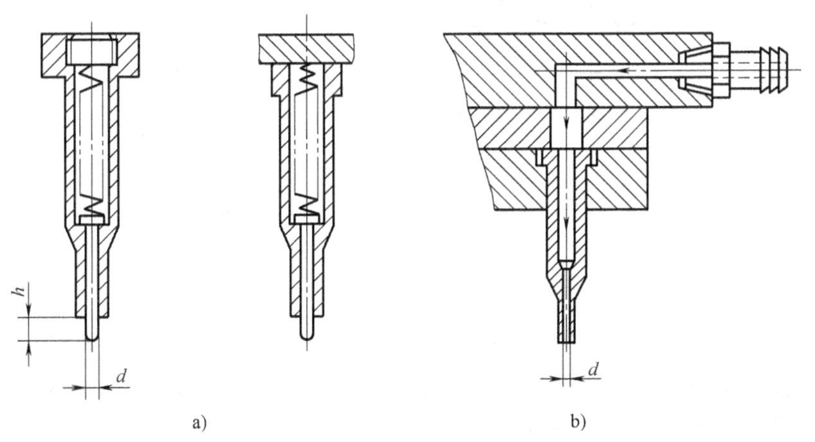

图 7-43　利用凸模防止废料回升

（4）叠片检测机构　当废料回升造成叠片冲压时常采用下死点检测法，如图7-44所示。当卸料板3和凹模4表面无废料及其他杂物时，微动开关2始终处于“开”状态。若有叠片，则压力机滑块到达下死点时，叠片把卸料板垫起，推动微动开关，使其闭合，压力机滑块停止运动。这种检测机构用于较厚材料的冲裁，灵敏度为0.1~0.15mm。

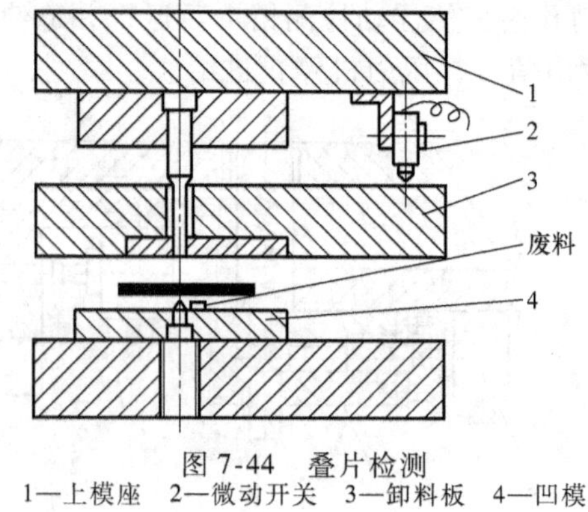

图7-44　叠片检测
1—上模座　2—微动开关　3—卸料板　4—凹模

7.3 任务实施

设计多工位级进模时，主要依据排样设计，确定组成模具的零件及零件间的连接关系，确定模具的总体尺寸和模具零件的结构形式。

7.3.1 基础训练——微型电动机的定、转子片冲孔、落料多工位级进模设计

图7-45所示为微型电动机的定子片与转子片简图，料厚为0.35mm，材料为电工硅钢，大批量生产。

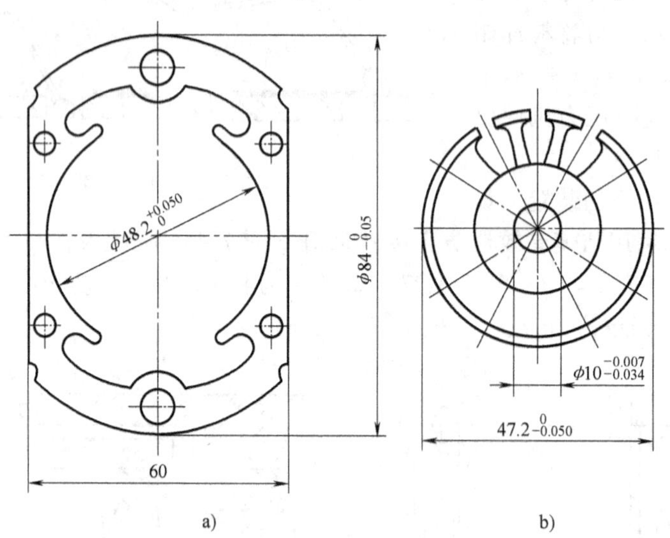

图7-45　微型电动机的定子片与转子片简图
a）定子片　b）转子片

1. 排样图设计

微型电动机的定子片和转子片在使用中所需的数量相等，且转子外径比定子内径小1mm，因此具备套冲的条件。由于定、转子片冲压件的精度要求较高、形状复杂、存在较多的异形孔，故适宜采用多工位级进模冲压。

选用硅钢片卷料，采用自动送料装置送料，其送料精度可达±0.05mm。为进一步提高

送料精度，在模具中使用导正销进行精定位。

微型电动机定子片与转子片排样图如图 7-46 所示，分为 8 个工位，各工位的工序内容如下。

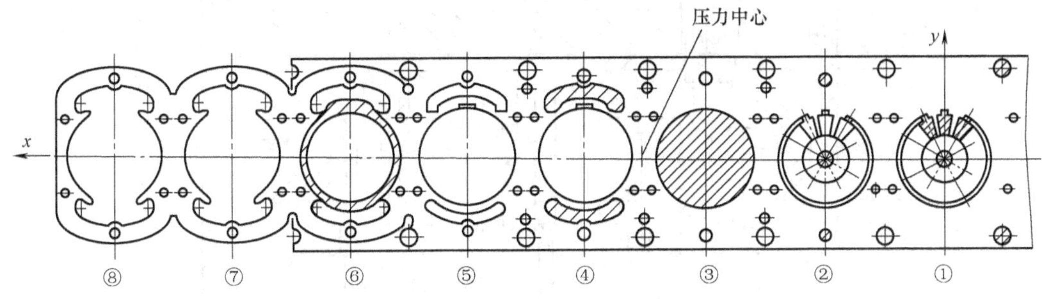

图 7-46　微型电动机定子片与转子片排样图

工位①：冲 2 个 ϕ8mm 的导正销孔，冲转子片各槽孔和中心孔，冲定子片两端 4 个小孔左侧的 2 个孔。

工位②：冲定子片右侧 2 个孔，冲定子片两端中间 2 个孔，冲定子片角部 2 个工艺孔，转子片槽和 ϕ10mm 孔校平。

工位③：转子片外径 $\phi47.2_{-0.050}^{\ 0}$mm 落料。

工位④：冲定子片两端的异形槽孔。

工位⑤：空工位。

工位⑥：冲定子片 $\phi48.2_{\ 0}^{+0.050}$mm 内孔，定子片两端圆弧余料切除。

工位⑦：空工位。

工位⑧：定子片切断。

排样图步距为 60mm，与定子片宽度相等。

转子片中间 $\phi10_{-0.034}^{-0.007}$mm 孔有较高的精度要求，12 个线槽孔要直线缠绕径细、绝缘层薄的漆包线，不允许有明显的毛刺。为此，在工位②设置对 $\phi10_{-0.034}^{-0.007}$mm 孔和 12 个线槽孔的校平工序。工位③完成转子片的落料。

定子片中的异形孔有 4 个较狭窄的突出部分，必须分解冲切内形孔，避免整体凹模中 4 个突出部位损坏。因此，内形孔在两个工位中冲出，考虑到 $\phi48.2_{\ 0}^{+0.050}$mm 孔精度较高，先冲两头长形异形孔后冲中孔，同时将 3 个孔打通，完成内孔冲裁。

工位⑧采取单边切断的方法。尽管切断处相邻两片毛刺方向不同，但不影响使用。

2. 模具结构

根据排样图，该模具为 8 工位级进模，步距为 60mm。模具的基本结构如图 7-47 所示。为保证冲压件精度，采用四导柱滚珠导向钢板模架。

（1）下模部分

1）凹模。凹模由凹模基体 2 和凹模镶块 21 等组成。凹模镶块共有 4 块，工位①、②、③为第 1 块，工位④为第 2 块，工位⑤、⑥为第 3 块，工位⑦、⑧为第 4 块。每块凹模镶块分别用螺钉和销钉固定在凹模基体上，保证模具的步距精度达到 ±0.005mm。凹模材料为 Cr12MoV 钢，淬火硬度为 62～64HRC。

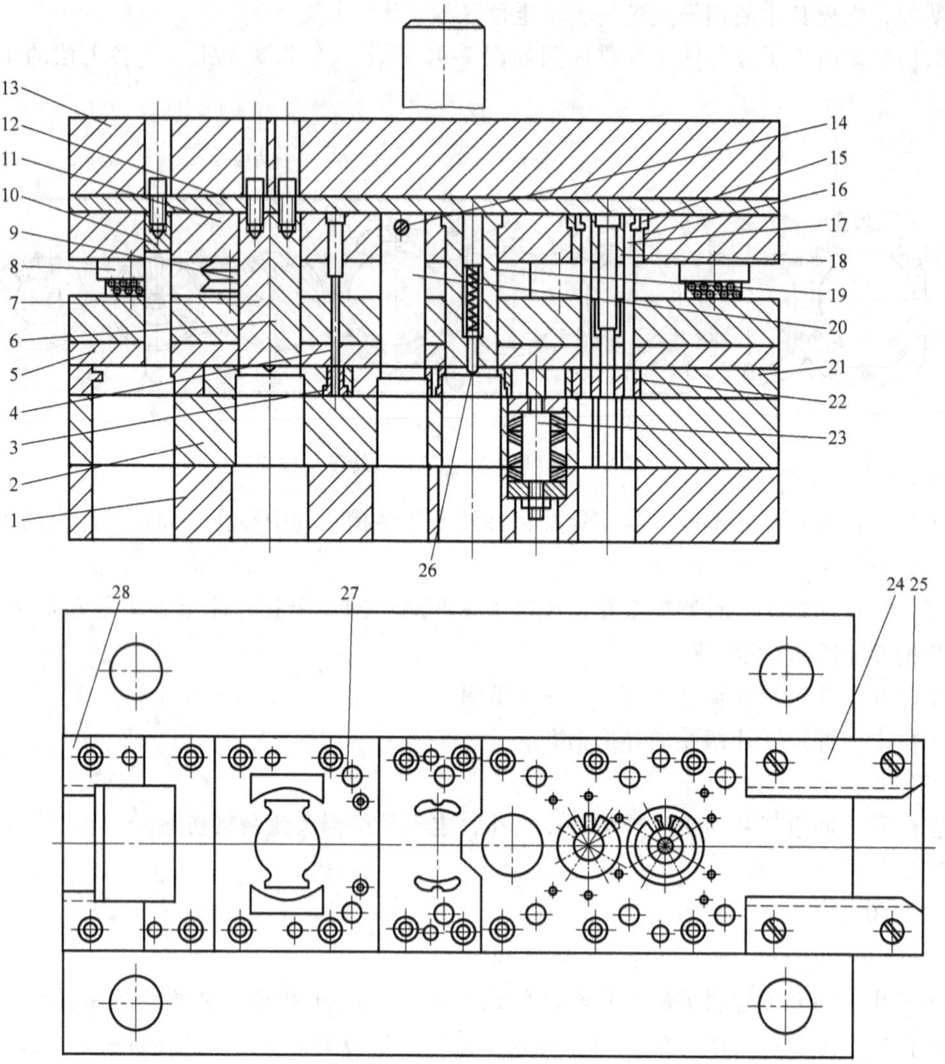

图 7-47　微型电动机定子片与转子片多工位级进模的基本结构

1—下模座　2—凹模基体　3—导正销座　4—导正销　5—卸料板　6、7—切废料凸模　8—滚动导柱导套　9—碟形卸料弹簧　10—切断凸模　11—凸模固定板　12—垫板　13—上模座　14—销钉　15—卡圈　16—凸模座　17—冲槽凸模　18—冲孔凸模　19—落料凸模　20—冲异形孔凸模　21—凹模镶块　22—冲槽凹模　23—弹性校平组件　24、28—局部导料板　25—承料板　26—弹性防粘推杆　27—槽式浮顶销

2）导料装置。在组合凹模的始末端均装有局部导料板，始端局部导料板 24 装在工位①前端，末端局部导料板 28 设在工位⑦以后，采用局部导料板的目的是避免带料送进过程中产生过大的阻力。中间各工位上设置了 4 组 8 个槽式浮顶销 27，其结构如图 7-48 所示，槽式浮顶销在导向的同时具有向上浮料的作用，使带料在运行过程中从凹模面上浮起一定的高度（约 1.5mm），以利于带料运行。

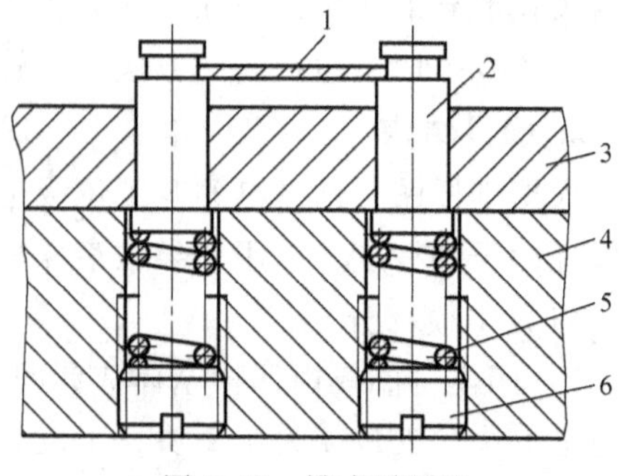

图 7-48　槽式浮顶销

1—带料　2—浮顶销　3—凹模　4—下模座　5—弹簧　6—螺塞

3）校平组件。在下模工位②的位置设置了弹

性校平组件23，目的是校平前一工位上冲出的转子片槽和 $\phi10^{-0.007}_{-0.034}$mm 孔。校平组件中的校平凸模与槽孔形状相同，其尺寸比冲槽凸模周边大1mm左右，并以间隙配合装在凹模板内。为了提供足够的校平力，采用了碟形弹簧。

（2）上模部分

1）凸模。凸模高度应符合工艺要求，工位③的 $\phi47.2^{\ 0}_{-0.05}$mm 的落料凸模19和工位⑥的3个凸模较大，应先进入冲裁工作状态，其余凸模均比其短0.5mm，当大凸模完成冲裁后，再使小凸模进行冲裁，这样可防止小凸模折断。

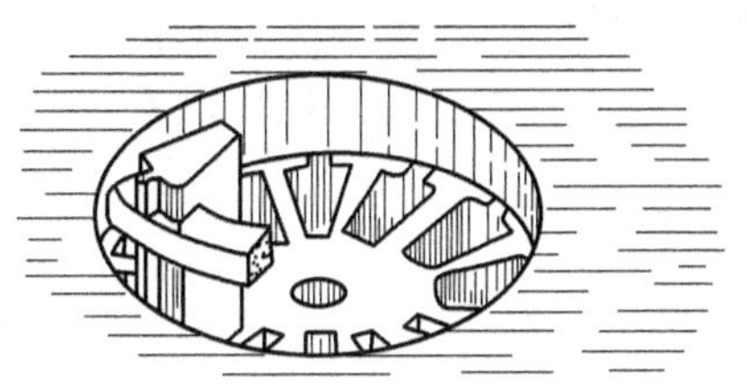

图7-49　冲槽凸模的固定

模具中冲槽凸模17，切废料凸模6、7，冲异形孔凸模20都为异形凸模，无台阶。大一些的凸模采用螺钉紧固，冲异形孔凸模20呈薄片状，故采用销钉14吊装于凸模固定板11上，环形分布的12个冲槽凸模17镶在带台阶的凸模座16上相应的12个孔内，并采用卡圈15固定的，如图7-49所示。卡圈切割成两半，用卡圈卡住凸模上部磨出的凹槽，可防止卸料时凸模被拔出。

2）弹性卸料装置。由于模具中有细小凸模，为了防止细小凸模折断，需采用带辅助导向机构（即小导柱和小导套）的弹性卸料装置，使卸料板对小凸模进行导向保护。小导柱和小导套的配合间隙一般为凸模与卸料板之间配合间隙的1/2，由于该模具的间隙值都很小，因此模具中的辅助导向机构是共用的模架滚珠导向机构。

为了保证卸料板具有良好的刚性和耐磨性，并便于加工，卸料板共分为4块，每块板厚为12 mm，材料为Cr12，并热处理淬硬至55～58HRC。各块卸料板均装在卸料板基体上，卸料板基体用45钢制作，板厚为20mm。因该模具所有的工序都是冲裁，卸料板的工作行程小，因此为了保证足够的卸料力，采用了6组相同的碟形弹簧作弹性元件。

3）定位装置。模具的步距精度为±0.05mm，采用的自动送料装置精度为±0.005mm。为此，分别在模具的工位①、②、③、④上设置了4组共8个呈对称布置的导正销，以实现对带料的精确定位。导正销与固定板和卸料板的配合选用H7/h6。在工位⑧，带料上的导正销孔已被切除，此时可借用定子片两端的 ϕ6mm 孔作导正销孔，以保证最后切除时的定位精度。在工位③切除转子片外圆时，用装在凸模上的导正销，借用 $\phi10^{+0.007}_{-0.034}$mm 中心孔导正。

4）防粘装置。防粘装置是指弹性防粘推杆26及弹簧等，其作用是防止冲裁时分离的材料粘在凸模上，影响模具的正常工作，甚至损坏模具。工位③的落料凸模上均匀布置了3个弹性防粘推杆，目的是使凸模上的导正销与落料的转子片分离，阻止转子片随凸模上升。

7.3.2　综合训练——卡片冲孔、落料级进自动模设计

图7-50所示为卡片零件图，该冲压件尺寸小，厚度较小（t=0.8mm），材料为H62黄铜带，属于大批量生产，尤其 ϕ2mm 内孔和4mm壁的间距小，因此宜采用带料多工位级进模冲压成形。

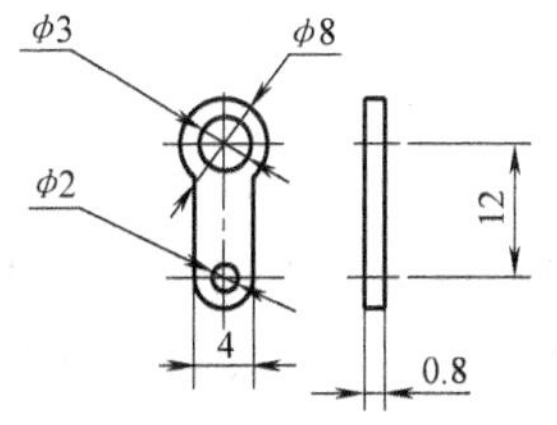

图7-50　卡片零件图

1. 排样图设计

图7-50所示卡片的零件，尺寸小、材料薄、批量大，尤其

ϕ2mm 内孔和 4mm 壁的间距小，是实际生产中常见的典型冲裁件，需采用级进模冲压；冲压材料为厚 0.8mm 的铜带卷料，采用自动送料装置送料。由于该工件是在黄铜带料上冲裁的，因此为了提高材料利用率，采用错位直对排样。卡片排样图如图 7-51 所示，共 5 个工位。

查表 2-17、表 2-18 和表 2-19，取 $a=1.5\text{mm}$，$a_1=1.2\text{mm}$，$\Delta=0.10\text{mm}$，$Z=0.5\text{mm}$，因此，条料宽度为

$$B_{-\Delta}^{\ 0}=(4+12+4+5+1.5\times2)_{-0.1}^{\ 0}\text{mm}=28_{-0.1}^{\ 0}\text{mm}$$

步距为

$$s=(4+1.2)\times2\text{mm}=10.4\text{mm}$$

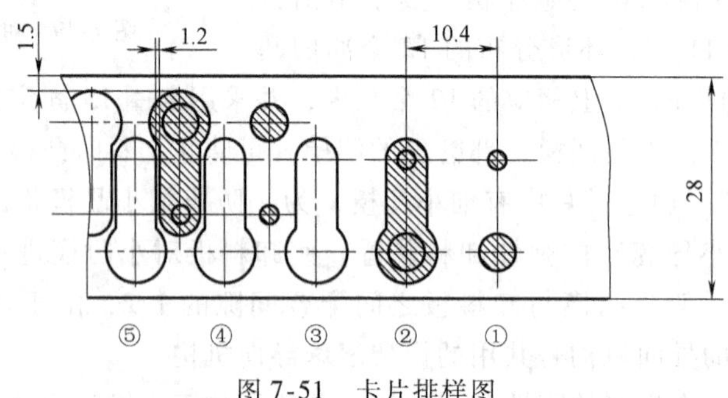

图 7-51　卡片排样图

工位①：冲 ϕ2mm 和 ϕ3mm 孔。

工位②：落料。

工位③：空工位。

工位④：冲直对排 ϕ2mm 和 ϕ3mm 孔。

工位⑤：落料。

2. 模具结构

图 7-52 所示为卡片多工位级进自动模。分别在工位②和工位⑤（落料）的凸模上设置定位销对带料进行精定位，以保证工件精度和定距精度。模具使用后侧滑动导柱导套导向，实现左右送料。条料由导料板 29 导向，弹性卸料板 6 上加装了小导柱 11 进行导向，弹性卸料板不仅对条料起压料和卸料作用，同时能保护细长的冲孔凸模 16。凹模 4 的型孔采用斜刃壁，不积聚冲压件和废料，可减小推料力。

该模具带有自动送料装置，带料由夹刃式自动送料装置送进。由于弹簧 22 和 25 的弹力作用，送料夹刃 27 和止动夹刃 23 始终有压紧条料的趋势，送料夹刃 27 装配在送料夹座 30 上。当上模的斜楔 15 通过滚轮 20 推动送料夹座 30 向右运动时，由于摩擦力的作用，小压缩弹簧 25 被顶开，使得送料夹刃 27 在条料上打滑，而止动夹刃 23 由于卡紧作用而夹住条料，不让其向右运动。当上模带动斜楔回程时，由于压缩弹簧 21 的作用，送料夹座被推动向左运动，从而带动送料夹刃 27 向左运动，由于送料夹刃 27 此时在运动方向上对条料有卡紧作用，从而夹住条料向左运动，将其送进一个步距，止动夹刃 23 此时在条料上打滑。如此循环，进行连续冲压。

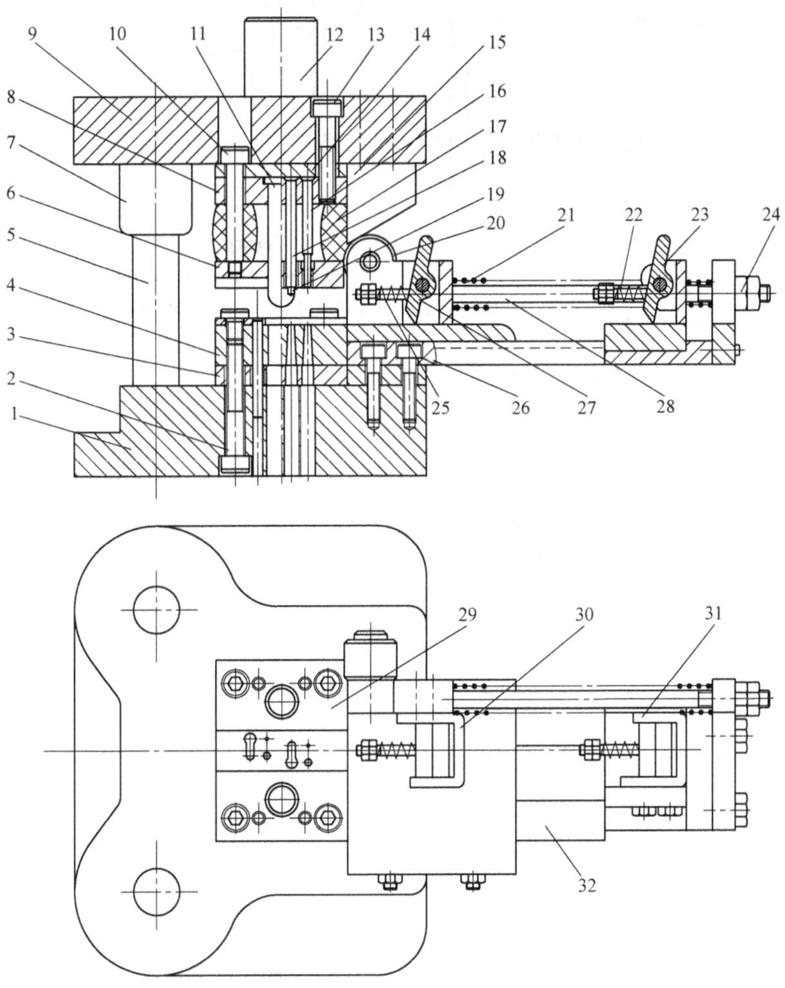

图 7-52　卡片多工位级进自动模

1—下模座　2、13—螺钉　3—垫板　4—凹模　5—导柱
6—弹性卸料板　7—导套　8—凸模固定板　9—上模座
10—卸料螺钉　11—小导柱　12—模柄　14—垫板　15—斜楔
16—冲孔凸模　17—橡胶弹性体　18—落料凸模
19—导正销　20—滚轮　21、22、25—弹簧
23—止动夹刃　24—螺母　26—底板　27—送料夹刃
28—螺栓　29—导料板　30—送料夹座　31—定料夹座　32—导轨

思考与练习题

7-1　多工位级进模有哪些种类？

7-2　设计多工位排样图时，冲裁工位的安排应注意哪些问题？

7-3　简述各种多工位级进模典型结构的特点。

7-4　图 7-53 所示为洗衣机静触片零件图，材料为 H62 黄铜，生产批量大，试分析设计排样图。

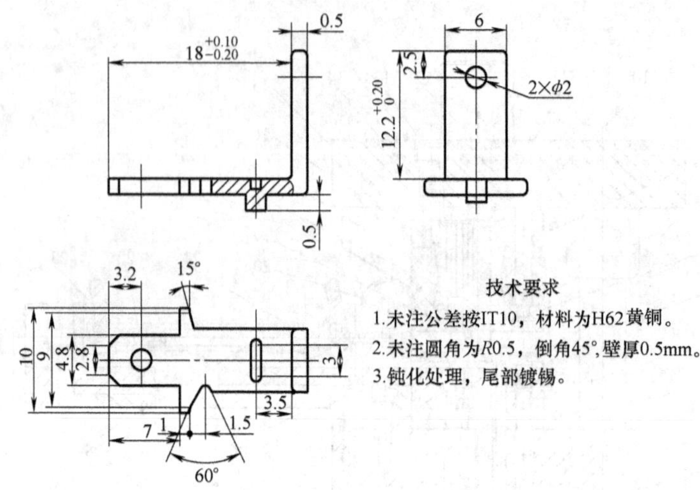

图 7-53　习题 7-4 图

7-5　比较各种自动送料装置的特点及适用场合。

教学单元八　冲压工艺的制订与模具设计综合实践

冲压件的生产流程通常包括原材料的准备、各种冲压工序的加工以及其他必要的辅助工序。对于某些组合件或精度要求较高的冲压件，还需要经过切削加工、焊接或铆接才能最后完成制造过程。

制订冲压工艺就是针对某一具体的冲压件合理地选择各工序的性质，正确确定坯料尺寸、工序数量和工序件尺寸，合理安排各冲压工序及辅助工序的先后顺序及组合方式，以确保产品质量，实现高生产率和低成本生产。

8.1　任务引入

生产中的冲压件形状各异，在掌握前述章节内容的基础上，根据各种冲压工序的成形工艺特点，结合冲压件的结构和具体生产条件进行仔细分析与研究，合理制订冲压工艺，并进行模具设计综合实践。

图 8-1 所示为托架和柴油机油门盖板三维图。在学完前七个教学单元的各种冲压工序、成形工艺与模具设计的相关知识后，将针对托架和柴油机油门盖板两个典型成形件进行冲压工艺计算、冲压工艺制订及模具设计综合实践。

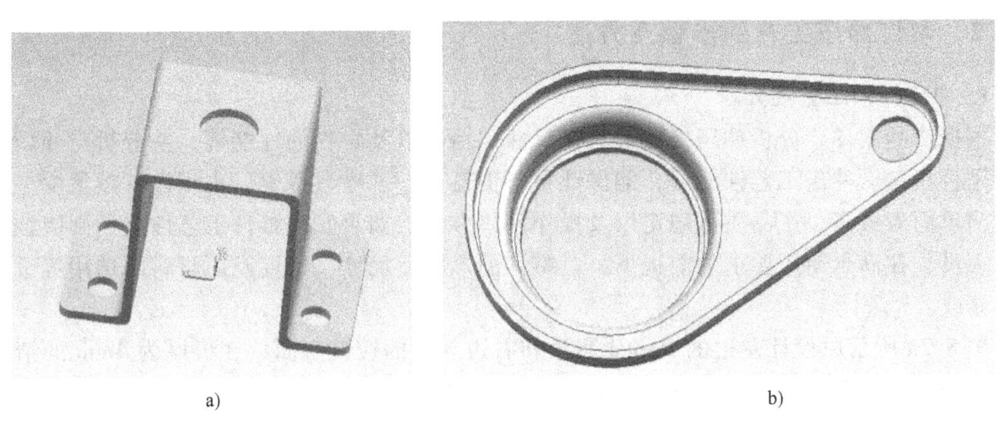

a)　　　　b)

图 8-1　托架和柴油机油门盖板三维图
a）托架　b）柴油机油门盖板

8.2　相关知识

8.2.1　制订冲压工艺的原始资料

在制订冲压工艺之前，必须充分掌握冲压件的原始资料，了解产品的各种要求。原始资料主要包括以下内容。

1. 冲压件的零件图及技术条件

冲压件的零件图是制订冲压工艺的主要依据，它对冲压件的结构形状、尺寸大小、精度要求及有关技术条件作出了明确的规定。在只有样件而没有图样的情况下，应先测绘并画出样件的图样，作为工艺分析与设计的依据。

2. 冲压件的生产批量及变形程度

冲压件的生产批量及变形程度也是制订冲压工艺时必须考虑的重要因素，它直接影响加工工艺及模具类型的确定。

3. 原材料的尺寸规格及性能指标

原材料的尺寸规格是确定坯料形式和下料方式的依据，材料的性能对确定冲压件变形程度与工序数量、计算冲压力以及是否需要安排热处理辅助工序等都有重要影响。

4. 冲压设备条件

可供选用的冲压设备类型、规格和自动化程度等是确定工序组合程度、选择各工序压力机型号和确定模具类型的主要依据。

5. 模具制造条件及技术水平

企业的模具制造条件及技术水平，直接影响工序组合程度、模具结构与精度的确定。

6. 各种技术资料

制订冲压工艺和设计模具时，要充分利用与冲压有关的技术标准、设计资料与手册，进行工艺分析与设计计算、确定材料与尺寸精度、选用相应的标准和典型结构，简化设计过程，提高工作效率。

8.2.2 制订冲压工艺的步骤及方法

1. 冲压件的工艺性分析

根据产品图样，分析冲压件的形状、尺寸、精度以及材料的性能等，并分析与冲压工艺条件是否相符。冲压工艺性能好，能保证材料消耗少、工序数目少、占用设备数量少、模具结构简单而寿命高、产品质量稳定以及操作简单方便。如果发现零件工艺性差，则应该会同设计人员，在满足使用要求的前提下，对零件的形状、尺寸、精度及原材料的选用等进行必要的修改。

图 8-2a 所示原设计左边的 $R3$mm 圆角和右边封闭的铰链弯曲，在板厚为 4mm 的情况下很难实现，修改后的零件就比较容易冲压加工；图 8-2b 的原设计为两个弯曲件焊接而成，若在不影响使用的条件下，改成一个整体零件，则可以简化工艺过程，还可以节约原材料；图 8-2c 所示为某汽车消声器后盖，在满足使用要求的条件下，修改后的形状比原设计的形状简单，冲压工序由原来的八道减至两道。

2. 冲压工艺方案的确定

在对冲压件进行工艺分析的基础上，便可进行冲压工艺方案的确定。主要内容是确定各次冲压加工的工序性质、工序数量、工序顺序和工序的组合方式。

(1) 冲压工序性质的确定　不同的冲压工序各有其不同的变形性质、特点和用途，实际确定时要根据冲压件的形状、尺寸、精度、成形规律及其他具体要求等综合考虑。

1) 从冲压件图上直观地确定工序性质。如图 8-3a 所示的平板件，产量小、形状规则、

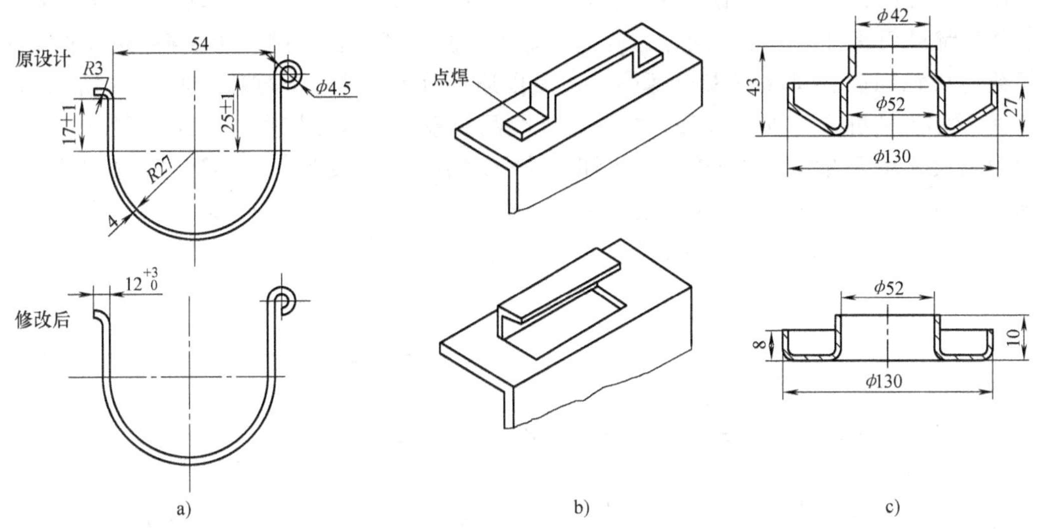

图 8-2　冲压件结构工艺性的改善

尺寸要求不高时，可采用剪裁工序。图 8-3b 所示的冲裁件，产量大、有一定精度要求时采用落料、冲孔、切口等工序，平整度要求较高时还需增加校平工序。图 8-3c 所示的开口空心件一般采用落料、拉深和切边工序成形，带孔的拉深件需增加冲孔工序，径向尺寸精度要求较高或圆角半径小于允许值时需增加整形工序。对于胀形、翻边和缩口零件如能一次成形，都是先用冲裁或拉深工序冲出坯料，再直接采用相应的胀形、翻边、缩口工序成形的。图 8-3d 所示的弯曲件一般均是在采用冲裁工序冲出坯料后用弯曲模进行弯曲。相对弯曲半径较小时要增加整形工序；产量不大、形状较规则时可采用折弯机弯曲。图 8-3e 所示的冲压件一般采用落料、拉深、冲孔和翻孔等工序完成。

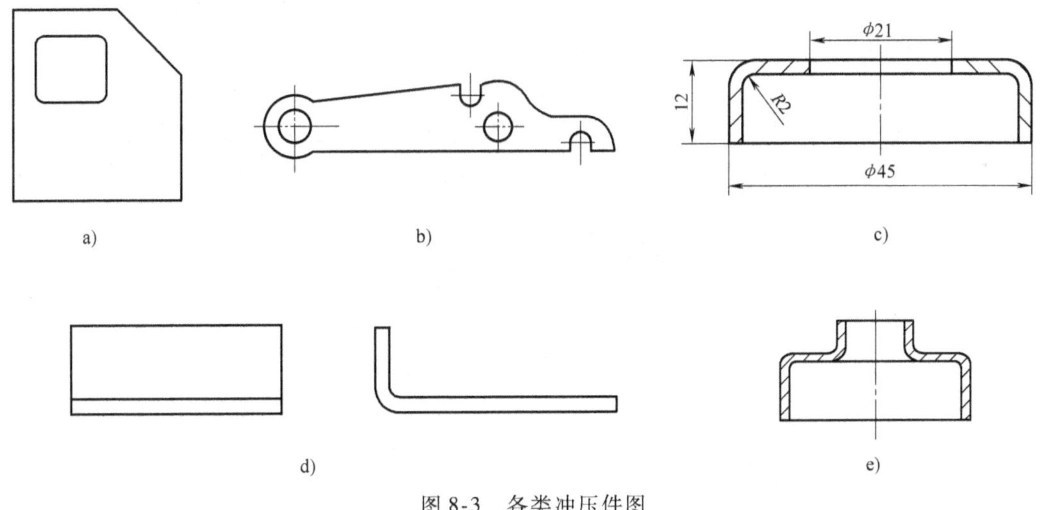

图 8-3　各类冲压件图

2）通过相关工艺计算或分析确定工序性质。有些冲压件由于一次成形的变形程度较大，或对零件的精度、变薄量、表面质量等方面有较高要求时，需要进行相关工艺计算或综合考虑变形规律、冲压件质量和冲压工艺性等因素后才能确定工序性质。

图 8-4 所示的两个形状相同而尺寸不同的带凸缘无底空心件，材料均为 08 钢。从表面上看似乎都可用落料、冲孔、翻边三道工序完成，但计算分析表明，图 8-4a 所示零件的翻边系数为 0.8，远大于其极限翻边系数，故可以通过落料、冲孔、翻边三道工序完成；而图 8-4b 所示零件的翻边系数为 0.65，接近其极限翻边系数，这时若直接冲孔后翻边，则由于翻边力较大，在翻边的同时可能会产生坯料外径缩小的拉深变形，达不到零件要求的尺寸，因而需采用落料、拉深、冲孔和翻边四道工序成形。若零件直边部分要求厚薄均匀，则也可采用拉深（一般需多次拉深）后切底的成形工艺。

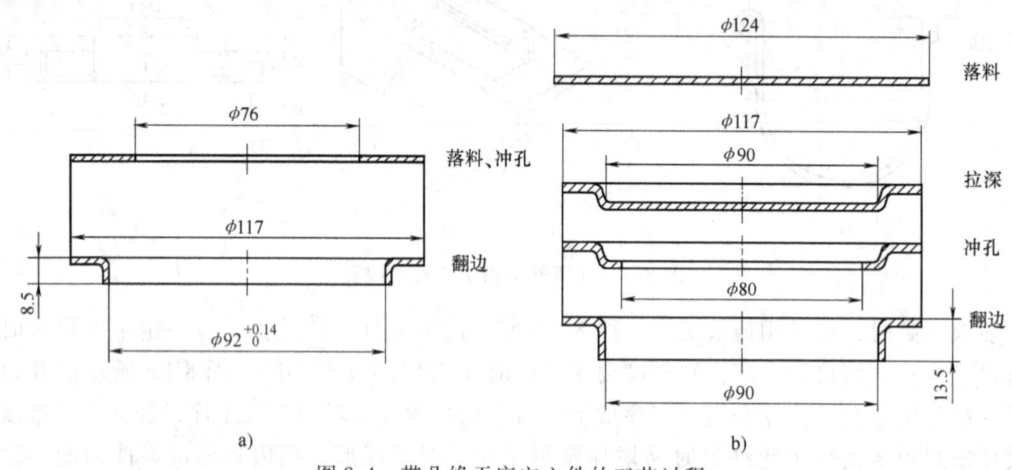

图 8-4　带凸缘无底空心件的工艺过程

（2）工序数量的确定　工序数量是指同一性质的工序重复进行的次数。工序数量的确定主要取决于零件的几何形状复杂程度、尺寸大小与精度，材料的冲压成形性能以及模具强度等，并与冲压工序性质有关。此外，保持工艺稳定性也是确定工序数量时不可忽略的因素。在保证冲压工艺合理的情况下，应适当增加冲压成形工艺的工序次数，以降低变形程度，避免在接近极限变形程度的情况下成形。

（3）工序顺序的确定　各工序的顺序安排主要取决于冲压变形规律和零件的质量要求，如果工序顺序的变更并不影响零件质量，则应当根据操作、定位及模具结构等因素确定。例如图 8-5 所示的垫圈冲压件，三个槽与三个孔之间有相对位置要求，因三小孔与内外圈距离

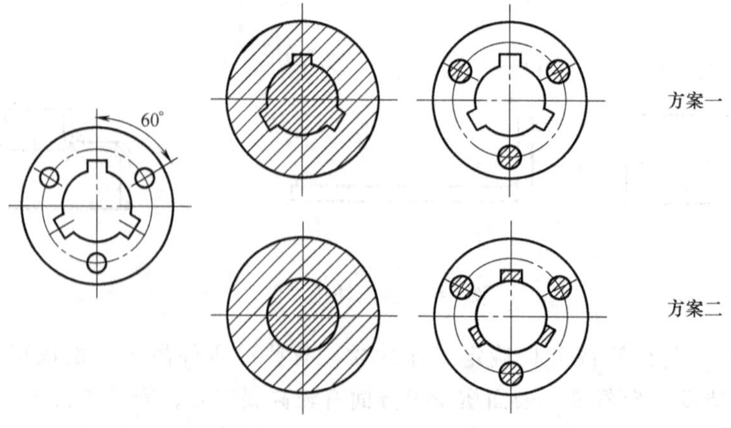

图 8-5　垫圈冲压工艺方案比较

较近，所以采用先复合再冲孔或槽的方法，有以下两种工艺方案：方案一是先复合冲出外圆及带三个槽的内孔，第二次冲出三个小孔，这种方案定位复杂、操作不便、效率低；方案二是先复合冲出内外圆，再在第二副模具中完成三个小孔和三个槽的冲裁，这种方案定位简单可靠、操作方便安全、效率高。

工序先后顺序的安排和确定，还要考虑变形性质、质量要求和操作是否方便等因素。顺序安排的一般原则如下。

1）各工序的先后顺序应保证每道工序的变形区为相对弱区（变形抗力小、易变形区称为弱区），同时非变形区应为相对强区（变形抗力大、不易变形区称为强区）而不参与变形。当冲压过程中坯料上的强区与弱区对比不明显时，对零件有公差要求的部位应在成形后冲出。例如图 8-6 所示的锁圈，其内径 $\phi22_{-0.1}^{\ 0}$ mm 是配合尺寸，如果采用先落料、冲孔后再成形的方法，则由于成形时整个坯料都是变形区，很难保证内孔尺寸公差要求，因而应采用落料、成形、冲孔的工序顺序。

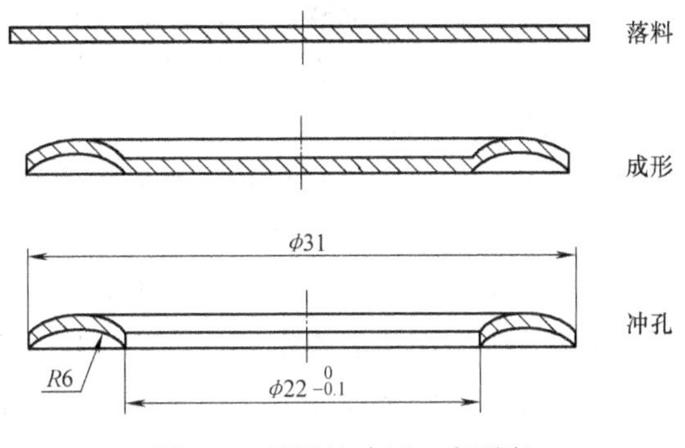

图 8-6　锁圈的冲压工序顺序

2）保证前工序已成形并符合零件图要求的部分，在以后各道工序中不再发生变形。

3）工件上所有的孔，只要其形状和尺寸不受后续工序的影响，都应在平面坯料上先冲出，这样可使模具结构简单，生产效率高。先冲出的孔在不影响孔精度的前提下，可以作为后续工序的定位孔。

4）对于带孔或有缺口的冲裁件，如果选用单工序模冲裁，则一般先落料，再冲孔或切口；而使用级进模冲裁时，则应先冲孔或切口，后落料。当工件上同时存在两个直径不同的孔，且两孔距又比较小时，应先冲大孔再冲小孔，这样可避免冲大孔时引起小孔变形。

5）对于带孔的弯曲件，孔边与弯曲变形区的间距较大时，可以先冲孔后弯曲。如果孔边在弯曲变形区附近或以内，则必须在弯曲后再冲孔。孔间距受弯曲回弹影响时，也应先弯曲后冲孔。

6）对于带孔的拉深件，一般来说，都是先拉深，后冲孔。但当孔的位置在零件的底部，且孔径尺寸相对筒体直径较小并要求不高时，也可先在坯料上冲孔，再拉深。该孔还有转移变形区的作用，也称为变形减轻孔。

7）对于多角弯曲件，应从弯曲时材料的变形和运动两方面考虑安排弯曲的先后顺序，一般是先弯外角，再弯内角。

8）工件需整形或校平等工序时，均应安排在工件基本成形以后进行。

（4）工序的组合方式　复杂冲压件往往需要经过多道工序才能完成，因此在制订工艺方案时，必须考虑是采用单工序模分散冲压，还是将工序组合起来采用复合模或级进模冲压。一般来说，工序组合的必要性主要取决于冲压件的生产批量。生产批量大时，应尽可能采用组合工序，即采用复合模或级进模冲压，以提高生产效率，降低成本；生产批量小时，则以单工序模分散冲压为宜。

但有时为了操作方便、保障安全生产，或为了减少冲压件在生产过程中的占地面积和传递工作量，虽然生产批量不大，但也把冲压工序相对集中，采用复合模或级进模冲压。另外，对于尺寸过小或过大的冲压件，考虑到多套单工序模的制造费用比复合模还高，生产批量不大时也可考虑将工序组合起来，采用复合模冲压。对于精度要求较高的零件，为了避免多次冲压的定位误差，也应采用复合模冲压。

工序集中式的组合冲压必然使模具结构复杂化。因此，工序组合的程度受到模具结构、模具强度、模具制造与维修以及设备能力的限制。尽管如此，随着冲压技术和模具制造技术的发展，在大批量生产中工序组合程度还是越来越高。

3. 有关工艺的计算

（1）排样与裁板方案的确定　根据冲压工艺方案，确定冲压件或坯料的排样方案，计算条料宽度与步距，选择板料规格并确定裁板方式，计算材料利用率。

（2）确定各次冲压工序件的形状和尺寸　冲压工序件是坯料与成品零件的过渡件。对于冲裁件或成形工序少的冲压件（如一次拉深成形的拉深件、简单弯曲件等），工艺过程确定后，工序件的形状及尺寸就已经确定了。对于形状复杂、需要多道成形工序的冲压件，应根据极限变形参数确定工序件的尺寸，并且应有利于下一道工序的成形。工序件各部位的形状和尺寸必须按等面积原则确定。

图 8-7 所示为出气阀罩盖的冲压工艺过程。如图 8-7b 所示，在第二次拉深所得的工序件中，ϕ16.5mm 的圆筒形部分与成品零件相同，在以后的各工序中不再变形，其余部分属于过渡部分。被圆筒形部分隔开的内外部分的表面积，应满足以后各工序中形成零件相应部分的需要，不能从其他部分来补充材料，但也不能过剩。因此，该零件两次拉深所得工序件的底部为球面形状，储备材料以满足压出 ϕ5.8mm 凹坑的需要。如果做成平底的形状，压凹坑时只能产生局部胀形，材料变薄，翻孔时端部易产生微裂纹。

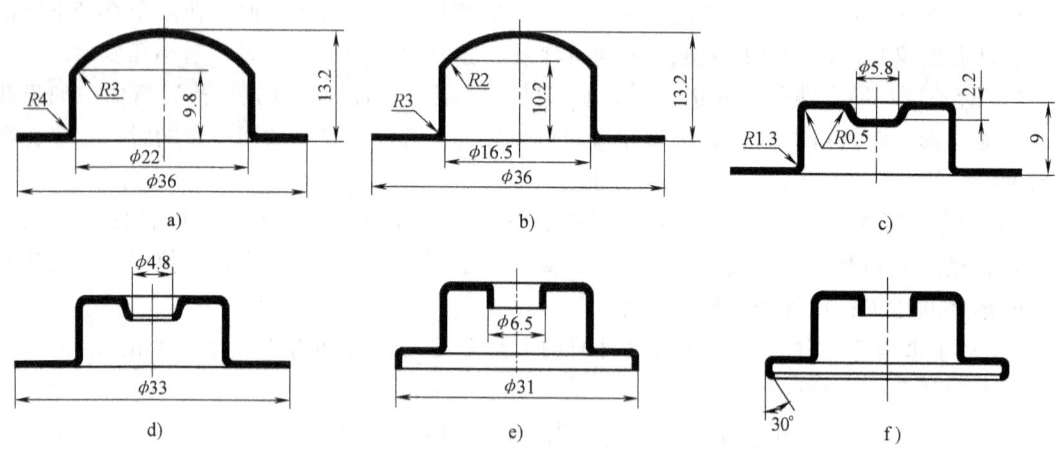

图 8-7　出气阀罩盖的冲压工艺过程

（3）计算各工序的冲压力　根据冲压工艺方案，初步确定各冲压工序所用冲压模具的结构方案（如卸料与压料方式、推件与顶件方式等），计算各冲压工序的变形力（冲裁力、弯曲力、拉深力、胀形力和翻边力等）、卸料力、压料力、推件力和顶件力等。对于非对称形状件冲压和级进冲压，还需要计算压力中心。

4. 冲压设备的选择

根据企业现有设备情况、生产批量、冲压工序性质、冲压件尺寸与精度、冲压加工所需的冲压力、变形功以及估算的模具闭合高度和轮廓尺寸等主要因素，合理选定冲压设备的类型和规格。

5. 编写冲压工艺文件

为了将制订的冲压工艺实施于生产，需要以工艺文件的形式将其确定下来，作为生产准备（如下料、设计与制造模具等）、经济核算和指导生产的依据。

冲压工艺文件主要有冲压工艺过程卡和工序卡。其中，冲压工艺过程卡表示了零件整个冲压工艺过程的有关内容，而工序卡具体表示每一工序的有关内容。在大批量生产中，需要制订每个零件的工艺过程卡和工序卡；成批和小批量生产中，一般只需制订工艺过程卡。

在生产中，冲压工艺过程卡尚无统一的格式，企业可根据既有利于生产管理又简便的原则进行确定。一般冲压工艺过程卡的主要内容应包括：工序号、工序名称、工序内容、工序草图（加工简图）、工艺装备、设备型号、材料牌号与规格等。表 8-1 和表 8-2 分别是托架和柴油机油门盖板的冲压工艺过程卡，可供参考。

8.3 任务实施

8.3.1 综合训练——托架的冲压工艺过程制订

托架零件图如图 8-8 所示，材料为 08 钢，料厚 $t=1.5$mm，年产量为 2 万件，要求表面无严重划痕，孔不允许变形，试制订其冲压工艺过程。

1. 零件分析

（1）零件的功用与经济性分析　该零件是某机械产品上的一个支承托架，其 ϕ10mm 孔内装有心轴，并通过四个 ϕ5mm 孔与机身连接。零件工作时受力不大，对其强度和刚度的要求不太高。该零件的生产批量为 2 万件/年，属于中批量生产，外形简单对称，材料 08 钢为一般冲压用钢，具有良好的冲压加工成形性能。

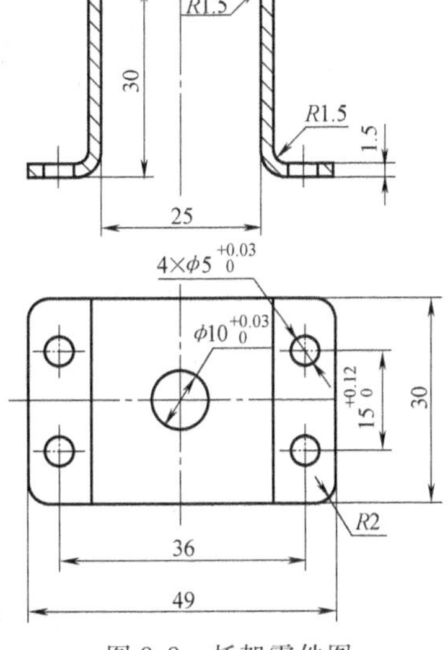

图 8-8　托架零件图

（2）零件的工艺性分析　托架为有五个孔的四角弯曲件。其中五个孔的尺寸公差均为 IT9，其余尺寸为自由公差。各孔的尺寸精度在冲裁允许的精度范围以内，且孔径均大于允许的最小孔径，故可以冲裁。但四个 ϕ5mm 孔的孔边距圆角变形区太近，孔易变形，且弯曲后的回弹也影响 36mm 孔距尺寸，故四个 ϕ5mm 孔应在弯曲后冲出。ϕ10mm 孔距圆角变形区较远，为简化模具结构和便于弯曲时坯料的定位，宜在弯曲前与坯料一起冲出。弯曲部分的相对圆角半径 r/t 均等于 1，大于表 4-4 所列的最小相对弯曲半径 r_{min}/t，可以弯曲。零件的材料为 08 钢，其冲压成形性能较好。综上可知，该托架零件的冲压工艺性良好，便于冲压成形。但应注意适当控制弯曲时的回弹，并避免弯曲时划伤零件表面。

2. 冲压工艺方案的分析与确定

从零件的结构形状可知，所需基本工序为落料、冲孔和弯曲三种，其中弯曲成形的方式有图 8-9 所示的三种。因此，可能的冲压工艺方案有以下六种。

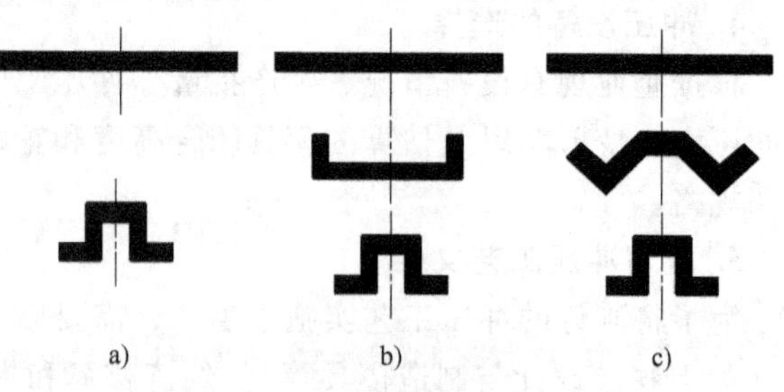
图 8-9　托架弯曲成形的方式

方案一：冲 ϕ10mm 孔与落料复合（图 8-10a）→弯两外角并使两内角预弯 45°（图 8-10b）→弯两内角（图 8-10c）→冲四个 ϕ5mm 孔（图 8-10d）。

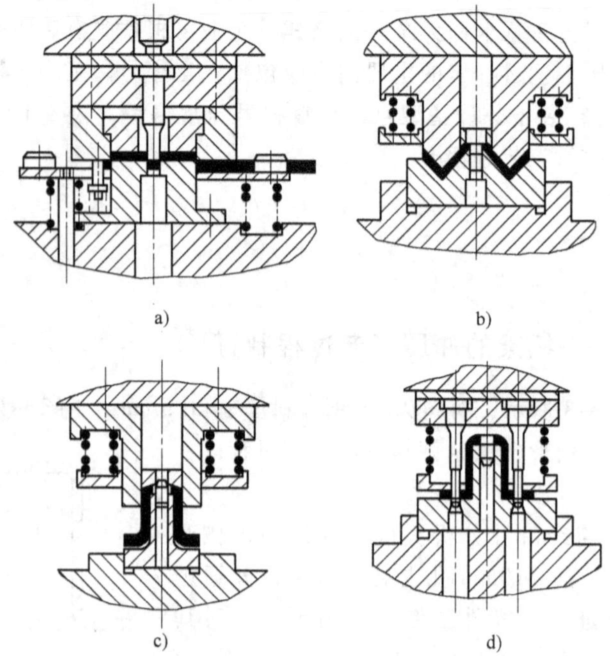
图 8-10　方案一各工序模具结构简图
a）冲 ϕ10mm 孔与落料　b）弯外角与预弯内角　c）弯曲内角　d）冲四个 ϕ5mm 孔

方案二：冲 ϕ10mm 孔与落料复合（同方案一）→弯两外角（图 8-11a）→弯两内角（图 8-11b）→冲四个 ϕ5mm 孔（同方案一）。

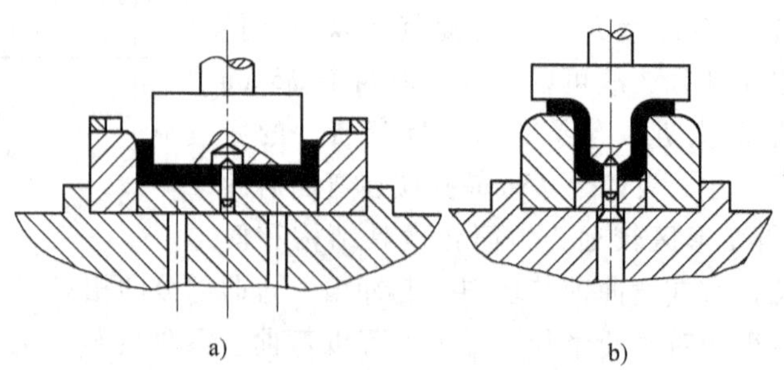
图 8-11　方案二第 2、3 道工序模具结构简图
a）弯两外角　b）弯两内角

方案三：冲 ϕ10mm 孔与落料复合（同方案一）→弯四角（图 8-12）→冲四个 ϕ5mm 孔（同方案一）。

方案四：冲 ϕ10mm 孔、切断与弯两外角级进冲压（图 8-13）→弯两内角（图 8-11b）→冲四个 ϕ5mm 孔（同方案一）。

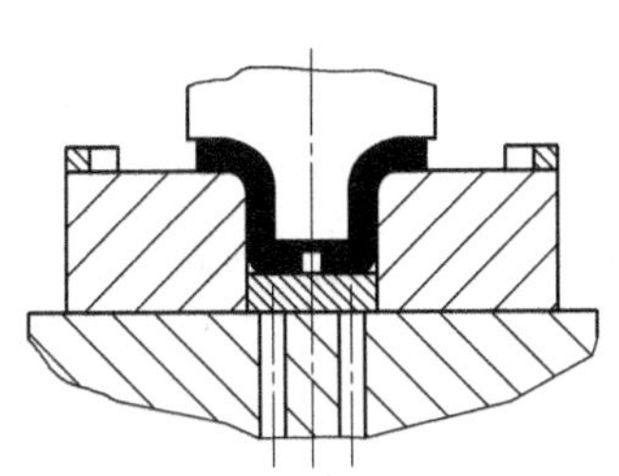

图 8-12　方案三第 2 道工序模具结构简图

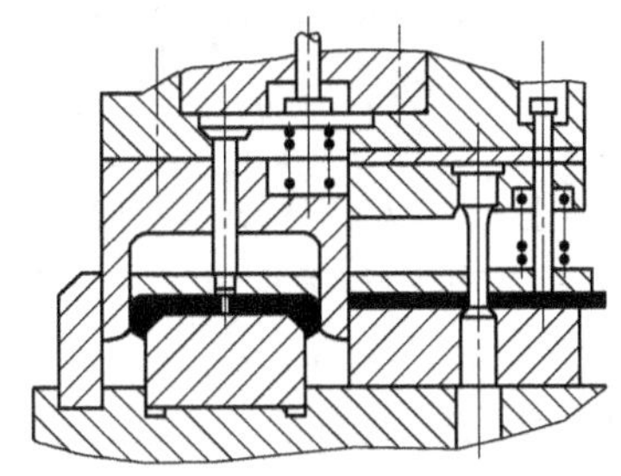

图 8-13　方案四第 1 道工序模具结构简图

方案五：冲 ϕ10mm 孔、切断与弯四角级进冲压（图 8-14）→冲四个 ϕ5mm 孔（同方案一）。

方案六：全部工序合并，采用带料级进冲压（图 8-15）。

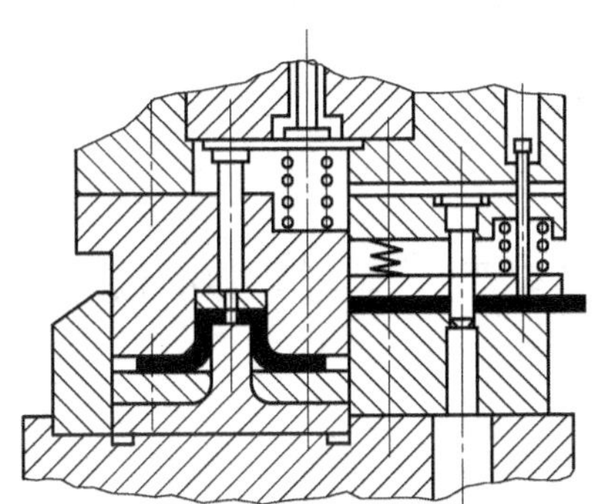

图 8-14　方案五第 1 道工序模具结构简图

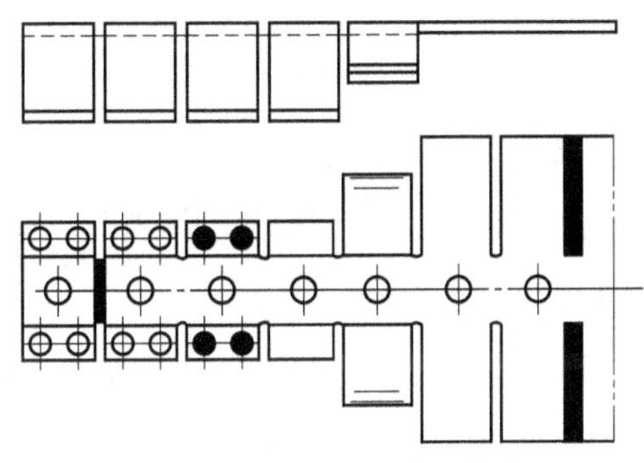

图 8-15　方案六级进冲压排样图

对以上六种方案进行分析比较如下：

方案一的优点是模具结构简单，寿命长，制造周期短，投产快；零件能实现校正弯曲，故回弹容易控制，尺寸和形状准确，且坯料受凸、凹模的摩擦阻力小，因而表面质量也高；除工序 1 以外，各工序的定位基准一致且与设计基准重合；操作也比较方便。缺点是工序分散，所需模具、设备和操作人员较多，劳动量较大。

方案二的模具虽然也具有方案一的优点，但零件回弹不易控制，故形状和尺寸不太准确，同时也具有方案一的缺点。

方案三的工序比较集中，占用设备和人员少，但弯曲时摩擦力大，模具寿命短，零件表面有划伤，厚度变薄，同时回弹不易控制，尺寸和形状不准确。

从零件成形的角度看，方案四与方案二没有本质上的区别，虽工序较集中，但模具结构也复杂些。

方案五本质上与方案三相同，只是采用了结构较复杂的级进复合模。

方案六采用了工序高度集中的级进冲压方式，生产效率最高，但模具结构复杂，安装、调试、维修比较困难，制造周期长，适用于大量生产。

综上所述，考虑到零件批量不大，而质量要求较高，故选择方案一较为合适。

3. 主要工艺参数的计算

（1）计算坯料展开长度　坯料展开长度按图 8-8 分段计算，即

$\sum L_{直} = 2 \times 9\text{mm} + 2 \times 25.5\text{mm} + 22\text{mm} = 91\text{mm}$

$\sum L_{弯} = 4 \times \frac{\pi\alpha}{180}(r + xt) = 4 \times \frac{3.14 \times 90}{180} \times (1.5 + 0.32 \times 1.5)\text{mm} \approx 13\text{mm}$

$\sum L = \sum L_{直} + L_{弯} = 91\text{mm} + 13\text{mm} = 104\text{mm}$

（2）确定排样与裁板方案　坯料为矩形，采用单排最为适宜。取搭边值 $a = 2\text{mm}$、$a_1 = 1.5\text{mm}$，则

条料宽度 $B = 104\text{mm} + 2 \times 2\text{mm} = 108\text{mm}$

步距 $s = 30\text{mm} + 1.5\text{mm} = 31.5\text{mm}$

板料规格选用 1.5mm × 900mm × 1 800mm。

采用纵裁法时有

裁成条料数 $n_1 = 900\text{mm}/108\text{mm} \approx 8$，余 36mm

每条零件数 $n_2 = \frac{1\,800\text{mm} - 1.5\text{mm}}{31.5\text{mm}} \approx 57$

36mm × 1 800mm 余料利用件数 $n_3 = \frac{1\,800\text{mm} - 2\text{mm}}{108\text{mm}} \approx 16$

每板零件数 $n = n_1 n_2 + n_3 = 8 \times 57 + 16 = 472$

材料利用率 $\eta_1 = \frac{472 \times (30 \times 104\text{mm}^2 - \pi \times 10^2\text{mm}^2/4 - 4\pi \times 5^2\text{mm}^2/4)}{900 \times 1\,800\text{mm}^2} \approx 86.3\%$

采用横裁法时：

裁成条料数 $n_1 = 1\,800/108 \approx 16$，余 72mm

每条零件数 $n_2 = \frac{900 - 1.5}{31.5} \approx 28$

72mm × 900mm 余料利用件数 $n_3 = 2 \times \frac{900 - 2}{108} \approx 16$

每板零件数 $n = n_1 n_2 + n_3 = 16 \times 28 + 16 = 464$

材料利用率 $\eta_2 = \frac{464 \times (30 \times 104\text{mm}^2 - \pi \times 10^2\text{mm}^2/4 - 4\pi \times 5^2\text{mm}^2/4)}{900 \times 1\,800\text{mm}^2} \approx 84.9\%$

由以上计算可知，纵裁法的材料利用率高。从弯曲线与纤维方向之间的关系看，横裁法较好。但由于材料 08 钢的塑性较好，不会出现弯裂现象，故采用纵裁法排样，以降低成本，提高经济性。

（3）计算各工序的冲压力

1）工序 1（落料冲孔复合）。采用图 8-10a 所示的模具结构形式，则

冲裁力　$F_{落} = L_1 t R_m = (2 \times 30 + 2 \times 104) \times 1.5 \times 360\text{N} = 144\,720\text{N}$

$F_{孔} = L_2 t R_m = 10\pi \times 1.5 \times 360\text{N} = 16\,956\text{N}$

$F = F_{落} + F_{孔} = 144\,720\text{N} + 16\,956\text{N} = 161\,676\text{N}$

卸料力　$F_X = K_X F_{落} = 0.05 \times 144\,720\text{N} = 7\,236\text{N}$

推件力　$F_T = nK_T F_X = 5 \times 0.055 \times 7\ 236\text{N} \approx 1\ 990\text{N}$

冲压总力　$F_\Sigma = F + F_X + F_T = 161\ 676\text{N} + 7\ 236\text{N} + 1\ 990\text{N} = 170\ 902\text{N} \approx 171\text{kN}$

2）工序 2（弯两外角并使两内角预弯 45°）。采用图 8-10b 所示的模具结构形式，按校正弯曲计算，则

$$F_{校} = Aq = 85 \times 30 \times 50\text{N} = 127\ 500\text{N}$$

3）工序 3（弯两内角）。采用图 8-10c 所示的模具结构形式，按 U 形件自由弯曲计算，则

弯曲力　$F_{自} = \dfrac{0.7KBt^2R_m}{r+t} = \dfrac{0.7 \times 1.3 \times 30 \times 1.5^2 \times 360}{1.5+1.5}\text{N} = 7\ 371\text{N}$

压料力　$F_Y = (0.3 \sim 0.8)F_{自} = 0.6 \times 7\ 371\text{N} \approx 4\ 422\text{N}$

冲压总力　$F_\Sigma = F_{自} + F_Y = 7\ 371\text{N} + 4\ 422\text{N} = 11\ 793\text{N}$

4）工序 4（冲四个 ϕ5mm 孔）。采用图 8-10d 所示的模具结构形式，则

冲裁力　$F_{孔} = LtR_m = 4 \times 5\pi \times 1.5 \times 360\text{N} = 33\ 912\text{N}$

卸料力　$F_X = K_X F_{孔} = 0.05 \times 33\ 912\text{N} \approx 1\ 696\text{N}$

推件力　$F_T = nK_T F_{孔} = 5 \times 0.055 \times 33\ 912\text{N} \approx 9\ 326\text{N}$

冲压总力　$F_\Sigma = F_{孔} + F_X + F_T = 33\ 912\text{N} + 1\ 696\text{N} + 9\ 326\text{N} = 44\ 934\text{N}$

4. 冲压设备选择

该零件各工序中只有冲裁和弯曲两种冲压工艺方法，且冲压力均不太大，故均选用开式可倾式压力机。根据所计算的各工序冲压力的大小，并考虑零件尺寸和可能的模具闭合高度，工序 1（落料冲孔复合工序）选用 J23-25 压力机，其余各工序均选用 J23-16 压力机。

5. 填写冲压工艺过程卡

托架冲压工艺过程卡见表 8-1。

表 8-1　托架冲压工艺过程卡

<table>
<tr><td rowspan="2">（厂名）</td><td rowspan="2" colspan="2">冲压工艺过程卡</td><td>产品型号</td><td></td><td>零(部)件名称</td><td>托　架</td><td>共　页</td></tr>
<tr><td>产品名称</td><td></td><td>零(部)件型号</td><td></td><td>第　页</td></tr>
<tr><td colspan="2">材料牌号及规格</td><td>材料技术要求</td><td>坯料尺寸</td><td colspan="2">每个坯料可制件数</td><td>坯重</td><td>辅料</td></tr>
<tr><td colspan="2">08 钢(1.5 ±0.11)mm ×
1 800mm ×900mm</td><td></td><td>1.5mm ×108mm ×1 800mm</td><td colspan="2">57 件</td><td></td><td></td></tr>
<tr><td>工序号</td><td>工序名称</td><td>工 序 内 容</td><td>加 工 简 图</td><td>设 备</td><td>工艺装备</td><td colspan="2">工时</td></tr>
<tr><td>0</td><td>下料</td><td>剪床上裁板 108mm ×1 800mm</td><td></td><td></td><td></td><td colspan="2"></td></tr>
<tr><td>1</td><td>冲孔落料</td><td>冲 ϕ10mm 孔与落料复合</td><td>1.5　2　108　31.5　t=1.5　104　30　R2　$\phi10^{+0.03}_{0}$</td><td>J23-25</td><td>冲孔落料
复合模</td><td colspan="2"></td></tr>
</table>

（续）

工序号	工序名称	工序内容	加工简图	设备	工艺装备	工时
2	弯曲	弯两外角并使两内角预弯45°		J23-16	弯曲模	
3	弯曲	弯两内角		J23-16	弯曲模	
4	冲孔	冲4×ϕ5mm孔		J23-16	冲孔模	
5	检验	按零件图样检验				

										编制（日期）	审核（日期）	会签（日期）
标记	处数	更改文件号	签字	日期	标记	处数	更改文件号	签字	日期			

8.3.2 强化训练——柴油机油门盖板的冲压工艺与模具设计综合实践

图8-16所示为柴油机油门盖板零件图。该零件材料为08钢，厚度$t=1.5$mm，年产量5万件，试制订其冲压工艺及进行模具设计综合实践。

1. 零件的工艺性分析

该零件是船用柴油机上的油门盖板，零件形状的基本特征是底部带$\phi40^{+0.3}_{0}$mm圆筒、外形是长圆形翻边件，故主要成形方法是冲裁、拉深、翻边和整形。零件的拉深高度为7mm，翻边高度为5mm，尺寸都不太大，其拉深及成形工艺性较好。但是圆角半径为1mm偏小，故应增加整形工序以达到圆角半径的要求。圆筒形底部需冲出圆孔，尺寸为$\phi35.9^{+0.1}_{0}$mm，与$R4.25$mm长圆形孔间的中心距为60.4±0.2mm，已标注出尺寸公差

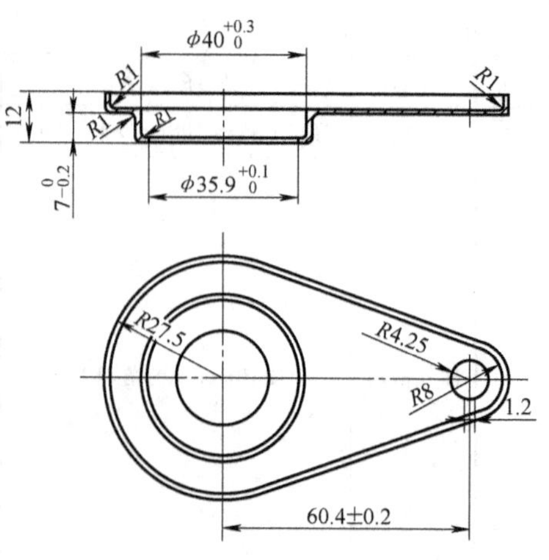

图8-16　柴油机油门盖板零件图

等级为 IT10 ~ IT11，精度偏高，需采用较高精度的模具和较小的凸、凹模间隙。其余未注公差尺寸按 IT14 制造，结构中无小孔及尖突形状。

材料选用 08 钢，其冲压成形性能较好，1.5mm 的板料厚度保证了足够的强度和刚度。

综上所述，该零件的年产量属于中批量，零件外形较简单，材料为一般用钢，采用冲压加工经济性良好。该零件的形状、尺寸、精度、材料均符合冲压工艺性要求，故可以采用冲压方法加工。

2. 冲压工艺方案的分析与确定

（1）工序性质与数量的确定　该零件的主要成形方法是冲裁、拉深、翻边和整形。底部 $\phi35.9^{+0.1}_{0}$mm 孔的冲裁方法有两种：一种是先冲出一定直径的预孔，待拉深成形后再冲出精确的 $\phi35.9^{+0.1}_{0}$mm 孔；另一种是先拉深再直接冲出所要求尺寸的孔。第一种方法中，先冲出预孔，在拉深时可承担部分变形量，也可节省原材料，但多一道冲预孔工序，模具结构会稍复杂些。第二种方法直接拉深，其筒形部分的材料均是由平面凸缘处的材料向下转移而来的，坯料直径和拉深变形量均增大，材料利用率降低，但可减少一次冲孔，模具结构会稍简单些。综合分析比较，生产实践中采用第一种方法较为合理。

（2）工艺计算　对该零件的几何形状进行分析，它的上端呈长圆形，是由两个直径不等的半圆和中间直边部分组成的。两端部半圆部位通过拉深成形，中间直边部位的成形方法近似于弯曲，这部分材料在凸模的作用下被拉进凹模，但材料几乎没有横向的压缩。零件两端的半圆形通过拉深成形，下面按圆筒形拉深计算。零件的上端最终通过翻边成形。

1）翻边工艺计算：

① 翻边部位展开尺寸。零件的外缘为平面，进行的翻边为外缘压缩类翻边。先计算翻边部位展开尺寸，按表 5-6 序号 3 计算。

对于 ϕ55mm 翻边，$d_2=56.5$mm，$H=4.25$mm，$r=1.75$mm，则展开毛坯直径为

$$D_1=\sqrt{d_2^2+4d_2H-1.72rd_2-0.56r^2}$$
$$=\sqrt{56.5^2+4\times56.5\times4.25-1.72\times1.75\times56.5-0.56\times1.75^2}\text{mm}\approx64\text{mm}$$

得　$R_1=32$mm

对于 R8mm 翻边，$d_2=17.5$mm，$H=4.25$mm，$r=1.75$mm，则展开毛坯直径为

$$D_2=\sqrt{d_2^2+4d_2H-1.72rd_2-0.56r^2}$$
$$=\sqrt{17.5^2+4\times17.5\times4.25-1.72\times1.75\times17.5-0.56\times1.75^2}\text{mm}\approx25\text{mm}$$

得　$R_2=12.5$mm

② 翻边部位变形程度的校核。若翻边部位的变形程度超过极限值，则零件会产生起皱，甚至把模具胀裂。翻边的变形程度用式（6-26）计算，有关尺寸如图 8-17 所示，其对应值 $b_1=(32-27.5-1.5)\text{mm}=3\text{mm}$，$R_1=(27.5+1.5)\text{mm}=29\text{mm}$；$b_2=(12.5-8-1.5)\text{mm}=3\text{mm}$，$R_2=(8+1.5)\text{mm}=9.5\text{mm}$，其变形程度为

$$\varepsilon_{p1}=\frac{b_1}{R_1+b_1}=\frac{3\text{mm}}{(29+3)\text{mm}}\approx0.094=9.4\%$$

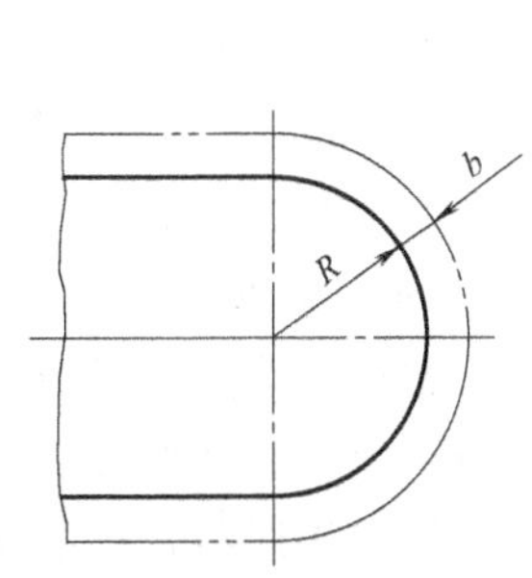

图 8-17　翻边变形程度计算图

$$\varepsilon_{p2}=\frac{b_2}{R_2+b_2}=\frac{3\text{mm}}{(9.5+3)\text{mm}}=0.24=24\%$$

与表 6-7 中 10 钢的数值对照，$\varepsilon_{p2}=24\%$ 变形程度在允许范围之内；$\varepsilon_{p1}=9.4\%$，接近极限值 10%，08 钢的冲压成形性能较好，经生产工艺验证能一次翻边成形。

2）拉深工艺计算。底部 ϕ40mm、高 7mm 圆筒的成形工艺属于带凸缘的拉深，其工艺计算包括坯料尺寸的计算、拉深次数的确定和拉深力的计算。

① 计算毛坯直径。级进模的坯料是条料，但毛坯直径的计算按单个毛坯的计算方法进行。按表 5-6 序号 4 的公式计算，即

$$D=\sqrt{d_4^2+4d_2H-3.44rd_2}$$
$$=\sqrt{64^2+4\times41.5\times7-3.44\times1.75\times41.5}\text{mm}\approx70\text{mm}$$

② 判断能否一次拉深成形。由宽凸缘件第一次拉深的最大相对高度 H/d_1 来确定能否一次拉深成形。$H/d_1=7\text{mm}/41.5\text{mm}\approx0.16$，由相对凸缘直径 $d_t/d_1=70/41.5\approx1.69$ 以及毛坯相对厚度 $\frac{t}{D}\times100\%=\frac{1.5}{70}\times100\%\approx2.14\%$ 查表 5-13 取首次拉深允许的最大相对高度 $[H_1/d_1]=0.58\sim0.48$，实际拉深的最大相对高度为 0.16，大大小于允许值，故可以一次拉深成形。

③ 增加预冲孔工序。预冲孔工序是一个附加工序，所冲孔不是零件结构所需要的，而是起转移变形区的作用，所以又称为变形减轻孔。若利用油门盖板底部 ϕ35.9mm 的结构孔预先在坯料上冲出变形减轻孔，则由于该孔在拉深时对外部坯料（大于 40mm 的部分）的变形有减轻作用，因此可减小坯料直径及拉深变形程度。又因为拉深时变形减轻孔有所变大，故确定预冲孔径为 ϕ22.5mm，拉深成形后再进行一次冲孔得到精确的 $\phi35.9^{+0.1}_{0}$mm 底孔。由于变形减轻孔的作用，拉深前的坯料直径也只需 65mm。所以采用先拉深 ϕ40mm 圆筒再进行落料（实际是切边）的冲压工艺，拉深时变形所需的 ϕ65mm 材料则由切边坯料加搭边余料来供给。

（3）冲压工艺方案的确定　根据以上基本工序的确定分析，该零件冲压加工的基本工序有：落料、冲孔、拉深、切边、翻边、整形、冲 $\phi35.9^{+0.1}_{0}$mm 孔、冲 R4.25mm 长圆形孔。可拟订出以下四种冲压工艺方案。

方案一：落料（两端分别为 ϕ70mm、ϕ25mm，中心距为 60.4mm 的长圆形）→冲 ϕ22.5mm 孔→拉深 ϕ40mm、深 8mm 圆筒→切边（两端分别为 ϕ64mm、ϕ25mm，中心距为 60.4mm 的长圆形）→翻边→整形→冲 $\phi35.9^{+0.1}_{0}$mm 孔、R4.25mm 长圆形孔。

方案二：落料与冲预孔复合→拉深与切边复合→翻边与整形复合→冲 $\phi35.9^{+0.1}_{0}$mm 孔与冲 R4.25mm 长圆形孔复合。

方案三：冲 ϕ22.5mm 预孔、拉深与切边→整形与翻边→冲 $\phi35.9^{+0.1}_{0}$mm 孔与冲 R4.25mm 长圆形孔。

方案四：采用带料级进拉深或在多工位自动压力机上冲压。

分析比较上述四种冲压工艺方案，可以看出：

方案一工序组合程度较低，生产率较低。所需的模具套数及设备台数多，但各工序模具结构简单，制造费用低，适合于小批量生产。

方案二符合冲压成形规律，工序组合程度有所提高，先完成落料与冲预孔的复合冲压，再进行拉深与切边，增加了一对凸、凹模。另外，切边量小且边缘不平整，模具容易损坏，故不宜采用。

方案三也符合冲压成形规律，工序组合程度更高，将落料与切边工序合二为一，既能减少一副模具，又能充分利用条料上的搭边余料进行拉深，采用三副模具完成产品的冲压，适合中批生产。

方案四采用带料级进拉深或多工位自动压力机冲压，可获得较高的生产效率，而且操作安全，但这一方案需要专用压力机及自动送料装置，而且模具结构复杂，制造周期长，生产成本高。因此，只有在大量生产中才较适宜。

根据以上分析比较，决定采用方案三为该冲压件的冲压工艺方案，如图 8-18 所示。

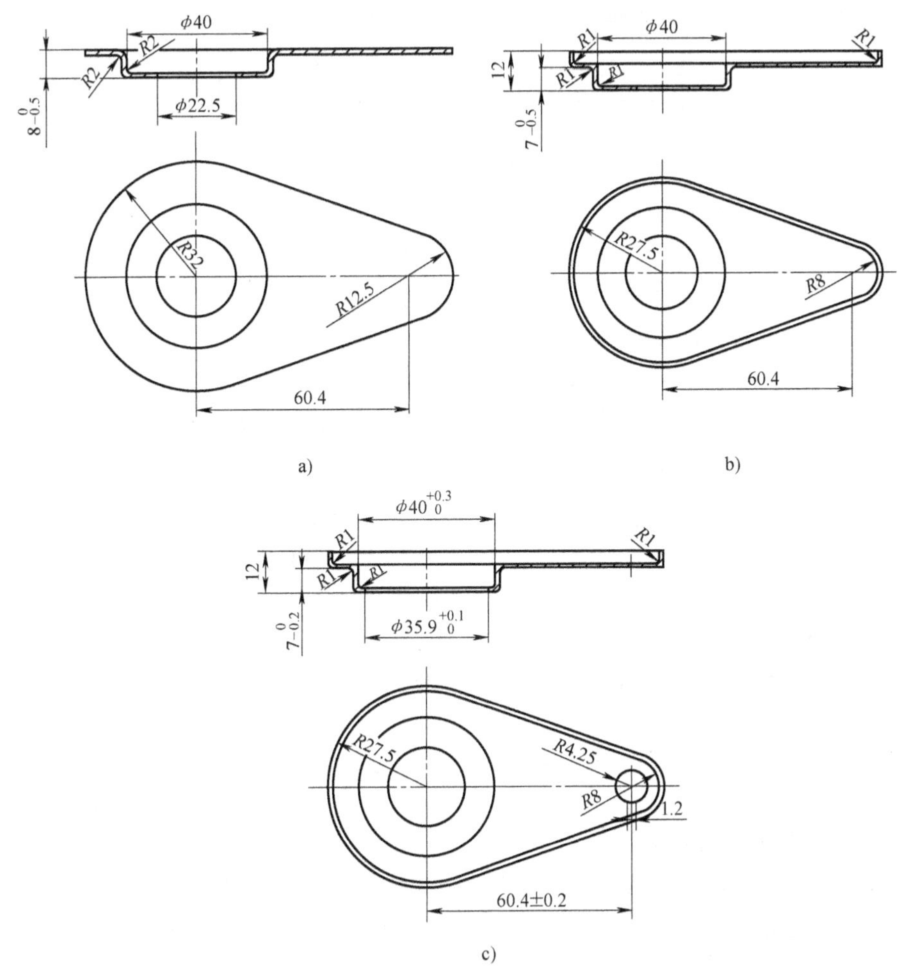

图 8-18　柴油机油门盖板冲压工艺方案

a）冲孔、拉深、落料（切边）级进冲压　b）整形、翻边　c）冲孔

3. 主要工艺参数的计算

（1）确定排样方案　板料规格拟选用 1.5mm × 1 000mm × 2 000mm（08 钢板）。因坯料为 ϕ64mm 与 R12.5mm 的长圆形，考虑到操作方便又节省材料，采用条料直对单排，排样图

如图 8-19 所示。考虑到要提供一定的材料给拉深变形，因此搭边值取得稍大些，取 $a=2.5\text{mm}$ 和 2.6mm，$a_1=3\text{mm}$，则

步距 $s=120\text{mm}$

条料宽度 $B=(104.9+2.5+2.6)\text{mm}=110\text{mm}$

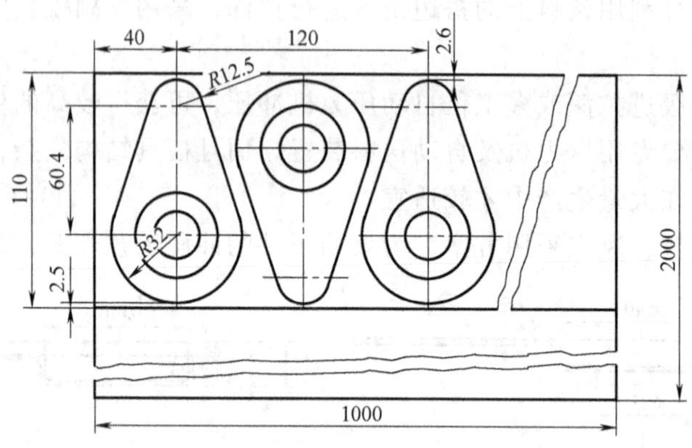

图 8-19　柴油机油门盖板下料排样图

（2）计算各工序的冲压力，选择冲压设备

1）工序 1（冲孔、拉深、落料级进复合，模具结构如图 8-20 所示）。

冲孔力　$F_1=LtR_m=22.5\pi\times1.5\times400\text{N}=42\ 390\text{N}$

推料力　$F_{T1}=nK_TF_1=4\times0.055\times42\ 390\text{N}\approx9\ 326\text{N}$

卸料力　$F_{X1}=K_XF_1=0.05\times42\ 390\approx2\ 120\text{N}$

拉深力　$F_2=K_1\pi d_1tR_m=1\times3.14\times41.5\times1.5\times400\text{N}=78\ 186\text{N}$

压料力　$F_Y=\pi[D^2-(d_1+2r_{d1})^2]\ p/4$

$=3.14\times[65^2-(41.5+2\times2.75)^2]\times2.5\text{N}/4\approx3\ 956\text{N}$

落料力　$F_3=LtR_m=(44.5\pi+127)\times1.5\times400\text{N}=160\ 038\text{N}$

卸料力　$F_{X3}=K_XF_3=0.05\times160\ 038\text{N}\approx8\ 002\text{N}$

因 $F_3>F_2>F_1$，因此冲压总力为

$$F_\Sigma=F_3+F_{X3}=160\ 038\text{N}+8\ 002\text{N}=168\ 040\text{N}\approx168\text{kN}$$

本工序是冲孔、拉深、落料（切边）级进复合，因此确定压力机标称压力时应考虑压力机的许用压力曲线，根据工厂现有设备选择合适的压力机。本工序可以选用 J23-35 压力机。

2）工序 2（整形、翻边）。

整形力　$F=pA=100\times(3.14\times35.5^2+2\ 144.2)\text{N}=610\ 138.5\text{N}\approx610\text{kN}$

由于整形力比翻边力大得多，且整形力是在临近下死点位置时施加的，符合压力机的工作压力特性，故可按整形力大小选择压力机。本工序可选 J23-63 压力机。

3）工序 3（冲孔）。

冲孔力　$F=LtR_m=(35.9\pi+8.5\pi+2.4)\times1.5\times400\text{N}\approx85\ 090\text{N}$

卸料力　$F_X=K_XF=0.05\times85\ 090\text{N}\approx4\ 254\text{N}$

推件力　$F_T=nK_TF=4\times0.055\times85\ 090\text{N}\approx18\ 720\text{N}$

冲压总力　$F_\Sigma=F+F_X+F_T=85\ 090\text{N}+4\ 254\text{N}+18\ 720\text{N}=108\ 064\text{N}\approx108\text{kN}$

显然，选 160kN 压力机即可，但考虑到模具结构，选用 J23-25 压力机。

4. 填写冲压工艺过程卡

柴油机油门盖板冲压工艺过程卡见表 8-2。

表 8-2 柴油机油门盖板冲压工艺过程卡

<table>
<tr><td rowspan="2">（厂名）</td><td rowspan="2" colspan="2">冲压工艺过程卡</td><td>产品型号</td><td></td><td>零(部)件名称</td><td>柴油机油门盖板</td><td>共 页</td></tr>
<tr><td>产品名称</td><td></td><td>零(部)件型号</td><td></td><td>第 页</td></tr>
<tr><td colspan="2">材料牌号及规格</td><td>材料技术要求</td><td colspan="2">坯料尺寸</td><td>每个坯料可制件数</td><td>坯重</td><td>辅料</td></tr>
<tr><td colspan="2">08 钢,(1.5 ±0.11)mm × 2 000mm × 1 000mm</td><td></td><td colspan="2">1.5mm × 110mm × 1 000mm</td><td>16 件</td><td></td><td></td></tr>
<tr><td>工序号</td><td>工序名称</td><td colspan="2">工 序 内 容</td><td>加 工 简 图</td><td>设 备</td><td>工艺装备</td><td>工时</td></tr>
<tr><td>0</td><td>下料</td><td colspan="2">剪床上裁板 110mm × 1 100mm</td><td></td><td>3mm 剪板机</td><td></td><td></td></tr>
<tr><td>1</td><td>级进复合</td><td colspan="2">冲孔、拉深、落料</td><td></td><td>J23-35</td><td>级进复合模</td><td></td></tr>
<tr><td>2</td><td>翻边、整形</td><td colspan="2">翻边、整形</td><td></td><td>J23-63</td><td>翻边模</td><td></td></tr>
<tr><td>3</td><td>冲孔</td><td colspan="2">冲 ϕ35.9mm 底孔
及 R4.25mm 长圆孔</td><td></td><td>J23-25</td><td>冲孔模</td><td></td></tr>
<tr><td>4</td><td>检验</td><td colspan="2">按零件图样检验</td><td></td><td></td><td></td><td></td></tr>
</table>

<table>
<tr><td></td><td></td><td></td><td></td><td></td><td></td><td></td><td></td><td></td><td></td><td rowspan="3">编制(日期)</td><td rowspan="3">审核(日期)</td><td rowspan="3">会签(日期)</td></tr>
<tr><td></td><td></td><td></td><td></td><td></td><td></td><td></td><td></td><td></td><td></td></tr>
<tr><td>标记</td><td>处数</td><td>更改文件号</td><td>签字</td><td>日期</td><td>标记</td><td>处数</td><td>更改文件号</td><td>签字</td><td>日期</td></tr>
</table>

5. 模具结构设计

以冲孔、拉深、落料（切边）级进复合模为例介绍模具结构与各零部件设计，模具总体结构如图 8-20 所示。上模部分主要由上模座、落料凹模、冲孔凸模、凸模固定板及推件装置等组成。下模部分由下模座、落料凸模、凸凹模、卸料板和活动挡料销等组成。模具第一工位先完成冲孔，再进行拉深，第二工位进行落料（切边）。

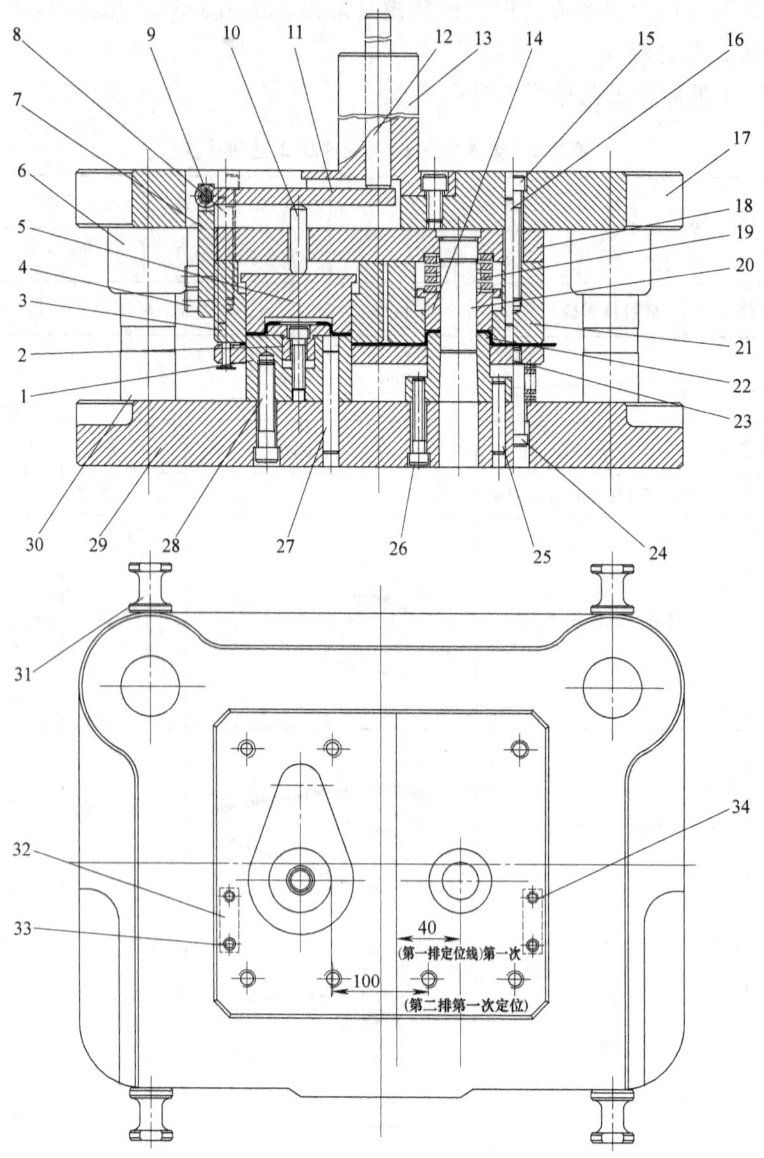

图 8-20　冲孔、拉深、落料级进模总图

1—落料凸模　2—定位块　3—落料凹模　4、8、15、26、28、34—螺钉　5—刚性推件块　6—导套　7—支承板　9—轴销　10—推杆　11—摇臂推板　12—打杆　13—模柄　14—弹性推件块　16、25、27—圆柱销　17—上模座　18—凸模固定板　19—弹簧　20—冲孔凸模　21—拉深凹模　22—凸凹模　23—卸料板　24—卸料螺钉　29—下模座　30—导柱　31—起吊螺钉　32—弹簧片　33—活动导料销

下面分析凸、凹模零件的设计过程及其他零件的设计与选用。

(1) 计算凸、凹模刃口尺寸及公差　由于落料形状为异形，凸、凹模采用配作加工为宜。选用凹模为制造基准件，只计算凹模刃口尺寸及公差，并将计算值标注在凹模图样上。而凸模仅按凹模各对应尺寸标注其公称尺寸，并注明按凹模实际刃口尺寸配作，保证双面间隙为 0.1 ~ 0.16mm（查表 2-11 按Ⅱ类间隙）。

1）落料凹模刃口尺寸。落料凹模刃口尺寸按磨损情况分类计算。

① 凹模磨损后增大的尺寸，按公式 $A_d=(A_{max}-x\Delta)^{+\Delta/4}_{0}$ 计算，即

对于 $32^{\ 0}_{-0.62}$mm　　$A_{d1}=(32-0.5\times0.62)^{+0.62/4}_{0}$mm $\approx31.7^{+0.155}_{0}$mm

对于 $12.5^{\ 0}_{-0.43}$mm　　$A_{d2}=(12.5-0.5\times0.43)^{+0.43/4}_{0}$mm $\approx12.3^{+0.108}_{0}$mm

② 凹模磨损后不变的尺寸，按公式 $C_d=(C_{min}+0.5\Delta)\pm\Delta/8$ 计算，即

对于 60.4mm ±0.2mm　　$C_d=(60.2+0.5\times0.4)$mm ±0.4mm$/8=60.4$mm ±0.05mm

2）冲孔刃口尺寸。冲孔凹模均为圆形，采用凸、凹模分开加工法为宜。由于冲孔尺寸精度要求不高，后续还要再冲孔，因此按式（2-5）和式（2-6）计算时，可以不考虑磨损系数与冲压件公差。凸、凹模公差满足 $\delta_p+\delta_d\leqslant Z_{max}-Z_{min}$ 要求。由于 $Z_{min}=0.10$mm，$Z_{max}=0.16$mm，则 $Z_{max}-Z_{min}=0.06$mm。

$$\delta_p=0.4(Z_{max}-Z_{min})=0.4\times0.06\text{mm}=0.024\text{mm}$$

$$\delta_d=0.6(Z_{max}-Z_{min})=0.6\times0.06\text{mm}=0.036\text{mm}$$

冲孔尺寸为 $\phi22.5$mm，则 $d_p=(d_{min}+x\Delta)^{\ 0}_{-\delta_p}=22.5^{\ 0}_{-0.024}$mm

$$d_d=(d_p+Z_{min})^{+\delta_d}_{0}=(22.5+0.10)^{+0.036}_{0}\text{mm}=22.6^{+0.036}_{0}\text{mm}$$

3）拉深工作尺寸。拉深内形尺寸为 $\phi40^{+0.3}_{0}$mm，可按公式 $d_p=(d_{min}+0.4\Delta)^{\ 0}_{-\delta_p}$、$d_d=(d_{min}+0.4\Delta+2Z)^{+\delta_d}_{0}$ 计算。δ_p、δ_d 按 IT6 ~ IT9 确定，$\delta_p=0.025$mm，$\delta_d=0.05$mm。

拉深间隙值 $Z=1.1t=1.1\times1.5$mm $=1.65$mm，则

$$d_p=(d_{min}+0.4\Delta)^{\ 0}_{-\delta_p}=(40+0.4\times0.3)^{\ 0}_{-0.025}\text{mm}=40.12^{\ 0}_{-0.025}\text{mm}$$

$$d_d=(d_{min}+0.4\Delta+2Z)^{+\delta_d}_{0}=(40.12+2\times1.65)^{+0.05}_{0}\text{mm}=43.42^{+0.05}_{0}\text{mm}$$

（2）工作零件设计

1）凹模设计。凹模采用矩形板状结构，因落料凹模与拉深凹模工序性质不同，刃口形式和磨损程度均不相同。因此，设计成拼块组合形式，分别用螺钉、销钉固定在凸模固定板上。落料凹模轮廓尺寸计算如下。

落料凹模长度为

$$L=l+2c=(60.4+32+12.5+2\times40)\text{mm}=184.9\text{mm}$$（查表 2-29，取 $c=40$mm）

落料凹模宽度为

$$B=b+2c=(32+2\times40)\text{mm}=112\text{mm}$$

落料凹模厚度为

$H=K_1K_2\sqrt[3]{0.1F}=1\times1.37\times\sqrt[3]{0.1\times160\,038}$mm ≈34.5mm（取 $K_1=1$，查表 2-30，取 $K_2=1.37$），考虑到落料凹模内均装有刚性推件块，而拉深凹模内部设有弹性推件块，需要留有弹簧及推件块运动的空间，确定高度取 50mm。

根据计算所得的凹模轮廓尺寸，考虑与拉深凹模的安装等问题选取，两块凹模板的轮廓尺寸 $L\times B\times H=170$mm $\times110$mm $\times50$mm。落料凹模的结构如图 8-21 所示，拉深凹模的结构如图 8-22 所示。

凹模的材料选用 Cr12MoV 钢，工作部分热处理淬硬至 58 ~ 62HRC。

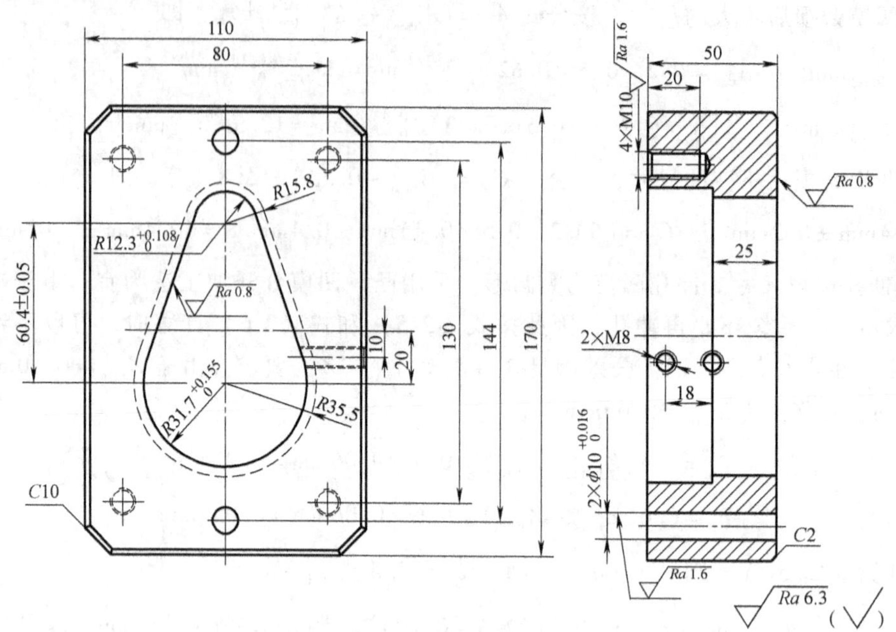

图 8-21　落料凹模

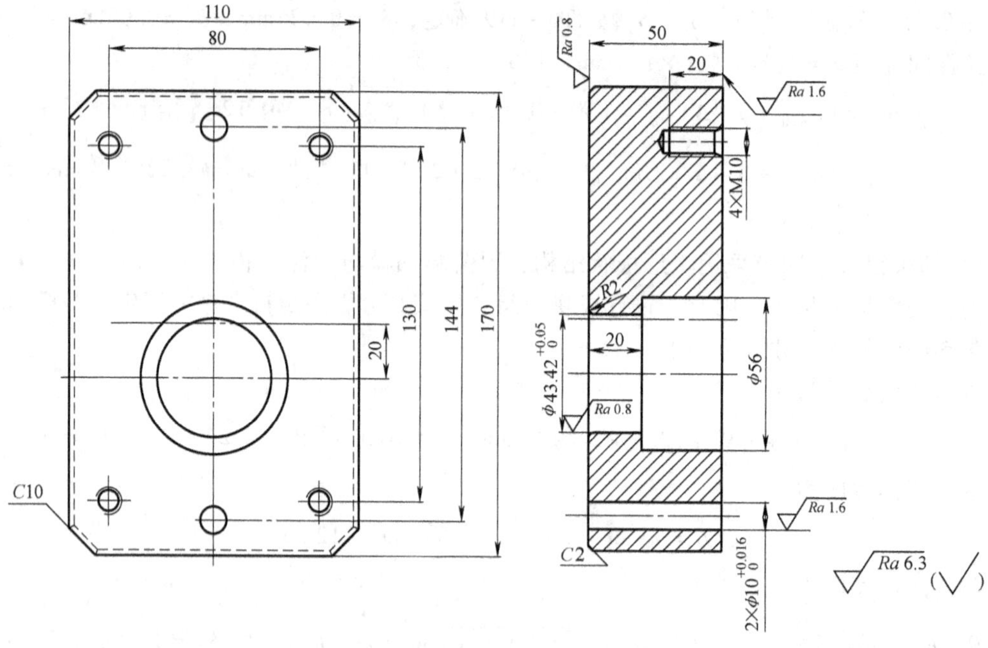

图 8-22　拉深凹模

2）落料凸模设计。落料凸模的刃口部分为非圆形，如图 8-23 所示，设计成直通形，通过螺钉、销钉直接与下模座 29 固定联接，因凸模结构尺寸较大，所以与下模座间不设置垫板。落料凸模的材料也选用 Cr12MoV 钢，工作部分热处理淬硬至 58 ~ 62HRC。

3）凸凹模设计。凸凹模的内孔是冲孔凹模。因冲压件的批量适中，考虑冲孔凹模的磨损和保证冲压件的质量，凹模刃口采用直刃壁结构，刃壁高度取 10mm，漏料部分采用锥

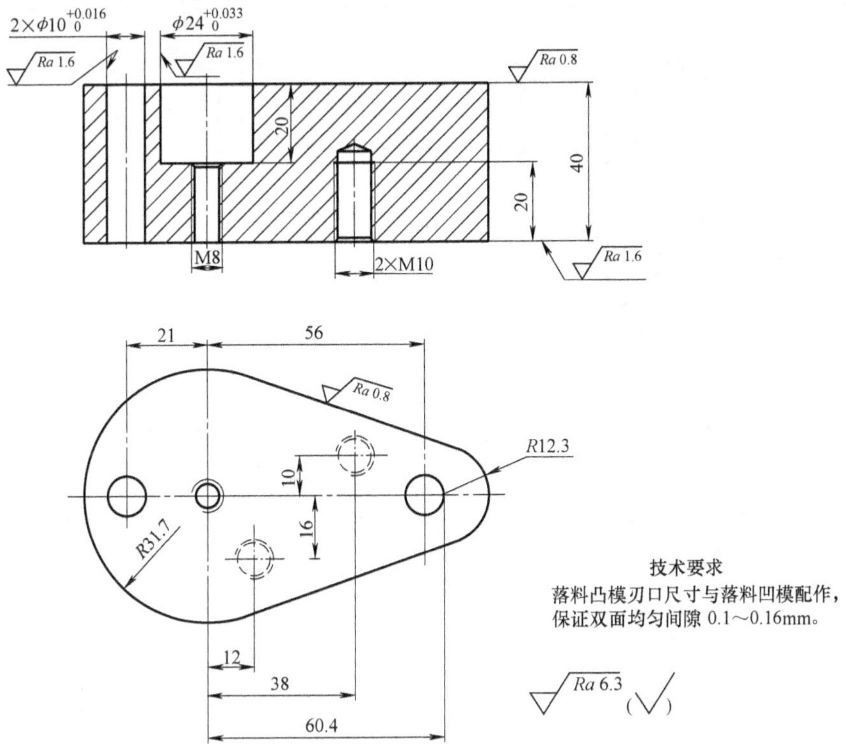

图 8-23　落料凸模

形。凸凹模的外形是拉深凸模，拉深直径为 40mm，因内、外形受冲压件结构的限制，故设计成台阶形式，也用螺钉、销钉直接固定在下模座上，其结构如图 8-24 所示。凸凹模的材料也选用 Cr12MoV 钢，工作部分热处理淬硬至 53～62HRC。

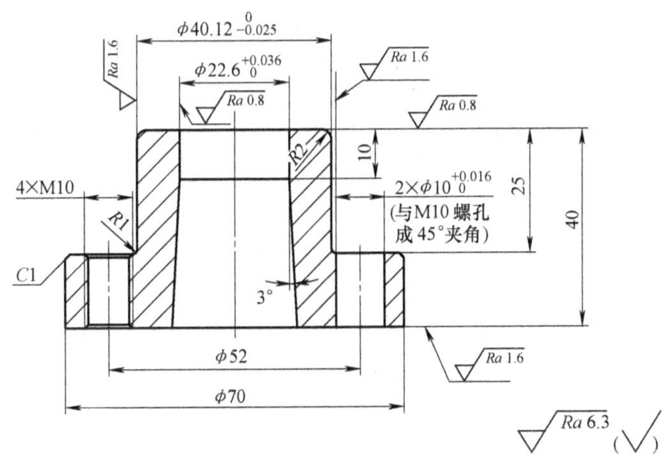

图 8-24　凸凹模

4）冲孔凸模设计。冲孔凸模与落料凸模基本相同，因刃口部分为圆形，故其结构更简单。考虑到冲孔凸模的直径较大，为便于凸模和固定板的加工，可将其设计成阶梯形结构，如图 8-25 所示。冲孔凸模的材料也选用 Cr12MoV 钢，工作部分热处理淬硬至 58～62HRC。

因冲孔凸模的直径为 $\phi22.5_{-0.024}^{0}$mm，尺寸较大，故不需要进行强度和刚度校核。

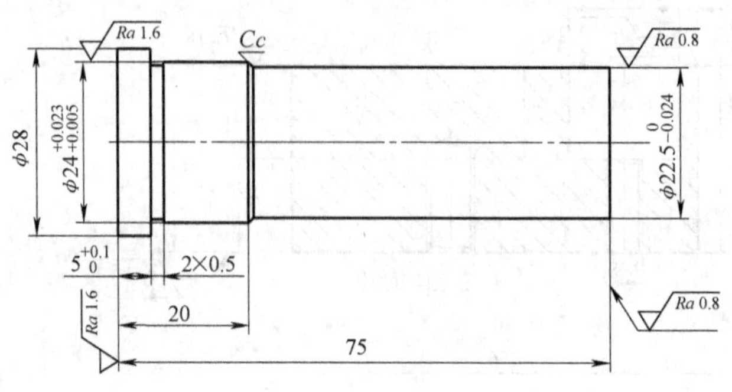

图 8-25　冲孔凸模

（3）定位零件设计　采用级进模进行冲压时，零件是经过多个工位逐步完成的，条料必须在各工位有准确的定位。条料在卸料板上自右往左送进，导料装置由活动导料销 33、弹簧片 32 和螺钉 34 组成。为了不在凹模中开让位孔，采用可伸缩的活动式挡料销，导料销和弹簧片的结构如图 8-26 和图 8-27 所示。

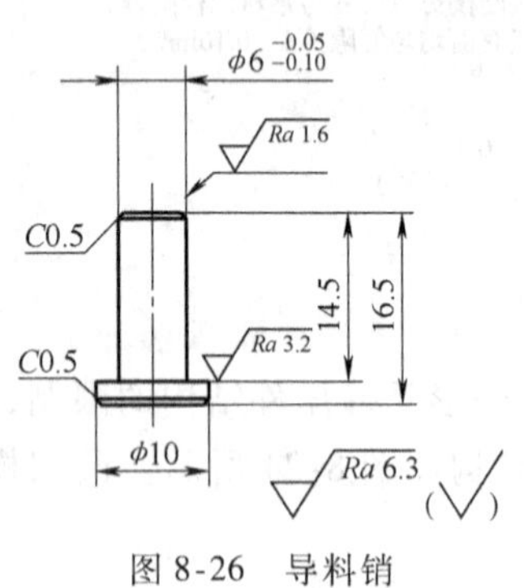

图 8-26　导料销

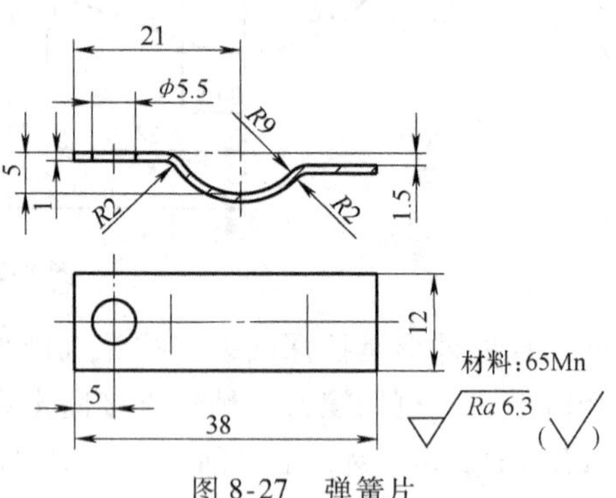

图 8-27　弹簧片

条料第一排第一次冲压时，由距第一工位中心线 40mm 处的刻线作定位线；第二工位冲压时由拉深部位与定位块配合进行精定位，定位块装在落料凸模中，定位块的结构如图 8-28 所示。条料第二排第一次冲压时，则由距第一工位中心线 100mm 处的定位块侧边定位，如图 8-20 中俯视图所示。定位零件的材料选用 45 钢，热处理硬度为 33 ~ 38HRC。

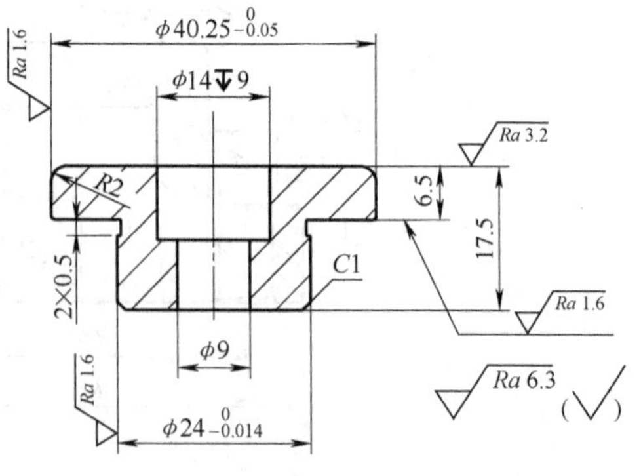

图 8-28　定位块

（4）卸料零件设计　条料由卸料板 23 支承并卸料，卸料板的结构如图 8-29 所示。第一工位，条料冲孔、拉深后由弹性推件块将条料向下推出。第二工位冲压结束时，冲压件若卡在凹模中，则由刚性推件装置将冲压件推出。由于所需的推件力偏离模柄中心，因此设计了摇臂式的刚性推件装置，分别由打杆 12、摇臂推板 11、支承板 7、推杆 10 和刚性推件块 5 组成，各零件如图 8-30 ~ 图 8-34 所示。卸料零件材料选用 45 钢，热处理硬度为 33 ~ 38HRC。

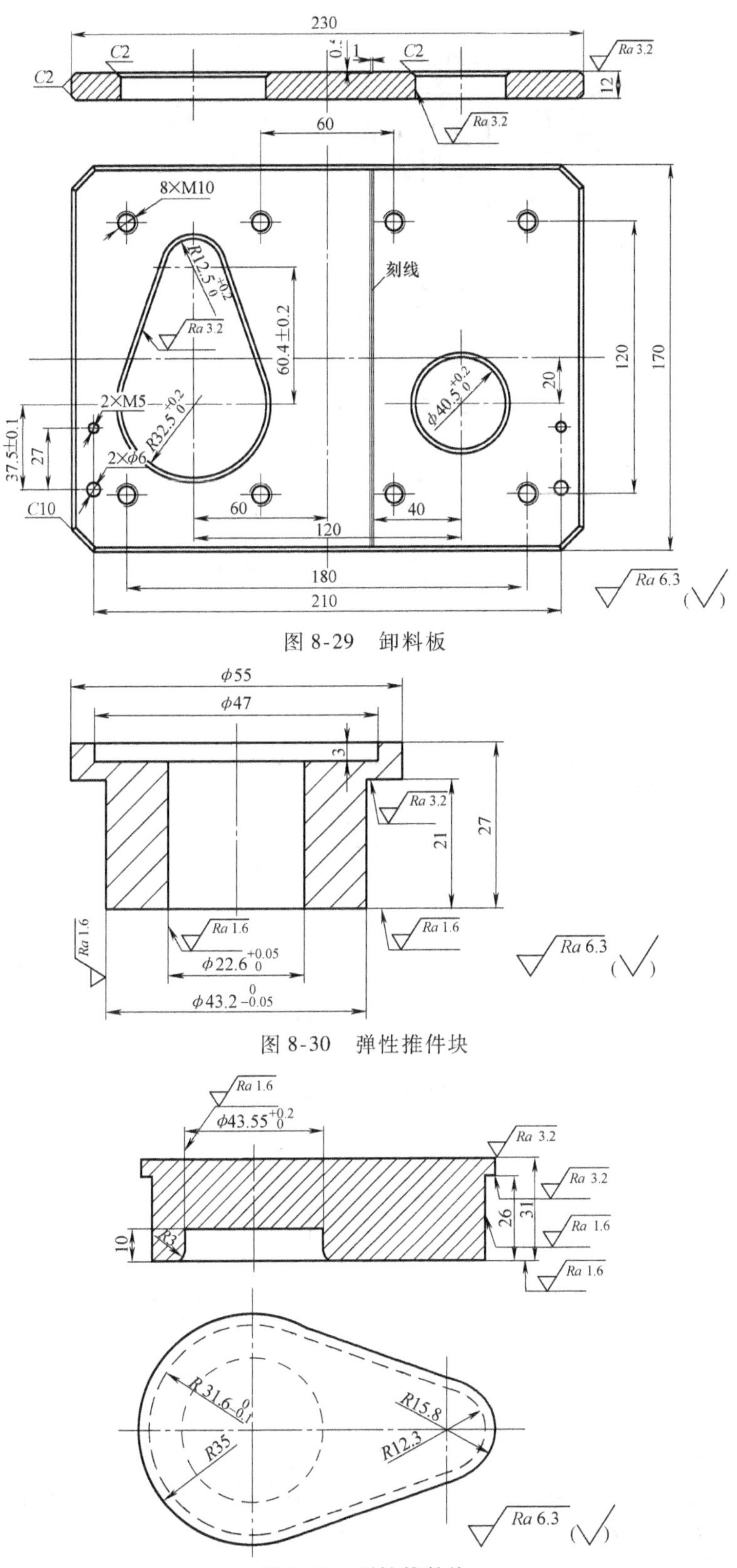

图 8-29　卸料板

图 8-30　弹性推件块

图 8-31　刚性推件块

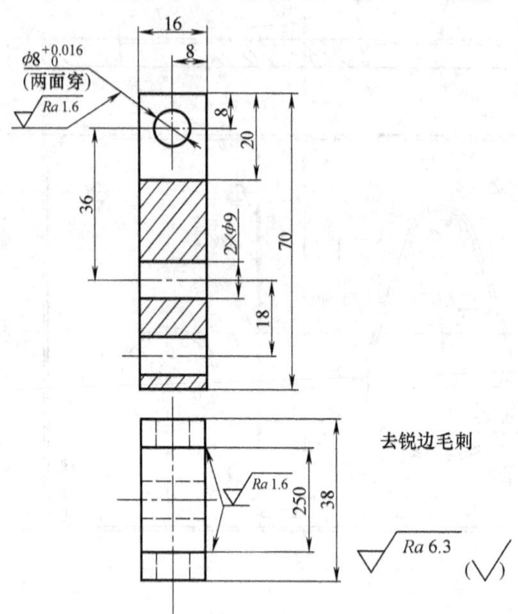

图 8-32　支承板

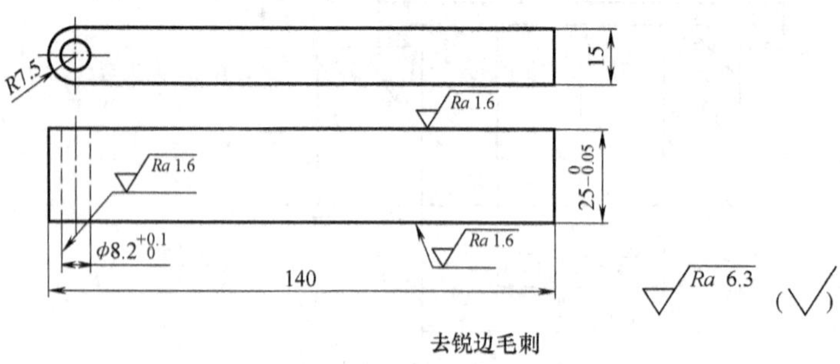

图 8-33　摇臂推板

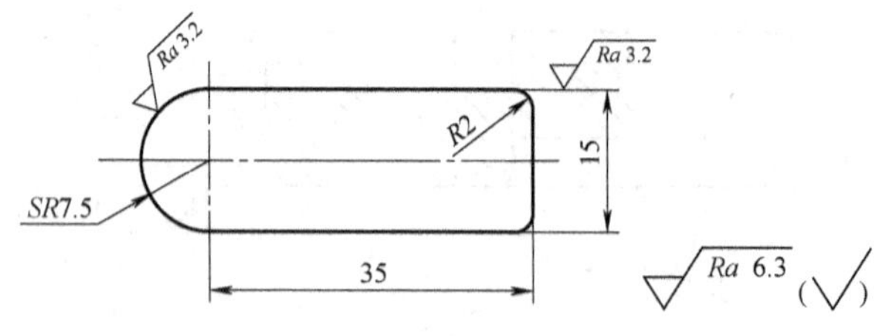

图 8-34　推杆

（5）模架与结构零件的设计与选用　该模具采用后侧双导柱滑动导向模架，由于零件较大，为节省材料及减小模具闭合高度，模具结构中省略了垫板，凸模固定板如图 8-35 所示。采用压入式模柄，材料选用 45 钢，如图 8-36 所示。

该模具结构紧凑、机构灵活、动作可靠，满足冲压件质量和模具寿命的要求。

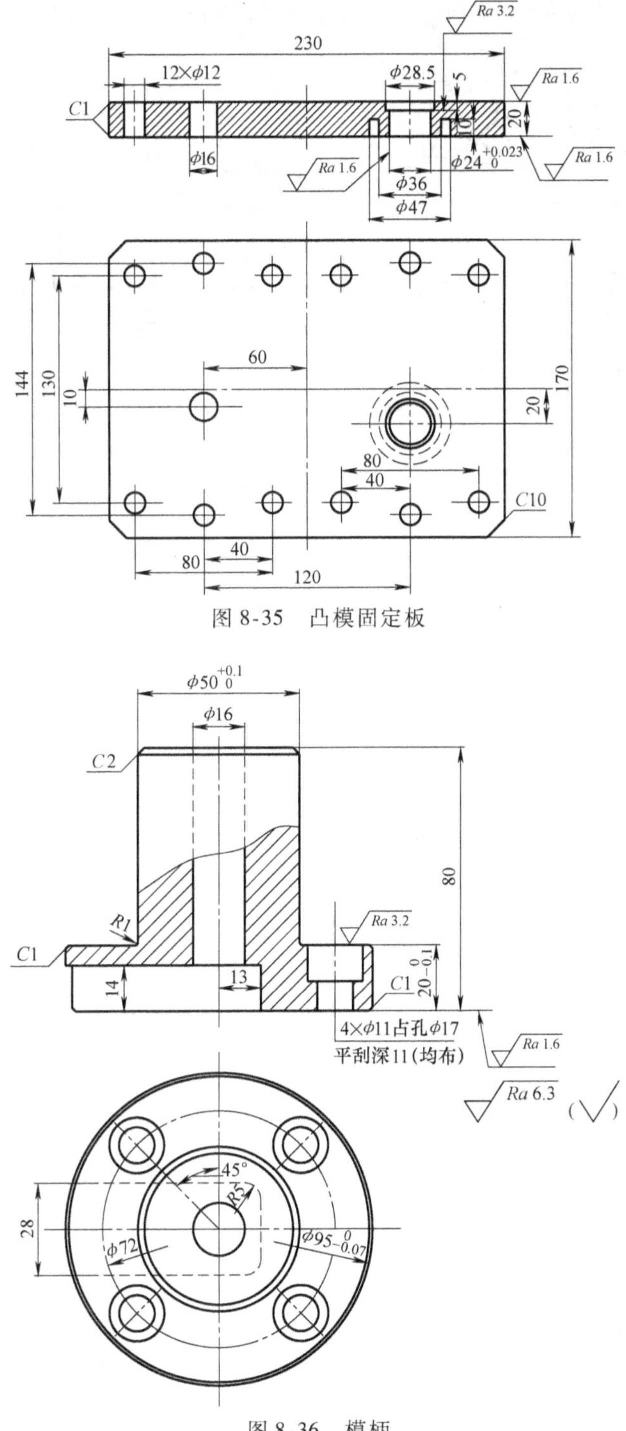

图 8-35　凸模固定板

图 8-36　模柄

思考与练习题

8-1　简述制订冲压工艺过程的主要步骤及方法。

8-2　冲压工序顺序的确定应考虑哪些原则？

8-3　分别制订图 8-37a、b 所示零件的工艺过程，中批量生产。

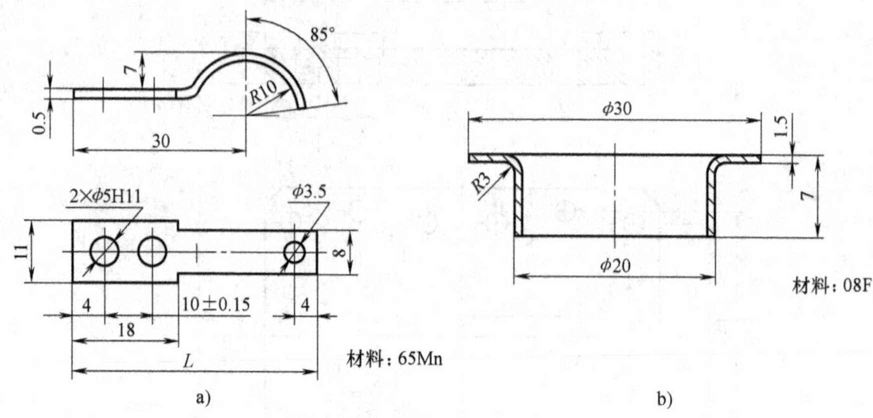

图 8-37　习题 8-3 图

附　　录

附表1　模具工作零件的常用材料及硬度

模具类型	冲压件与冲压工艺		材料	硬　度	
				凸　模	凹　模
冲裁模	Ⅰ	形状简单，精度较低，材料厚度小于或等于3mm，中小批量	T10A、9Mn2V	56～60HRC	58～62HRC
	Ⅱ	材料厚度小于或等于3mm，形状复杂；材料厚度大于3mm	9CrSi、CrWMn Cr12、Cr12MoV W6Mo5Cr4V2	58～62HRC	60～64HRC
	Ⅲ	大批量	Cr12MoV、Cr4W2MoV	58～62HRC	60～64HRC
			YG15、YG20	≥86HRA	≥84HRA
			超细硬质合金	—	
弯曲模	Ⅰ	形状简单，中小批量	T10A	56～62HRC	
	Ⅱ	形状复杂	CrWMn、Cr12、Cr12MoV	60～64HRC	
	Ⅲ	大批量	YG15、YG20	≥86HRA	≥84HRA
	Ⅳ	加热弯曲	5CrNiMo、5CrNiTi、5CrMnMo	52～56HRC	
			4Cr5MoSiV1	40～45HRC，表面渗氮≥900HV	
拉深模	Ⅰ	一般拉深	T10A	56～60HRC	58～62HRC
	Ⅱ	形状复杂	Cr12、Cr12MoV	58～62HRC	60～64HRC
	Ⅲ	大批量	Cr12MoV、Cr4W2MoV	58～62HRC	60～64HRC
			YG10、YG15	≥86HRA	≥84HRA
			超细硬质合金	—	
	Ⅳ	变薄拉深	Cr12MoV	58～62HRC	—
			W18Cr4V、Cr12MoV、W6Mo5Cr4V2	—	60～64HRC
			YG10、YG15	≥86HRA	≥84HRA
	Ⅴ	加热拉深	5CrNiTi、5CrNiMo	52～56HRC	
			4Cr5MoSiV1	40～45HRC，表面渗氮≥900HV	
大型拉深模	Ⅰ	中小批量	HT250、HT300	170～260HBW	
			QT600-20	197～269HBW	
	Ⅱ	大批量	镍铬铸铁	火焰淬硬40～45HRC	
			钼铬铸铁、钼钒铸铁	火焰淬硬50～55HRC	

附表 2　模具一般零件的材料及硬度

零件名称	材料	硬度
上、下模座	HT200 45	170 ~ 220HBW 24 ~ 28HRC
导柱	20Cr GCr15	60 ~ 64HRC(渗碳) 60 ~ 64HRC
导套	20Cr GCr15	58 ~ 62HRC(渗碳) 58 ~ 62HRC
凸模固定板、凹模固定板、螺母、垫圈、螺塞	45	28 ~ 32HRC
模柄、承料板	Q235A	—
卸料板、导料板	45 Q235A	28 ~ 32HRC —
导正销	T10A 9Mn2V	50 ~ 54HRC 56 ~ 60HRC
垫板	45 T10A	43 ~ 48HRC 50 ~ 54HRC
螺钉	45	头部 43 ~ 48HRC
销钉	T10A、GCr15	56 ~ 60HRC
挡料销、抬料销、推杆、顶杆	65Mn、GCr15	52 ~ 56HRC
推板	45	43 ~ 48HRC
压边圈	T10A 45	54 ~ 58HRC 43 ~ 48HRC
定距侧刃、废料切断刀	T10A	58 ~ 62HRC
侧刃挡块	T10A	56 ~ 60HRC
斜楔与滑块	T10A	54 ~ 58HRC
弹簧	50CrVA、55CrSi、65Mn	44 ~ 48HRC

附表 3　金属板料冲裁间隙值

材料	抗剪强度 τ_b /MPa	初始间隙(单边间隙)				
		Ⅰ	Ⅱ	Ⅲ	Ⅳ	Ⅴ
低碳钢 08F、10F、10、20、Q235A	≥210 ~ 400	(1.0 ~ 2.0)%t	(3.0 ~ 7.0)%t	(7.0 ~ 10.0)%t	(10.0 ~ 12.5)%t	21.0%t
中碳钢 45 不锈钢 1Cr18Ni9Ti、4Cr13 膨胀合金(可伐合金)4J29	≥420 ~ 560	(1.0 ~ 2.0)%t	(3.5 ~ 8.0)%t	(8.0 ~ 11.0)%t	(11.0 ~ 15.0)%t	23.0%t
高碳钢 T8A、T10A、65Mn	≥590 ~ 930	(2.5 ~ 5.0)%t	(8.0 ~ 12.0)%t	(12.0 ~ 15.0)%t	(15.0 ~ 18.0)%t	25.0%t
纯铝 1060、1050A、1035、1200 铝合金(软态)3A21 黄铜(软态)H62 纯铜(软态)T1、T2、T3	≥65 ~ 255	(0.5 ~ 1.0)%t	(2.0 ~ 4.0)%t	(4.5 ~ 6.0)%t	(6.5 ~ 9.0)%t	17.0%t
黄铜(硬态)H62 铅黄铜 HPb59—1 纯铜(硬态)T1、T2、T3	≥290 ~ 420	(0.5 ~ 2.0)%t	(3.0 ~ 5.0)%t	(5.0 ~ 8.0)%t	(8.5 ~ 11.0)%t	25.0%t
铝合金(硬态)2A12 锡磷青铜 QSn-4-4-2.5 铝青铜 QA17、铍青铜 QBe2	≥225 ~ 550	(0.5 ~ 1.0)%t	(3.5 ~ 6.0)%t	(7.0 ~ 10.0)%t	(11.0 ~ 13.0)%t	20.0%t
镁合金 MB1、MB8	≥120 ~ 180	(0.5 ~ 1.0)%t	(1.5 ~ 2.5)%t	(3.5 ~ 4.5)%t	(5.0 ~ 7.0)%t	16.0%t
电工硅钢	190	—	(2.5 ~ 5.0)%t	(5.0 ~ 9.0)%t	—	—

参考文献

[1] 翁其金. 冷冲压技术 [M]. 北京：机械工业出版社，2001.

[2] 徐政坤. 冲压模具及设备 [M]. 北京：机械工业出版社，2005.

[3] 模具实用技术丛书编委会. 冲模设计应用实例 [M]. 北京：机械工业出版社，1999.

[4] 冲模设计手册编写组. 冲模设计手册 [M]. 北京：机械工业出版社，2007.

[5] 吴伯杰. 冲压工艺与模具 [M]. 北京：电子工业出版社，2004.

[6] 付宏生. 冷冲压成形工艺与模具设计制造 [M]. 北京：化学工业出版社，2005.

[7] 郝滨海. 冲压模具简明设计手册 [M]. 北京：化学工业出版社，2005.

[8] 鄂大辛. 成形工艺与模具设计 [M]. 北京：北京理工大学出版社，2007.

[9] 涂光祺. 冲模技术 [M]. 北京：机械工业出版社，2002.

[10] 夏巨谌. 塑性成形工艺及设备 [M]. 北京：机械工业出版社，2001.

[11] 刘建超，张宝忠. 冲压模具设计与制造 [M]. 北京：高等教育出版社，2004.

[12] 成虹. 冲压工艺与模具设计 [M]. 成都：电子科技大学出版社，2006.

[13] 钟毓斌. 冲压工艺与模具设计 [M]. 北京：机械工业出版社，2000.

[14] 丁聚松. 冷冲模设计 [M]. 北京：机械工业出版社，2002.

[15] 王新华. 冲模设计与制造实用计算手册 [M]. 北京：机械工业出版社，2003.

[16] 陈剑鹤. 冷冲压工艺与模具设计 [M]. 北京：机械工业出版社，2001.

[17] 刘心治. 冷冲压工艺及模具设计 [M]. 重庆：重庆大学出版社，1995.

[18] 模具实用技术丛书编委会. 模具材料与使用寿命 [M]. 北京：机械工业出版社，2003.

[19] 吴兆祥. 模具材料及表面热处理 [M]. 北京：机械工业出版社，2002.

[20] 李双义. 冷冲压模具设计 [M]. 北京：清华大学出版社，2001.

[21] 王芳. 冷冲压模具设计指导 [M]. 北京：机械工业出版社，1998.

[22] 段来根. 多工位级进模与冲压自动化 [M]. 北京：机械工业出版社，2005.

[23] 邱永成. 多工位级进模设计 [M]. 北京：国防工业出版社，1987.

[24] 陈炎嗣. 多工位级进模设计与制造 [M]. 北京：机械工业出版社，2006.

[25] 姜伯军. 级进冲模设计与模具结构实例 [M]. 北京：机械工业出版社，2008.

[26] 许发樾. 冲模设计应用实例 [M]. 北京：机械工业出版社，2009.